混合方法研究：设计与实施

(原书第2版)

Designing and Conducting
Mixed Methods Research 2e

约翰·W.克雷斯维尔（John W. Creswell）
薇姬·L.查克（Vicki L. Clark） 著

游 宇 陈福平 译

黄一凡 游 宇 校

重庆大学出版社

图书在版编目(CIP)数据

混合方法研究:设计与实施/(美)约翰·W.克雷斯维尔(John W. Creswell),(美)薇姬·L.查克(Vicki L. Clark)著;游宇,陈福平译.—重庆:重庆大学出版社,2017.7(2021.3重印)
(万卷方法)
书名原文:Designing and Conducting Mixed Methods Research 2ED
ISBN 978-7-5689-0073-7

Ⅰ.①混… Ⅱ.①约…②薇…③游…④陈… Ⅲ.①混合方法—研究 Ⅳ.①O241

中国版本图书馆 CIP 数据核字(2016)第199432号

混合方法研究:设计与实施
约翰·W.克雷斯维尔　薇姬·L.查克　著
游　宇　陈福平　译
黄一凡　游　宇　校
策划编辑:林佳木
责任编辑:李桂英　　版式设计:林佳木
责任校对:关德强　　责任印制:张　策
*
重庆大学出版社出版发行
出版人:饶帮华
社址:重庆市沙坪坝区大学城西路21号
邮编:401331
电话:(023) 88617190　88617185(中小学)
传真:(023) 88617186　88617166
网址:http://www.cqup.com.cn
邮箱:fxk@cqup.com.cn(营销中心)
全国新华书店经销
重庆市正前方彩色印刷有限公司印刷
*
开本:787mm×1092mm　1/16　印张:20.5　字数:437千
2017年7月第1版　2021年3月第2次印刷
印数:4 001—7 000
ISBN 978-7-5689-0073-7　定价:68.00元

本书献给混合方法课程、工作坊的所有学生和参与者，感谢你们的建议。

——约翰·W.克雷斯维尔

本书献给马克，对他的支持、鼓励、友谊和爱，我不胜感激。

——薇姬·L.查克

作者介绍

约翰·W.克雷斯维尔(John W. Creswell)

哲学博士,教育心理学教授,主要从事混合方法研究、定性方法论、研究设计的教学与写作。他在美国内布拉斯加州大学林肯分校(UNL)任职逾三十年,已出版12本专著并多次再版——这些著作主要是关于不同类型的研究设计、不同定性研究方法的比较,以及混合方法研究的性质与使用。他的读者来自全世界社会科学与卫生科学领域。此外,他创建并联合主持内布拉斯加大学林肯分校的定性与混合方法研究室(OQM-MR)——如果学者在申请基金的研究计划中试图进行定性与混合方法研究,研究室将为他们提供支持。他也是SAGE期刊《混合方法研究期刊》的创刊联合主编,兼任密歇根大学家庭医学兼职教授,并为国家卫生研究院(National Institutes of Health,NIH)与美国国家科学基金会(National Science Foundation,NSF)的研究计划,担任卫生科学和教育学领域研究方法论的助理调查员。在2008年,他作为高级富布莱特学者前往南非,并为五所大学的教育学和卫生科学教员做演讲。他的爱好包括健身、弹钢琴和写短篇小说。

薇姬·L.查克(Vicki L. Clark)

哲学博士,定性与混合方法研究室(OQMMR)主任,内布拉斯加州大学林肯分校(UNL)定量、定性与心理测量方法项目的研究助理教授。她教授研究方法课程,包括教育研究基础、定性研究、混合方法研究。她已经独立完成或与他人合作完成30余篇论文、章节和学生手册,包括与约翰·W.克雷斯维尔合编的《混合方法文选》(*The Mixed Methods Reader*,SAGE, 2008)和《理解研究:消费者指南》(*Understanding Research: A Consumer's Guide*,Pearson,2010)。她现在是《混合方法研究期刊》的副主编。她的方法论著述关注实施不同混合方法设计类型会产生的程序问题,以及混合方法研究在各学科内的运用与适应。在研究服务中心工作期间,她的研究集中在教育学、家庭研究、咨询心理学、家庭医学和护理学领域。在关注应用研究方法之前,她在UNL的物理学与天文学实验室担任了12年的实验室主管,在此期间,她主要负责物理学教学组的研究工作,开发、评估旨在帮助学生理解物理学入门概念的新型课程材料。闲暇时候,她常与丈夫马克(Mark)一起进行休闲体育活动。

前　言

● 本书的目的

本书旨在介绍如何设计和进行混合方法研究。在过去的5到10年,学界对这一研究方法兴趣盎然。尽管混合方法近二十年来根植于几个学科和研究领域,但在人文社会科学的许多领域、不同研究范畴和各个国家中,关注混合方法的学者与日俱增。这与我们写本书第一版时相比,已不可同日而语。彼时,研究者们大多对这个正在完善的、叫作“混合方法”的研究路径充满好奇。如今,从我们的工作坊、研究报告以及课堂的反馈可知,人们不只想知其然,更想知道这种研究模式是否可靠。此外,他们也进一步关注研究过程,即一项混合方法研究到底如何进行。为此,我们得重提这个观点:混合方法著述的读者,不仅要了解设计、实施一项研究的各个步骤,还要理解研究的具体进程及其过程,并持续跟进混合方法领域中出现的新技术、新策略。

本书是关于如何进行一项混合方法研究的介绍性著作。在论述中,我们列举了许多新近发表的混合方法经验研究论文和方法论的文献。我们也大量使用粗体字来强调最重要的步骤,并向读者推荐混合方法领域最新的文献。自参与创办、编辑《混合方法研究期刊》(*Journal of Mixed Methods Research*, JMMR)以来,我们已经评审过数百份来稿——它们来自不同学科、不同地域,采用了这一研究模式下的不同视角。根据这些论文,以及在混合方法研究团队、课程和研究展示中获得的经验,我们对如何设计和实施混合方法研究,进行了详细的归纳与描述。我们希望,混合方法研究的初学者,能够从本书中学到某些技艺,从而对其研究有所助益;而对于经验丰富的研究者而言,但愿本书能为他们提供关于混合方法新近探讨的有效总结。

● 本书的读者群

本书主要是写给混合方法研究的初学者。对于曾有过定性或定量研究经验的研究生们而言,本书将有助于他们设计自己的首个混合方法研究。而混合方法领域的研究者们,将有望在本书中看到最前沿的理念。当政策制定者和实施者们审阅已发表的研究,或开展他们自己的混合方法计划时,本书则会是实用的混合方法介绍著作。就混合方法的发展而言,本书适用于诸多人文社会科学领域。我们尽可能引用多个领域的研究,包括社会学、心理学、教育学、管理学、市场营销、社会工作、家庭研究、传播学以及领导科学等。此外,我们也引用了医疗科学的研究,比如护理、家庭医学及心理健康等。最后,我们希望本书可以成为混合方法研究课程的核心读物,越来越多的高等院校也将在其研究型课程中开设这门课。在将来国内外的工作坊中,我们也将使用本书中的表格和图片,以向新领域的学者介绍混合方法。

● 本书主要内容

我们保留了第一版的许多重要内容。本书依据实施研究的进程来安排总体架构。首先是评估混合方法是不是解答研究困惑的最佳方法,到引导研究的哲学假设和理论立场,再到形成导论、收集与分析数据,而后撰写研究设计和最终的研究报告。本书的总体设计遵循了实施一项研究的基本过程。为了详细论述这一过程,我们着重介绍了六种比较流行的混合方法研究设计,并列举了每种设计对应的优秀期刊论文。在各章结尾处,我们也提供了本章小结,还有可以巩固章节要点的练习题。纵贯全书的一个练习是:我们要求读者将各章节的理念运用于混合方法研究的设计。设计混合方法研究的各个步骤在相应的章节中均有展开论述。我们并未偏向定性或定量研究,而是在章节间不断转换侧重点,在两种研究方法间取得平衡。注意这种平衡是理解混合方法研究的关键。每一章的末尾,我们还提供了延伸阅读资料来拓展各章的知识点。我们尝试定义书中的关键术语,并在全书末附上术语表来帮助读者理解这些混合方法中不断出现的独特语言。在第二版中,我们保留并扩充了相关网站和资源的引用条目,以期对读者有所帮助。第二版还更新了教师资源,包括内容示范、论文范例和网站的链接、幻灯片等。

● 第二版新增内容

在第二版中,我们对第一版的内容进行了相当程度的扩展。坦率地说,面对近年来出现的海量的混合方法新知识,我们深感震惊。在此背景下,我们也承认,本书的内容与讨论具有选择性,但却充分代表了当前混合方法领域的重要讨论。

我们将第二版中的新材料总结如下:

- 在检视第一版介绍混合方法主题的方式时,我们认为,第二版应该以我们常见的关键问题开门见山:混合方法是什么,为何使用它,其优势与挑战何在? 较之写作第一版时,我们如今的处境则更有利于回答上述问题。第一章提供了我们对这些问题的回答。
- 我们现在也更了解混合方法的历史与起源,因而得以向他人展示混合方法领域的全貌。此外,我们也不断发展并评估作为混合方法基础的哲学思想。在第一版中,我们概述过这些哲学思想,而第二版大大扩充了这部分内容。对于第一版中未提及的话题,混合方法研究者使用的理论导向——社会科学导向解放性(emancipatory)导向,我们如今也有了更深的理解。也许更重要的是,我们对研究者们"如何"使用这些理论视角有了更多了解。本书第二章将详述这些主题。

- 本书第一版面世以来,读者和工作坊的参与者向我们提出的一个意见是,书中介绍的设计类型并未囊括当今学界正在使用的所有设计类型。对此,在第三章中,除了保留第一版中的四种设计外,我们还增加了额外两种设计类型——变革性设计与多阶段设计。这两种类型已经广泛应用于混合方法领域。我们在第二版中也扩充了对六种设计的论述,更详尽地描述设计的基本目的、流程、哲学假设、优势与挑战。此外,我们还为每一种设计附上流程图,来具体展示实施设计所需的步骤。

- 我们更新了全书的混合方法研究案例。除了引用 JMMR 上的数篇论文,在第四章中,我们还加入了新近出版的几项研究成果来分别展示这六种主要的混合方法设计。为了引导读者理解这些研究,我们提供了最新的记法系统(notation system)和引自上述研究的流程图。这些图表包含设计概念化的新方式,以及某些越发重要的内容,比如一项研究中定性与定量方法的"交界点(point of interface)"。

- 现在,我们有了更多混合方法研究标题的例子,以及设计目的陈述的手稿,并对各类混合方法研究问题有了更为清晰的理解。较之第一版,本书第五章对上述主题进行了更为详细的论述。

- 在第二版中,我们重写了混合方法中的数据收集流程,不再作一般性的讨论,而是详细论述了每种主要设计类型必需的数据收集决策。如此一来,对数据收集中的几类决策,以及如何使用我们所推荐的方法进行决断,读者想必会有更清楚的认识。本书第六章是关于混合方法数据收集的新讨论。

- 第七章是关于数据分析,我们也对此进行了修订。其中,我们着重讨论了每种混合方法研究设计的数据分析部分的具体程序。此外,我们还在这一章中加入了新的主题,这些新主题反映了学者们对混合方法数据收集的理解正在不断增进:包括关于联合呈现(joint display)不同数据的用法,以及众多文献中联合呈现的例子;关于效度的最新讨论;关于在混合方法分析过程中使用软件的最新思考,这里的"使用软件"包括在各类混合方法设计的分析阶段,借助计算机生成联合呈现图表。

- 与第一版一样,我们依然认为,在设计、实施一项科学的研究时,无论是学位论文的研究设计、学位论文、期刊论文或申请校外基金的研究设计,深入理解混合方法书面报告的写作结构都是非常重要的步骤。在这一版提供的结构大纲示例中,我们新增了学位论文大纲的例子,这也使我们的内容更加完善。此外,我们还更新了有关评价混合方法研究的内容,加入了该主题下的最新讨论。上述内容详见第八章。

- 第九章是全书总结,我们对全书的知识点进行梳理整合,并就设计、实施某项具体研究提出了建议。这些建议主要基于我们对混合方法研究领域现状的评估,以及审阅、实施众多混合方法研究项目的实践经验。

致　谢

我们的工作与本书的出版得益于许多人的帮助。我们首先要感谢SAGE出版公司的策划与选稿编辑薇姬·奈特(Vicki Knight),感谢她从始至终的鼓励、合作与支持。我们还要感谢SAGE公司的全体职员对混合方法研究领域的支持。正如读者在本书参考资料中所见,我们两人和内布拉斯加州大学林肯分校"定性与混合方法研究室(Office of Qualitative and Mixed Methods Research,OQMMR)"的职员、同事,进行了广泛的合作。我们还要特别感谢密歇根大学家庭医疗研究机构、密歇根安娜堡市退伍军人事务部健康服务研究中心、内布拉斯加州大学医学中心的罗恩·肖普(Ron Shope)、曼尼杰·巴迪(Manijeh Badiee)、阿曼达·加勒特(Amanda Garrett)、谢利·王(Sherry Wang)、迈克·费特斯医生(Dr. Michael Fetters)、纳塔利娅·伊万库娃(Nataliya Ivankova),以及其他曾与我们合作的人。我们同样感激多年来参与工作坊的学者,是你们提供了关于混合方法的诸多有益想法和问题。这些学者身在不同的研究领域,来自美国、英国、南非、澳大利亚、加拿大等多个国家。

在混合方法研究的演进过程中,本书的出版令人兴奋。我们衷心希望,在研究者学习这种研究方法或进行混合方法研究的过程中,本书能够为他们提供助益。

目录

第一章

混合方法研究的性质

混合方法到底具有什么样的特质吸引了研究者竞相使用？相关期刊论文、会议论文集、著作以及相关兴趣团体的形成，都表明混合方法的流行（Creswell, in press-b; Plano Clark, 2010）。伴随着先后得到发展的定量和定性研究，混合研究方法被认为是"第三次方法论运动"（Tashakkori & Teddlie, 2003a:5）、"第三种研究范式"（Johnson & Onwuegbuzie, 2004:15）和"社会科学天幕上的新星"（Mayring, 2007:1）。为何该方法能得到如此褒誉？其中一个答案是：它是一种在我们日常生活中可以得到不断展现的直觉性研究方式。

回想一下纪录片《难以忽视的真相》（*An Inconvenient Truth*），它由美国前副总统艾伯特·戈尔担纲讲解，讲述了全球气候变暖的情况，并荣获奥斯卡最佳纪录片。在影片中，戈尔既列举了统计趋势，又讲述了他个人有关全球变暖和气候变化的旅行故事。这部纪录片在叙述中使用了定量和定性两种数据。同样的，认真收听 CNN 关于飓风或选举投票的新闻报道，我们也会在这些独立的报道中发现这种兼用定性定量数据的手法。体育赛事评论亦是如此。一位进行实况报道的评论员，通常会先大致描述即将依次展开的赛程（一种定量视角），接下来这位"偏心"的讲解员，将给我们讲一些选手的个人故事，并【2】强调赛场上选手的安排。我们再次在这些报道中看到定量和定性数据同时出现。

在这些例子中，我们观察到一种被格林（Greene, 2007）称为"观察与倾听的多元方式"的混合方法思路。这些多元方式在日常生活中随处可见，而混合方法成为科学研究的天然路径。此外，还有其他因素使研究者对混合方法兴趣大增。他们将混合方法视为一种便利的调查方法。他们的研究问题（或研究困惑）最适于用混合方法来解答，而且他们也看到了使用这一方法的价值（还有挑战）。

要在研究中使用混合方法，第一步就是理解混合方法研究的性质。本章评述了研究者在设计混合方法研究前必须进行的某些初步思考。本章主要讨论了以下问题：

- 理解混合方法研究的意义。
- 考察混合方法研究的范例。
- 认识何种研究问题比较适合使用混合方法研究。
- 了解使用混合方法的优势。
- 明确使用混合方法带来的挑战。

● 混合方法研究的界定

多年来,学界出现了数种混合方法的定义,这些定义吸收了多种研究方法、研究过程、哲学理念和研究设计的要素。表 1.1 对这些不同的视角进行了总结。

初期的混合方法定义出现在评估(evaluation)领域的文章中。格林等(Greene, Caracelli, and Graham, 1989:25)强调了方法的混合并且力图摆脱方法和哲学(如范式)的窠臼。他们在文章中提到:

> 在这项研究中,我们将混合方法设计界定为至少包含一个定量方法(收集数量的设计)和一个定性方法(收集文本的设计)的设计,而且这两种方法与具体的研究范式没有必然联系。

十年之后,混合方法的定义从两种方法的混合转变为贯穿所有研究过程的、方法论取向的混合(Tashakkori & Teddlie, 1998)。后者包含了哲学视角(如世界观)、推断以及【3】结果解释的混合。因此,相关研究(Tashakkori & Teddlie, 1998:ix)将混合方法界定为"方法论的定性和定量路径"的结合。这些学者们在《SAGE 社会和行为研究的混合方法指导手册》(*SAGE Handbook of Mixed Methods in Social & Behavioral Research*)前言里,强调了这一方法论取向,写道,"混合方法研究已经发展到具有独立方法论导向的地步,它有了自己的世界观、术语和相关的技术"(Tashakkori & Teddlie, 2003a:x)。

表 1.1 作者与其混合方法定义的侧重或取向

作者与年份	定义的侧重点
Greene, Caracelli and Graham (1989)	方法;哲学
Tashakkori and Teddlie (1998)	方法论
Johnson, Onwuegbuzie, and Turner (2007)	定性和定量研究的目的
《混合方法研究期刊》(JMMR)(欢迎投稿)	定性和定量研究的方法
Greene (2007)	观察、倾听和理解社会的多元方式
Creswell and Plano Clark (2007)	方法;哲学
核心特质(本书中所呈现与使用的)	方法;哲学;研究设计

奥韦格布兹和特纳(Onwuegbuzie & Turner, 2007)发表在《混合方法研究期刊》(JMMR)上的一篇文章引用率很高,他们总结了21位高发表率的混合方法研究者所提出的19个定义,并试图得出一个能被广泛接受的混合方法定义。他们引述了这些定义中相异的部分,包括混合哪些内容(如方法、方法论或研究类型)、在哪一步研究进程使用混合方法(例如数据收集、数据分析)、混合的适用范围(如从数据到世界观)、混合的目的或原理(如拓展、证实)以及驱动研究的要素(如自下而上、自上而下、核心成分),并对定义进行评价。综合上述多种视角,约翰逊等(Johnson et al., 2007:123)给出了一个综合定义:【4】

> 混合方法研究是一种研究者或研究团队整合定性和定量研究方法要素(如使用定性和定量的研究视角,数据收集、分析和推断技巧)的研究类型,旨在拓展理解和证实的广度与深度。

在这个定义里,作者们没有将混合方法简单地视为一种方法,而将其看作一种方法论,这种方法论不仅包含多种推论的视角,也包含定性和定量研究的结合。他们整合了各类视角,但没有具体地提及、说明范式(如同在Greene et al. [1989]所下的定义)。他们认为,混合方法的目的在于拓展理解和证实的广度与深度,这意味着,他们将混合方法的定义与使用该方法的理由联系在一起。可能更为重要的是,他们认为我们应该使用一种更为一般化的定义。

《混合方法研究学刊》第一期开始征稿时,作为编辑,我们觉得需要给出一个混合方法的一般定义。我们的定义包含一般的定性、定量研究导向,以及研究方法导向。我们也力求使提出的定义不超出现已被广泛接受的有关混合方法的认识,以此鼓励大家多多投稿,并且"使关于混合方法定义的讨论保持开放性"(Tashakkori & Creswell, 2007b:3)。因此,我们期刊的第一期给出的混合方法定义是:

> 混合方法研究是这样一种研究:研究者在一项研究或调查项目中,兼用定性和定量的研究方法,来收集、分析数据,整合研究发现,并得出推论。(Tashakkori & Creswell, 2007b:4)

后来格林(Greene, 2007:20)提出了一个独特的混合方法定义,将这种研究形式概念化为看待社会一种方式:

> ……(混合方法)积极邀请我们探讨观察和倾听的多元方法、理解社会的多元方式,以及判断事物重要性和价值的多元立场。

将混合方法视为"观察的多元方法"大大拓展了它的使用范围,而不仅被用作一种研究方法。例如,它可以被用作设计纪录片的思路(Creswell & McCoy, *in press*),或是了解【5】南非东开普省艾滋病感染者的"观察式"参与方法(Olivier, deLange, Creswell & Wood, 2010)。

2007年,在本书第一版中,我们提出了包含方法和哲学取向的混合方法定义。我们认为:

> 混合方法研究是一种包含了哲学假设和调查方法的研究设计。作为方法论,它包含一些哲学前提假设,这些前提假设在多个研究阶段引导着数据收集和分析、定性定量方法整合。作为一种方法,它关注单个或系列研究中定性和定量数据的收集、分析与混合。它的核心前提是:比起单独使用定性或定量方法,结合使用两种方法,能够更好地解答研究问题。(Creswell & Plano Clark, 2007:5)

该定义仿照了那种用多重含义(multiple meanings)描述研究方法的做法,如斯塔克(Stake, 1995)对案例研究的定义——他认为案例研究源自多个不同理念。现在,我们认为混合方法定义应当整合不同视角。因此,我们需要界定混合方法研究的核心特征(definition of core characteristics of mixed methods research)。我们在混合方法研究工作坊和各种展示中提出了这一核心特征;它结合了方法、哲学和研究设计取向,也强调了设计和实施混合方法研究的关键内容。这一核心特征是本书要重点强调的内容之一。在使用混合方法时,研究者需要:

- 令人信服且严格地收集定性和定量数据(基于研究问题);
- 通过结合(或合并)两类数据,来并行地混合(或结合、联结)定性与定量数据;根据一类数据获得另一类数据,或是将一类数据嵌入另一类数据,来依次混合(或结合、联结)定性与定量数据;
- 优先考虑一类数据或两类数据(根据研究重点);
- 在单一研究或研究项目的多个阶段使用这些程序;
- 在哲学世界观和理论视角的框架内,设计研究程序;并且
- 将这些程序整合进具体的研究设计,以指导研究计划的实施。

【6】 我们相信,这些核心特征足以描述混合方法研究。我们多年来评论混合方法论文,确定研究者如何在研究中使用定性和定量方法,并总结得到了上述要点。

● 混合方法研究的例子

除了定义,更好地理解混合方法研究特征的方式是阅读发表期刊论文。虽然哲学假设通常放在发表的混合方法研究论文的背景中,但在下列例子中,我们依然可以看到上述界定的混合方法的核心特征:

- 研究者利用定量工具收集数据,利用焦点小组产生定性数据,来观察两类数据是否从不同视角得到相似的结果[参见 Classen et al. (2007)所发表的,在职业科学领域中,关于中老年驾驶者安全的健康推进视角的研究]。
- 研究者使用定量实验来收集数据,而后对部分实验的参与者进行访谈,以解释他们在实验中的得分[参见 Igo, Kiewra & Bruning(2008)关于大学生复制—粘贴的作笔记行为的研究)]。

- 研究者先利用访谈来探索个体如何描述某一主题，分析所得信息，随后利用分析发现来发展调查工具。进而，将这个调查工具用于从某个总体中得到的样本，从而检视定性发现是否能够适用于总体[参见 Tashiro(2002)关于日本女大学生生活方式和行为的研究；又见 Mak & Marshall (2004)关于青年恋爱关系中，认为自己在对方眼中重要的心理趋势研究]。
- 研究者进行一项实验，在实验中用定量测量工具评估干预项对结果的影响。实验开始前，研究者收集定性数据来协助设计干预项，或是设计更好的策略来招募实验参与者[参见 Brett, Heimendinger, Boender, Morin & Marshall(2002)对一个社区中家庭体育运动和日常饮食的研究]。
- 在研究中，研究者试图改变我们对女性议题的理解。研究者通过测量工具和焦点小组收集数据，来探索女性议题的内涵。更大的变革式框架引导研究者进行研究，并塑造了研究的各个方面，从议题选择，到数据收集，再到最后呼吁变革的部分[参见 McMahon(2007)探究学生运动员文化，理解强奸迷思的研究]。【7】
- 某研究者希望评估一项已在社区中实施的项目。第一步是收集需求评估的定性数据，确定有待处理的问题。接着是项目效果的测量工具设计。接着，是设计一个测量项目效果的工具。然后，研究者用这个工具来比较项目实施前后的具体影响。随后的访谈旨在确定该项目起作用或不起作用的原因。这种多阶段混合方法研究经常用于长期的评估项目[参见 Farmer & Knapp(2008)关于某个历史遗迹长期影响的阐释性项目的研究]。

以上例子都出现了同时收集定量和定性数据、整合或混合定性和定量数据的情况，以及混合方法研究行之有效的潜在假设。

● 什么样的研究困境适合使用混合方法?

上述研究的作者们假定，混合方法也是解决他们的研究困境的最佳方法，因而采用混合方法来进行他们的研究。使用混合方法来准备一项研究时，研究者需要给出使用该方法的理由。并非所有情况都适合采用混合方法。有时候定性研究最为合适，因为研究者的目标是探索某个问题，尊重参与者的观点，描绘情境的复杂性，以及传达参与者的多元视角。有时候定量研究更为切题，因为研究者试图理解变量间关系，或是分析一组因素是否比另一组因素更能影响结果。在对混合方法的讨论中，我们不想贬低选择单一定量或定性方法的重要性，这取决于研究的具体情况。不仅如此，我们也不欲将混合方法的使用限于某些领域或主题。总体来看，混合方法能广泛应用于社会科学与健康科学领域的许多学科。当然，因为缺乏对定性研究的兴趣，某些学科的专家可能不会选用混合方法，但其实大部分研究困境都可以采用混合方法来解决。我们认为，应当考虑使研究方法适合研究困境的类型，而不是适合具体的研究主题。例如，因为需要理解总体中部分参与者的观点，我们发现某项调查可能最适于采用定量方法；因为需要确定某干预项【8】是否会比控制条件影响更大。那么实验可能最适合使用定量方法，同样的，定性方法可能最契合民族志，因为需要理解文化共享群体如何协作、活动。那么，在什么情况下，我们需要结合定性和定量相结合的研究方法——混合方法呢？**适合使用混合方法的研究困境**具有以下特征：数据资源可能不足、研究结果有待解释、探索性发现需要一般化、要用第二种方法来增强第一种方法、需要采用某种理论立场，以及根据整体研究目标，研究最适于采用多阶段或多项目的形式。

因为单一数据源不够充分，所以需要使用混合方法

我们知道，在理解一个问题时，定性数据能够提供细节，而定量数据则提供更整体性的信息。这种定性信息来自对多位个体的研究，以及对他们的观点进行深度探索；而定量信息则来自对大规模人群的考察，以及确定他们在多个变量上的反馈。定性研究和定量研究提供了不同的图景或观点，也各有局限性。如果研究者针对部分个体进行定性研究，则无法将研究结果推广到更广泛的群体。倘若研究者针对许多样本进行定量研究，则削弱了对某个个体的理解。因此，两种方法恰好可以取长补短，而定量和定性数据的结合能够使研究者更好地理解研究困境，这是选用单一方法无法企及的。

单一数据源不够充分，有几种表现形式。一种类型的证据可能无法完整地讲述故事，或是研究者不认为一种类型的证据足以回答研究问题。从定量和定性数据得到的结果可能存在矛盾，而如果仅仅收集一种数据，研究者则不会发现这种矛盾。更进一步说，在组织某一层级收集的一类数据，可能与在其他层级观察到的证据全然不同。在这些情况下，只使用单一方法来回答研究问题无疑存在缺陷，而混合方法设计能极好地解决这些问题。例如，相关研究（Knodel & Saengtienchai, 2005）考察了泰国老年父母在照顾、支持感染艾滋病病毒的成年子女和艾滋病孤儿时所扮演的角色，他们同时收集了定量问卷调查数据和开放式访谈数据。因为仅有定量数据可能不充分，于是同时采用定性定量数据来研究问题。在讨论这一做法时，他们说：

【9】（访谈中谈到的）问题和艾滋病患者父母的问卷调查相似，但是，访谈的互动性及其允许开放式回答的特点，使父母亲们得以详细讨论相关问题以及影响他们的环境（Knodel & Saengtienchai, 2005：670）。

为了解释初步结果，因此需要使用混合方法

有时候，一项研究的结果并没有完整地回答研究问题，有待进一步解释。在这种情况下，研究者可以采用混合方法研究，使用第二个数据库来协助解释第一个数据库。典型情况之一是，研究者需要解释定量结果的含义。定量结果可以在整体上解释变量间关系，但没有说明统计检定或效应规模到底意味着什么。定性数据和结果能够协助理解定

量结果的意义。例如,魏内(Weine et al., 2005)在芝加哥对波斯尼亚难民进行了一项混合方法研究,考察他们在参与多元家庭支持和教育小组过程中所涉及的家庭因素和过程。在第一阶段的定量研究中,研究者提出了影响参与的因素,而第二阶段的定性研究则包括一系列对家庭成员的访谈,旨在确定加入多元家庭群体的过程中所包含的具体进程。研究者在这里采用混合方法研究的理由是"定量分析揭示了影响参与的因素,为了更好地理解家庭参与群体的过程,我们进行了定性的内容分析来获得更多的信息"(Weine et al., 2005:560)。

为了推广探索性研究的发现,因此需要使用混合方法

在某些研究项目中,调查者可能并不知道哪些问题需要提出,哪些变量有待测量,哪些理论可以引导研究。这种不了解可能是因为研究对象比较特殊、边缘(如居住于阿拉斯加的原住民),或是研究议题比较新奇。在这些情况下,最好先通过定性研究了解哪些问题、变量、理论等内容需要研究,然后进行定量研究来推广、检验前期探索的结果。混合方法项目最适用于这类情况。研究者先通过定性研究进行探索,然后利用定量研究来检验定性研究结果是否可以推广。例如,相关研究(Kutner, Steiner, Corbett, Jahnigen & Barton, 1999)探讨了疾病晚期患者所重视的议题。他们先进行定性访谈,接着根据访谈【10】资料形成测量工具,而后将测量工具用于第二群疾病晚期患者样本,以检测他们在这些已被识别的议题上的表现,是否会因为人口统计学特征而有所差别。库特纳等(Kutner et al., 1999)认为:"前期使用开放式访谈来探索重要议题,使我们得以设计相关的调查问题,并发现这一人群真正关心的议题。"

为了利用第二种方法深化研究,从而需要使用混合方法

有时候,使用第二种研究方法能增强研究者对某一研究阶段的认识。例如,研究者能够通过加入定性数据来增强定量设计(如实验或相关性研究),或是通过加入定量数据来增强定性设计(如扎根理论研究或案例研究)。在上述两种情况里,第一种研究方法里嵌入了第二种研究方法。在定量研究中嵌入定性数据是一种典型方式。例如,多诺万等(Donovan et al., 2002)进行了一项实验,比较接受不同疗程的三组男性前列腺癌患者的治疗结果。然而,由于所有男性都曾出现反常结果并寻求最佳疗法,他们在研究中先进行定性研究,通过对男性进行访谈,来确定招募受试者的最佳方式(例如,最好以何种方式组织和呈现信息)。在他们论文的结尾,作者们反思了这个用来设计受试者招募程序的前期定性步骤的价值:

> 我们展现了:定性研究方法的整合则要求我们理解整个招募过程,指明相关内容的必要改变,以及传递实现最大化招募的信息并确保实验的效率及效度(p. 768)。

为了更好地使用理论立场,于是需要采用混合方法

有时候,某个理论视角可能会为混合方法研究同时收集定量和定性数据的要求,提供一个框架。有待收集的数据可能需要同时收集,或是依序根据一种数据来收集另一种数据。理论视角可以旨在带来变化,或仅仅提供一种观察整个研究的视角。例如,相关研究(Fries, 2009:327)以布迪厄的反思性社会学(reflexive sociology)(“社会行为中客观社会结构与主观行动者之间的互动”)作为理论工具,来同时收集关于使用互补性和可替代性药物的定量、定性数据。他首先收集了问卷调查和访谈的数据,接着分析了人口健康统计数据,然后分析了访谈资料。作者(Fries, 2009:345)总结道,“这个研究呈现了一个替代医疗社会学的案例研究,展现了反思性社会学如何为一项混合方法研究提供理论基础——这项混合方法旨在理解社会行为中结构与行动者的互动”。

【11】

为了通过多个研究阶段理解研究目标,从而需要使用混合方法

在那些耗时数年且包含多个阶段的项目中,如评估研究和多年健康调查,研究者需要联结多个研究来达到总体目标。这些研究中,可能就包括同时或是依序收集定量、定性数据的项目。我们可以将它们视为多阶段或多项目混合方法研究。这些项目通常由数个研究团队共同完成多个阶段的工作。例如,相关研究(Ames, Duke, Moore & Cunradi, 2009)针对美国海军入伍新兵在兵役头三年里的饮酒模式,进行了一项多阶段研究。为了理解饮酒模式,他们进行了长达五年的研究,首先根据收集到的数据形成测量工具,接着在下一阶段修正模型,最后分析数据。他们展示了五年来研究所包含阶段的图表,并这样介绍研究展开的顺序:

> 最终确定的研究设计是复杂的,它既包括对一个高流动性群体进行长时段的问卷数据收集,也包括在不同背景下对他们进行访谈,这要求组建一个在方法论上具有多样性的研究团队,并要有对暂定研究顺序清晰的描绘,定性和定量发现的相互影响和深化有赖于这一顺序设计(Ames, Puke, Moore & Cunradi, 2009:130)。

以上例子展示了混合方法与研究问题相契合的情况。这些例子也为我们理解后文将讨论的混合方法设计,以及研究者提出的进行混合方法研究的理由,奠定了基础。尽管我们在每个例子中都只引用了使用混合方法的一个理由,但其实许多作者都提出了多个原因;我们也建议有志向(和有经验)的研究者,着手摘录已出版作品中研究者提出的采用混合方法的依据。

【12】

● 使用混合方法有哪些好处?

比起了解混合方法的定义和应用条件,要理解混合方法的本质,有待讨论的内容则

更多。此外，在选用混合方法之初，研究者得知道使用混合方法会有哪些好处，如此才能令其他人相信混合方法的价值。接下来，我们将列举混合方法的一些优势。

混合方法研究的优点之一，在于使定量与定性研究互补，消除彼此的缺点。这是混合方法研究领域持续了三十多年的历史性争议（参见 Jick, 1979）。某些人认为定量研究难以理解人们谈话的语境和背景，也无法直接呈现参与者的观点。不仅如此，定量研究者置身幕后，他们个人的偏好和阐释也很少得到讨论。定性研究可以弥补这些劣势。另一方面，由于研究者往往会进行个人的阐释，并可能因此造成偏颇，所以定性研究被认为存在不足；又因为研究对象的数量有限，定性研究难以将研究发现推广至更大群体。定量研究则可以避免这些缺陷。因此，二者恰好可以取长补短。

比起单一的定性或定量研究，混合方法研究可以为研究问题提供更多的证据。研究者可以使用所有可行的数据收集工具，而不限于定量或定性研究特定的数据收集方式。

混合方法研究有助于回答定量或定性研究无法回答的问题。例如，"利用访谈和标准化测量工具得到的参与者观点是否一致"就是一个混合方法问题。其他问题还有："定性访谈如何解释研究中的定量结果？"（利用定性数据解释定量结果），"对实验中的特定样本而言，应该设置怎样的干预项才合适？"（在实验开始前的定性探索）。要回答这些问题，使用单一的定量或定性方法可能无法给出令人满意的答案。在第五章中，我们将对一系列混合方法问题进行更加深入的讨论。

定量和定性研究者时常对立，而混合方法将双方联结在一起。我们首先是社会、行为和人文科学的研究者，拘泥于定量和定性研究的区分，只会减少我们可以使用的方法和相互合作的机会。

混合方法研究鼓励研究者使用多种世界观或范式（如多种信念和价值观），而不限于【13】定量或定性研究的特定范式。混合方法研究也支持我们探索能够包含所有定量、定性研究的范式，如实用主义。在下一章中，我们将深入讨论研究者的范式立场。

混合方法研究者可以自由选用任何可以解决研究问题的方法，在这一意义上，混合方法研究是"实用"的。说混合方法"实用"，还因为人们在解决问题时，也通常同时使用数字和文字、归纳和演绎思维，以及观察对象和记录行为的技术。因而对人们来说，偏爱使用混合方法来理解世界是很自然的事。

● 使用混合方法有哪些挑战？

我们必须承认，不是所有研究者或所有研究问题都能采用混合方法。使用混合方法也并不降低进行定量或定性研究的价值。然而，混合方法确实要求研究者有特定技能、时间，以及用来进行广泛数据收集和分析的资源；最重要的是，还要使他人认识到并相信有必要采用混合方法设计——如此，研究者的混合方法研究才能为学术委员会所接受。

技能问题

我们认为,只要研究者具备必要技能,混合方法就是一种很实用的方法。我们强烈建议研究者在进行混合方法研究前,要先具备分别进行定量研究和定性研究的经验。至少,研究者要了解收集、分析定量和定性数据的技术。在定义混合方法时,我们曾强调过这一点。混合方法研究者要熟悉收集定量数据的一般方法,如使用测量工具和封闭式态度量表。研究者也要知道假设检验的逻辑,具有使用、解释统计分析的能力,并会用统计软件中包含的描述性统计和推断性统计程序。最后,研究者还要理解定量研究中关于精确性与严谨性的基本问题,包括信度、效度、实验控制以及结论一般化等问题。我们会在后面的章节里,深入讨论严谨的定量方法。

【14】此外,研究者也应具备类似这样的一套定量研究技能。研究者要能识别所研究的核心现象,能提出定性的、意义导向的研究问题,并且将参与者视为专家。研究者也要熟悉收集定性数据的一般方法,如使用开放式问题的半结构式访谈,以及定性观察。研究者需具备分析定性文本数据的基本技能,包括文本编码、形成主题和基于编码进行描述,还得会用定性数据的分析软件。最后一点很重要,研究者要理解定性研究中有关论证的基本问题,包括信度、效度和一般的验证策略。

总之,使用混合方法的研究者需要有扎实的混合方法研究基础。这就要求他们阅读20 世纪 80 年代以来积累的混合方法文献,并关注一项好研究所需的最佳程序和最新技术。研究者们可能还得选修一些混合方法研究的课程,互联网上和许多大学里都有相关课程。此外也可以跟随那些熟悉混合方法的研究者进行学习,他们能够传授有关混合方法研究所需技术的知识。

时间和资源问题

即使研究者具备了基本的定量和定性研究技术,也仍应自问:考虑到时间和资源,混合方法是否可行?这些是在计划阶段需要及早考虑的重要议题。进行混合方法研究,需要研究者具备充裕的时间、资源,并付出努力。研究者应考虑以下问题:

- 是否有充裕的时间去收集和分析两种不同类型的数据?
- 是否有可以收集和分析定量、定性数据的充足资源?
- 现有技能和人力是否足以完成此项研究?

在回答这些问题时,研究者必须考虑,研究获得批准、接触研究对象、完成数据与分析需要多长的时间。研究者应当牢记,定性数据的收集和分析过程,通常要比定量数据花更多时间。混合方法研究所需的时长,要看研究是否使用一阶段、两阶段或多阶段设【15】计。研究者也需要思考研究的开支问题,如定量测量工具的印刷费、定性研究的记录和誊写成本、定性和定量软件的购买费用。

由于采用混合方法设计会带来一些上文所述的要求,混合方法研究者们应当考虑团队作业。对那些希望独立工作的研究生来说,这有些不切实际。但是,如果能够组建一个混合方法研究项目的团队,不仅可以使具有不同方法论和专业知识背景的研究者一起合作,也增加了项目的人力资源。团队合作也是个挑战,会增加研究的成本。在团队中,具备必需技能的研究者要有明确的定位,团队领导者要能使成员们进行并保持成功的合作。总之,团队合作使来自不同领域、各具专长的研究者,加强了彼此间的交流,因而团队内部的多样性会是一大优势。

如何使他人信服

就研究者使用的方法论而言,混合方法研究是一种较为新型的研究路径。因此,很多人可能尚不相信或理解混合方法的价值。有人可能将其视为一种"新"方法,也会有人觉得自己没时间学习一种新的研究方法。此外,混合方法混合了不同的哲学立场,也会有人从这一哲学基础出发拒绝混合方法,在下一章我们会谈到这一点。

要使人相信混合方法的用处,可以在某个研究主题或领域的文献中,找到混合方法研究的典型范例,并通过分享这些范例使他人了解混合方法。我们可以从那些享誉国内或国际的期刊中,选取混合方法研究的优秀范例。那么,研究者如何才能发现这些混合方法研究呢?

我们很难从表述上认出混合方法研究,研究者在标题或是方法部分使用"混合方法"一词,是最近才开始出现的。某些学科也会使用其他术语称呼这种方法。我们通过广泛整理文献,形成了一份简短的术语表,可以用来检索电子数据库和期刊文献。这些术语包括:

- 混合方法[1];
- 定量和定性; 【16】
- 多元方法;
- 调查和访谈。

注意第二个搜索词使用了逻辑词"和"(如定量和定性)。这要求文献中同时出现两个词,才能满足检索条件。如果检索到了太多文章,可以尝试缩小检索范围,要求检索词必须出现在摘要,或在时间上要求是近几年的文章。如果找不到足够的文章,则可以尝试搜索结合使用普通数据收集方法的概况,如"调查和访谈"。通过使用以上策略,研究者可能会找到不少混合方法研究的好例子,这些例子具有本章所介绍的混合方法本质特征。与相关研究人员分享这些混合方法范例,有助于使他们相信混合方法的实用性和可行性。

1　类似表述还有混合方法、多种混合方法、混合方法学。

小　结

在决定进行混合方法研究之前,研究者要先思考有关混合方法研究本质的几个问题。首先,研究者需要了解混合方法研究的构成部分,并确定,对于他们这项研究而言,混合方法是否是最佳的研究方法。我们讨论了混合方法的一些核心特征:收集、分析定量和定性两种数据;通过合并两类数据、在一种数据基础上形成另一类数据、将一种数据嵌入另一种等形式,混合两种类型的数据;着重使用一种数据,或同样重视两类数据;在单项研究或长时段研究中,使用两类数据;采用与混合方法完全契合的哲学取向或理论取向;选用具体的混合方法设计作为研究程序。以上特征中最重要的一点,就是使用定性、定量两种数据。其次,研究者需要评估,某个研究问题是否最适合采用混合方法来解决。许多研究主题和研究问题都适合采用混合方法(如校园暴力升级问题,或家庭中孩子营养不良的问题)。研究者应当考虑混合方法是否能最好地解答研究问题。有些问题如果只利用一种数据就无法完整解答,只有使用两类数据源才能更好地进行研究。有些研究则需要使用第二类数据帮助解释第一类数据。此外,还有一些研究问题,研究者可能要在开展定量研究前先进行定性探索,或是应当采取某种理论视角进行研究,又或者是需要进行多阶段研究来形成对该问题的完整认识。

【17】使用多个数据源有助于理解研究问题,除此之外,运用混合方法还有其他好处。定性和定量方法彼此可以取长补短。比起运用单一的定性或定量数据,使用多个数据源显然能为研究提供更多证据。学者们提出的研究问题,通常需要利用不同数据源来探究和解释。对于集结了不同领域研究者的跨学科研究,混合方法同样适用,它使学者们得以采用多种哲学视角来引导研究。最后,因为混合方法提供了看待问题的多元视角——这种多元视角常见于日常生活,因而混合方法既是实践性的又是直觉性的。

这并不意味着使用混合方法易如反掌。它需要研究者掌握几个领域的技能:定量研究、定性研究和混合方法研究。由于混合方法研究需要收集大量数据,因而从定性和定量数据源那里获取数据要耗费不少时间,因此也需要许多资源来支持数据收集(和数据分析)。混合方法研究的策划者,需要让其他人认识到混合方法的价值,这或许是最重要的事。这是一种较新的研究方法,对在研究中采用多元研究视角保持开放态度。现在,通过检索文献能够找到大量混合方法的好范例,研究者可以和相关人员分享这些范例来帮助他们了解混合方法研究。

练　习

1. 在你的研究领域或学科中,找到一个混合方法研究。然后进行下列练习:

a) 暂且不管文章的内容,重点了解研究者所使用的研究方法。

b)回顾混合方法研究的核心特征,思考这项研究如何体现了混合方法的核心特征,评判是否算得上是一个好的混合方法研究范例。

2. 思考混合方法对不同群体的价值,如政策制定者、研究生导师、在职人员、研究生。讨论对各个群体而言,混合方法的价值。

3. 考虑你的研究是否适合采用混合方法。列出你具备的或可获得的技能、资源和时间。

4. 考虑设计一个混合方法项目。用你自己的话说一说,你将如何界定混合方法研究,为什么你的研究问题适合采用混合方法来解决,以及运用该方法的好处和挑战。

阅读推荐

关于混合方法的定义,可以参考以下资源:

Creswell, J. W. (2009). *Research design: Qualitative, quantitative, and mixed methods approaches* (3rd ed.). Thousand Oaks, CA: Sage.

Greene, J. C. (2007). *Mixed methods in social inquiry*. San Francisco: Jossey-Bass.

Greene, J. C., Caracelli, V. J., & Graham, W. F. (1989). Toward a conceptual framework for mixed-method evaluation designs. *Educational Evaluation and Policy Analysis*, 11(3), 255-274.

Johnson, R. B., Onwuegbuzie, A. J., & Turner, L. A. (2007). Toward a definition of mixed methods research. *Journal of Mixed Methods Research*, 1(2), 112-133.

关于使用混合方法进行研究的理由和目的,可以参见以下资源:

Bryman, A. (2006). Integrating quantitative and qualitative research: How is it done? *Qualitative Research*, 6(1), 97-113.

Mayring, P. (2007). Introduction: Arguments for mixed methodology. In P. Mayring,

G. L. Huber, L. Gurtler, & M. Kiegelmann (Eds.), *Mixed methodology in psycho-logical research* (pp. 1-4). Rotterdam/Taipei: Sense Publishers.

关于混合方法研究的优势,可以参见以下资源:

Creswell, J. W., & McCoy, B. R. (in press). The use of mixed methods thinking in doc-umentary development. In S. N. Hesse-Biber (Ed.), *The handbook of emergent technologies in social research*. Oxford, UK: Oxford University Press.

Plano Clark, V. L. (2005). Cross-disciplinary analysis of the use of mixed methods in physics education research, counseling psychology, and primary care (Doctoral dissertation, University of Nebraska-Lincoln, 2005). *Dissertation Abstracts International*, 66, 02A.

关于进行混合方法研究所需技能,可以参见以下资源:

Creswell, J. W., Tashakkori, A., Jensen, K. D., & Shapley, K. L. (2003). Teaching mixed methods research: Practices, dilemmas, and challenges. In A. Tashakkori & C. Teddlie (Eds.), *Handbook of mixed methods in social & behavioral research* (pp. 619-637). Thousand Oaks, CA: Sage.

第二章

混合方法研究的基础

在开始一项混合方法研究之前，研究者不仅要考虑他们的研究问题是否最适合采用混合方法，也应该深入了解混合方法，进而不但可以界定混合方法、为其辩护、了解其本质特征，而且能够参考确立混合方法的重要文献。这意味着要了解混合方法的历史，以及影响其发展的关键文献。此外，在设计混合方法研究之前，还应当了解混合方法有关研究者暗合的知识假设，以及研究者自身的知识储备。这就需要了解混合方法背后的哲学假设。最后，现在的混合方法研究者通常会选择一种理论，作为贯穿整个研究的理论视角。因此，计划混合方法研究的第一步，就是考虑研究是否使用理论，以及如何在项目过程中使用理论。

【20】 为了计划和实施混合方法研究，本章回顾了混合方法研究的历史、哲学及理论基础。具体而言，我们将介绍：

- 混合方法的历史基础；
- 选择一种混合方法研究时的哲学假设；
- 混合方法研究可以采用的理论视角。

● 历史基础

在规划混合方法项目时，研究者需要了解混合方法的历史、演化历程，以及现在它所受到的关注。除了混合方法的定义，一项混合方法计划或研究也要述及现有文献、应用此方法的理由，并说明此前混合方法在该研究领域的应用。所有这些，都要求研究者了解混合方法研究的历史基础，如混合方法出现的时间、谁写过相关文章，以及当前的使用情况。

混合方法何时产生?

我们通常认为混合方法始见于20世纪80年代末期,这一时期出现了一些出版物,重在描述和界定现在称作混合方法的内容。来自各国、各学科的几个学者几乎不约而同地想到了这个内容。20世纪80年代末到90年代初,美国的社会学家(Brewer & Hunter, 1989)和英国的社会学家(Fielding & Fielding, 1986)、美国的评估领域的研究者(Greene, Caracelli, & Graham, 1989)、英国的管理学研究者(Bryman, 1988)、加拿大的护理学学者(Morse, 1991)以及美国的教育学家(Creswell, 1994),都在勾勒混合方法的概念。他们撰写著作、章节和论文,讨论这种不再在一项研究里分开使用定量、定性方法的新研究方法。他们论述了一系列连接或结合定性和定量方法的方式。这些学者开始讨论如何整合或"混合"数据,以及这样做的理由;布莱恩(Bryman, 2006)在几年后总结了这些混合数据的方法。作者们也讨论了可行的研究设计,并给这类设计命名;我们(Creswell & Plano Clark, 2007)后来整理了设计的分类清单。为了表达这些设计,学界形成了一套速记符号;莫尔斯(Morse, 1991)着重讨论了这些符号。此外,关于这种方法背后哲学基础的争论也出现了;相关研究(Reichardt & Rallis, 1994)详细说明了这场始于美国的争论。【21】

其实,混合方法的程序和哲学方面的发展,其起始时间远早于20世纪80年代末。早在1959年,坎贝尔(Campbell)和费斯克(Fiske)就曾讨论过,在心理学实验的验证阶段加入多个来源的定量信息的问题。也有人提倡过使用多个数据资源——同时包含定量和定性——来进行学术研究(Denzin, 1978);还有一些著名的定量研究,如坎贝尔(Campbell,1974)和克隆巴赫(Cronbach,1975)的研究,提倡在定量实验研究中加入定性数据。西伯(Sieber)在1973年出版的著作,其最大特点就是结合使用了调查和田野作业,并且二者相互影响。在评估研究领域,巴顿(Patton)在1980年时曾提议,自然主义和实验性设计要有"方法的混合",他也提出了数个用来解释多种方法混合的程序图。简而言之,这些学者们的早期讨论已经涉及一些关键性内容,而后来的学者们进行了更加系统性的努力,孜孜不倦,致力于将混合方法完善为研究设计,致力于创造一种独特的研究方法(Creswell, in press-a)。

混合方法为何出现?

正如我们所知,自20世纪90年代初以来,许多因素影响了混合方法研究的演变。研究问题的复杂性,要求研究者不能仅用定量数字或定性文字的方式来回答问题。结合两种形式数据能够为研究问题提供最全面的解答。研究者要能够结合背景和参与者话语来定位数量,同时他们也需要利用数量、趋势和统计结果来整理参与者的话语。在现在的研究中,两种类型的数据都是必要的。此外,在社会和人文科学里,定性研究已成为一种合理的探究模式(参见 Denzin & Lincoln, 2005)。另一方面,我们相信定量研究者也认识到,定性数据能够在定量研究中起重要作用。定性研究者也逐步意识到,仅报告少数个体的定性参与式观点,可能无法使研究发现推及更多个体。实践领域的人员,如政策【22】

制定者、政策实践者等,需要多种形式的证据来记录和说明研究问题。这种对复杂证据的需求,要求研究者既收集定量数据,也收集定性数据。

混合方法名称的由来

关于如何称呼这种探究形式,曾有过许多讨论。在过去 50 年里,作者们使用过许多名字,使得我们很难找到现在称为“混合方法”研究的具体研究。学者们曾称它为“整合”或“联合”研究,强调了两类数据的有机结合(Steckler er al., 1992);有时也称其为“定量和定性方法”(Fielding & Fielding, 1986),强调这其实是两种方法的结合。研究者们还称呼它为“混杂”(hybrid)研究(Ragin, Nagel & White, 2004),或“三角互证法”(Morse, 1991),强调定量和定性数据的联合;另外,还有“联合研究”(combined research)(Creswell,1994)和“混合方法学”(mixed methodology)的叫法,表明这既是一种方法,又是一种哲学世界观(Tashakkori & Teddlie,1998)。同理,最近该方法又被称为“混合研究”(mixed research),强调这种方法不仅仅是方法,它还与研究的其他方面,如哲学前提假设紧密相连(Onwuegbuzie & Leech, 2009)。现在最常用的名称应该是“混合方法研究”,这个名字与《社会和行为研究中混合方法手册》(Tashakkori & Teddlie, 2003a, in press),以及 SAGE 期刊《混合方法研究期刊》(JMMR)联系在一起。众多社会科学、行为科学和人文科学学者已在使用“混合方法”(mixed methods)一词,持续使用这一名称将有助于研究者们把它看作一种独特的探究模式。

混合方法的演化阶段

我们研究混合方法是站在其他学者肩膀上的,当然也离不开过去十数年中学界关于混合方法历史与哲学的讨论。对那些设计并进行混合方法研究的人而言,回顾历史并非无意义的旧事重提。了解混合方法的历史,可以让研究者更好地为采用这种方法辩护,证明自己采用混合方法的合理性,而且在“方法”部分引用混合方法领军学者的著作。

混合方法的历史可以分为几个发展阶段(Tashakkori & Teddlie, 1998)。我们将分五个阶段来回顾混合方法的历史,这五个时期相互之间也有所重合,详见表 2.1。

形成时期。混合方法历史上的形成时期,始于 20 世纪 50 年代,持续至 20 世纪 80 年代。这一时期,学者们刚刚开始在研究中使用多种方法。这种做法在 20 世纪 50 年代初露端倪并持续发展:心理学的一项研究开始结合使用多种定量方法(Campbell & Fiske, 1959);社会学研究同时运用抽样调查和田野工作(Sieber,1973),有的研究同时使用多种方法(Denzin, 1978),或是定量和定性方法的三角测量方案(Jick, 1979; Patton, 1980);在心理学领域,关于如何结合来自不同视角的定量、定性数据,也有讨论(参见 Cook & Reichardt, 1979)。这些内容都是混合方法的雏形(Creswell, in press-a)。

范式争议时期。混合方法发展史上的范式争议时期,主要出现在 20 世纪 70 到 80 年代。在这一时期,定性研究者坚持认为定量和定性研究具有不同的前提假设(参见 Bryman, 1988; Guba & Lincoln, 1988; Smith, 1983)。学者们争论定性和定量数据是否可以结合,因为二者各自有不同的哲学假设。有些学者认为,倘若定性定量研究的哲学假设果真不同,那么要求结合两种范式的混合方法研究,就是站不住脚的(或不可行的)(Smith, 1983)。相关文献(Rossman & Wilson, 1985)把那些认为范式不可混合的研究者称为"纯粹主义者"(purists)。1994 年,在美国评估协会的会议上,分别支持两种观点的发言,使得这一争论趋于白热化。现在,数据收集方法和更大哲学假设之间的联系,并不【26】像 20 世纪 90 年代的学者所设想的那样紧密。例如,丹森和林肯(Denzin & Lincoln, 2005)曾提出,各种类型的方法,分别联系着不同的世界观或哲学。其他观点在这一阶段也有所发展,如情境主义者的观点,他们在研究中会根据情境调整方法;还有实用主义者的观点,他们认为可以运用多种范式来解决研究问题(Rossman & Wilson, 1985)。尽管调和范式差异的问题仍然存在(参见 Giddings, 2006; Holmes, 2006 的论著),已经有学者提出,应当将现实主义视作最适合混合方法的哲学基础(参见 Tashakkori & Teddlie, 2003a)。但是,在混合方法研究中使用不同的范式,要尊重每一种范式,并要清楚地知道何时该采用何种范式(Greene & Caracelli, 1997)。

程序发展时期。尽管关于何种范式才是混合方法研究的基础还存有争议,在 20 世纪 80 年代,混合方法的发展已逐渐进入程序发展时期,作者们关注数据收集方法、数据分析、研究设计和进行混合方法研究的目的。在 1989 年,格林(Greene)等人写了一篇评估领域的经典论文,奠定了混合方法研究设计基础。在这篇论文里,他们分析了 57 个评估研究,提出包含 5 种设计的分类系统,并深入讨论了如何选择设计类型。在这篇论文之后,许多作者也曾一一鉴别这些各有名称、包含不同程序的混合方法设计类型。几乎是同时,社会学家布鲁尔和亨特(Brewer & Hunter,1989)将多元方法研究过程的步骤(如研究问题具体化、抽样和收集数据)联系在一起,为关于设计类型的讨论贡献良多。布莱恩(Bryman,1988)也讨论了结合定量和定性数据的原因。在 1991 年,护理学研究者莫尔斯(Morse)曾设计了一个术语系统,以解释研究中定量和定性部分的运作。基于这些分类和术语,作者们开始具体讨论混合方法设计的某种类型。例如,克雷斯维尔(Creswell, 1994)提出了三种设计的简化版,并列举了使用这三种设计的研究。摩根(Morgan,1998)提出决定使用何种设计的决策矩阵(decision matrix);此外,班伯格(Bamberger,2000)、纽曼和本(Newman & Benz,1998),以及塔萨科里和特德利(Tashakkori & Teddlie,1998)等学者的政策研究著作,开始勾勒混合方法的程序,并关注效度和推断等问题。

倡导与扩张时期。近年来,混合方法的历史开始进入倡导与扩张时期。在这一时【27】期,许多作者提倡将混合方法研究视为一种独立的方法论、方法或具体研究路径,来自更多学科和国家的学者们,开始对混合方法产生兴趣。

我们也是混合方法的倡导者。我们举办了多个学科和领域的工作坊来学习混合方法,并关注混合方法的扩张——从会议到期刊,到各个研究领域,继而蔓延至全球多个国家。《社会和行为研究中的混合方法手册》(Tashakkori & Teddlie, 2003a)在 2003 年出版,这本 768 页、共 26 章的著作,重点讨论了混合方法的争议、方法论问题、在不同学科领

【23-25】

表 2.1 部分作者和他们对混合方法研究的贡献

发展阶段	作者和年份	对混合方法研究的贡献
形成时期	Campbell and Fiske (1959)	引介多元定量方法
	Sieber (1973)	结合调查与访谈
	Denzin (1978)	讨论在一项研究中使用定量、定性两种数据
	Jick (1979)	讨论定量与定性数据的三角互证
	Cook and Reichardt (1979)	提出结合定量与定性数据的 10 种方法
范式争议时期	Rossman and Wilson (1985)	讨论结合多种研究方法的立场:纯粹主义(purists)、情境主义(situationalists)和实用主义(pragmatists)
	Bryman (1988)	回顾了上述争议并在定量、定性传统间建立联系
	Reichardt and Rallis (1994)	讨论范式之争并试图调和定量、定性两种传统
	Greene and Caracelli (1997)	建议超越范式之争
程序发展时期	Greene, Caracelli, and Graham (1989)	确立混合方法的分类系统
	Brewer and Hunter (1989)	关注研究过程中使用的多元方法
	Bryman (1988)	提出结合定量和定性研究的理由
	Morse (1991)	形成一套术语系统
	Creswell (1994)	提出混合方法设计的三种类型
	Morgan (1998)	提出用于决定采用何种设计的类型学
	Newman and Benz (1998)	对研究程序进行了概述
	Tashakkori and Teddlie (1998)	概述了一部分混合方法研究
	Bamberger (2000)	提出关于混合方法研究的国际准则

续表

发展阶段	作者和年份	对混合方法研究的贡献
倡导与扩张时期	Tashakkori and Teddlie (2003a)	提出应对混合方法研究各个方面的综合方法
	Johnson and Onwuegbuzie (2004)	将混合方法定位为传统定量和定性方法的天然补充
	Creswell (2009c)	比较研究过程中的定量、定性和混合方法
	Greene (2007)	强调在社会研究和评估领域,应用混合方法的依据、目的和潜力
	Plano Clark and Creswell (2008)	整理出版混合方法的方法论研究和经验研究
	Teddlie & Tashakkori (2009)	记载过去五到十年里混合方法研究领域的进展
	Morse & Niehaus (2009)	论证包括核心成分与补充成分的混合方法设计
反思时期	Tashakkori & Teddlie (2003b)	提出混合方法领域的议题和优先顺序
	Greene (2008)	区分方法论的四个领域,并讨论在将混合方法视作独特的方法论时,我们已知的信息和需要了解的内容
	Creswell (2008a, 2009b, in press-b)	形成混合方法文献的关系图
反思时期	Howe (2004)	批评这种做法:将混合方法当作限制定性方法起更大辅助作用一致,且在用定性方法进行阐释时是失败的
	Giddings (2006)	批评这种做法:将混合方法视作忽视非实证研究的方法论,且过分重视实证传统
	Holmes (2006)	批评混合方法研究者描述混合方法研究的方式
	Freshwater (2007)	质疑混合方法的基本假设及其后现代的表述
	Creswell (in press-a)	确认混合方法研究存在的争议,并给出自己的观点

域的应用以及发展前景——自这本书出版以来,混合方法研究领域已取得了许多进展。正如《手册》在2003年所言,在许多学科和国家,有混合方法研究的资助方案、有相关著作出版、有混合方法会议、有应用混合方法的研究——可见人们对混合方法的兴趣日渐增长。在《手册》第二版中(Tashakkori & Teddlie, in press),主题章节已增加到31章,写作团队也加入了混合方法领域的新研究者。

在资助方案方面,美国国家卫生研究院(NIH)数年前曾带头讨论针对定量定性"结合"研究的指南(National Institutes of Health, 1999),尽管从现今的视角来看,这些内容有待更新和修订。2004年,在NIH七个学院和两个研究室的资助下,NIH举办了"社会工作和其他健康行业定性与混合方法研究的设计与实施"工作坊。2003年,美国国家科学基金会(NSF)举办了关于定性研究科学基础的工作坊,其中有数篇文章讨论了定量与定性方法的结合(Ragin et al., 2004)。美国国家研究委员会(The National Research council,2002:99)讨论了教育学领域的科学研究,并总结了引导研究的三个问题:"描述——发生了什么?原因——是否存在系统性效应?过程或机制——为何与如何发生?"。这三位一体的问题,表明科学研究同时需要定量和定性方法。美国的私人基金,如罗伯特·伍德·约翰逊基金会和W. T. 格兰特基金会,也曾举办混合方法研究的工作坊。在英国,经济与社会研究委员会(ESRC)也曾通过资助研究方法项目下的研究,来支持混合方法研究(Bryman, 2007)。

普莱诺·克拉克(Plano Clark, 2010)对研究计划摘要包含"混合方法"一词的NIH【28】资助项目进行了分析。检索刚获得资助的项目(限定为资助第一年),并设定搜索词为"混合方法"或"多元方法",普莱诺·克拉克从RePORTER(美国国立卫生研究院开支和结果查询,http://projectreporter. nih. gov/reporter. cfm)得到了1997—2008年的272条记录。根据她对这些项目的研究,在1997—2008年这段时间内,这些获得资助的项目,项目摘要中出现上述搜索词的频率稳定上升。这些项目的资助来自25个NIH机构(其中美国国家心理卫生研究所资助了最多的项目,占24%),这也说明混合方法受到了大量关注。其中27%的项目包含实验或控制实验,许多项目具有复杂的设计或设计名称,如"混合方法的预计随机控制研究""纵向混合方法描述性研究"或"平衡、顺序、变革性混合方法研究"——这一趋势也可以在健康科学领域看到(Plano Clark, 2010)。从上述名称可见,健康科学领域的混合方法项目,在实施过程中差异巨大。在关于NIH数据库的另一项研究中,我们曾分析过K-awards的颁发情况,这只会颁发给那些既有职业发展规划,又有大量扎实研究的新人学者。仅看2007年的资助项目就可以发现,其中许多项目都包含涉及定性研究和混合方法的实验部分。

在许多期刊或是学科中,发表或出版的混合方法研究持续增加。我们发现,在1995—2005年,有超过60篇的社会和人文科学领域的论文使用了混合方法研究(Plano Clark, 2005)。现在,某些特别主题的期刊会发表混合方法研究,如《家庭医学年报》(*Annals of Family Medicine*)(参见Creswell, Fetters & Ivankova, 2004)和《咨询心理学期刊》(*Journal of Counseling Psychology*)(参见Hanson, Creswell, Plano Clark, Petska & Creswell,2005)。一些声名在外的健康科学期刊,如《美国医学会会刊》(*Journal of the American Medical Association*)(Flory & Emanuel,2004)、《柳叶刀》(Malterud, 2001)、《循环》(参见 Curry, Nembhard,& Bradley, 2009)、《创伤应激反应期刊》(*Journal of Traumatic Stress*)(参见 Creswell & Zhang, 2009)和《校园心理学》(*Psychology in the Schools*)(例如 Powell, Mihalas, Onwuegbuzie, Suldo, & Daley, 2008)曾刊文呼吁:在健康科学传统的实验性探究中,使用更多的定性数据。现在还有部分期刊专注于发表混合方法经验研究,以及混合方法的方法论文章,如 JMMR、《定性与定量》、《田野方法》(*Field Methods*),以及在线期刊《多元研究方法国际杂志》(IJMRA)。混合方法期刊论文的标题中,混合方法一词出现的频率越来越高,混合方法也逐渐为更多人所知(参见 Slonim-Nevo & Nevo,2009)。此【29】外,在评估研究(Greene et al., 1989)、高等教育研究(Creswell, Goodchild & Turner, 1996)、教育研究(Johnson & Onwuegbuzie, 2004)、家庭医疗、物理教育、咨询心理学(Plano Clark, 2005)中,还有社会科学的四个分支学科(Bryman, 2006)、营销研究(Harrison, 2010)、家庭研究(Plano Clark, Huddleston-Casas, Churchill, Green & Garrett, 2008)、跨文化咨询研究(Plano Clark & Wang, 2010)里,都可以找到对混合方法研究的跨学科评述。

正如以上期刊所示,在各个学科领域,对混合方法的使用不断增加。实证医学干预问题的研究者,正在临床试验里加入定性数据[参见 Creswell, Fetters, Plano Clark & Morales(2009)对混合方法干预试验的讨论]。尽管这些实验性试验会引发一些问题——关于定性研究对在健康科学领域占主导地位的定量方法论的颠覆(参见 Howe, 2004),但这些实验也确实有助于以许多研究者可接受的方式,在原本少有定性研究的健康科学领域中引入定性研究。同样,一些基于特定学科的方法,譬如地理信息系统(GIS),正被视作混合方法在各个领域——如社会学领域——应用的结果(Fielding & Cisneros-Puebla, 2009)。近来,各个学科,如传媒领域(Berger,2000)、教育和心理学(Mertens, 2005)、社会工作(Engel & Schutt, 2009)、家庭研究(Greenstein, 2006)、护理学和健康科学(Andrew & Halcomb, 2009),关于研究方法和混合方法的著作也不断涌现,这些作品或是有讨论混合方法的章节,或是全书讨论混合方法(e. g., Creswell, 2009c; Creswell & Plano Clark, 2007; Greene, 2007; Morse &Niehaus, 2009; Plano Clark & Creswell, 2008; Teddlie & Tashakkori, 2009)。

在全球范围内,各国学者对混合方法的兴趣都在不断增加。最近 JMMR 上发表的作品表明对混合方法的研究具有国际性,许多国家——如斯里兰卡(Nastasi et al., 2007)、德国(Bernardi, Keim, & von der Lippe, 2007)、日本(Fetters,Yoshioka, Greenberg, Gorenflo, & Yeo, 2007)和英国(O'Cathain, Murphy, & Nicholl, 2007)——的学者都参与其中。现在由英国里德大学主办、以英格兰为主要举办地的混合方法会议,已成功举办了五届。美国学者多年来一直参与会议,缩小了美国学界与其他国家学界间的"大西洋鸿沟"。随着学界不断讨论实行混合方法研究所需的定量与定性技术,国际性的混合方法学术共同体正在形成,尤其是在南非,定性方法学者居主导地位,具备定量技能的学者也不断加入其中(Olivier, de Lange, Creswell, & Wood, 2010)。国际学术共同体的形成也有赖于会【30】

【31-34】

表 2.2　目前考虑混合方法时的议题、优先顺序和主题

核心议题	Tashakkori & Teddlie (2003b)的讨论范围	所述议题和问题	Greene (2008)的讨论范围	所述重要问题	Creswell(2008a, 2009b)的讨论范围	所述主题
混合方法的核心问题	• 混合方法研究中的术语和基本定义 • 混合方法研究的效用(为什么使用混合方法?)	• 我们应该使用定量(QUAN)和定性(QUAL)的术语,还是创造新的混合方法术语? • 进行混合方法研究的理由是?			• 混合方法的本质	• 定义(定性、定量)两种术语,以为在现有设计中运用混合研究
哲学问题	• 混合方法研究的范式基础	• 混合方法研究的范式视角(辩证范式、单一范式还是多元范式)是?	• 哲学假设与立场	• 在实践中,哪些因素会影响研究者的方法论决策? • 有关范式的假设和立场如何影响研究者的决策?	• 哲学议题和理论议题	• 哲学立场、世界观和范式的合并 • 混合方法的哲学基础 • 混合方法中定性理论视角的使用 • 对定量和定性研究的错误区分 • 以混合方法的方式思考——思维模型
程序问题	• 混合方法研究中有关设计的议题 • 混合方法研究中有关推断的议题	• 混合方法设计如何概念化(概念化、方法和推断的研究步骤)? • 单线与多线设计有什么区别?	• 探究的逻辑	• 各种数据收集方法都有哪些优势和不足? • 我们如何根据既定目标和设计选择方法?	• 混合方法的技术	• 独特的方法混合 • 定量和定性数据的联合呈现 • 纵向研究、评估研究 • 将定性数据转化为数值

		• 多线设计有哪些类型？ • 进行推断有什么规则和程序？ • 评价、改进推断质量的标准是什么？		• 混合围绕着发生(即，混合的中心是什么)？(结构？问题？目的？) • 混合方法的方法论是怎样的？		• 研究步骤(理论、问题、抽样、阐释) • 研究设计的新思路 • 关于使用设计的方法论议题 • 设计的术语 • 设计的可视化图表 • 软件应用 • 整合与混合议题 • 混合方法的依据 • 效度 • 伦理
选择与使用问题	• 进行混合方法研究的逻辑	• 混合方法项目中的合作涉及什么？ • 混合方法研究教学中有哪些未解决的教学议题？	• 实践指南	• 混合方法中有哪些特定内容是关于混合的？ • 不同学科、领域间有关于研究实践的交流，我们能从中学到什么？	• 混合方法的选择与使用	• 使用混合方法的领域和学科 • 团队合作 • 将混合方法与学科的技术联系在一起 • 向学生教授混合方法 • 写作与报告
政治问题			• 社会政治的立场	• 谁是受众？采用哪种视角？传达谁的声音？支持谁？	• 混合方法的政治化	• 混合方法的基金支持 • 混合方法的解构 • 为混合方法辩护

来源：来自 Creswell(in press-b)，已获 SAGE 出版公司许可。

议组织,如美国教育研究协会(American Educational Research Association)下的混合方法研究特别小组(Special Interest Group on Mixed Methods Research)。2005年4月,这个特别小组在加拿大蒙特利尔举行了首次会议。此外,SAGE出版公司也设立了Methodspace的网站,来联结全世界的研究者,包括混合方法研究者(参见 http://www.methodspace.com/group/mixedmethodsresearchers)。

在混合方法教学方面,根据学者们有关混合方法课程内容、教学方法的讨论(Creswell, Tashakkori, Jensen & Shapley, 2003),各学院和大学开设了混合方法课程,在混合方法的框架下,教授研究生如何学习、使用、理解定量和定性研究(Onwuegbuzie & Leech, 2009),并总结教授此类课程的优势、挑战和经验教训(参见 Christ, 2009)。美国内布拉斯加—林肯大学(UNL)、阿肯色大学和阿拉巴马大学伯明翰分校,开设了国际性的在线混合方法课程。有些学者,如克里斯特(Christ's,2009),强调了检视混合方法教学议题的重要性。

反思时期。在最近的5—7年时间里,混合方法似乎进入了一个新的历史时期。这一反思时期的独特之处,在于它有两个相互交织的主题:①对混合方法领域现状的评估和对未来的展望;②关于挑战混合方法产生过程与现状的建设性批评。

近些年出现了三组有助于描绘混合方法领域现状的讨论:克雷斯维尔(Creswell, 2008a, 2009b),格林(Greene,2008),以及塔萨科里和特德利(Tashakkori & Teddlie, 2003b)。表2.2总结了三组讨论的议题和主题。第一组讨论出现在Tashakkori & Teddlie, 2003b)的手册第一版的首章和最后一章。其中详细说明了关于在社会和行为研究中应用混合方法,有待解决的五个主要议题和争议。几年后,格林(Greene,2008)在《混合方法研究期刊》上发表了分析混合方法关键领域的文章,这篇文章是根据他2007年在美国教育研究协会混合方法特别小组会议上的专题演讲撰写的。在提出这些关键领域时,格林(Greene,2008:8)问道,"还有什么重要问题有待提出",并就"混合方法研究议程的优先顺序"提出疑问。2008年,在英国剑桥大学举行的混合方法会议上,克雷斯维尔(Creswell,2008a)首次以专题演讲的形式总结了混合方法领域的主题。他将会议上发表的论文与他对混合方法领域的理解进行了比较——这些理解是他作为JMMR主编和创办者之一时,从三年间收到的三百余篇投稿中总结得到的。此后,他根据这次会议上的演讲,就其中几个特定议题,为JMMR撰写了评论(Creswell, 2009b)。

【35】 如表2.2所示,在所有三组讨论里存在着一些共同主题。这些主题包括哲学议题、进行混合方法研究的程序,以及对混合方法研究的选择与应用。就哲学议题而言,所有三组讨论指明要理解混合方法的哲学基础,尤其是上述讨论中最晚出现的那些论著(Creswell, 2008a, 2009b; Greene, 2008),因为它们更加关注混合方法研究中对哲学视角的实际应用(例如,如何结合这些视角,这些视角如何影响研究中的决策)。

关于研究程序,塔萨科里和特德利(Tashakkori & Teddlie, 2003b)关注更广泛的设计方面的议题,而格林(Greene,2008)与克雷斯维尔(Creswell,2008a, 2009b)则重视方法的细节问题。这表明,关于如何进行混合方法研究的讨论,正变得更具分析性。这也证实了我们的猜想:进行混合方法研究的技术,在学界已是备受关注。在混合方法的选择和应用上,塔萨科里和特德利(Tashakkori & Teddlie,2003b)早期进行的讨论,主要关注协作与混合方法教学,更近期的格林(Greene, 2008)和克雷斯·维尔(Creswell, 2008a, 2009b)的论著,则分析了一些新学科和许多学科研究实践中混合方法应用的增加。这确实表明混合方法正在不断扩散、调整——混合方法被应用于越来越多的领域,并与独特的学科研究方法论相互调适。

以上论著表明,近些年来,混合方法迅速发展,所受的关注也在显著增加。因而,毫不意外地,混合方法吸引了一批乐于挑战、批评该方法的学者。在教育学领域,豪(Howe, 2004)提出:混合方法是否格外强调后实证主义思维,并忽略了定性的诠释性方法。他的担忧主要针对上文提及的国家研究委员会(2002),他们的报告将定量实验研究放在举足轻重的位置,而将定性的阐释研究放在次要地位。这个被豪称为"混合方法的经验主义"(Howe, 2004:53)的框架,不仅将定性研究置于附属地位,也大大限制了对定性研究的应用——这种起阐释作用的定性研究包含着相关人员的观点与对话。

护理学领域的研究者也提出了批评。新西兰的吉丁斯(Giddings,2006:195)则对混合方法包容性的观点提出了挑战,并对混合方法学者认为定性和定量方法将"强强联合"【36】的看法表示质疑。此外,她还质疑混合方法中二元话语的使用,如"定性和定量",认为这减少了方法论的多样性;她也质疑应用混合方法来"掩饰"继续存在的实证主义霸权的做法,以及为了应对经济和行政压力,把使用混合方法当作"权宜之计"的行为(Giddings, 2006:195)。同在护理学领域的澳大利亚学者霍姆斯(Holmes,2006)批评了学界描述混合方法的方式。与其他学者类似,他忧心于混合方法对定性阐释框架的边缘化,建议混合方法学术共同体能够更清晰地解释混合方法概念,并在其中加入定性阐释框架。

另一位护理学学者,弗雷什沃特(Freshwater,2007)对混合方法提出了后现代性的批评。她关注混合方法被"阅读"的方式,以及随之产生的话语。话语,在这里被定义为:某个学科或学术领域的混合方法研究中,研究者组织、阐释研究主题时所依据的一系列规则或假设。学界对混合方法不加批评地接受,作为一种正在出现的强势话语("即将成为一种元叙事",Freshwater, 2007:139),影响了学界定位、处置、表达、维持混合方法的方式。弗雷什沃特(Freshwater,2007)建议混合方法作者要明确两种文本——研究者写作的混合方法文本,以及读者或受众读到的文本——之间的权力对抗。她认为混合方法过于"关注固定意义"(Freshwater,2007:137)。进言之,混合方法重在去除"不确定性,转向确定性"(Freshwater,2007:137)——她举出了一些关键例子:混合方法客观的第三人称风格写作,其断然的语气,以及拒绝与竞争性解释共存的态度。她希望混合方法研究者能接受"不完整感(sense of incompleteness)",并认为革新需要:

> 探索融合的可能性——在这种融合中,形式、流派、常规、媒介的混合带来强烈的互文性……在这里,既没有清晰的表述规则,那些与强烈的非决断性、有限的非确定性共事的研究者,也得以自由地将这种经验传达给读者和其他研究者。(Freshwater,2007:144)

克雷斯维尔在总结混合方法研究争议时,不仅重点论述了其中某些批评,也给出了自己的观点。他讨论了11个争议点,对这些议题的多个方面进行分析,并提出一些悬而未决的问题。正如表2.3所示,这些争议涉及定义、术语的使用、哲学议题、混合方法话语、设计的可能性,以及混合方法研究的价值。本书第九章将就混合方法研究的设计和实施给出最终建议,并讨论上述部分争议。

【37】

表2.3 混合方法研究面临的11个关键性争议点和问题

争议点	提出的问题
1. 混合方法研究定义的变化和扩展	什么是混合方法研究?该如何定义混合方法研究?其定义有哪些转变?
2. 对定性和定量术语的使用存在疑问	"定量""定性"是有用的术语吗?使用这些术语时可以推断出什么?是否存在定性、定量的二元区分——实践中并不存在这种区分?
3. 混合方法是一种"新"的研究方法吗?	混合方法的概念化始于何时?混合方法出现是否早于通常认为的萌生时期(1988—1989)?
4. 混合方法为何吸引了学界的注意力?	学界对混合方法的兴趣是如何增长的?资助机构在其发展过程中起了什么作用?
5. 学界还在讨论混合方法的范式争议吗?	范式可以混合吗?混合方法中已有哪些关于范式使用的立场?混合方法的范式应当由学术共同体确定吗?
6. 混合方法是否更偏向实证主义?	在混合方法更强调实证主义的情况下,这是否使定性的阐释方法边缘化,置其于次要地位?
7. 混合方法是否存在固定的话语?	谁控制了混合方法的话语?混合方法近乎于"元叙事"吗?
8. 混合方法的术语应当采用(定性、定量)双语系统吗?	什么是混合方法的语言?这种语言应当是(定性、定量)双语的,新创的,还是反映定量和定性术语的?
9. 对混合方法程序来说,是否存在太多令人困惑的设计上的可能性?	混合方法研究者应使用哪些设计?现有设计的复杂性是否足以反映实践的情况?是否应该以全新的方式来思考混合方法设计?
10. 混合方法研究是否盗用了其他研究方法的设计和程序?	混合方法被夸大了吗(因为它盗用了其他研究方法的内容)?混合方法可否被视作更大框架(例如民族志)中的一种方法?
11. 除了定量、定性方法各自具有的优势,使用混合方法还能带来哪些好处?	比起单一的定性或定量研究,使用混合方法是否能更好地理解研究问题?学术研究如何证明混合方法研究的价值?

来源:Creswell (in press-a),已获SAGE出版公司许可。

● 哲学基础

【38】

混合方法有可以追溯的历史,也有作为研究基础的一种或多种哲学。其实,所有研究者都会有某种哲学基础,研究者要了解这些自己确立的、在研究中需要增进理解的前提假设。这些前提假设会影响研究的程序和具体实施。有些研究生需要学会鉴别、表述他们在研究中所采用的前提假设,对他们来说,有关这些前提假设的知识尤为重要。确实,在现已发表或出版的期刊论文、著作中,作者通常不会对哲学前提假设进行清晰的论述,然而在会议展示或研究生委员会的会议上,哲学前提假设却被频繁提及。一般来说,我们建议混合方法研究者不仅要了解自己的哲学前提假设,也要在混合方法项目中对这些前提假设进行清晰的表述。

在混合方法研究中,要清晰地表述哲学前提假设,应当涉及哪些内容?我们认为,要清晰地表述研究的哲学前提假设,就要明确提出作为研究基础的世界观(一种或多种),描述世界观的要素,并将这些要素与混合方法研究中的特定步骤联系在一起。

哲学与世界观

在讨论哲学如何与混合方法研究的设计相契合时,我们需要一个思路框架。我们想使用克罗蒂(Crotty,1998)(经过修订)的概念模型来确定哲学在混合方法研究中的位置。如图 2.1 所示,克罗蒂认为,形成研究计划或研究设计时的过程,有四个主要构成部分。在最宽泛的层次上,有哲学前提假设的相关议题,如研究背后的认识论,或是研究者如何看待他们已知的知识。这些哲学前提假设,进而影响了研究者所持的理论“立场”(在下

图 2.1 开展研究的四个层次

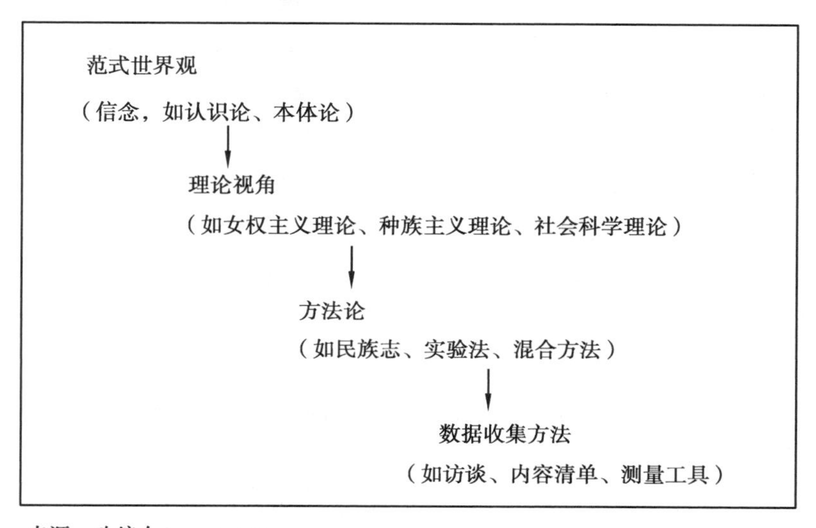

来源:改编自Crotty(1998)。

文,我们将从社会科学理论或解放导向的视角出发,来讨论这些立场)。接着,这些立场会影响到研究使用的方法论——即策略、行动计划或研究设计。最后,方法论中包含着方法——即用于收集、分析和解释数据的技术或程序。正如我们在第一章中所讨论的,混合方法主要是一种方法,但是它也包括进行研究的策略,因此在克罗蒂的分类中,它可以被放在方法论这一层上。

【39】 哲学前提假设是围绕着混合方法项目,在宽泛且抽象的层次上运作的。混合方法研究的哲学前提假设包括一系列指引研究者的基本信念和假设(参见 Guba & Lincoln, 2005)。我们可以用世界观这个术语来称呼这些前提假设。我们认为,混合方法研究者会在他们的研究中注入某种世界观——这种世界观包括关乎知识的信念和前提假设,对研究存在显著影响。范式经常被用作世界观的同义词。托马斯·库恩(Thomas Kuhn, 1970)最早开始使用这个术语,他认为范式是某个学术共同体的观点、理念和价值观。尽管"范式"被广泛使用,我们还是比较喜欢"世界观"这个术语——不论这个术语是否可以与具体学科或学术共同体联系在一起,它表明研究者间有共享的信念和价值观。最有名的关于世界观的研究,主要集中在定性研究领域(Guba & Lincoln, 2005),而定量方法领域也同样存在关于哲学的讨论(Phillips & Burbules, 2000)。这类关于哲学或世界观的【40】论著,其作者大多是研究社会基础、教育哲学的学者(有关研究的多种世界观的概述,可参见 Guba & Lincoln, 2005; Paul, 2005; Slife 和 Williams, 1995)。

哪些世界观会形塑混合方法研究者的研究实践?多位作者提供了许多可能有影响的世界观,但我们认为有四种世界观可能会对混合方法研究有深刻影响。正如克罗蒂(Crotty,1998:9)认为各种立场并非"独立包装",这些世界观为研究提供了整体性的哲学导向,并且如同我们将看到的那样,它们既可以合并运用,也可以独立使用。

表 2.4 中有四种世界观,并以此展开我们的讨论。后实证主义通常与定量方法相联系。研究者探求知识主要基于:①决定论或因果思维;②简化论——缩小思考范围,仅关注选定的变量来进行推断;③详细观察和对变量的测量;④检验被不断修正的理论(Slife & Williams, 1995)。建构主义则根据另一种世界观来运作,通常与定性方法联系在一起。由参与者和他们主观意见构成的对现象的理解或现象的意义,组成了这种世界观。参与者在给出他们自己的理解时,他们所表达的意义既受到他们与他者间社会互动的影响,也受到他们自身经历的限制。在这类研究中,研究是"自下而上"进行的——从个体视角到一般化,并且最终达成更具普遍性的理解。

【41】 参与式世界观会受到政治考量的影响。相对于定量研究而言,这种视角主要与定性研究相关,虽然这种联系不是必然的。推动社会发展的需求,以及参与社会的个体,构成了这类世界观的特点。研究者要应对那些影响着边缘群体的议题,如赋权、边缘化、霸权、父权等,同时要与正在遭受如此不公正对待的人们合作。最终,参与式的研究者要为社会制订计划,来让它变得更好,让边缘群体不再如往常那样被忽视。最后一种世界观,实用主义,通常与混合方法研究联系在一起。它关注研究的结果,重视研究问题的重要性胜过研究方法,强调使用多种数据收集方法来回答研究问题。因此,实用主义是多元、

且面向"有效"和实践的。

表 2.4　研究中使用的四种世界观的基本特征

后实证主义世界观	建构主义世界观	参与式世界观	实用主义世界观
决定论	理解	政治的	行动的后果
简化论	多元参与者的意义	赋权与议题导向的	以问题为中心
经验观察和测量	社会和历史建构	合作的	多元的
理论检验	理论生产	变革导向	现实世界实践导向的

来源:Creswell (2009c),已获得 SAGE 出版公司许可。

表 2.5　世界观的要素与对实践的影响

【42】

世界观构成	后实证主义	建构主义	参与式	实用主义
本体论(现实的本质是什么?)	单一现实(例如,研究者拒绝还是无法拒绝假设)	多元现实(例如,研究者使用引述来展示不同视角)	政治现实(例如,与参与者商讨发现)	单一且多元的现实(例如,研究者检验假设并提供多元视角)
认识论(研究者与研究对象的关系是什么?)	疏离与公正(例如,研究者利用测量工具客观地收集数据)	亲密(例如,研究者拜访参与者住处来收集数据)	合作(例如,研究者积极地将参与者当作合作者)	实用性(例如,研究者根据"什么有用"来收集数据,回答研究问题)
价值论(价值观起什么作用?)	无偏见的(例如,研究者用数据表来消除偏见)	有偏见的(例如,研究者积极讨论他们的偏见和阐释)	协商的(例如,研究者将自己的偏见与参与者讨论)	多元立场(例如,研究者同时持有有偏见的和无偏见的视角)
方法论(研究过程是什么?)	演绎的(例如,研究者对现有理论进行检验)	归纳的(例如,研究者从参与者视角开始,随后"上升"形成模式、理论和通则)	参与式(例如,全部研究阶段都有参与者参与,而且研究者会对结果进行循环检验)	结合的(例如,研究者收集定量和定性数据并加以混合)
修辞学(研究使用什么语言?)	正式风格(例如,变量使用公认的定义)	非正式风格(例如,研究者以文学的非正式风格写作)	倡导与变革(例如,研究者使用能引发变革,有利于参与者的语言)	正式或非正式风格(例如,研究者可能既采用正式风格又采用非正式风格写作)

上述四种世界观都具有一样的构成部分,但在这些部分上持不同立场。世界观的差异在于它们对现实本质有不同认识(本体论)、看待已有知识的方式存在差异(认识论)、认为研究中价值观起到的作用并不相同(价值论)、采取的研究程序相异(方法论)、使用的研究语言有别(修辞学)(Creswell, 2009c; Lincoln & Guba, 2000)。在这些方面采取不同立场会影响研究的实施和报告。表2.5的例子包括上述构成部分、各种世界观,以及这些构成部分和世界观如何转化为实践。在研究者的研究过程中,本体论关系到现实的本质(以及何为真实)。后实证主义倾向于认为现实是单一的。例如,后实证主义的理论既高于研究,也有助于解释(在单一现实中)研究发现。再譬如,后实证主义存在拒绝或无法拒绝假设的倾向。另一方面,建构主义者认为现实是多元的,并积极寻找参与者的多样视角,例如通过多个访谈获得的不同视角。参与式研究者发现现实通常是可协商、且在政治情境中起作用的,而实用主义者则认为现实是既单一(例如,可能存在可以用来解释研究现象的理论)又多元的(例如,评估不同个体对现象本质的影响同样重要)。

方法论的差异(即研究过程),也证明了世界观之间存在差异。在实证主义研究中,调查者自"上"而下进行研究——从理论到假设,再到佐证或驳斥理论的数据。在建构主义的方法里,调查者更多地自"下"而上进行研究——使用参与者视角来构建更广泛的主题,并形成与主题紧密联系的理论。在参与式研究中,研究者要与其他参与者合作——这些参与者也是研究团队中的积极成员,也要协助形成问题,分析数据,并在实践中贯彻研究结果。实用主义的方法可能结合了演绎和归纳的思维,而实用主义研究者则将定性和定量数据进行混合。

【43】

混合方法使用的世界观

到目前为止,我们已经讨论了四种世界观,以及他们在更广泛的哲学层面——本体论、认识论、价值论、方法论和修辞学等方面的差异。那么何种世界观最适合混合方法研究呢?这个问题曾一度成为混合方法研究者争论的焦点(Tashakkori & Teddlie, 1998, 2003a),而他们的答案也是千差万别。在设计和进行混合方法研究时,研究者要了解自己可以选用的世界观立场和混合方法研究立场,并能清楚表述自己采用哪一种立场。在研究计划或报告中,研究者应当在独立的"哲学前提假设"部分,或是研究方法部分,说明这些立场。混合方法研究者要考虑下述四种立场中哪一种最适合自己的研究,并在研究的"哲学前提假设"一章中报告这种立场。

一种混合方法的"最佳"世界观。尽管还有人试图参与范式的争论,许多混合方法作者已经转而思考,能够为混合方法研究提供基础的"最好的"世界观是什么。塔萨科里和特德利(Tashakkori & Teddlie,2003a)曾指出,至少有13位作者选择了实用主义来作为混合方法研究的世界观或范式。尽管上文已经有所介绍,但由于实用主义的重要性,它仍值得进一步探讨。

许多学者都曾清楚地表述过实用主义这组理念,其中有历史人物,如约翰·杜威、威廉·詹姆斯、查尔斯·桑德斯·皮尔斯,也有当代学者,如查理·霍姆斯(Cherryholmes, 1992)和墨菲(Murphy, 1990)。实用主义包含许多理念,包括运用“什么是有效的”这一准则,使用多种方法的理念,对主观和客观知识都进行评价的理念。塔萨科里和特德利(Tashakkori & Teddlie,2003a)正式将实用主义和混合方法研究联系在一起,并提出以下观点:

- 在单个研究中,可以既使用定量方法,又使用定性方法。
- 头等重要的是研究问题——这些方法背后的哲学世界观更重要。【44】
- 不再在实证主义和建构主义中进行非此即彼的选择。
- 不再使用如“真实”“现实”这样形而上学的概念。
- 要用实践和应用性研究的理念来引导方法选择。

马顿斯(Mertens,2003; 也可参见 Sweetman, Badiee & Creswell, 2010)提出了另一种“最佳”范式:变革-解放范式。马顿斯(Mertens, 2003)将研究的哲学(philosophy of inquiry)(即范式)与研究实践相结合,为混合方法文献提供了原创、鞭辟入里的见解。在讨论这种观点时,她说:

变革的……学者提倡使用有助于实现终极目标——创造一个更加平等、民主的社会——的清晰的研究目的,这一研究目的贯穿整个研究过程——从提出问题,到形成结论、应用研究结果(Mertens, 2003:159)。

其实,马顿斯(Mertens,2003)已经为我们提供了框架,可以直接用来评估解放视角在混合方法研究中的应用。她曾建议将该框架命名为“变革性”框架,并认为该框架包括有关个人世界观和隐性价值观的前提假设——知识并非中立的,它会受到人类利益的影响。知识反映了社会中的权力关系与社会关系,建构知识的目的在于帮助人类推动社会发展。在批判理论视角下,诸如压迫和支配等议题便更具重要的研究意义。她列举了几个群体,包括女权主义者、不同民族和种族成员、残疾人,有关他们的研究大大扩展了学界对价值观定位的思考(Mertens, 2003)。到了 2009 年,马顿斯丰富了这个边缘群体名单,加入女同性恋者、男同性恋者、双性恋者、跨性别者和酷儿(Queer)群体;并且拓展理论视角,将积极心理学和抗逆力理论也纳入其中。

批判现实主义视角也被认为一种混合方法研究的潜在视角(Maxwell & Mittapalli, in press)。作为一种哲学视角,批判现实主义与定量方法和定性方法的关键方面都相契合,也使这些关键部分行之有效。在明确定量与定性方法特定缺陷的同时,学者们认为,现【45】实主义可以为混合方法研究提供有效的立场,并能够促进定量和定性研究者之间的合作。他们将批判现实主义(critical realism)视作现实主义本体论(在我们的认知、理论和建构之外存在着一个真实的世界)和建构主义认识论(我们对这个世界的理解必然是根据我们自己的视角和立场建构起来的)的融合,来对其进行讨论。然而这些研究者也承认,除欧洲(并举了会计学、经济学、精神病学和护理学领域的例子)之外,在混合方法研究中明确使用现实主义视角的做法依然少见。此外,因为“批判”通常与理论视角而不是世界观联系在一起,批判现实主义可能会混淆使用理论和使用范式的情况;它也会对现状提出挑战(参见第三章对理论视角应用的讨论)。

混合方法中的多元世界观。这种说法表明混合方法研究或许可以使用多元范式,只是研究者在使用这种范式时必须表述清楚。这种"辩证的"视角(Greene & Caracelli,1997)承认不同范式可能会导致彼此对立的思想和竞争性观点——这是研究值得尊重却无法调和的特点。这些矛盾、张力和对立反映了了解、评价世界的思维方式的差异。这种立场强调在研究中应使用多元世界观(如建构主义和参与式),而不是单一的世界观,如实用主义。

与混合方法设计类型相关的世界观。这第三种立场也是我们所持的立场,我们认为混合方法研究可以使用不止一种世界观(与立场1相反),而且应当选取与研究所用混合方法设计相关的多元世界观,而不是契合研究者"认识"世界方式的世界观(如立场2所述)。我们认为混合方法研究可以使用多元范式,而且最好选用与混合方法设计类型最相关的多元范式。尽管世界观并非总是"对应"到研究程序,但是,世界观的指导性前提假设却常常会深刻影响混合方法研究者对研究程序的建构。定量方法(如问卷调查、实验)的使用通常基于后实证主义世界观——在后实证主义世界观中,研究开始时就提出【46】了指导性的、确定的理论,研究范围仅限于经验测量和观察得到的特定变量。因此,如果一项研究在开头设置了问卷调查,就说明研究者是在根据后实证主义世界观进行研究,使研究一开始就有具体的变量、经验测量,并通常是以某个经检验的理论为框架。接着,如果研究者在第二阶段转而使用定性焦点访谈的方法,来追踪、揭示调查结果,就表明研究的世界观变得更像建构主义了。在焦点访谈中,研究者试图从参与者那里获得多元意义,从而形成比问卷调查结果更深入的理解,还可能生成用于解释调查结果的理论或反馈模式。在这种情况下,研究者在研究的第一阶段持有实证主义世界观,而在第二阶段转向了建构主义世界观。因此,我们认为世界观与设计类型相关,世界观也会在研究过程中发生变化,一种世界观可能会和研究项目的不同阶段相关,而研究者也要尊重并表明自己使用的世界观。如果,研究者不是在多个阶段分别使用定量、定性方法,而是在项目的一个阶段中同时收集定量、定性数据,并合并两个数据库,那么一种全面的世界观可能是最适合这项研究的。我们会用实用主义(或是变革性视角)来作为世界观,因为在实用主义视角下,研究者可以收集所有类型的数据,兼用多种立场,来对研究问题作出最好的解答。在第三章中,我们会针对每一种混合方法设计,详细说明研究所用世界观与设计的联系。

依赖于学术共同体的世界观,现在的混合方法作者,已经转而关注库恩(Kuhn,1970)实践者共同体理念。2007年和2008年的JMMR发表了两篇重要文章,分别来自美国学者大卫·摩根(David Morgan)和英国学者马丁·德孔布(Martin Descombe)。摩根(Morgan,2007)的文章是篇引人入胜的学术论文,在2005年英国剑桥召开的混合方法会议上以专题演讲的形式首次发表。摩根(Morgan,2007:50)认为范式是"共享的信念系统——会影响研究者所探寻的知识种类,以及他们解释所收集证据的方式"。然而,他发现有四种类型的范式在普遍性方面有所差异。首先,范式可以被视作世界观,即一种看待世界的全面视角;其次,范式可以被看作结合了科学哲学理念(如本体论、方法论和认识论)的认识论;再次,范式也可被视为问题的"最优"或"典型"解决方案;最后,范式可能反映了研究领域中共享的信念。摩根大力支持最后一种观点。他表示,专业领域的研究者,对于哪些问题最具意义、哪些程序最适合回答研究问题,都存在共识。简而言之,许多进行研究实践的学者,会从"学者共同体"的视角出发,来寻找世界观(Morgan,2007:【47】53)。在摩根看来,这也是库恩(Kuhn,1970)在谈论实践者共同体时最为赞同的范式。

登斯库姆(Denscombe,2008)进一步强调了摩根的观点,并对实践者共同体的本质进行了更详细的论述。他运用共享身份、共同的研究问题、社会网络、知识构成、非正式群体等概念,描述了共同体的运作方式。混合方法领域正因为学科导向而趋于碎片化,我们相信,主题导向的研究旨趣终将深刻影响混合方法领域。例如,在密歇根安娜堡的退伍军人管理与健康服务研究中心,学者们根据包含"格式化""总结性"程序的评估视角,选择了混合方法,即他们根据健康服务研究领域中合理的科学旨趣选择了混合方法(Forman & Damschroder, 2007)。

● 理论基础

回到图 2.1 中克罗蒂(Crotty,1998)的模型,我们会发现理论运作的范围比世界观更狭窄。混合方法中的理论基础就是研究者所持的立场(或视角、立足点)——这种立场引导着混合方法项目在多个阶段的运作。研究者如何将这种立场整合进一项研究?研究者应该使用哪种理论?我们认为,有两种会深刻影响混合方法研究的理论:社会科学理论和解放理论。

混合方法研究的理论目标,是运用来自社会科学的解释性框架——这种框架可以预测、塑造研究的方向。一项混合方法研究在开始之初就要有社会科学的理论,这为研究提供了来自社会科学领域的框架——这些框架会影响研究问题的性质。研究收集到的数据可能是定量或定性的,也可能二者皆有。研究采用的理论可能是领导理论、经济学理论、市场理论、行为变化理论、接受或扩散理论,或是其他多种社会科学理论。这些理论可能以多种形式出现:文献回顾、概念模型,或是帮助解释研究目标的理论。

肯尼特、奥海根和齐泽尔(Kennett,O'Hagan & Cezer,2008)有关慢性疼痛及其"技巧习得"式管理的混合方法研究,为我们提供了社会科学理论的例子。他们采取了一项混合方法研究,来理解"技巧习得"如何向个人赋权。在这项研究中,他们收集了来自罗森鲍姆(Rosenbaum)的自控量表(Self-Control Schedule)的测量结果,以及与正经历慢性疼【48】痛的病人的访谈。在研究开头,他们阐述了研究目的:

采用基于罗森鲍姆(Rosenbaum,1990,2000)自我控制模型的批判现实主义视角,我们结合了对"技巧习得"的定量测量和定性的文本分析来描述:在接受多种疼痛干预项目之后，经验丰富的及缺乏经验的病人进行疼痛自我的过程（kennett. et al.，2008：318）程序（Kennett et al.，2008：318）。

之所以使用罗森鲍姆模型，是因为它挑战了健康测量的现状，并促使健康研究实践发生转变。作者首先介绍了罗森鲍姆模型的主要内容。接着，他们回顾了相关研究文献——这些文献将技巧视作拥有健康行为的重要指标，并讨论了罗森鲍姆一项有关运用技巧应对疼痛的实验。作者对模型中引发自我控制的因素进行了讨论，如影响程序调整认知的因素（譬如家庭和朋友的支持等）、关乎应对策略的因素（如处理疼痛的能力——转移注意力、重新解释疼痛等），与坚持进行项目（或中途退出项目）相关的因素。这时，作者已经可以得到这些自我控制影响因素的关系图，并用作他们试图提出理论的指导性框架。紧接着，他们提出了一系列来自罗森鲍姆模型和指导性文献的问题——这些指导性文献主要关于：检验慢性疼痛的认知—行为管理项目对自我管理的影响，考察技巧和自我指导意识对慢性疼痛自我管理技术的影响。在论文结尾，他们回顾了影响自我管理的因素，并提出了最重要因素的关系图。

经过以上讨论，我们可以看到，在一项混合方法研究中，混合方法研究者往往是通过以下步骤整合社会科学理论视角的（Creswell，2009c）：

- 在论文开头设置理论讨论（模型或概念框架）环节，将其作为引导研究问题的先行框架。
- 按这样的顺序来写理论：先概述理论，然后描述主要变量，接着讨论已有的使用该理论的研究，最后明确说明这个理论如何深刻影响了混合方法研究问题与程序。
- 【49】画一个理论关系图，以呈现理论中的因果关系和主要概念或变量。
- 在研究中，用理论为定量和定性两种数据收集行为提供框架。

混合方法研究中的社会科学理论被用作指导性解释，而与之相反，在混合方法中采用解放理论则意味着：持有支持被忽视群体或边缘群体的理论立场——如女权主义理论、种族或民族理论、性取向理论或残障理论（Mertens，2009），并呼吁变革。由于定性研究的目标之一是应对有关社会公正和人类境况的议题（Denzin & Lincoln，2005），混合方法研究领域的部分学者也开始强调这种目标。但是，数年前我们就注意到，极少有研究会选用这种解放理论视角（Creswell & Plano Clark，2007）。如今，在混合方法文献中，采用解放视角的混合方法研究越来越多。例如，现在的混合方法研究开始探讨这些议题：非裔美国女孩对科学的兴趣（Buck，Cook，Quigley，Eastwood & Lucas，2009）、澳大利亚女性的社会资本（Hodgkin，2008），以及女性对各个社区不同的强奸迷思的理解（McMahon，2007）。将女权主义认识论和混合方法联系在一起的方法论著作，近日也已付梓（Hesse-Biber & Leavy，2006）。

回顾采用解放视角的文献，从中可以看到许多在混合方法研究中融入解放视角方法的示例。最近的一项综述分析了 13 个采用解放理论视角的混合方法研究（Sweetman，Badiee，& Creswell，2010）。结果表明，发表这些研究的社会科学期刊种类繁多（如《女性与健康》《社会里的家庭》《社会工作研究》《城市研究》)，这些研究的作者使用了六种不同的理论视角。最多的是女权主义(6 项研究)，接着是社会经济地位(2 项研究)，而后依次是残疾、人类生态学和广义性别。有些论文包含多个社会分类准则，如收入、种族和性别。通过评论这些研究，研究者建议根据以下步骤将解放视角纳入混合方法研究：

- 在研究的开头部分介绍解放性的视角。
- 在文献讨论中应用这种视角。
- 在讨论研究问题时，清晰地表述这种视角。
- 通过使用解放性、倡导性的语言，在写研究问题时体现这种视角。【50】
- 用不会加剧共同体边缘化程度的方式，来讨论数据收集。
- 把研究者本身置于研究之中。
- 在研究最后，提出行动或变革的计划。

即使有了上述建议，混合方法的实施过程依然会随着运用不同的解放视角的类型(如女权主义、种族的)而变化，故而在这方面我们还有许多工作要做。

小　结

在设计一个混合方法研究时，研究者需要参考最新的文献，证明使用混合方法的合理性，以及这项研究在混合方法研究这一持续演进的领域中的定位。在 20 世纪 80 年代之前，学界就已经明确了混合方法的部分要素。在 20 世纪 80 年代后期，数位来自不同学科和国家的研究者，几乎同时开始关注混合方法这一理念。因此，混合方法领域已有将近 20 年的历史，并且由于研究问题的复杂性、定性调查的合法化，以及学界对更多证据的需求，而不断发展。其演进过程有五个阶段：①形成时期，思考多种形式的数据；②范式争议时期，学者们激烈讨论混合方法是否不当地整合了不同哲学视角；③程序发展时期，学者们勉力增进对混合方法研究实施的理解；④倡导与扩张时期，学者们认为混合方法是独特的方法论，混合方法在全球多个国家和学科流行开来；⑤当前的反思时期，作者们讨论了混合方法研究相关的优先顺序、议题和争议。

此外，研究者还在他们的混合方法研究中加入了有待说明和讨论的哲学前提假设。研究者要表明他们在项目中使用的哲学世界观，确定这种世界观的构成部分，并且将世界观各要素与混合方法研究各要素联系在一起。世界观是研究者带入研究的信念和价值观，它们至少源于一种视角，或是来自多种视角，如实证主义、建构主义、参与式世界观【51】和实用主义。每种世界观的要素各不相同，这种差异也反映在哲学前提假设——如本体论、认识论、价值论、方法论以及修辞学——的差别上。与这些哲学理念相呼应，混合方法研究者对于在研究中使用世界观这个问题，各持不同的立场。一些人相信混合方法研究只能采用一种世界观，如实用主义、变革取向或批评现实主义。有些人则认为混合方法研究可以运用多元世界观,并且,世界观的选择与混合方法设计类型的选择有关。目前的观点是,世界观来自学术共同体内部,而且每个共同体的世界观之间存在着差异。即便暂且不论世界观,研究者还需要在混合方法研究中,确定、陈述混合方法研究背后的前提假设。

混合方法研究者也会在研究中使用来自社会科学理论的理论视角,或是解放性的视角,如女权主义、残疾人或种族的视角。社会科学理论通常出现在混合方法研究的开头,并深刻影响着研究问题的提出和对结果的阐释。而解放理论则通常贯穿整个项目,影响研究的理论视角、研究问题的类型、数据收集的程序,以及研究最后提出的行动倡议。

练　习

1. 使用数据库进行文献搜索,找到关于混合方法研究的书籍和文章。注意那些曾描述混合方法研究本质特征的当代作者。制订一个作者的清单,他们是你在研究中定义混合方法时将可能会引用的文献。

2. 你的混合方法研究会使用哪种(哪几种)哲学世界观?识别一种或多种世界观,讨论世界观包含的要素,并具体说明这种世界观如何影响你的混合方法研究的实施。

3. 选择一个采用女权主义视角的混合方法研究,并对它进行分析。阅读麦克马洪(McMahon,2007)关于对各个社区独特的强奸迷思的理解的论文。确定作者是如何在研究困惑、研究问题、数据收集过程,以及论文结尾的变革或行动呼吁中,使用女权主义视角的。

阅读推荐

有关混合方法研究的历史分析,可以查阅以下资源:

Greene, J. C. (2007). *Mixed methods in social inquiry*. San Francisco: Jossey-Bass.

Tashakkori, A., & Teddlie, C. (1998). *Mixed methodology: Combining qualitative and quantitative approaches*. Thousand Oaks, CA: Sage.

要了解混合方法研究相关的哲学世界观讨论,可以参考以下资源:

Denscombe, M. (2008). Communities of practice: A research paradigm for the mixed methods approach. *Journal of Mixed Methods Research*, 2, 270-283.

Morgan, D. L. (2007). Paradigms lost and pragmatism regained: Methodological impli-cations of combining qualitative and quantitative methods. *Journal of Mixed Methods Research*, 1(1), 48-76.

要了解有关混合方法研究中理论视角应用的讨论,可以参考以下资源:

Mertens, D. M. (2009). *Transformative research and evaluation*. New York: Guilford Press.

Sweetman, D., Badiee, M., & Creswell, J. W. (2010). Use of the transformative frame-work in mixed methods studies. *Qualitative Inquiry*. Prepublished April 15, 2010, DOI: 10.1177/1077800410364610

第三章

如何选择合适的混合方法设计

研究设计是研究中收集、分析、解释和报告数据的具体过程。它们代表了不同的研究模式,这些模式各有不同的名称和流程。研究设计可以引导研究者去执行必要的程序,也为研究者在研究末尾作出解释提供严谨的逻辑支撑。一旦研究者确定自己遇到的研究难题要求使用混合方法,并思考了研究的哲学和理论基础,下一步就是选择一种最适合解决研究困惑和研究问题的具体设计。有哪些可以使用的设计,研究者又如何识别那些适合自己研究的设计? 混合方法研究者要熟悉主要的混合方法设计类型,及其背后需要充分考虑与选择的关键决策。每一种主要设计都有相关的历史、目的、主要考量、哲学前提假设、流程、优势、挑战和相应变体。如果研究者了解基本的设计,就可以选择、描述最适合的混合方法设计,来解决已经提出的问题。

本章旨在向计划进行混合方法研究的学者,介绍可以使用的基本设计。我们将提出:

- 设计混合方法研究的原则;
- 选择一种混合方法设计时必要的决策;
- 主要混合方法设计的特征;
- 每种主要设计的历史、目的、哲学前提假设、流程、优势和变体;
- 撰写报告时陈述设计的写作模板。

【54】

设计混合方法研究的原则

在定量和定性研究中,研究设计都是富有挑战性的工作。尤其是当研究者决定使用混合方法时,由于混合方法设计内在的复杂性,研究设计过程将更具挑战性。虽然任何两项混合方法研究的设计和实施都不会完全相似,但仍有一些帮助研究者进行研究设计的关键原则:使用固定式设计和/或生成式设计;选定要使用的设计类型;将设计与研究困惑、目的和问题相匹配;明确使用混合方法的原因。

混合方法设计可以是固定式或生成式的

混合方法设计可以是固定式或生成式的,而研究者要了解他们所使用的设计,也要能够为自己的研究选择最适合的设计。固定式混合方法设计(fixed mixed methods designs)指在研究开始时就决定好如何使用定量和定性方法的混合方法研究,其程序也完全按照计划进行。生成式混合方法设计(emergent mixed methods designs),则是根据研究进程中出现的议题决定混合方法用法的混合方法研究。生成式混合方法设计通常在以下情况出现:在研究进行过程中,由于发现一种方法不够充分,研究者加入了第二种研究方法(定性或定量)(Morse & Niehaus, 2009)。例如,拉斯(Ras,2009)描述了她发现有必要在定性案例研究——关于一所小学中自愿接受的课程改革——之外增加定量部分的过程。她对从参与者处获得的信息进行了可信的解释,以此来应对研究过程中出现的隐患。如此,在研究执行过程中,她的定性个案研究就变成了混合方法研究。

【55】我们认为这两个类别——固定式和生成式——不是绝对的二元分类,而是一个谱系的两个端点。许多混合方法设计其实位于谱系中间,同时具有固定式和生成式的方面。例如,研究者可能一开始计划进行两阶段研究,打算先是定量阶段,然后是定性阶段。但是,第二个定性阶段的设计细节,可能要根据研究者对上一个定量阶段结果的解释来确定。因此,这项研究就成了一个同时具有固定式和生成式元素的例子。

由于我们论述的重点在混合方法研究设计,也因为出版物线性、固定的特质,所以我们的表述看起来像是在强调固定设计。但请记住,我们同样承认生成式混合方法的重要性与价值。我们相信,不论研究者是一开始就打算使用混合方法,或是根据研究过程中产生的需求使用混合方法,或是二者兼而有之,都可以很好地应用本书提及的大部分设计要素。

确定进行设计的路径

除了使用固定式和生成式混合方法设计,研究者在设计自己的混合方法研究时,也会使用其他设计路径。相关文献曾讨论数种设计路径,研究者在设计混合方法研究时,也可以思考自己独特的设计路径——这样的思考会让研究者获益良多。这些设计方法可以分为两类:基于类型学的和动态的。

基于类型学的混合方法设计路径(typology-based approach),强调了对有用的混合方法设计进行分类,并根据研究目的和问题来选择、调整具体设计。学者们在对混合方法设计进行分类上花费了许多精力,由此可见,这种设计路径无疑是混合方法文献中讨论最多的一种。学者们已经提出了许多混合方法设计类型的分类方式。我们(Creswell, Plano Clark, Gutmann & Hanson,2003)曾经对这些分类形式进行了总结。在此,我们更新了这份总结的内容,形成了包含15种分类方式的清单,见表3.1。这些分类代表了20世纪80年代后期以来,不同学科(包括评估、医学和教育学)与跨学科论著对混合方法路径的讨论。这些分类方式也通常使用不同的术语,并强调各种混合方法设计的不同特点(将在本章下文进行讨论)。混合方法设计有多种类型和多样化的分类形式,这反映了混合方法研究不断演进的特性,也表明将设计视作思考混合方法的框架的确有其实用性。

除此之外,进行混合方法研究设计还有一种动态路径。混合方法设计的动态路径【59】(dynamic approaches)强调设计的过程——这一过程关系研究设计的多个部分,并使这多个部分相互关联,而对如何从现有分类中选择合适的设计不太重视。相关研究(Maxwell & Loomis,2003)介绍了设计混合方法的基于系统的交互式路径(interactive, systems-based approach)。他们认为,研究者在设计混合方法研究时,应当认真思考以下五个彼此关联的部分:研究目的、概念框架、研究问题、方法,以及效度问题。虽然设计过程的核心是研究问题,但他们讨论的是在整个设计过程中,研究者应当关注的五个重要部分间的关系。

霍尔和霍华德(Hall & Howard,2008)最近描述了另一种设计混合方法的动态路径,他们称之为协作路径(synergistic approach)。他们认为协作路径是类型路径(typological approach)和系统路径(systemic approach)的结合体。在协作路径中,两种或两种以上的方法相互作用,而且它们结合后的作用要大于独立作用的总和。在混合方法中,这就意味着定量、定性方法相结合的效果,要大于独立使用定量或定性方法的效果。他们用一组核心原则来界定协作路径:协作的概念,平等的地位,不同的意识形态,研究者与研究设计的关系。他们还认为,这种方法是有效的结构组合,并深具灵活性,为他们思考在混合方法设计中,认识论、理论、方法和分析如何共同运用,提供了很大帮助。【60】

我们建议研究者,尤其是进行混合方法研究的新手,先采用基于类型学的路径来进行混合方法设计。混合方法设计类型的多种分类方式,提供了一系列定义明确的设计,以供研究者选择;这些类型学也促使研究者使用可靠的方法来解答研究困惑,并帮助研究者预测、解决挑战研究的议题。也就是说,我们并不提倡研究者严格依照基于类型学的设计按图索骥,而应该把它当作指导性框架来帮助选择设计。研究者积累了更多的混合方法专业知识之后,便能够使用动态路径更有效地进行研究设计。

研究设计与研究困惑、目的和问题相匹配

不同的混合方法设计路径,其侧重点有所差别,也有许多共同之处。每种路径都格外重视指导研究进行的总体性困惑(overall problem)、研究目的和研究问题。引发研究者兴趣的研究困惑和研究问题有许多来源,比如源于文献、研究者的经验和价值观、复杂的限制条件、无法解释的结果,利益相关人员的预期(Plano Clark & Badiee, in press)。不管

【56-59】

表 3.1　混合方法设计的分类方式

作者	学科	混合方法设计
Greene, Caracelli, and Graham (1989)	评估	启动(Initiation) 扩展 发展 互补(Complementarity) 三角互证(Triangulation)
Patton (1990)	评估	实验设计,定性数据和内容分析 实验设计,定性数据和统计分析 自然调查,定性数据和统计分析 自然调查,定量数据和统计分析
Morse (1991)	护理学	并行式三角互证法 顺序式三角互证法
Steckler, McLeroy, Goodman, Bird and McCormick (1992)	公共卫生教育学	模式 1:利用定性方法发展定量测量工具 模式 2:利用定性方法解释定量发现 模式 3:利用定量资料补充、解释定性发现 模式 4:同时使用定性和定量方法,且赋予二者相同的重要性
Greene and Caracelli (1997)	评估	组合式设计 　三角互证法 　互补 　扩展 整合式设计 　反复的(Iterative) 　嵌入的或嵌套的(Embedded or nested) 　整体性的(Holistic) 　变革的(Transformative)
Morgan (1998)	健康研究	互补性设计 　定性的准备或起始工作 　定量的准备或起始工作 　定性的后续工作 　定量的后续工作
Tashakkori and Teddlie (1998)	教育研究	混合方法设计 　平等地位(顺序的或平行的) 　主导—从属关系(顺序的或平行的) 　多层次的运用 混合模式设计 　Ⅰ. 验证式,定性数据、统计分析、推断 　Ⅱ. 验证式,定性数据、定性分析、推断 　Ⅲ. 探索式,定量数据、统计分析、推断 　Ⅳ. 探索式,定性数据、统计分析、推断 　Ⅴ. 验证式,定量数据、定性分析、推断 　Ⅵ. 探索式,定量数据、定性分析、推断 　Ⅶ. 平行的混合模式 　Ⅷ. 顺序的混合模式
Creswell (1999)	教育政策	一致型模式(Convergence model) 序列型模式 工具建构型模式
Sandelowski (2000)	护理学	顺序的 并行的 反复的 夹层式(Sandwich)

Creswell, Plano Clark, Gutmann, and Hanson (2003)	教育研究	有序的解释式(Sequential explanatory) 有序的探索式 有序的变革式 并行的三角互证 并行的嵌套式 并行的变革式
Creswell, Fetters, and Ivankova(2004)	初级医疗护理	工具设计模式 三角互证设计模式 数据转换设计模式
Tashakkori and Teddlie (2003b)	社会和行为研究	多线设计 并行混合设计 　并行混合方法设计 　并行混合模式设计 顺序混合设计 　顺序混合方法设计 　顺序混合模式设计
Tashakkori and Teddlie (2003b)	社会和行为研究	多线转换混合设计 　多线转换混合方法设计 　多线转换混合模式设计 充分整合混合模式设计
Greene (2007)	评估	组合式设计 　一致(Convergence) 　扩展 整合式设计 　反复 　混合 　嵌套的或嵌入的 　因为重要的或有价值的原因而进行混合
Teddlie & Tashakkori (2009)	教育研究	混合方法多线设计 　平行混合设计 　顺序混合设计 　转换混合设计 　多层次混合设计 　充分整合混合设计
Morse and Neihaus (2009)	护理学	混合方法并行设计 混合方法顺序设计 复杂混合方法设计 　定性驱动的复杂混合方法设计 　定量驱动的复杂混合方法设计 　多方法研究程序

来源：改编自克雷斯维尔等的论著(Creswell Plano Clark, et al. ,2003：216-217, Table 8.1),已获 SAGE 许可。

【62-63】

表 3.2　选用混合方法的原因的两种分类

提出者	主要观点
Greene，Caracelli and Graham(1989)[1]	• 三角互证法(triangulation)指从不同方法得到的结果中，寻求趋同性、验证与一致性。 • 互补(comlementarity)指利用一种方法得到的结果，来阐释、巩固、说明、澄清用另一种方法得到的结果。 发展(development)旨在利用一种方法所得的结果来发展另一种方法，通常认为发展包括抽样、实施和测量决策。 • 起步(initiation)旨在发现矛盾和异常，对框架的新看法，并根据来自一种方法的问题或答案，来重塑另一种方法的问题或答案。 • 扩展(expansion)旨在针对研究的不同部分使用不同方法，来增加研究内容，扩展研究范围。
Bryman(2006)[2]	• 三角互证法或更强的效度(triangulation or greater validity)与一种传统观点有关：定量与定性研究可以结合，使结果进行三角互证，来确定它们是否可以相互佐证。 • 抵消(offset)则关乎这种论调：定量和定性研究各有长短，结合两种方法，研究者便可以削减它们的弱势，撷取二者的长处。 • 完备(completeness)指使用定量和定性两种方法，能使研究者对其感兴趣的研究领域进行更全面的考察。 • 过程(process)指定量研究让研究者了解社会生活的框架，而定性研究则使研究者能准确判断过程，采取合理行动。 • 不同的研究问题(different research questions)指定量和定性研究可以各自回答不同的研究问题。 • 解释(explanation)指研究者使用一种方法，来帮助解释另一种方法的研究发现。 • 意外的结果(unexpected results)指当一种方法得到了令人意外的结果，而这一结果可以运用另一种方法来理解，那么结合定量和定性研究将是富有成效的。

Bryman(2006)[2]	• 工具开发(instrument development)指这种情况:研究者使用定性研究来形成工具,如问卷或量表项目,这样可以得到措辞更准确、内容更全面的封闭式答案。 • 取样(sampling)指使用一种方法来使对个人或案例的抽样更简便。 • 信度(credibility)指采用多种方法可以增强研究结果的可信度。 • 背景(context)与这种情况有关:研究者根据定量研究的结果,来结合定性、定量两种方法——这一定量研究提供了背景性知识,以及一般化的、具有外部效度的研究发现,或是问卷调查发现的多个变量间的关系。 • 阐释(illustration)指运用定性数据来解释定量结果,就像使"干巴巴"的定量发现生出"血肉",丰满起来。 • 实用性或增强结果的效用(utility or improving the usefulness of findings)指这种观点:对研究实践者和其他人来说,结合使用定性和定量两种方法会更有效。这点对关注实践的文章来说尤其重要。 确认和发现(confirm and discover)指在一项研究中,利用定性数据形成假设,使用定量研究检验假设。 • 观点的多样性(diversity of views)包括两个略有不同的原理——通过分别进行定量和定性研究,来整合研究者和参与者的观点;以及通过定量研究揭示变量间的关系,同时借由定性研究来揭示研究参与者眼中的意义。 • 强化,或基于定量和定性结果(enhancement or building upon quantitative and qualitative findings),指采用定性方法来解释或讨论定量发现;或是采用定量方法来解释或讨论定性发现。

来源 1:*Educational Evaluation and Policy Analysis*(《教育评估和政策分析》), 1989,Vol. 11, Issue 3:259. 已获 SAGE 授权。

来源 2:*Qualitative Research*(《定性研究》),2006, Vol. 6, Issue 1:105-107. 已获 SAGE 授权。

研究问题如何产生,撰写混合方法研究论著的学者们一致认为,不论设计何种混合方法研究,研究者感兴趣的研究问题才是设计过程的核心。研究困惑和研究问题非常重要,这也是混合方法研究设计的关键原则。这一观点源于混合方法研究实施的实用主义基础——在实用主义中,"什么有用"的观念在选择方法时体现得淋漓尽致:研究者要选择在回答研究困惑和研究问题上最"有用"的方法。

【61】 在第一章中,我们介绍了与混合方法相关的一般研究困境。这些问题包括:只有一个数据源是不充分的,结果有待解释,探索性的结果需要进一步检验,需要通过加入第二种方法来巩固研究发现,需要通过使用两种方法来提出某种理论立场,以及需要使用多阶段、多方法的研究来回答某个问题等。这些研究问题不仅要求研究者使用混合方法,也要研究者使用不同的设计,这样才能够处理不同类型的问题。这样的研究困境不仅要求研究者应用混合方法,也要求研究者针对不同类型问题选用相应的设计。因此,研究者应当清楚说明研究面对的困难和研究问题,在认真考虑之后,再来选择与研究困境和研究问题相匹配的设计。我们将在第五章讨论研究问题,以及研究者如何表述、提炼研究问题来反映研究设计。

明确选择混合方法的原因

混合方法设计的另一个重要原则是:在研究中,要明确混合定性和定量方法的原因。方法的结合是项极具挑战性的工作,唯有切实的理由才能进行。现有文献中有许多关于采用混合方法理由的极具说服力的论述,可以帮助指导研究者的工作。表 3.2 列举了两个重要框架。第一个框架是格林等(Greene, Caracelli & Graham, 1989)提出的,即选择混合方法的五大原因。表中对三角互证、互补、发展、起始和扩展这五个理由进行了定义。尽管这五个理由既宽泛又普遍,相关文献还是常常使用、讨论这种原因的分类方式。然而,混合方法研究经过二十余年的持续演进,关于研究者选用混合方法的原因,学界已经有了更加详细的论述。最近,布莱恩(Bryman,2006)根据研究者的实践,提出了一个详细的列表清单(表 3.2)。这份包含 16 个原因的列表,对格林等(Greene, Caracelli & Graham, 1989)的一般性描述进行了补充,并对研究者选用混合方法的理由和时间进行了更加有效、详细的考察。

要注意,我们列出的采用混合方法的原因,应被视为一个通用框架,研究者可以根据这个框架来衡量各种选择,并为自己选用混合方法的决策辩护。布莱恩(Bryman,2006)提到,许多混合方法研究出于多种原因选用了混合方法,除此之外,在研究过程中也可能会出现新的原因。对新的见解作出回应,是混合方法研究实施的必要部分,而我们认为同样重要的是,研究者在设计混合方法研究时,至少要有一个清晰的原因来解释为什么他们要结合多种方法。

选择混合方法设计时的关键决策

上文我们讨论了四个原则，接下来，研究者就要在这四个方面作出重要选择，来界定研究选用的混合方法。这些决策关系到研究中定性、定量部分彼此关联的方式。这里所说的“部分(strand)”，包含着进行定量和定性研究的基本程序，是一项研究的组成部件，它包括：提出问题、收集数据、分析数据，以及根据数据解释研究结果(Teddlie & Tashakkori, 2009)。符合我们定义的混合方法研究，至少包括一个定量部分和一个定性部分。比如，在图3.1描述的混合方法研究中，研究者先进行定量部分，再进行定性部分。如图3.1所示，我们用一个文本框表示一个部分。

图3.1　混合方法研究中定量和定性部分的示例　【64】

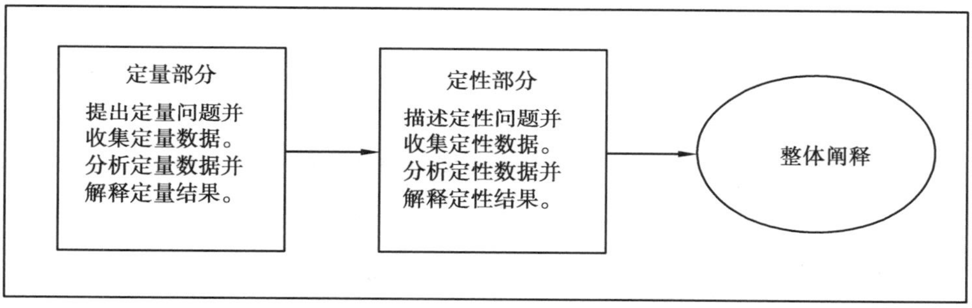

定量部分
提出定量问题并收集定量数据。分析定量数据并解释定量结果。
→
定性部分
描述定性问题并收集定性数据。分析定性数据并解释定性结果。
→
整体阐释

要选择一个适当的混合方法设计，包括四个关键决策：①各部分间的交互程度；②各部分间相对的优先次序；③各部分的时序；④对各部分进行混合的程序。我们将考察这些决策，以及各个决策中可行的选择。

确定定量和定性部分的交互程度

在混合方法研究中，重要决策之一是确定定量和定性部分的交互程度。交互程度指定性和定量部分保持相互独立或是相互作用的程度。格林(Greene,2007:120)认为，在设计混合方法研究中，这是“最为关键和重要”的决策；她指出了定性、定量部分两种大致关系：独立的，交互的。

- 当定量和定性部分分别完成，因而彼此之间相互独立时，二者之间就是独立关系——这意味着，定量、定性两部分相互区隔，研究者确保定量和定性的研究问题、数据收集、数据分析彼此分离。如果是独立关系的研究，研究者只会于研究最后的整体阐释阶段，在得出结论时，混合两个部分。
- 如果研究的定量、定性部分存在直接的相互作用，那么二者间就是交互关系。通【65】过这种直接的相互作用，在最后的阐释阶段之前，定量、定性方法就发生了混合。这种相互作用可以不同的形式，发生在研究过程的多个节点。例如，要设计或进行一个研究部分，可能要依赖另一研究部分的结果；一个研究部分得到的数据，可以转化为另一种数据形式，这样不同的数据组就可以一起进行分析；或者，研究者利用一个研究部分得出框架，然后在这一框架下完成另一研究部分。

确定定量和定性部分的优先次序

研究者还需要作出决策（间接或直接地），确定设计中定量和定性部分的相对重要性。优先次序指，在回答研究问题上，定量和定性方法的相对重要性，或相对价值。在混合方法设计中，有三种优先次序安排方法：

- 两种方法同等重要，所以在解答研究困惑时他们起同样重要的作用。
- 研究可能是定量优先，即是说，研究侧重定量方法，定性方法处于次要地位。
- 研究可能是定性优先，即是说，研究侧重定性方法，定量方法处于次要地位。

确定定量和定性部分的时序

研究人员还要决定两种研究的时序。时序（也指研究步调或实施过程）指研究中定量和定性部分的时间关系。学者通常在讨论数据收集的时间时会说到时序；但更重要的是，时序也指研究者在研究中使用定量、定性数据结果的顺序——时序关乎整个定量和【66】定性部分，而不仅仅和数据收集相关。混合方法设计中的时序可分为三种：并行式，顺序式，多阶段组合式。

- 并行式时序指在研究的单一阶段中，研究者同时进行定量和定性部分的研究。
- 有序式时序指研究者在两个阶段分别进行定量和定性部分的研究，先进行一个部分的数据收集和分析，再进行另一部分的数据收集和分析。选用有序式时机的研究者，可以在研究开头先进行定量数据的收集和分析，也可以先进行定性数据的收集和分析。
- 多阶段组合时序指研究者在研究中实施多个研究阶段，这些研究阶段里包括有序式和/或并行式时机。多阶段组合时序研究的例子，包括那些有三个或更多阶段的研究，以及在单个混合方法研究程序中，既有并行又有顺序部分的研究。

确定在何处以及如何"混合"定量和定性部分

最后，研究者需要确定，在他们的混合方法设计中，定量、定性方法混合的方式。混合也称作结合和整合，指研究中定量和定性部分的明确关联，即研究者处理混合方法研究中独立关系和交互关系的过程。这两个概念有助于我们理解混合方法的时机和方式：交界点与混合策略。交界点，即整合之处，是研究程序中，定量和定性部分发生混合的部分（Morse & Niehaus，2009）。根据我们的总结，这些混合可能出现在一项研究的四个节点：阐释，数据分析，数据收集，设计。研究者会使用与这些交界点直接相关的混合策略。

混合策略有:①合并两个数据集;②将第一组数据的分析,与第二组数据的收集联系在一起;③在一个更大的设计或程序中,嵌入一类数据;④运用框架(理论框架或程序)来整合多组数据。

- 阐释过程中的混合指研究者在收集、分析完定量、定性数据后,在研究的最终阶段混合定量、定性部分。这一过程包括,研究者结合定量、定性部分的研究结果,如【67】在讨论中比较或综合两种研究结果,并基于这种结合得出结论或推断。所有的混合方法设计,都应当在最后的阐释部分深入讨论两种方法的结合提供了哪些新知。在定量、定性部分保持独立的混合方法设计中,最后的阐释部分也是研究进程中唯一会发生混合的地方。
- 数据分析中的混合指研究者在分析定量、定性两组数据时,对定量和定性部分进行混合。首先,研究者对定量数据进行定量分析,对定性数据进行定性分析。然后,研究者运用合并这一交互策略,通过合并分析直接将两组结果整合在一起。例如,研究者在一个利于比较和阐释的矩阵中,将定量和定性结果联系在一起,来对这两种结果进行深入分析。另一种合并的方法是,把一种类型的研究结果转换成另一种类型的数据,再通过分析转换后的数据来合并定量、定性结果。
- 数据收集过程中的混合指研究者在收集第二种数据时,对定量和定性部分进行混合。在这种情况下,一种类型数据的收集,要以另一种类型的研究结果为基础,研究者会采用"连接(connecting)"的策略来进行混合。例如,研究者会根据定量研究的结果,来进行接下来定性部分中的定性数据收集。研究者也可以根据定性研究的结果,来组织接下来的定量数据收集过程。定量、定性部分相连接,即是二者混合的方式。研究者根据第一个研究部分的结果,将研究问题具体化,选择参与者,形成数据收集标准或测量工具,以此形塑第二个研究部分的数据收集过程——这就使研究定量、定性部分连接在一起了。
- 设计层面上的混合指在更大的研究设计阶段,研究者对定量和定性部分进行混合。这种设计层面上的混合,包括在以下范围内发生的混合:传统定量或定性研究设计中的混合,解放理论中的混合,实质性的社会科学理论的混合,总体的项目目标中的混合(Greene,2007)。根据上述观点,研究者们有以下三种在设计层面上进行混合的策略:嵌入式混合,基于理论框架的混合,以及基于项目目标框架的混合。当研究者采用嵌入式混合策略时,会在采用定量或定性单一方法的设计中,嵌入定量和定性方法。例如,研究者可能在一个更大的定量(如实验性)设计【68】中,嵌入补充性的定性部分;或是在一个更大的定性(如叙事性)设计中,嵌入定量研究。这种嵌入的特性会体现在设计层面上——被嵌入的方法,要根据更大的定量或定性设计框架来具体实施。在理论框架中进行混合,即是指研究者在引导整个研究的变革性框架(如女权主义)或实质性框架(如社会科学理论)中,对定量和定性部分进行混合。在这种情况下,研究者是在一种研究视角下混合两种方法。

在项目目标的框架中进行混合指研究者在研究项目总目标下,对定量和定向方法进行混合——在多阶段研究项目中,这一总目标引导多个项目或研究结合在一起。

一个令人信服、坚实的混合方法设计,要在整合、优先次序、时序和混合方面作出正确决策。表3.1展示了研究设计的不同分类方式,以及本节提到的、众多可供研究者选用的决策方案——这都表明混合方法研究的实施具有复杂、多样化的特性。虽然,根据我们与不同学科研究者共事的经历,以及阅读数百份混合方法研究的经验,可以说存在无数种可能的混合方法组合形式;然而我们发现,在研究实践中最常出现的组合形式,只有为数不多的几种。因此,接下来我们将展示一种主要混合方法设计的分类,其中包含通用的基本设计,我们也尽力在简短篇幅内完全展示混合方法研究者可用的丰富设计。

● 主要的混合方法设计

混合方法研究者要逐个思考这些关键决策,并选用体现交互性、优先次序、时序和混合的设计。正如下文将论述的,不同的研究设计在这些决策上有不同选择。我们将讨论研究实践中最常用的研究设计,并提出一个简约且有效的分类形式。因而,我们推荐了六种主要的混合方法设计,这为正在设计研究的学者提供了有用框架。为了使研究便于管理、实施和表述,我们强烈建议研究者认真选用最适合研究困境的设计,并仔细考虑混合的理由。另外,根据类型学选择研究设计,也意味着研究者选择了一种指导方法实施的框架和逻辑——这种框架和逻辑旨在确保最后形成的研究设计,是严格的、令人信服且高质量的。

【69】 一致性并行设计、解释性时序设计、探索性时序设计和嵌入式设计是四种基本混合方法设计。此外,这个主要设计的列表中,还有两个综合了多种设计元素的设计:变革性设计和多阶段设计。

主要设计的典型示例

图3.2展示了六种设计的典型示例。首先,我们将简单介绍这些设计,并讲解采用这些设计研究青少年吸烟问题的例子。之后,我们将在后续章节中更详细地说明每个设计。

- 一致性并行设计。一致性并行设计(也叫一致性设计)指研究者在研究的某一个阶段中,同时进行定量和定性部分的研究,赋予定量、定性两种方法同等的重要【71】性,并分别独立进行定量、定性部分的分析,而后在整体阐释阶段混合定量、定性结果——正如图3.2a所示。举个例子,研究者可能采用一致性设计来全面了解高中生对吸烟的态度。在某一个学期中,研究者不但在高中生中进行问卷调查,了解他们对吸烟的看法,还就这一主题,在学生中进行焦点小组访谈。研究者对问卷调查数据进行定量分析,对焦点小组访谈结果进行定性分析,然后整合这两种结果来评估青少年的态度如何一致或不一致。

- 解释性时序设计。解释性时序设计（也叫解释性设计）有两个彼此独立又相互作用的阶段（图 3.2b）。这种设计一开始先收集、分析定量数据，这一阶段旨在提出研究问题。第一阶段之后，接着是定量数据的收集与分析。研究的第二个阶段——定性阶段，是根据第一个阶段——定量阶段的研究结果进行设计的。研究者会阐释定性结果如何有助于解释第一阶段的定量结果。例如，研究者通过收集、分析定量数据，来确定影响青少年吸烟的显著变量。研究者惊讶地发现，课余活动和吸烟行为之间存在相关性，随后，研究者对积极参与课余活动的青少年进行定性访谈，试图解释这一出人意料的结果。

图 3.2　六种主要混合方法设计的典型示例

【70】

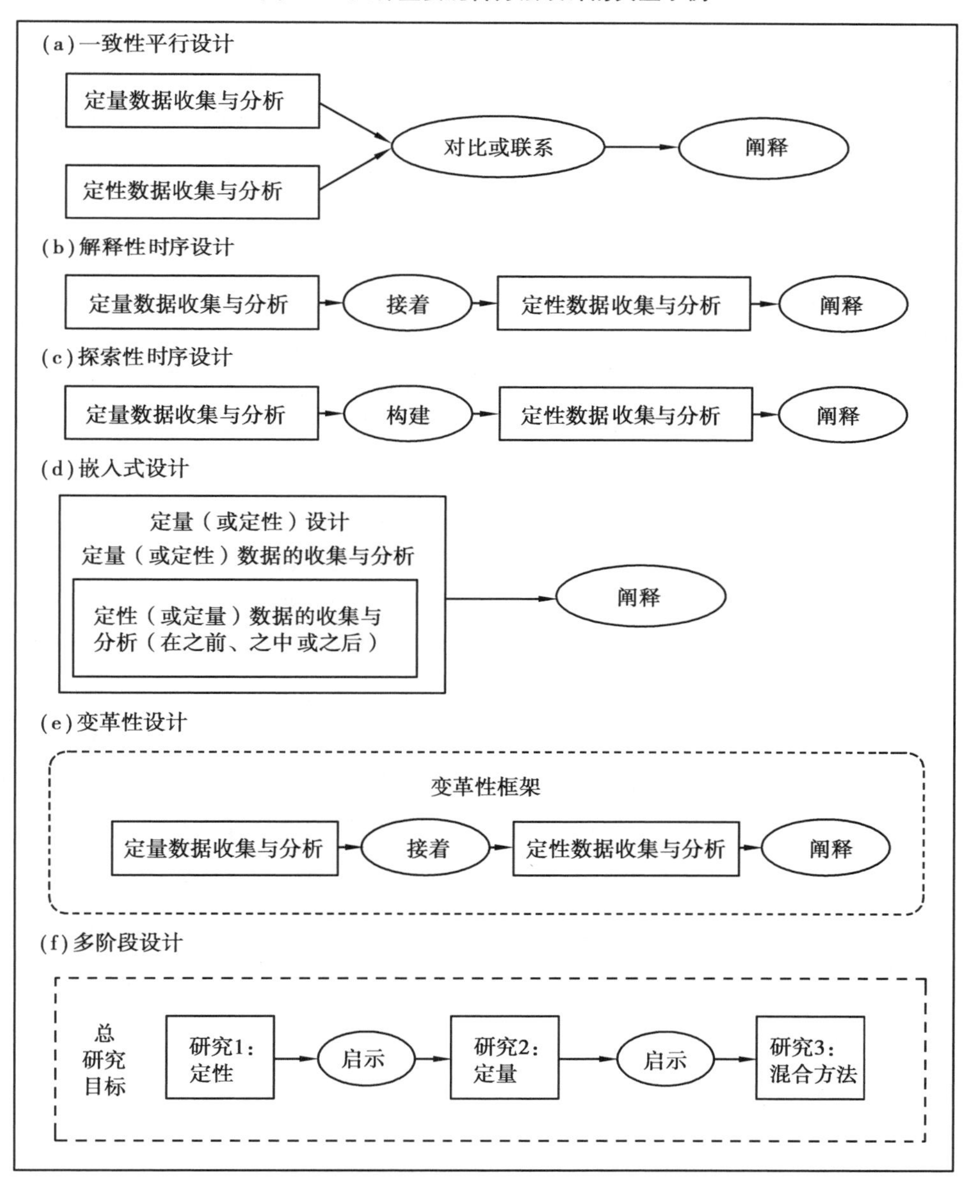

- 探索性时序设计。就像图 3.2c 所示，探索性时序设计（也叫探索性设计）也采用有序式设计。与解释性设计相反，探索性设计的第一阶段更强调定性数据的收集和分析。研究者根据第一阶段的探索结果，进行第二个阶段——定量阶段，来检验或总结第一阶段的发现。然后研究者将阐释研究是如何根据定性结果建构得到定量结果的。例如，研究者收集青少年试图戒烟的定性故事，并对这些故事进行分析，确定青少年尝试戒烟的条件、情境、策略和结果。研究者将分析得到的数种结果视作变量，据此来形成定量的测量工具，并在大量吸烟青少年中使用这份工具来评估这些变量的总体分布状况。
- 嵌入式设计。嵌入式设计指研究者在传统的定量或定性研究设计中，收集、分析定量和定性两种数据的情况，如图 3.2d 所示。在嵌入式设计中，研究者可能在定【72】量研究设计（如实验）里，加入定性部分；或是在定性研究设计（如案例研究）里，加入定量部分。研究者在嵌入式设计中，加入这些补充性的部分，是为了在一定程度上增强总体设计。譬如，研究者可能想建立一个相应的干预机制，来帮助青少年形成抵抗吸烟压力的策略。研究者先对青少年进行焦点小组访谈，了解他们何时感到吸烟压力，以及部分青少年如何抵抗这种吸烟压力。然后，研究者根据访谈结果，建立起相关的干预机制，并在不同学校的学生中，用定量的实验性设计来检验这一机制。
- 变革性设计。变革性设计是研究者在变革性理论框架内形成的混合方法设计。其他所有决策，如交互、优先次序、时序和混合，都要在变革性框架之内进行。图 3.2e 用虚线强调了理论视角的重要性，也展现了变革性设计中可能选用的研究方法。
- 多阶段设计。如图 3.2f 所示，多阶段设计指研究者在实现总研究目标的研究进程中，于一段时间内，结合进行顺序和并行研究的情况。项目评估经常使用这种方法，研究者随着研究进程而使用定量和定性方法，来支持具体研究程序的建构、调整和演进。例如，一个研究团队想要帮助降低某个印第安社区中青少年的吸烟率，研究者可能会先进行定性的需求评估研究，来理解对这个社区的青少年们而言，吸烟和健康意味着什么。利用这些评估结果，研究者可以形成一份测量工具，并用它来测量整个社区中不同态度的分布情况。在第三阶段，研究者可以根据研究得到的信息，建立干预机制，然后再对干预机制的进程和结果进行检验。

初步了解这六种常见的混合方法之后，现在我们进一步详细讨论各种设计——包括混合方法设计的历史、目的、采用原因、哲学前提假设、程序、优势、挑战和变体。在第四章中，我们将深入讨论运用集中主要设计的研究案例，但此时我们先来关注这些设计的基本特征。表3.3总结了这些特征。

【77】 一致性平行设计

最有名的混合方法设计是一致性设计。早在 20 世纪 70 年代，学者们就开始讨论此种设计(Jick,1979),它也是多个不同学科最常使用的方法。一致性设计最初被称为“三角”设计,这种设计使用两种不同方法来得到关于同一主题的互证的结果;但是,它很容易与定性研究中的三角互证方法混淆,而且,研究者们使用这种方法有时也不是为了得到互证的结果。20 世纪 70 年代以来,这种设计曾被冠以多个名称,包括同步三角互证法(Morse,1991)、平行研究(Tashakkori&Teddie,1998)、一致性模型(Creswell,1999)和并行三角互证法(Creswell,Plano Clark et al. ,2003)。不管以何为名,如果研究者在同一个研究阶段中同时收集、分析定性和定量数据,并随后将定性、定量结果整合为整体阐释,那么这就是一致性设计。

一致性设计的目的。一致性设计的目的是“就同一研究主题,获得不同但互补的数据”(Morse,1991:122),来对研究问题作出最佳解释。研究者采用这种设计,旨在结合定量、定性方法,使定量方法(大样本量、趋势、归纳)与定性方法(小样本量、细节、深度)能够相互弥补、取长补短(Patton,1990)。如果研究者出于检验和验证的目的,想要直接比较定量统计结果和定性发现来进行定量定性互证,就可以使用这种设计。使用这种设计的其他目的还有:利用定性发现说明定量研究结果;综合互补的定量、定性结果,来获得对现象更全面的理解;比较同一个系统中的多个层级。

选择一致性设计的条件。选用一致性设计时,除了要使设计与研究目的相契合,还要注意以下事项:

- 研究者收集数据的时间有限,要在一次田野作业中同时收集两类数据。
- 研究者认为,收集、分析定量和定性两种数据,对于解决研究问题同等重要。
- 研究者具备进行定量、定性研究的专业技术和知识。
- 研究者能够管理大量数据的收集和分析。鉴于此,一致性设计最适合团队研究,或可以收集有限定量和定性数据的单个研究者。

一致性设计背后的哲学前提假设。由于一致性设计包括同时收集、分析、合并定量【78】和定性两种数据与结果,这便提出了有关研究哲学前提假设的问题。我们建议选择此设计的研究者采用一种范式,如实用主义,作为研究的统领性范式,而不是“混合”不同范式。实用主义的前提假设(如第二章所述)非常适合用来指导这种做法——合并定量、定性方法来获得更多理解。

一致性设计的程序。图 3.3 中展示了一致性设计的实施程序。如图 3.3 所示,一致性设计包括四个主要步骤。首先,研究者就感兴趣的研究主题收集定量和定性数据。两种数据的收集是同时,却彼此独立进行的——并不是基于一种数据的分析结果来收集另一种数据。此外,对于解决研究问题,定量、定性两种数据也具有同等重要的地位。其次,研究者使用典型的定量、定性分析程序,来分别分析定量、定性数据集。得到定量、定性的分析结果后,研究就进行到了交界点,研究者将进行第三个步骤——合并定量、定性数据的分析结果。这一合并步骤包括:在分析中,直接比较两种结果,或转换结果的形式来加强两类数据间的联系。最后,研究者要解释,定量和定性两组结果在何种程度上以

【73-76】

表 3.3　主要混合方法设计类型的典型特征

典型特征	一致性设计	解释性设计	探索性设计	嵌入式设计	变革性设计	多阶段设计
定　义	• 同时进行定量和定性数据收集,分别进行定量和定性数据分析,以及合并两个数据集	• 按顺序使用研究方法,在第一阶段先收集、分析定量数据,接着在第一阶段的基础上进行第二阶段的定性数据收集和分析	• 按顺序使用研究方法,在第一阶段先收集、分析定性数据,接着在第一阶段的基础上进行第二阶段的定量数据收集与分析	• 同时或按顺序收集支持性数据,分别进行数据分析,并在主要数据收集程序之前、期间或之后使用支持性数据	• 在引领方法决策的变革性理论框架中,同时或按顺序进行定量和定性数据的收集与分析	• 在研究项目的多阶段中,结合使用同时和/或按顺序收集定量、定性数据的方法
设计目的	• 需要更全面地了解主题 • 需要验证或证实定量指标	• 需要解释定量研究结果	• 需要检验或测量定性的探索发现	• 需要在实验前进行初步探索(顺序/在之前) • 需要更全面地了解实验,比如过程和结果(同时/在期间) • 在实验之后需要后续解释(顺序/在之后)	• 需要开展研究,来识别、挑战社会的不公正	• 需要实施多个阶段的研究,来实现项目目标,比如项目设计和评估
典型的范式基础	• 作为统领性哲学的实用主义	• 第一阶段:后实证主义 • 第二阶段:建构主义	• 第一阶段:建构主义 • 第二阶段:后实证主义	• 世界观可能会体现主要的范式基础(如后实证主义或建构主义),如果是同时进行的就是实用主义 • 如果是按顺序进行的,定性部分是建构主义,定量部分是后实证主义	• 作为统领性哲学的变革性世界观	• 同时的:实用主义 • 按顺序的:定性部分是建构主义,定量部分是后实证主义

交互程度	独立	交互	交互	交互	交互	交互
定量、定性部分的优先次序	同等重要	定量优先	定性优先	定量优先,或定性优先	• 同等重要,定量优先,或定性优先	• 同等重要
定量、定性部分的时序	并行(同时的)	顺序:先定量研究	顺序:先定性研究	并行或顺序	并行或顺序	在多阶段中,结合使用并行和/或顺序
混合的主要交界点	• 如果独立,则在阐释阶段 • 如果交互,则在分析阶段	• 数据收集阶段	• 数据收集阶段	• 设计层面	• 设计层面	• 设计层面
主要的混合策略	结合定量、定性部分: • 在分别分析两类数据之后 • 对两类结果进行进一步分析(如比较或转换)	连接定量、定性部分: • 从定量数据分析到定性数据收集 • 在第二阶段利用定量研究结果,来决定定性研究问题、样本和数据收集	连接定性、定量部分: • 从定性数据分析到定量数据收集 • 在第二阶段,利用定性研究结果,来决定定量研究问题、样本和数据收集	在基于定量研究的设计中嵌入定性部分,或反之: • 在主要研究部分之前、之中或之后 • 使用辅助性结果加强对主要研究部分的规划、理解和解释	在理论框架中混合: • 在变革性理论视角下,合并、连接或嵌套定量和定性部分	在项目目标的框架中混合: • 在方案目标下,连接定量和定性部分,如有可能则合并和/或嵌套定量和定性部分
常见变体	• 平行的数据库 • 数据转换 • 数据检验	• 后续的解释 • 选择参与者	• 理论开发 • 测量工具开发	• 嵌入式实验 • 嵌入式相关设计 • 混合方法个案研究 • 混合方法叙事研究 • 混合方法民族志研究	• 女性主义视角 • 残疾人视角 • 社会经济阶层视角	• 大项目开发和项目评估 • 多层次的、全州范围的(statewide)研究 • 结合并行和顺序阶段的单一的混合方法研究

图 3.3 一致性设计基本实施程序的流程图

【79】

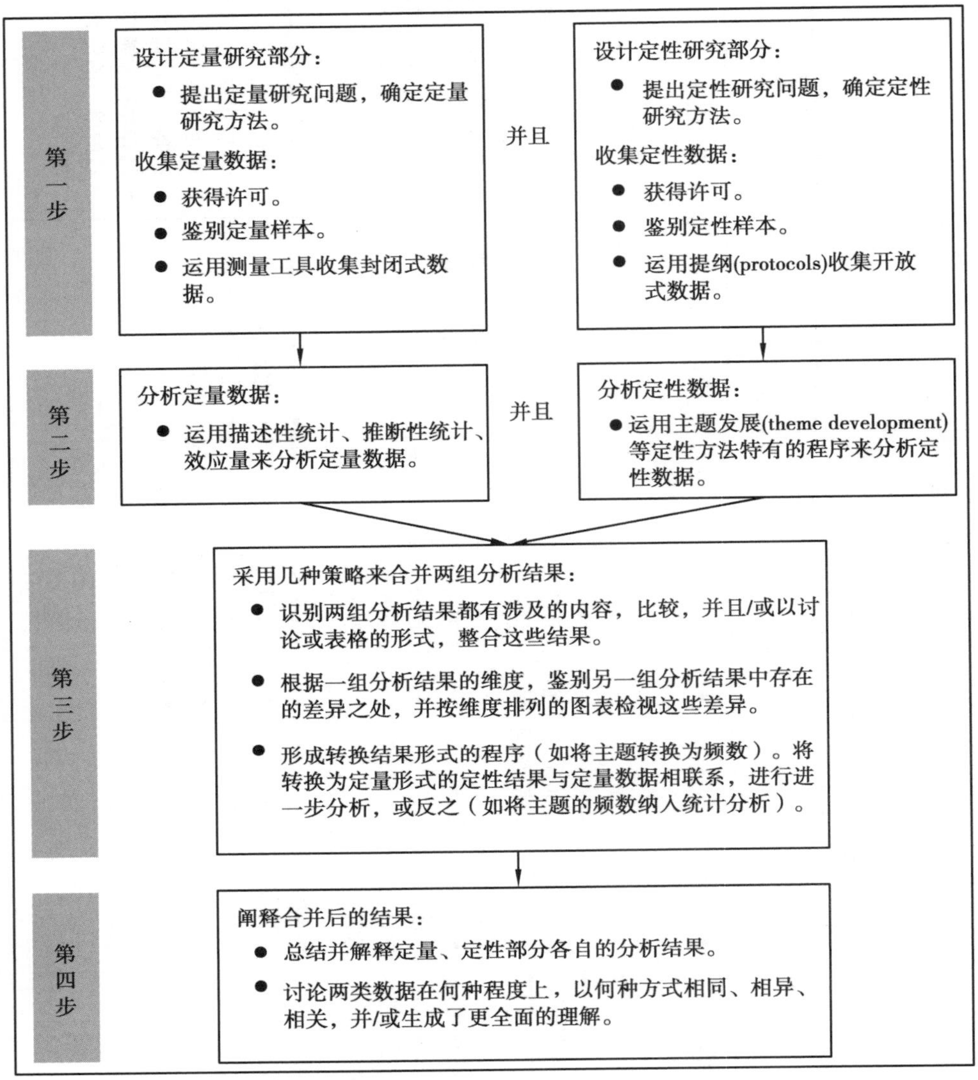

第一步

设计定量研究部分:
- 提出定量研究问题，确定定量研究方法。

收集定量数据:
- 获得许可。
- 鉴别定量样本。
- 运用测量工具收集封闭式数据。

并且

设计定性研究部分:
- 提出定性研究问题，确定定性研究方法。

收集定性数据:
- 获得许可。
- 鉴别定性样本。
- 运用提纲(protocols)收集开放式数据。

第二步

分析定量数据:
- 运用描述性统计、推断性统计、效应量来分析定量数据。

并且

分析定性数据:
- 运用主题发展(theme development)等定性方法特有的程序来分析定性数据。

第三步

采用几种策略来合并两组分析结果:
- 识别两组分析结果都有涉及的内容，比较，并且/或以讨论或表格的形式，整合这些结果。
- 根据一组分析结果的维度，鉴别另一组分析结果中存在的差异之处，并按维度排列的图表检视这些差异。
- 形成转换结果形式的程序（如将主题转换为频数）。将转换为定量形式的定性结果与定量数据相联系，进行进一步分析，或反之（如将主题的频数纳入统计分析）。

第四步

阐释合并后的结果:
- 总结并解释定量、定性部分各自的分析结果。
- 讨论两类数据在何种程度上，以何种方式相同、相异、相关，并/或生成了更全面的理解。

何种方式,彼此相同、相异、相关,并且/或者可以整合获得更好的理解,来回应研究的总目标。

一致性设计的优势。这种设计有许多强处和优点:

- 直观。混合方法的新手常常选择这种设计。它是文献最先讨论的设计(Jick, 1979),也已成为混合方法研究的流行设计之一。
- 高效,两种类型数据的收集在一个研究阶段中几乎是同时进行的。
- 研究者使用传统的定量和定性方法,来分别收集、分析定量和定性数据。这使此设计适合团队研究——团队包含具备定量和定性研究专业知识与技术的成员。

【80】 使用一致性设计的挑战。虽然一致性设计是最流行的混合方法设计类型,但它也是主要设计类型中面临最多挑战的一种。选择一致性设计的研究者将面临下述挑战,并可

以采用以下方法进行应对：

- 由于一致性设计同时进行两种数据收集，两类数据具备同等重要性，它要求研究者进行大量工作，并具备专业技术和知识。组建包含定量和定性专家的研究团队，在毕业生委员会中引入具备定量和定性专业知识的研究者，或是在定量和定性研究中对独立研究者进行训练，在一定程度上可以解决这个问题。团队研究的注意事项详见第一章。
- 研究者在合并定量、定性数据集时，要考虑二者样本不同、样本量不同带来的影响。由于定量和定性数据收集的目的并不相同（定量是为了一般性，定性是为了深入描述），二者的样本量会有所差异。第六章讨论了一些有效的应对策略，如收集大样本量的定性数据、使用不相等的样本量等。
- 将两组差异颇大的数据及其分析结果进行有效合并，很具挑战性。研究者需要对研究进行设计，以使定量、定性数据解释的是同一个概念。这一策略有助于合并数据集。另外，第七章介绍了设计讨论部分、形成比较展示、进行数据形式转换的技术。
- 如果定量和定性研究结果不一致，研究者将面临抉择。矛盾的结果或许可以为该主题提供新的洞见，但这些差异很难处理，还可能需要收集其他数据。接下来的问题是要另外收集或重新分析哪种数据：定量数据、定性数据，还是两者都要？第七章讨论了应对这一挑战的方法——收集其他数据，或重新检视现有数据。

一致性设计的变体（variants）。设计变体展现了研究者使用这些主要设计时进行的改动。在文献中，一致性设计有三种常见变体：平行数据变体、数据形式转换变体和数据效度变体。

- 平行数据库变体是一种常见变体，定量、定性两个平行的研究部分彼此独立进行，只在阐释部分才进行合并。研究者使用两种数据来检验现象的不同方面，并在讨论部分中整合或比较这两组相互独立的研究结果。例如，相关研究（Feldon & Kafai，2008）收集了定性的民族志访谈，以及定量的问卷调查和服务器日志，并讨论了这两类结果如何更全面地展现年轻人在网络虚拟社区中的活动。【81】
- 数据形式转换变体指研究者实施一致性设计时，赋予定量、定性部分不同的重要性，更侧重定量部分，并采用数据形式转换来合并数据。也就是说，在两组数据集的初步分析之后，研究者对定性结果进行量化（如根据定性主题创建一个新变量）。数据形式转换使得定性数据的分析结果，可以通过直接比较、相互管理和进一步分析与定量数据和定量结果结合在一起。相关研究（Pagano，Hirsh，Deutsch & McAdams，2002）对父母价值观的研究就使用了这一变体。他们从定性访谈资料中总结出定性主题，然后将每个参与者在这些主题上的表现二分地赋值为“呈现”或“不呈现”。接着他们把这些量化得到的分值和定量数据放在一起分析，利用相关分析和 logistical 回归来确定各类别之间的关系，以及不同性别、种族之间的差异。

- 数据效度变体指研究者在一份问卷中同时设置开放式和封闭式问题,并用开放式问题的结果来确证、验证封闭式问题的结果。因为定性主题是额外加入定量问卷的,所以通常不会形成一个完整的基于文本的定量数据集。但是,它们为研究者提供了新的主题和有趣的引文,可以用来检验、丰富定量问卷调查的发现。例如,相关研究(Webb, Sweet & Pretty, 2002)在研究大规模伤亡事件对法医情感、心理的负面影响时,在定量问卷中加入了定性问题。他们使用定性数据来检验定量问卷项目的结果。

解释性时序设计

大部分混合方法设计的论著都会强调时序设计,并称之为时序模型(Tashakkori,Teddlie,1998)、顺序三角互证(Morse,1991)、迭代设计(Greene,2007)等。尽管这些名称适用于任何顺序的两阶段设计,我们仍将介绍一些具体的设计名称,它们可以区分时序设计中是定量部分还是定性部分在前(Creswell,Plano Clark et al. ,2003)。【82】解释性设计是一种混合方法设计,这种设计在第一阶段进行定量研究,接着得到具体结果并进入第二阶段。第二阶段,即定性研究阶段,旨在更深入地解释第一阶段的结果,这一设计名称正反映了它强调结果解释的特性。此设计也称为定性后续设计(qualitative follow-up approach)(Morgan,1998)。

解释性设计的目的。解释性设计的总目标,是用定性部分来解释之前的定量结果(Creswell,Plano Clark et al. ,2003)。例如,如果研究者需要定性数据来解释定量的显著(或不显著)结果、支持性案例、异常结果,或意料之外的结果,就非常适合采用解释性设计(Bradley et al. , 2009; Morse, 1991)。倘若研究者想根据定量结果对样本进行分组,然后对这些小组进行进一步的定性研究,或者要利用参与者特性的定性结果来指导定量阶段的立意抽样,也可以使用解释性设计(Creswell, Plano Clark et al. , 2003; Morgan,1998; Tashakkori & Teddlie, 1998)。

选择解释性设计的条件。当研究者想要利用定量数据判断趋势和关系,并要解释这些趋势背后的机制或原因时,解释性设计是最有效的。其他重要条件还有:

- 研究者和研究问题都更倾向于采用定量方法。
- 研究者知道重要的变量,并能够使用定量工具来测量研究对象的结构。
- 研究者能够再向参与者收集第二轮定性数据。
- 研究者有足够时间进行两个阶段的调查研究。
- 研究者资源有限,并需要研究设计——在这种设计中,一次只收集、分析一种数据。
- 研究者根据定量研究结果发现了新问题,而且这些问题无法用定量数据回答。

解释性设计背后的哲学前提假设。既然研究一开始就是定量部分,研究问题和研究目的便通常会更重视定量部分。尽管这可能促使研究者采用后实证主义视角进行研究,我们依旧鼓励研究者考虑在各个研究阶段使用不同的假设。即是说，由于解释性设计的【83】研究以定量研究开头，研究者通常一开始就从后实证主义视角出发，来开发测量工具、测量变量、评估统计结果；当研究进入定性阶段，研究者需要衡量多种视角并进行深入描述，便会转而采用建构主义的前提假设。这样，由于研究者采用了多种哲学立场，研究设计的总哲学前提假设便从后实证主义转为建构主义。

解释性设计的程序。解释性设计或许是混合方法设计中最便捷的一种设计。图3.4【84】

图3.4　解释性设计基本程序的流程图

第一步

设计并实施定量研究部分：
- 提出定量研究问题，明确定量研究方法。
- 获得许可。
- 识别定量研究样本。
- 运用测量工具收集封闭式数据。
- 运用描述性统计、推断性统计和效应量来分析定量数据，回答定量研究问题，并为第二阶段的研究选定参与者。

↓

第二步

根据定量研究结果使用策略：
- 确定对哪些定量结果进行解释，比如：
  - 显著的结果；
  - 不显著的结果；
  - 异常值；
  - 群体差异。
- 运用这些定量结果来
  - 完善定量研究问题和混合方法研究问题；
  - 确定选择哪些参与者作为定性样本；
  - 设计定性数据收集提纲（protocols）。

↓

第三步

设计并实行定性研究：
- 根据定量研究结果，提出定性研究问题，并确定定性研究方法。
- 获得许可。
- 有目的地选择有利于解释定量结果的定性样本。
- 根据守则收集开放式数据——守则是根据定量结果形成的。
- 运用生成主题的程序和定性研究的特定方法来分析定性数据，回答定性研究问题和混合方法研究问题。

↓

第四步

解释两种相关的研究结果：
- 总结并解释定量研究结果。
- 总结并解释定性研究结果。
- 讨论定性研究结果在何种程度上、何种方式有助于解释定量研究结果展示了一个典型的两阶段解释性设计的实施步骤。第一步,研究者需要设计、实施一个包括定量数据收集和分析的定量研究部分。第二步,研究者识别出需要额外作解释的定量结果,并运用这些结果来指导建立定性研究部分,由此进入第二阶段——这里也是混合的交界点。具体而言,研究者在这一步形成或完善定性研究问题、立意抽样程序、数据收集提纲,因此这些内容是根据定量结果得出的。如此,定性阶段便是以定量结果为基础的。第三步,研究者收集、分析定性数据,进行定性阶段的研究。最后,研究者要解释定性结果在何种程度上,以何种方式解释了定量结果,并为理解定量结果提供了新的洞见,以及整个研究如何回应研究目的。

解释性设计的优势。解释性设计的众多优势使它成为最为便捷的一种混合方法设计,其优点包括以下几种:

- 定量研究者会对这种设计感兴趣,因为该设计的起始部分具有强烈的定量导向。
- 两阶段的结构便于实施,因为研究者在两个阶段分别使用定量、定性方法,一次只收集一种类型的数据。这意味着,即便是单个研究者也可以实施这种设计,而不需要研究团队。
- 最终的研究报告可以由定量部分和之后的定性部分组成,这样不仅便于撰写,也能为读者提供清晰详细的内容。
- 这种设计是生成式的,研究者可以根据首个定量阶段的研究结果来设计第二个阶段。

【85】 解释性设计面临的挑战。尽管解释性设计很便捷,但研究者选用这种方法时,仍要预计到它所面临的挑战。解释性设计面临着以下挑战:

- 此设计需要较长时间来实施两个研究阶段。研究者要知道定性阶段比定量阶段耗时更长。尽管定性阶段只研究有限几位参与者,研究者还是得为定性阶段预留充足的时间。
- 难以获得机构审查委员会(IRB)批准,因为在获得第一阶段的结果之前,研究者无法确定第二阶段参与者的挑选方式。解决方法是向机构审查委员会(IRB)提供初步的定性研究框架,并告知第一阶段的参与者他们可能会再次参与研究。第六章讨论了这些方法。
- 研究者要决定哪些定量结果需要进一步解释。虽然这些内容要到定量阶段的研究完成之后才能真正确定,但研究者在规划研究时就可以预先考虑进行进一步解释的定量结果,如显著的结果和有重要影响的自变量。相关内容详见第六、第七章。
- 研究者必须决定在第二阶段抽选哪些样本,以及采用什么标准来挑选参与者。第六章探讨了有关内容:如何从和定量阶段相同的样本中选择参与者,以期得到最好的解释;以及可以使用的参与者挑选标准——人口统计学特征、定量阶段进行比较的分组,也可以挑选在选定的自变量上表现异常的个体。

解释性设计的变体。解释性设计有两种变体：典型的后续解释变体、参与者挑选变体。

- 典型的后续解释设计是解释性设计最常见的变体。研究者更重视最开始的定量阶段，并使用后续的定性阶段来帮助解释定量结果。例如，有研究（Igo, Riccomini, Bruning & Pope, 2006）对有学习障碍的中学生进行研究，考察记笔记方式对他们考试成绩的影响，这项研究就是以定量阶段的研究开头的。基于定量研究结果，他们又进行了定性阶段的研究，包括从学生那里收集访谈资料和文件，来了解他们记笔记的态度和行为，以帮助解释定量研究结果。
- 虽然不那么常见，但如果研究者更重视第二个定性阶段，而不是开头的定量阶段，【86】就产生了参与者挑选变体。该类型也称为定量准备设计（Morgan, 1998）。如果研究者重在对某一现象进行定性检验，但需要首先得到定量结果来识别，特意选择最佳参与者，就可以使用这种变体。例如，相关研究（May & Etkina, 2002）收集了定量数据来识别在知识学习方面始终学到得多的理科生和始终学到得少的理科生，然后对这两组学生的学习观念进行了深入的定性比较研究。

探索性时序设计

如图 3.2c 所示，探索性设计也是一种两阶段的顺序设计：研究者在开始第二个定量研究阶段前，先对某一主题进行了定性探索。这一设计的名称也体现了探索性研究的重要性。许多研究者在使用这种迭代设计（iterate design）时都会开发测量工具，把这一步作为定性阶段和基于定性结果的定量阶段之间的中间步骤，并用于接下来的定量数据收集。因此，探索型时序设计也被称为测量工具开发设计（Creswell, Fetters, Ivankova, 2004），以及定量后续设计（Morgan, 1998）。

探索性设计的目的。探索性设计的主要目的，是将第一个定性阶段中基于少数个体的定性发现推广至第二个定量阶段收集的更大样本之中。和解释性设计类似，两阶段探索性设计旨在利用第一阶段的定性方法，来帮助形成、解释第二阶段的定量方法（Greene et al., 1989）。要使用这种设计，即意味着出于以下原因需要进行探索性研究：①无法测量，或没有测量工具；②变量未知；③没有指导性的框架或理论。因为探索性设计以定性研究开始，所以最适于对某一现象进行探索（Creswell, Plano Clark et al., 2003）。如果研究者由于没有测量工具，而需要开发测量工具并进行测试（Creswell, 1990, Creswell et al., 2004），或是在变量未知的情况下需要找出重要变量以供定量研究，就尤其适合选用探索性设计。倘若研究者想把定性研究结果推广至不同群组（Morse, 1991），或想检验新理论、新分类原则的多个方面（Morgan, 1998），或是打算更深入地探究某一现象并测量其属【87】性的普遍程度，探索性设计也同样适用。

选择探索性设计的条件。当研究者想要推广、评估或检验定性探索的结果来考察这些结果是否能够推广到某一样本或群体，探索性设计是最适合的。另外，以下注意事项

同样重要:

- 研究者和研究问题更倾向于定性导向。
- 研究者不知道什么构念(constructs)值得研究,同时缺乏相关的定量测量工具。
- 研究者有时间实施两个阶段的研究。
- 研究者资源有限,并需要研究设计——在这种设计中,一次只收集、分析一种数据。
- 研究者根据定性研究结果发现了新问题,并且定性数据无法回答这些问题。

探索性设计背后的哲学前提假设。鉴于探索性设计以定性研究开始,这种设计的研究问题和研究目的通常更重视定性研究部分。因此,在研究的第一阶段,研究者通常采用建构主义的原则,来强调多元观点和更深入理解的重要性。而当研究进入定量阶段,潜在哲学前提假设便可能变成后实证主义,来引导变量、统计趋势的识别与测量。因此,这种设计采用了多种世界观,而且不同研究阶段有不同世界观。

探索性设计的程序。图3.5总结了探索性设计的四个主要步骤。如图所示,此设计第一步是收集、分析定性数据,对某一现象进行探索。第二步,也是混合的交界点,研究者根据定量阶段的结果开发测量工具、识别变量,或基于新理论、新框架提出有待检验的命题。上述工作将开头的定性阶段和后续的定量阶段连接在一起。第三步,研究者进行定量部分的研究,对新的参与者使用开发出的测量工具,来检测重要变量。第四步,研究者要解释定量结果以何种方式、在何种程度上推广或扩展了一开始得到的定性结果。

【89】 探索性研究的优势。由于探索性研究是两阶段的结构,一次也只收集一类数据,所以探索性设计和解释性设计有许多同样的优势。探索性设计的具体优势如下:

- 有两个彼此独立的研究阶段,这使得描述、实施和报告探索性设计都很简便。
- 尽管探索性设计通常比较重视定性部分,但加入定量研究部分可以使定量背景的读者更容易接受定性部分。
- 如果第一个定性阶段的结果表示需要进行第二个定量阶段的研究,就可以采用这种设计。
- 研究者可以开发新测量工具,这也是研究过程的潜在成果。

使用探索性设计的挑战。使用探索性设计将面临许多挑战:

- 二阶段的研究需要相当长的时间来完成,其中包括耗时开发新测量工具。研究者要认识到这一事实,并在研究计划中设定时间表。
- 在申请IRB对研究的初步批准时,研究者很难对定量阶段的程序做具体说明。第六章将进一步讨论如何在项目计划中提供初步研究方向,或向IRB提供两份申请。
- 研究者应考虑在第一阶段使用立意抽样的小样本,在第二阶段使用由其他参与者组成的大样本,以避免定量部分的偏向问题(见第六章有关抽样的讨论)。

图3.5　探索性设计基本实施程序流程图　【88】

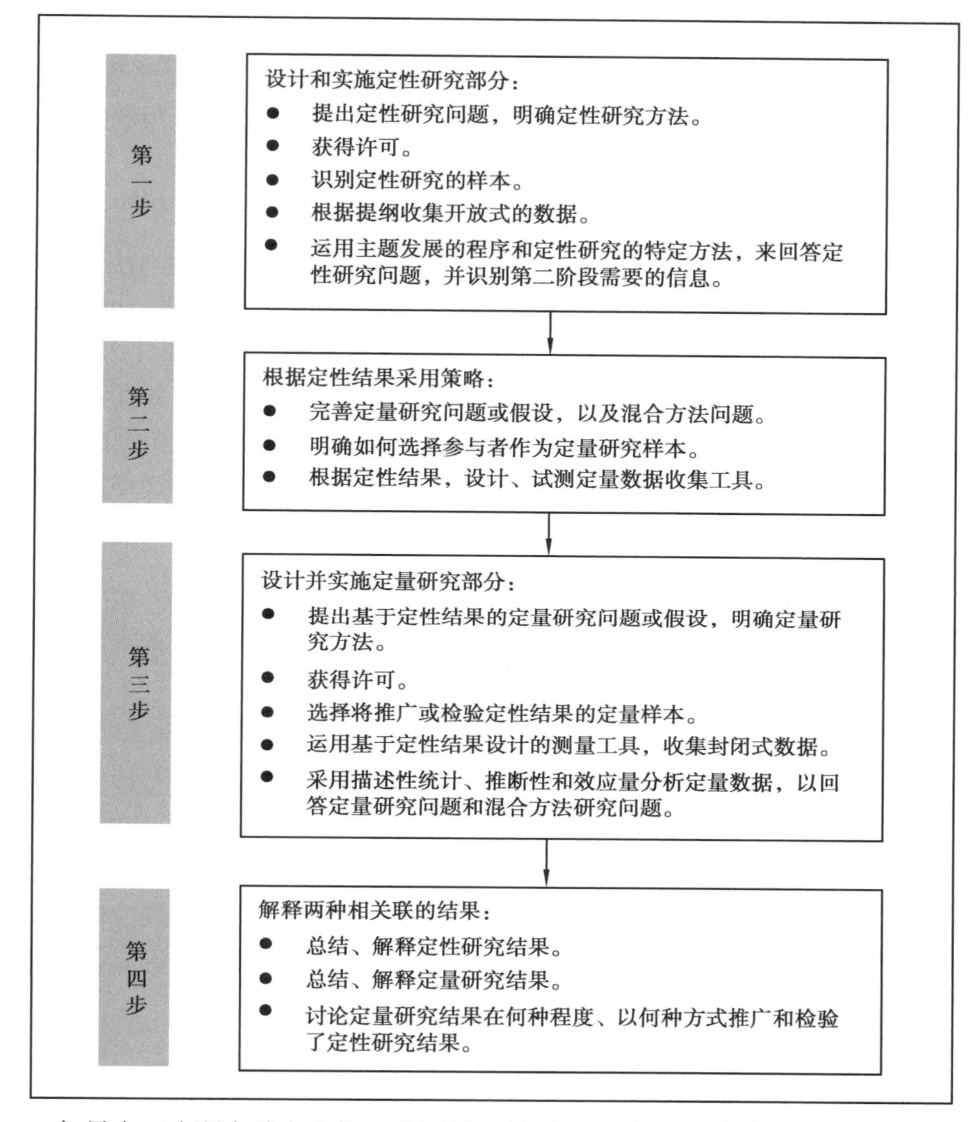

- 如果在两个研究阶段之间开发测量工具，研究者就需要决定使用定性研究阶段的哪些数据来构建定量测量工具，以及如何使用这些数据来产生定量工具。在第六章中，我们将讨论使用定性主题、编码和引文生成定量测量工具的程序。
- 研究者应采取一些程序，来确保测量工具得到的数据是有效且可信的。在第六章中，我们将评述测量工具与量表开发的严格步骤。

探索性设计的变体。和解释性设计一样，探索性设计的这两种主要变体，在定量部分和定性部分优先次序方面有所不同：【90】

- 在理论发展变体中，研究者更重视一开始的定性阶段，并确保次要的定量阶段旨在扩展定性阶段的结果。研究者实施定性研究部分，旨在发展新的理论、分类系统或分类方法，并且用更大的样本来检测研究发现的普遍性，以及/或者检验理论

(Morgan,1998;Morse,1991)。当研究者根据定性发现形成定量研究问题或假设,而后进行定量阶段的研究来回答这些问题,就是采用了这种模式。例如,相关研究(Goldenberg,Gallimore & Reese,2005)描述了他们如何基于定性案例研究,提出有关家庭读写实践影响因素的新变量和新假设。然后,他们运用定量的路径进行分析,以检验这些通过定性研究提出的变量和关系。

- 然而,研究者在使用探索性设计时,往往更重视第二阶段的定量研究。在工具发展变体中,最初的定性阶段起次要作用,通常是为了收集信息,用来开发更重要的定量阶段所需的测量工具。利用该模式,麦克和马希尔(Mak & Marshall,2004)首先就年轻人关于恋爱关系中自己对他人重要性的看法,进行了定性探索(即他们如何感知自己在对方眼中是重要的)。根据定性研究结果,他们开发了情侣重要性问卷(Mattering to Romantic Others Questionnaire),并把它纳入第二阶段的定量研究,用于检验假设——这些假设是根据重要感生成与维持理论模型形成的。

嵌入式设计

嵌入式设计是这样一种混合方法设计——研究者在一个传统的定量研究设计或定性研究设计中,整合进定量、定性两种数据的收集与分析(参考图 3. 2d)(Caracelli & Greene, 1997;Greene, 2007)。在原本与更大设计有关的数据收集、分析过程之前、之间【91】和/或之后,可能出现第二种数据集的收集与分析。在某些嵌入式设计中,两种数据集之一会在研究中起支持性的次要作用。例如,研究者在定量实验中嵌入定性研究部分,来支持实验设计 (Creswell, Fetters, Plano Clark & Morales, 2009)。此外,研究者也会将定量和定性方法相结合,再嵌入传统研究设计或研究程序。例如,在一个嵌入式混合方法的案例研究中,研究者收集、分析了定量和定性两种数据来检视案例。研究者还可以将定量、定性方法嵌入社会网络分析等研究程序。

嵌入式设计的目的。使用此设计的前提是:单单一种数据集并不充分,研究中有不同的问题有待回答,并且每一类问题都需要不同类型的数据来回答。在嵌入式实验混合方法设计的例子中,定量研究占主导地位,研究者需要定性数据来解释次要的研究问题时,往往采用嵌入式设计。在实验的例子中,研究者加入定性数据有以下几个原因,如改善招募程序(Donovan et al. , 2002)、检验干预过程(如 Victor, Ross & Axford, 2004),或是解释实验参与者的反应(如 Evans & Hardy,2002a, 2002b) 。值得注意的是,加入定性数据的目的与实验的主要目的相关但并不相同,而实验的主要目的在于评估干预项是否具有显著作用。这一特征区分了嵌入式设计和一致性设计——在一致性设计中,研究者使用定性、定量两种方法来解决一个总的研究问题。

选择嵌入式设计的条件。如果研究者打算通过改善定量或定性设计来实现研究的主要目的,因而提出需要不同类型数据来回答的多个研究问题,就适合采用嵌入式设计。另外有以下注意事项:

- 研究者具备必要的知识和技能,来严格执行预定的定量或定性设计。
- 不论研究是以定量还是定性为主要导向,研究者都可以接受。
- 研究者此前对补充性方法少有经验。
- 研究者没有足够的资源来赋予定量、定性数据同等重要性。
- 研究者识别出关于实施定量或定性设计的新问题,对这些新问题的洞见可以通过【92】次要数据集获得。

嵌入式设计背后的哲学前提假设。嵌入式设计可以用来改善传统定量或定性设计的应用。因此,设计中的主要方法决定了该设计的前提假设,而另一数据集则从属于这一方法论。例如,如果主设计是实验性的、相关性的、纵向的或重在工具检验的,研究者便很可能以后实证主义前提假设为总范式。同样的,如果主设计是现象学的、扎根理论、民族志、案例研究或叙事的,那么研究者最有可能采用建构主义范式。不论是哪种情况,补充性的方法都要服务于主导方法。

嵌入式设计的程序。如果要讨论嵌入式设计的程序,那么,关注补充性数据的收集、分析与主要研究部分关联的时机,以及在研究中加入补充性数据的原因,不失为一个好方法。桑德洛夫斯基(Sandelowski,1996)最先介绍了补充性研究部分这一概念,这一研究部分出现在主要研究部分之前、之间或之后(或部分结合);我们发现,无论以哪种方法为重,这都是讨论嵌入式设计的有用框架。研究者根据在更大设计中使用补充性数据的目的,来作出有关程序的决策(之前、期间、之后,或部分结合)(Creswell et al., 2009)。因此,嵌入式设计可以在嵌入的研究部分中采用一阶段或两阶段设计,而且这一研究程序会体现关于设计顺序或并行属性的问题与特征。

文献中最常见的嵌入式设计类型,都是在实验设计中嵌入定性数据,所以图 3.6 提供的主要程序展示了在实验干预之前、之间和/或之后加入定性数据的程序。一般的步骤包括:①设计整个实验,并确定需要加入定性数据的原因;②收集、分析定性数据,来改善实验设计;③收集、分析实验分组的定量结果数据;④解释定性结果如何改善了实验程序和/或对实验结果的理解。

嵌入式设计的优势。嵌入式设计有以下几个优点: 【94】

- 如果研究者没有充足的时间和精力投入广泛的定量、定性数据收集,就可以采用嵌入式设计,因为它认为其中一类数据比另一类更重要,可以侧重收集一类数据。
- 通过增加补充性的数据,研究者可以改善更大的设计。
- 因为嵌入式设计用不同方法解答不同问题,因此很适合团队研究,团队成员可以按照自己的兴趣和专长专攻其中一个问题。
- 对于不同问题的关注,意味着定量、定性两种研究结果可以分开发表。
- 对不甚熟悉混合方法研究的基金机构而言,这种设计很有吸引力,因为这种设计的重心是传统的定量或定性设计。

【93】

图 3.6 嵌入式设计基本实施程序流程图

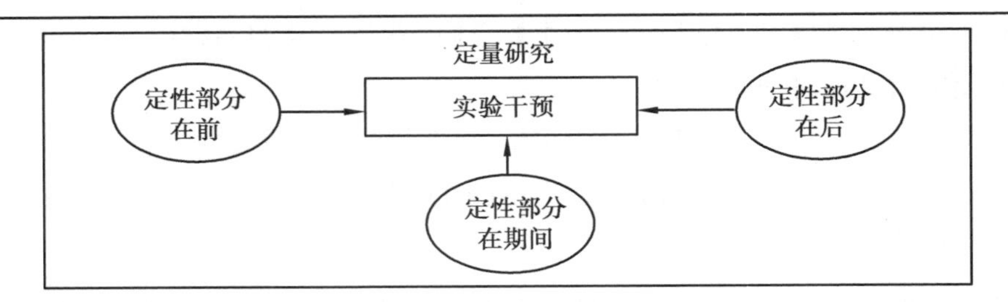

使用嵌入式设计的挑战。嵌入式设计面临着许多挑战。以下是嵌入式设计的挑战，以及应对策略：

- 研究者除了要有混合方法设计的专业知识,也要有定量或定性设计的专业知识。
- 研究者必须明确在更大的定量(或定性)研究中,收集定性(或定量)数据的目的。研究者可以用主要目的和次要目的的方式来说明这一内容。可参考第五章有关写作主要、次要目的陈述的例子。
- 研究者必须决定,在实验的哪个时间点收集有关干预的定性数据(如之前、之间、之后,或者多点结合)。这一决定必须基于加入定性数据的目的(如塑造干预,解释参与者在干预中的过程,或对实验结果进行后续跟踪)。第六章更详细地介绍了在不同项目阶段可以作的决策。
- 当用定量、定性两种方法来回答不同研究问题时,两种结果很难进行整合。但是,嵌入型设计不像一致性设计,它的目的不是合并两种数据集来回答同一个研究问题。【95】采用嵌入式设计的研究者,可以在研究报告中分别报告两组结果,甚至在不同的论文中分别发表两组结果(见第八章对写作策略的进一步讨论)。
- 对于嵌入干预期间的实验方法,收集定性数据可能会引入潜在的干预偏差,影响实验结果。我们建议通过收集平滑的数据来解决这一潜在偏差——详见第六章的论述。

嵌入式设计的变体。理论上,按照是否符合以下特征,嵌入式设计有两种变体:一种方法作为补充嵌入更大的研究设计;一种方法是定量、定性方法相结合之后嵌入更大的研究设计或研究程序。这两大分类中还有更多变体:

- 研究者在更大的设计中嵌入补充性数据集来解决多种问题,这就是嵌入式设计的典型变体。最常见的例子是嵌入式实验变体,指研究者在实验中嵌入定性数据。其他类似变体还有嵌入式相关变体(Harrison,2005)和嵌入式工具发展与检验变体(Plano Clark & Galt,2009)。例如,有研究(Hilton, Budgen, Molzahn & Attridge, 2001)在测试测量工具时收集了定性资料(如参与者的意见、开放式反馈和田野观察记录),以提供额外的证据,证明测量工具能够在护理中心得出有关工作人员的有用结果。
- 近年来,学者们还讨论了混种设计(hgbrid design)——混种设计指研究者在传统研究设计或研究程序中嵌入定量和定性数据的设计。这些做法产生了几种嵌入式设计变体,如混合方法案例研究(Luck, Jackson & Usher, 2006)和混合方法叙事研究(Elliot, 2005)。在这些例子中,案例或叙事成了定量和定性数据收集的载体(Creswell & Tashakkori,2007)。另一个例子是混合方法民族志,研究者在民族志设计中讨论两种形式的数据收集(Morse & Niehaus, 2009)。此外,定量和定性数据也可以嵌入更大的研究程序,如社区史日历、生命史日历或地理信息系统(GIS),社会人口学学者曾讨论过这部分内容(Axinn & Pearce, 2006)。譬如,相【96】关研究(Skinner, Matthews & Burton, 2005)在地理信息系统(GIS)研究程序中加入定量空间数据与定性民族志信息,来描绘满足残疾儿童需求的家庭的经历。

变革性设计

当研究者采用以理论为基础的框架——比如变革性世界观——进行混合方法研究,那么他所用的研究设计便超出了上述四种基本的混合方法设计。基于变革性的理论框架是一种旨在支持代表受到不公待遇群体或边缘群体需求的框架。正如第二章所述,采用这种设计的研究者会采取一定立场,能敏锐发现研究对象群体的需求,并会研究得出具体的改变措施,为所研究的群体增进社会公正。有一些学者认为意识形态观点不是混合方法设计的分类标准,认为它们主要关乎研究内容方面的目的,而不是研究方法选择(Teddlie & Tashakkori, 2009)。而其他学者认为,变革性设计也是主要的混合方法设计之一(Creswell,Plano Clark et al., 2003;Greene,2007;Greene & Caracelli,1997;Mertens, 2003)。马顿斯(Mertens , 2003, 2009)详细讨论了变革性观点如何影响研究与设计过程的每一阶段。我们也确实发现,研究者们对设计的规划和命名反映了他们对使用变革性观点这一做法的重视。正如第二章中所言,不少已发表的混合方法研究采用了源自女权主义理论、种族或民族理论、性取向理论或残疾理论的变革性视角(Mertens, 2009)。例如,有研究(Lehan-Mackin, 2007)提出,作者对女大学生意外怀孕的两阶段倡议性研究,是"等价的、顺序的、变革性混合方法研究"(摘要,第一段)。她对研究程序进行规划,希望得到缩小健康差距的社会情境和政策。

变革性设计的目的。进行变革导向的研究,目的在于识别权力失衡,对个体和/或社区赋权,以期增强有利于社会公平的因素。即是说,在变革性设计中,研究者混合定性、【97】定量方法主要是因为价值和意识形态方面的原因,而非方法和程序方面的原因(Greene,2007)。该设计的目的是,使用最适于推进变革性目的的方法(如挑战现状,制订解决方案)。

选择变革性设计的条件。当研究者确定实现变革性目的需要采用混合方法,就应该采用变革性设计。其他注意事项还有:

- 研究者试图解决有关社会公正的问题,并呼吁变革。
- 研究者观察到被忽视群体或边缘群体的需求。
- 对研究被忽视群体或边缘群体的理论框架,研究者有充分的研究经验。
- 研究者可以在研究对象群体没有被进一步边缘化之前,开展研究。

变革性设计背后的哲学前提假设。变革性为实施变革性设计提供了总的前提假设(Mertens, 2003, 2007)。第二章讨论过的这种倡导和参与的世界观,为研究项目提供了统领性范式,其中包括政治行动、赋权、协作和变革导向的研究视角。

变革性设计的程序。根据单个变革性研究的具体情境,研究者可以采用与上述任何一种基本混合方法设计一致的研究程序。有所不同的是,研究者使用的变革性范式和理论视角"在整个研究过程中具有普遍影响"(Mertens,2003:142)。作者描述了研究视角影响五个研究步骤的方式,包括:①确定研究困惑和检索文献;②确定研究设计;③确定数据来源,挑选参与者;④确定或形成收集数据的工具和方法;⑤分析、解释、报告和使用结果。另外,还有研究(Plano Clark & Wang, 2010)检视 11 份已发表的研究实践,确定了可以在多文化背景下有效开展混合方法研究的几种程序。正如这些作者所建言,图 3.7 总结了变革性研究者在设计混合方法程序时所要考虑的关键事项。第六、第七章更详细地讨论了变革性设计中的数据收集和分析程序。

【99】变革性设计的优势。在变革性设计中,研究者可以实施与任一基本混合方法设计一致的程序。因此变革性设计和上述设计有一些共同的优点。此外,变革性设计还有以下优势:

- 研究者在变革性框架内采用倡导和解放的世界观进行研究。
- 研究有助于为个体赋权,带来变革和行动。
- 参与者通常会积极参与研究。
- 研究者有能力使用多种研究方法,使得出的研究结果既对社区成员有用,对利益相关者和政策制定者来说也是可信的。

选用变革性设计的挑战。如变革性设计的优势一样,这种设计面临的程序上的挑战与类似的基本混合方法设计的一样。此外,此设计还有以下挑战:

图 3.7　设计变革性设计的基本注意事项的流程图

【98】

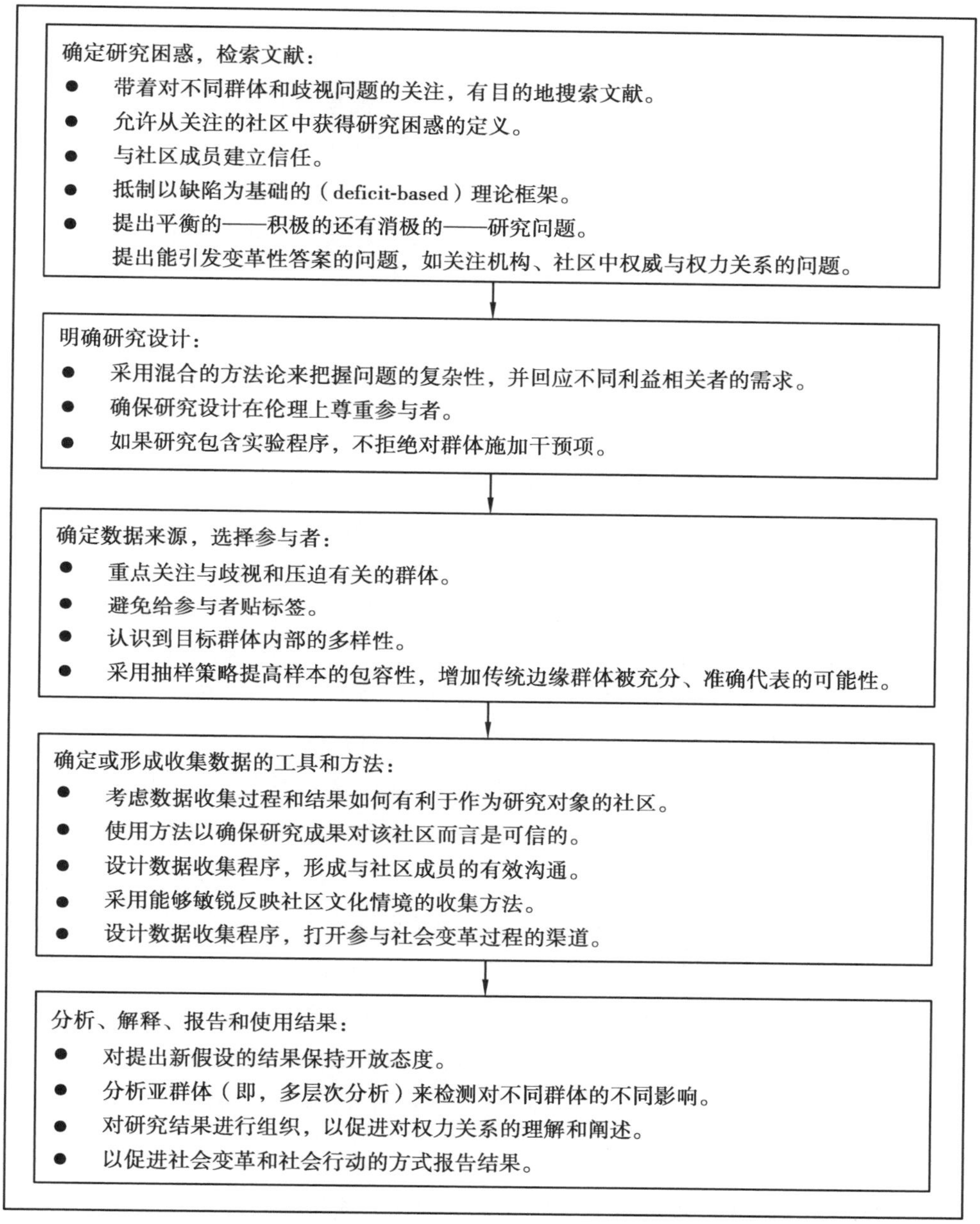

确定研究困惑，检索文献：
- 带着对不同群体和歧视问题的关注，有目的地搜索文献。
- 允许从关注的社区中获得研究困惑的定义。
- 与社区成员建立信任。
- 抵制以缺陷为基础的（deficit-based）理论框架。
- 提出平衡的——积极的还有消极的——研究问题。
  提出能引发变革性答案的问题，如关注机构、社区中权威与权力关系的问题。

↓

明确研究设计：
- 采用混合的方法论来把握问题的复杂性，并回应不同利益相关者的需求。
- 确保研究设计在伦理上尊重参与者。
- 如果研究包含实验程序，不拒绝对群体施加干预项。

↓

确定数据来源，选择参与者：
- 重点关注与歧视和压迫有关的群体。
- 避免给参与者贴标签。
- 认识到目标群体内部的多样性。
- 采用抽样策略提高样本的包容性，增加传统边缘群体被充分、准确代表的可能性。

↓

确定或形成收集数据的工具和方法：
- 考虑数据收集过程和结果如何有利于作为研究对象的社区。
- 使用方法以确保研究成果对该社区而言是可信的。
- 设计数据收集程序，形成与社区成员的有效沟通。
- 采用能够敏锐反映社区文化情境的收集方法。
- 设计数据收集程序，打开参与社会变革过程的渠道。

↓

分析、解释、报告和使用结果：
- 对提出新假设的结果保持开放态度。
- 分析亚群体（即，多层次分析）来检测对不同群体的不同影响。
- 对研究结果进行组织，以促进对权力关系的理解和阐述。
- 以促进社会变革和社会行动的方式报告结果。

来源：改编自D.M.Mertens（2003）和J.W.Creswell（2009c:67-68）。已获得SAGE出版公司许可。

- 在使用变革性设计进行混合方法研究上，现有文献仅能为研究者提供有限的指导。要取得进展，可以回顾已发表的变革性视角的混合方法研究（参见 Sweetman, Badiee & Creswell, 2010）。
- 研究者可能需要证明有必要使用变革性设计。正如在第二章所述，研究者可以在研究计划和研究报告中清晰地讨论变革性设计的哲学与理论基础来做到这一点。
- 研究者必须与参与者建立信任，并以适合文化背景的方式进行研究。

变革性设计的变体。一般而言,设计所用理论框架的差异,而非设计所用方法的不同,最能区分不同的变革性设计变体。例如,有研究(Sweetman, Badiee & Creswell, 2010)分析了现有文献中的几项变革性混合方法研究,并根据研究采用的理论视角对变革性设计变体进行分类。这些研究采用了不同的理论视角,包括女权主义视角(如 Cartwright,Schow & Herrera, 2006),残疾人视角(Boland, Daly & Staines, 2008)和社会经济阶层视角(Newman & Wyly, 2006)。因此,变革性设计的三种变体分别是:①女权主义视角变革性变体,研究者采用女权理论视角进行研究;②残疾人变革性变体,研究者采用残疾人理论视角进行研究;③社会经济阶层变革性变体,研究者采用社会经济阶层理论视角进行研究。【100】

多阶段设计

多阶段设计是一种超越基本混合方法设计(一致性、解释性、探索性和嵌入式)的混合方法设计。如果单个研究者或研究团队先后进行彼此相关、佐证的定量和定性研究,来研究某个问题或主题,并且为了达成核心研究目的,每个新的研究阶段都以此前获得的研究结果为基础,这就是多阶段设计。该领域的早期著作讨论过"夹层设计",指研究者在三个研究阶段中交替使用定量、定性方法(如定性、定量、再定性)(Sandelowski, 2003)。如今,多阶段设计兼有时序和并行部分,是大型资金资助研究最常用的设计——这些大型研究项目要实施多项小研究,来实现一个项目目标。这种设计的两个重要例子分别是:美国联邦基金(如国家卫生研究院[NIH]或国家科学基金会[NSF]项目)资助的、包含大量调查人员和研究者的多项目混合方法研究,以及包含多个层次数据收集、数据分析和多项研究的全州评估研究。

多阶段设计的目的。使用多阶段设计,是为了解决一组不断增加的研究问题,这些问题均会在不同程度上推进项目研究目标的达成。这种设计为持续多年的项目提供了总体性的方法论框架,这些经年的项目需要多个研究阶段来组成。例如,在项目评估中,这些研究阶段可能与需求评估、方案制订和项目评估测试等阶段有关。

选择多阶段设计的条件。除了让设计与一系列研究问题相匹配,选择多阶段设计还应该符合以下条件:

- 研究者无法仅用一项混合方法研究来实现长期项目的目标。
- 研究者拥有大型研究的经验(如评估研究的经历,复杂健康科学项目的经历)。
- 研究者有足够的资源和资金来进行这项历时多年的研究。
- 【101】除了有定量、定性研究经验的研究者,研究团队还包括参与者。
- 研究者正在进行的混合方法研究项目是生成式的,研究的不同阶段会出现新的研究问题。

多阶段设计背后的哲学前提假设。作为多阶段设计基础的哲学前提假设,会依设计的具体情况有所不同。作为一般性的框架,我们建议,研究者如果要同时进行定量、定性部分的研究,应当采用实用主义作为统领性的哲学基础;如果依序进行两种研究,就要在定性部分选用建构主义,在定量部分使用后实证主义。由于团队研究经常采用这种做法,团队中的不同小组常会采用不同前提假设,专攻整个设计的不同部分。不仅哲学前提假设很重要,选用一个强有力的理论视角也有益于多阶段设计——这一理论视角为研究者在各个研究阶段讨论独立的研究内容提供了指导性框架。

多阶段设计的程序。多阶段设计的一般程序见图 3.8。如图所示,多阶段设计中的每个独立研究都旨在回答一组具体的研究问题,从而整合起来实现更大的项目目标。一个研究阶段或几个研究序列中的研究程序,往往近似于一个或多个基本混合方法设计的实施程序。此外,使用多阶段设计时,研究者必须仔细说明各个阶段的研究问题,这不仅有利于整个调查方案,从此前几个研究阶段的所得获益,也对基于此前研究发现、研究结果形成的设计程序有好处。

图 3.8　多阶段设计基础实施程序的流程图

【102】

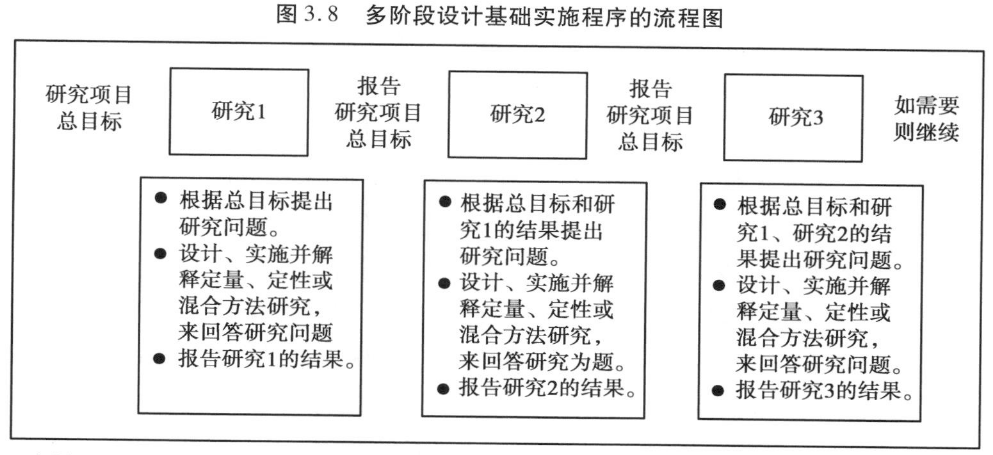

来源:Creswell & Plano Clark (2007);Morse & Niehaus (2009)。

多阶段设计的优势。多阶段设计具有许多优势:

- 多阶段设计具有实践混合方法设计元素所需的灵活性,而要解决一组互相联系的研究问题需要这些混合方法设计元素。
- 研究者可以发表多阶段设计中单个研究的结果,同时仍然致力于整个评估或研究项目。
- 该设计很适合典型的项目评估与开发研究。
- 研究者可以利用多阶段设计,为持续多年的多次证明研究提供总体框架。

【103】

使用多阶段设计的挑战。尽管包含多种元素的特质和灵活性是多阶段设计的主要优势,但这也表明了此设计的主要挑战:

- 在单个或后续的阶段,研究者必须预见通常与单个并行研究和时序研究相关的挑战。
- 研究者需要有足够的资源、时间、精力才能成功完成持续多年的多阶段研究。

- 研究者要在项目范围内与研究团队有效合作,也要预计到团队成员可能的增加和流失。
- 除了在研究阶段中混合定量和定性部分,研究者还需要考虑如何在单个研究之间建立有意义的联系。
- 由于不少多阶段研究都把项目开发作为实践性目标,研究者要考虑如何形成材料和程序来将研究发现转化为实践。
- 研究者可能需要就每个研究阶段向 IRB 提供新协议或修改后的协议。

多阶段设计的变体。如何对多阶段设计的变体进行分类 ,有关这一问题的思考才刚刚起步。因为多阶段设计研究常以不同研究项目的形式发表于多种期刊,因此我们很难识别相关例子。根据文献中已有的例子,我们认为有以下变体:

- 大型程序开发和评估项目最常使用多阶段设计。这些项目往往是教育、医疗服务研究等领域的国家资助项目,研究者开展的研究项目包含探索研究、程序开发、程序测试和可行性研究。
- 多层次全州研究使用不同研究方法和阶段来检视一个系统中的多个层级,比如地方层次、州层次和国家层次。举个例子,特德利和于(Teddlie & Yu,2007)讨论了关于教育问题的多层次项目应当如何在五个层次进行研究:学校系统、学区、学校、教师和班级、学生,每个层次则需要采用不同研究方法。
- 最后一种变体是结合了并行与时序阶段的单个混合方法研究。例如,费特斯等(Fetters,Yoshioka,Greenberg,Gorenflo & Yeo, 2007)报告了他们的研究——他们使用这种结合式设计,研究了日本女性在分娩前寻求硬核外麻醉的行为。这些研究者运用时序设计,先进行问卷调查,再进行访谈,来识别、解释这些女性的观点。【104】他们还通过电子邮件进行问卷调查以收集定量和定性数据,将上述时序设计与对卫生专家的观点进行并行研究,结合在一起。

● 在书面报告中描述设计的范例

目前,许多研究者和评审并不了解不同类型的混合方法设计,在撰写研究计划或研究报告时,加入专门介绍设计的段落便尤为重要。这个概述性段落通常置于方法论讨论部分开头,并要说明以下四个话题:第一,明确混合方法设计的类型;第二,介绍设计的标志性特征,包括交互程度、时序、优先次序和混合决策;第三,提出采用混合方法设计进行研究的总目标或依据;第四,引用关于这种设计的混合方法文献。图 3.9 展示了一个概述性段落的例子,上面有帮助识别段落特征的标注。

图 3.9　在报告中介绍混合方法设计的段落示例

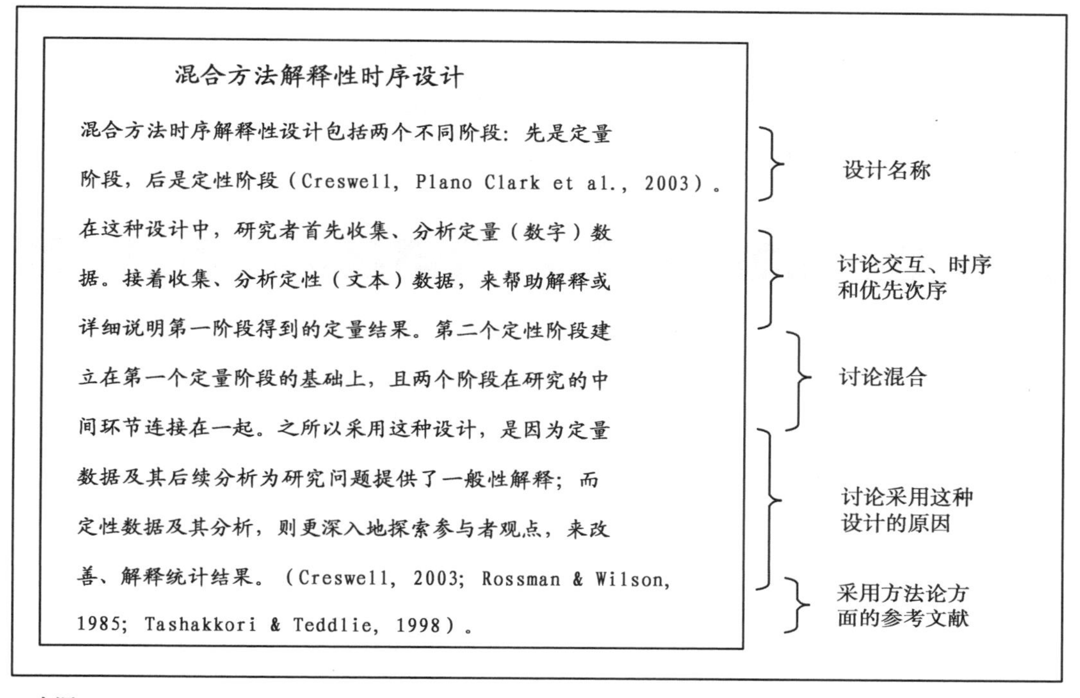

混合方法解释性时序设计

混合方法时序解释性设计包括两个不同阶段：先是定量阶段，后是定性阶段（Creswell, Plano Clark et al., 2003）。在这种设计中，研究者首先收集、分析定量（数字）数据。接着收集、分析定性（文本）数据，来帮助解释或详细说明第一阶段得到的定量结果。第二个定性阶段建立在第一个定量阶段的基础上，且两个阶段在研究的中间环节连接在一起。之所以采用这种设计，是因为定量数据及其后续分析为研究问题提供了一般性解释；而定性数据及其分析，则更深入地探索参与者观点，来改善、解释统计结果。（Creswell, 2003; Rossman & Wilson, 1985; Tashakkori & Teddlie, 1998）。

来源：Ivankova，Creswell & Stick，2006: 5。

小　结

【105】

就像定量和定性研究方法一样，混合方法研究包括数种不同设计。这些设计为收集、分析、混合、解释、报告定量和定性数据提供了完善的框架，以更好地实现特定类型的研究目的。研究者在设计混合方法研究时，要考虑以下四个原则。首先，研究者可以在研究开始时就确定使用混合方法，并且/或者在研究过程中决定使用混合方法。其次，研究者应该考虑形成研究设计的路径，是使用基于类型学的路径，还是动态路径。再次，研究者的设计必须符合他们的研究课题和研究问题。最后，研究者要提出至少一条理由说明为什么这种设计是混合方法。

研究者在设计混合方法研究时，要在选择混合方法设计上作出四个关键决策：定量、定性研究部分是独立的还是交互的；两个研究部分在实现研究目的上，是否具有同等重要性；两个部分的研究是同时进行、有序进行，还是分多个阶段进行；以及如何混合各研究部分。混合，指就研究中混合发生的环节、混合采用的策略（即合并、连接、嵌入或使用框架）等方面作出决策。研究者要根据这些决策，以及最符合研究问题和实践考量的基础性逻辑来选择混合方法设计。

研究者可以在以下六种主要的混合方法设计中进行选择:一致性设计、解释性设计、探索性设计、嵌入式设计、变革性设计、多阶段设计。这些设计适用于不同的研究目的,也通常采用不同的哲学前提假设作为基础。每种设计都包含一组特定程序,为该设计提供基础性逻辑。研究者应认真思考所选设计面临的挑战,并规划策略来应对这些挑战。除了现有已发表文献中最常见的研究设计,在不同设计类型中,我们也可以看到相似的变体。

练 习

1. 就你正在规划的研究,反思混合方法设计的四个原则(使用固定的和/或生成的设计,采用进行设计的路径,使设计和问题相符合,说明该设计是混合方法的理由)。简要描述你的研究是如何应用这些原则的。

2. 确定你感兴趣的核心研究主题,描述将如何使用本章所介绍的每一种主要设计研究该主题。

3. 你的研究将采用哪一种主要设计类型? 写一个概述性段落来确定这种设计,明确交互程度、优先次序、时序,以及混合方式,并表明为何选择这一设计进行研究。

4. 你所选择的设计要面临哪些挑战,并说明你将如何应对它们。

阅读推荐

其他讨论混合方法设计主要类型的论著,请参考下列资源:

Creswell, J. W., Plano Clark, V. L., Gutmann, M., & Hanson, W. (2003). Advanced mixed methods research designs. In A. Tashakkori & C. Teddlie (Eds.), *Handbook of mixed methods in social & behavioral research* (pp. 209-240). Thousand Oaks, CA: Sage.

Greene, J. C. (2007). *Mixed methods in social inquiry*. San Francisco: Jossey-Bass.

Mertens, D. M. (2003). Mixed methods and the politics of human research: The transformative-emancipatory perspective. In A. Tashakkori & C. Teddlie (Eds.), *Handbook of mixed methods in social & behavioral research* (pp. 135-164). Thousand Oaks, CA: Sage.

Morse, J. M., & Niehaus, L. (2009). *Mixed methods design: Principles and procedures*. Walnut Creek, CA: Left Coast Press.

Teddlie, C., & Tashakkori, A. (2009). *Foundations of mixed methods research*.

Thousand Oaks, CA: Sage.

有关交互、时序、优先次序和混合决策的进一步讨论,可参考以下资料:

Bazeley, P. (2009). Integrating data analyses in mixed methods research [Editorial]. *Journal of Mixed Methods Research*, 3(3), 203-207.

Caracelli, V. J., & Greene, J. C. (1993). Data analysis strategies for mixed-method evaluation de-

signs. *Educational Evaluation and Policy Analysis*, 15(2), 195-207.

Greene, J. C., Caracelli, V. J., & Graham, W. F. (1989). Toward a conceptual framework for mixed-method evaluation designs. *Educational Evaluation and Policy Analysis*, 11(3), 255-274。

有关混合方法设计形成方法的其他选择,可以参考以下资料:

Hall, B., & Howard, K. (2008). A synergistic approach: Conducting mixed methods research with typological and systemic design considerations. *Journal of Mixed Methods Research*, 2(3), 248-269.

Maxwell, J. A., & Loomis, D. M. (2003). Mixed methods design: An alternative approach. In A. Tashakkori & C. Teddlie (Eds.), *Handbook of mixed methods in social & behavioral research* (pp. 241-271). Thousand Oaks, CA: Sage.

第四章

混合方法设计的实例

对于研究者来说，在考虑如何选择混合方法解决研究问题之后，我们可以继续考察已发表的混合方法设计的研究实例。在第一章中，我们介绍了可以用来定位混合方法研究的搜索关键词。现在我们将讨论如何阅读体现不同混合方法设计的研究。识别研究的关键的设计特征，利用符号系统描述整体设计，画出包含混合方法研究具体程序的简图——这些做法有助于阅读、理解混合方法研究。我们将展示六项已发表的完整研究，并以此作为几种主要混合方法设计的实例，再利用上述工具解析他们，从而探究这些研究在混合方法方面的具体特征。

这一章将讨论：

- 考察已发表的混合方法研究，以学习其中的经验；
- 介绍两种有助于理解已发表混合方法研究的工具——符号系统和简图；
- 有助于评阅一项混合方法研究的设计特征；
- 六项分别展示不同混合方法研究设计类型的实例；
- 上述六项研究的共性和差异。

【108】● 从混合方法研究实例中汲取经验

我们阅读、评审过数以百计的混合方法研究，发现考察这些研究者的研究实践——他们如何实施、报告研究所采用的混合方法设计——具有重要意义。打算采用混合方法的研究者，可以在本学科领域寻找混合方法研究，来确定本学科语境中常用的混合方法表达与设计，这对研究很有帮助。研究者可以识别出使用特定混合方法设计的研究，在研究计划和研究报告的方法部分,引用这些研究作为该设计的例子。考察混合方法设计的实例,研究者还能学习开展混合方法研究的不同程序,并能更好地预计特定设计中会出现的挑战。此外,已发表的混合方法研究也为撰写、报告具体的混合方法研究结果提供模板(第八章将进一步讨论这个话题)。相应地,我们在本书中提供了每一种主要混合方法设计的实例。接下来,我们先来讨论两个有助于混合方法研究设计、交流和评审的工具。

● 描述混合方法设计的重要方法

评阅已发表的混合方法研究时,有两种工具很有用:描述混合方法研究程序、研究方法和成果的符号系统和简图。在混合方法的文献中,符号系统和简图的使用已有很长历史。对混合方法复杂本质的设计和交流,两种工具颇有助益。这两种工具广泛见于诸文献,而且在说明混合方法设计上具有重要作用,因此,研究者要熟于解释这两种工具传达的信息,并能自如使用它们来描述自己的研究。

符号系统

为了便于讨论混合方法设计特征,由莫斯(Morse,1991)首先采用的符号系统已经在混合方法文献中得到发展并被广泛使用。表 4.1 总结了这一系统中的常用符号。在莫斯最初使用的符号系统中,"quan"表示定量方法,"qual"表示定性方法。这种速记方式【109】旨在表示两种方法具有同等地位(如两种缩写的字母数量和格式相同)。在特定研究中,两种方法的优先次序由字母的大小写表示,也就是说,大写字母(如 QUAN 和/或 QUAL)表示该方法更重要,小写字母(如 quan 和/或 qual)表示该方法较为次要。另外,加号(+)表示同时使用两种方法,箭头(→)表示按顺序使用方法。如表 4.1 所示,有些学者扩展了符号系统,在这些基本符号之外增了许多内容。还有学者(Plano Clark, 2005)加入括号,表示嵌入更大的框架内的研究方法。纳斯塔西(Nastasi et al., 2007)使用双箭头(→ ←)表示方法循环使用。之后,还有研究(Morse & Niehaus, 2009)提出使用中括号([ ])来区分系列研究中的混合方法项目,使用等号(=)表示结合使用不同方法的目的。

在描述研究的整体设计时,速记符号非常有用。以下是使用符号系统描述四种基本【110】混合方法的例子:

- QUAN + QUAL = 合并结果:该符号表示这是采用一致性设计的研究——研究者同时进行定量、定性部分的研究,两个研究部分具有同等重要性,并且这两个独立研究部分得到的结果会被合并。
- QUAN → QUAL = 解释结果:该符号表示这是一项解释性设计的研究——研究者按顺序进行定量、定性部分的研究,先采用定量方法旨在实现研究目的,接着采

表 4.1 描述混合方法设计的符号

符号	应用例子	符号含义	关键来源
速记符号:Quan,Qual	Quan strand	定量方法。	Morse(1991, 2003)
大写字母:QUAN,QUAL	QUAL priority	定性方法在设计中居优先地位。	Morse (1991, 2003)
小写字母:quan,qual	qual supplement	定性方法在设计中居次要地位。	Morse (1991, 2003)
加号:+	QUAN + QUAL	定量和定性方法并行使用。	Morse (1991, 2003)
箭头:→	QUAN → qual	先使用居优先地位的定量方法,再使用次要的定性方法。	Morse (1991, 2003)
括号:( )	QUAN(qual)	在更大的设计或程序中嵌入方法,或是在理论或项目目标框架内对方法进行混合。	Plano Clark (2005)
双箭头:→ ←	QUAN → ← QUAL	循环使用定量、定性方法(QUAL → QUAN → QUAL → QUAN → 依此继续)。	Nastasi et al. (2007)
中括号:[ ]	QUAL → QUAN → [QUAN + qual]	在系列研究中的单个研究或单个项目中,使用[QUAN + qual]这种混合方法。	Morse & Niehaus (2009)
等号:=	QUAN → qual = explain results	混合两种方法的目的。	Morse & Niehaus (2009)

用定性方法来帮助解释定量结果。

- QUAL → quan = 推广结果:该符号表示这是一项探索性设计的研究——研究者按顺序进行两种研究,先采用定性方法来达到研究目的,接着采用定量方法来评估定性结果在何种程度上适用于某一群体。
- QUAN (+ qual) =改善实验:该符号表示这是采用嵌入式设计的研究——研究者在更大的定量实验嵌入次要的定性部分,在进行实验的过程中采用定性方法,这一定性部分的研究改善了实验进程,也增进了对实验的理解。

流程图

流程图以符号系统为基础,体现了混合方法设计的复杂性。相关研究(Steckler, McLeroy, Goodman, Bird & McCormick, 1992)曾介绍过这些流程图,很多学者也使用过他们(Morse & Neihaus,2009;Tashakkori & Teddlie,2003b)。这些流程图用几何形状(矩【111】形、椭圆形)说明在研究过程的步骤(即数据采集、数据分析、解释),并用实线箭头(→)表示这些步骤的开展次序。流程图包含了研究程序和研究成果的具体内容(如向资助机构提交的具体成果报告),这些内容已经超出了混合方法符号系统所能提供的信息。有研究(Ivankova,Creswell & Stick, 2006)研究了流程图的使用情况,提出10条绘制混合方法设计流程图的指导原则,遵循这些原则,构筑流程图就变得简便易行。图4.1列出了这些指导原则,本章下文出现的流程图,其绘制都遵循了这十条原则。

图4.1 绘制混合方法研究流程图的10条指导原则

1. 为流程图拟定标题。
2. 选择水平或垂直的布局。
3. 画出方框表示定量和定性的数据收集、数据分析、结果解释阶段。
4. 使用大写字母或小写字母,来表明定量、定性的数据收集与分析何者优先。
5. 使用单箭头来表示研究程序的开展次序。
6. 详细说明定量、定性数据收集与分析各个阶段的程序。
7. 详细说明定量、定性数据收集和分析各个程序的预期结果。
8. 使用简洁的语言说明程序和结果。
9. 简化流程图。
10. 尽量把流程图限制在一页范围内。

来源:改编自Ivankova等(2006:15),已获SAGE出版公司许可。

● 检验混合方法研究的设计特征 【112】

在第一章,我们把混合方法研究定义为这样一种研究:研究者收集、分析定量和定性两种数据,混合两种数据,并采用某种设计来组织研究程序。现在,我们要详细说明这几步做法;图4.2的清单可以用来识别研究所用混合方法设计的特征,便于评阅混合方法研究。要注意,虽然清单中的一些项目有关研究的核心内容,但我们还是关注研究过程中的方法决策。具体而言,我们建议采用下述步骤来考察一项研究的混合方法设计:

- 评估研究内容的主题。内容主题是研究的总体问题。这个主题通常会在研究标题中点出,并在摘要中说明。
- 注意哲学和理论基础。如果研究有明确讨论哲学和理论基础,通常会在文章的背景部分或文献综述部分。研究者采用哲学与理论基础所提供的总体性视角,以指导研究。

图 4.2 评阅混合方法研究特点的清单

- 评估研究内容方面的主题。
- 注意哲学和理论基础。
- 确定研究目的。
- 确定作者是否开展了定量部分的研究,包括选取样本、收集定量数据、分析定量数据。
- 确定作者是否进行了定性部分的研究,包括选取样本、收集定性数据、分析定性数据。
- 考察收集定量和定性两种数据的原因。
- 确定为了实现研究目的,定量和定性研究部分的优先次序。采用(1)同等重要,或(2)不同等重要。
- 确定定量和定性研究部分的时序。采用(1)并行,(2)时序,或(3)在多阶段中结合。
- 确定定量和定性研究部分的交界点。在(1)阐释环节,(2)数据分析环节,(3)数据收集环节,或(4)设计层面。
- 确定作者是如何混合两部分研究的。采用(1)合并,(2)连接,(3)嵌入,(4)置于理论框架内,或(5)置于项目目标框架内。
- 识别整体的混合方法设计。
- 根据混合方法符号系统,得出研究所用设计的符号。
- 绘制流程图,展示研究中各项活动的开展次序。

- 找到目的陈述,确定研究目的。目的陈述,即作者表明研究的具体意图的段落。它一般在文章导言部分的末尾。目的陈述通常包括"本研究的目的是"或"本研究的主要目的是"等短语。
- 确定定量、定性研究部分使用的样本。文章的方法部分会表明两个样本的抽样程序和样本量。定量、定性样本的信息可能一起讨论,也可能分别用不同段落说明。
- 确定定量、定性研究部分的数据收集程序。文章的方法部分会描述数据收集程序,而且通常会用两个段落分别讨论定量、定性数据的收集程序。
- 确定定量、定性研究部分的数据分析程序。和数据收集程序类似,文章的方法部分也会分别讨论两种数据分析程序。在部分研究中,读者可能得从研究结果中推断数据分析技术。
- 评估作者进行混合方法研究的原因。使用混合方法的原因可能出现在以下几个【113】地方中的一处。它可能出现在导言部分的目的陈述中,或是出现在方法描述中。有些作者也会在最后研究结果讨论部分强调使用混合方法的原因。
- 明确定量和定性研究部分的优先次序。为了达成研究目的,定量和定性研究部分有以下两种可能的优先次序:同等重要,或不同等重要(更重视定量或定性部分)。许多作者会在导言或方法部分说明优先次序,或是在流程图中得到体现。如果文章没有明确说明这一点,那么读者可以根据研究的总框架、哲学基础、数据库大小、分析程序的先进性、研究标题和目标使用的语言,来判断研究中的优先次序。

- 识别定量、定性研究部分的时序。两种研究部分存在三种可能的时序安排:在一个阶段里并行进行,在两个阶段中依序进行,在多阶段或多项目研究中合并进行。文章的方法部分和流程图(如果有的话)会描述时序。
- 确定定量、定性研究部分之间的交界点。两个研究部分有四个可能的交界点:在阐释环节,在数据分析环节,在数据收集环节,在设计层面上。读者通常要根据作者报告研究结果、描述研究方法的方式,来推断交界点所在。作者通常在研究结果部分陈述交界点。此外,文章的其他部分也可能会讨论交界点,如目的陈述、方法部分、流程图、最后的结论部分。对交界点的判断,要以定量、定性研究部分直接互动的时机为准。
- 确定定量、定性研究部分是如何混合的。在所有混合方法研究中,作者都要在文章的讨论部分,解释研究从定量、定性部分的集合中,获得哪些认知。此外,在交互式混合方法研究中,定量、定性部分的混合有几种整体程序:合并两个数据集的结果,将一类数据的结果和另一种数据的收集连接在一起,在更大的设计、理论框架或项目目标框架中嵌入两类数据。在理想情况下,作者会在方法部分讨论如何混合不同研究部分;但也有许多研究,读者需要根据研究结果和文章阐释部分中,【114】有关定量和定性结果如何相互关联的内容,来推断二者的混合方式。
- 使用符号系统确定整体的混合方法设计。读者要考察研究中的优先次序、时序、交界点、两种方法的混合方式,来检视一项研究如何实施两种不同方法。读者可以使用符号系统来描述整个混合方法设计,并根据第三章的设计分类找到相似的设计,来为研究使用的设计命名。
- 绘制一页流程图,描述研究中各项活动的开展次序。这包括几项主要活动:定量和定性研究部分的数据收集、数据分析、混合、结果阐释。勾勒研究中这些活动如何进行,可参考图 4.1 绘制流程图的指导原则。

● 混合方法设计的六个实例 【115】

为了更好地讨论混合方法,本书列举了六项完整研究(见附录 A,B,C,D,E 和 F)。这些研究是健康科学、社会科学、教育学和评估研究领域混合方法研究的实例。此外,每项研究都采用了不同的混合方法设计。

附录中的六篇文章是:

- Wittink, M. N. , Barg, F. K. , & Gallo, J. J. (2006). Unwritten Rules of Talking to Doctors About Depression: Integrating Qualitative and Quantitative Methods,*Annals of Family Medicine*,4(4), 302-309。(见附录 A)
- Ivankova, N. V. , & Stick, S. L. (2007). Students' persistence in a Distributed Doctoral Program in Educational Leadership in Higher Education: A mixed methods study. *Research in Higher Education*,48(1), 93-135。(见附录 B)
- Myers, K. K. , & Oetzel, J. G. (2003). Exploring the dimensions of organizational assimilation: Creating and validating a measure. *Communication Quarterly*, 51(4), 438-457。(见附录 C)
- Brady, B. , & O'Regan, C. (2009). Meeting the challenge of doing an RCT evaluation of youth mentoring in Ireland: A journey in mixed methods. *Journal of Mixed Methods Research*,3(3), 265-280。(见附录 D)
- Hodgkin, S. (2008). Telling it all: A story of women's social capital using a mixed methods approach. *Journal of Mixed Methods Research*,2(3), 296-316。(见附录 E)
- Nastasi, B. K. , Hitchcock, J. , Sarkar, S. , Burkholder, G. , Varjas, K. , & Jayasena, A. (2007). Mixed methods in intervention research: Theory to adaptation. *Journal of Mixed Methods Research*,1(2), 164-182。(见附录 F)

现在,读者可以运用图 4.2 的清单阅读这些文章,并考察他们所体现的不同混合方法特征。读完这六篇文章,并识别出特征后,再来阅读后面章节对文章的评论。这些评论分析评述了每个例子呈现的重要的混合方法特征。除了评论,我们也展示了这些研究的流程图——如果能够拿到作者直接提供的研究数据,我们便根据这些数据制作流程图;如果无法拿到,我们便根据文章描述的研究程序绘制流程图。【116】

研究 A:一致性平行设计的实例(Wittink,Barg,Gallo,2006)

一致性设计包括:在同一个阶段收集、分析定量和定性两个独立研究部分的数据;接着合并两个研究部分的结果;而后,寻找两个数据集间的共性、差异、矛盾之处或关系。威廷特等(Wittink et al. , 2006)的研究体现了这种设计的主要特征。

威廷特等(Wittink et al. , 2006)对医生鉴定患者抑郁程度时的情境感兴趣——这些医生重视患者对医患互动的看法。他们的研究目的是,进一步理解老年患者和医生对患者抑郁程度的判断,二者之间存在共性或者差异。

为了达到他们的研究目的,研究者把一项更大研究中所有自我鉴定为抑郁的参与者,选作研究样本(N =48)。研究者建立了数据库,并加入从 48 个个体那里收集到的定量、定性数据。在定量数据方面,研究者收集了关于参与者抑郁程度的三种指标数据:医师的评分,患者的自我评分,以及参与者标准化抑郁测量量表(即 CES-D)的得分。研究人员还从每个参与者那里收集其他指标的数据,包括人口学特征,以及对焦虑、绝望、健康状况和认知情况的评估。在分析定量数据时,研究者要确定每个患者的评分与其医师的评分是否一致(彼此同意)或不一致(彼此不同意);接着,对数据进行描述性统计和组间比较,来考察一致组和不一致组之间是否在其他研究者感兴趣的变量上存在显著差异。

研究者还进行了半结构化的定性访谈,以了解患者如何看待他们与医师的交往经历。将访谈进行转录之后,研究小组采用不断比较以生成主题的策略,对文本进行分析。因为研究者完成定性数据分析时,还无法获得他们想要的定量信息,所以定量分析和定性分析是彼此独立进行的。研究者生成描述医患互动的四个主题:①我的医生一语中【117】的;②我是一个好病人;③他们只是检查我的心脏和其他器官;④他们将把你移交给精神病医生。这些主题提供了分类类型,研究者可以根据参与者对互动的讨论给参与者分类。

威廷特等(Wittink et al., 2006)表示,他们需要两种类型的数据来形成更全面的理解。在解释采用的混合方法设计时,他们写道:"此设计使我们能够把有关医患对话的主题,与患者个人特征、标准化的抑郁测量联系在一起。"(Wittink, 2006:303)因此,为了将这两类信息联系在一起,研究者们同时对定量和定性数据组分别进行挑选和分析。在解答研究问题上,这两种类型的数据同等重要。经过之前的分析后,研究者以交互的方式合并两组结果,因而交界点位于分析和解释部分。他们进一步分析数据来形成矩阵(参考附录A中的表A.3),这个矩阵把定性发现(根据定性主题形成的四个小组)和定量结果(抑郁评分和其他变量间的一致性)结合起来。表格展示了各小组变量的描述性统计——分组是使用定性方法形成的,这些描述性统计可以用来比较不同定性视角的异同。最后,研究者简要讨论了两组数据的比较如何增进了对研究主题的理解,并以此作为全文总结。

图4.3　一项一致性设计研究的流程图【118】

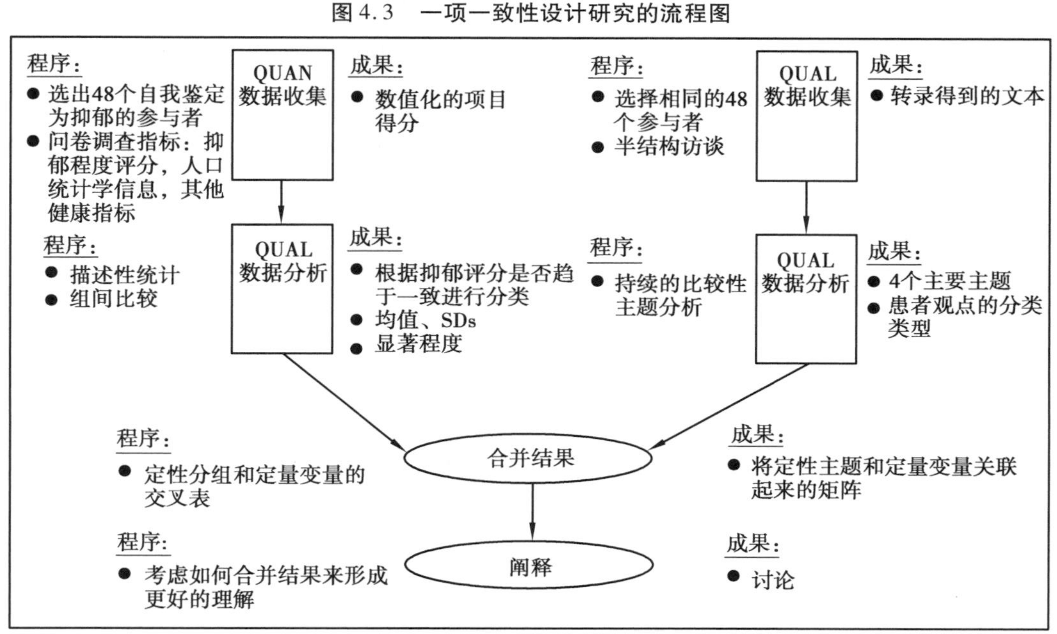

说明:根据Wittink等(2006)绘制。SDs表示标准偏差。

此研究是一致性混合方法设计的例子。研究设计的符号可以写成"QUAN + QUAL = 完整理解"。虽然作者没有提供研究的流程图,我们还是自己绘制了一个,见图 4.3。图左侧是定量数据的收集、分析程序,右侧是定性数据的收集、分析程序。如流程图所示,研究者在同一个阶段中进行定量、定性两个部分的研究,且两个研究部分在研究中具有同等重要性。然后,研究者用比较性矩阵来合并两类数据和结果,并将其整合进总体阐释——这两次合并用两个椭圆形表示,这也是两个研究部分间的交界点。

【119】

研究 B:解释性时序设计的实例(Ivankova & Stick, 2007)

这项解释性设计有两个研究阶段。第一阶段包括收集和分析定量数据。出于进一步理解定量研究结果的需要,研究者进行第二阶段定性部分的研究来帮助解释之前的定量结果。伊万科娃和斯蒂克(Ivankova & Stick,2007)的研究展示了解释性设计的主要特征。

该文章研究了高等教育研究领域内学生学习持久性的问题。基于有关学生学习持久性的三个主要理论,他们选中了一项影响广泛的博士生项目,对其中博士生的学习持久性进行研究。具体来说,他们的研究目的是,确定项目中学生坚持学下去的因素,并探讨参与者对这些因素的看法。

研究者进行了两个阶段的研究,先进行定量部分的研究。首先,他们联系了那些曾经参加或刚加入项目的学生,有 207 个学生同意参与研究。研究者采用截面调查设计,以在线方式进行问卷调查。这份问卷调查,测量了相关理论提出的九个自变量。填写问卷的学生可以分为四组,分组以主要与项目中学生的学习持久性表现有关:①初级组;②中级组;③毕业组;④退出/不积极组。定量数据分析得到了四个分组人口学特征的描述性统计,并发现了根据持久性级别区分的小组,在五个变量上有显著差异。

研究者完成定量阶段之后,则进行第二阶段的定性研究。根据定量研究结果,他们从每个小组的样本中,找到得分完全符合该组平均值的个体。他们有意选中四个"典型"个体(一组一个),并对他们每个人参与项目的经历、对项目的观点,进行深入的案例研究。数据收集的主要形式是,根据访谈提纲进行一对一访谈,来探索定量阶段发现的显著因素。研究收集到的其他形式的定性数据,还有电子访谈、书面答复和文本。在分析阶段,研究者首先考察访谈中的描述和相关主题,然后进行交互分析,来确定四个案例共【120】同的关于学习持久性的重要主题。

两位作者指出,仅仅使用一种方法不足以捕捉复杂情况的趋势和细节,比如此项目中学生的学习持久性。接着,他们表明混合两种方法的目的:"因此,定量数据和结果提供了研究问题的概况,而定性数据及其分析,则借由更深入地探究参与者对自身学习毅力的看法,来改善、解释统计结果。"(Ivankova & Stick, 2007:97)

研究者要知道哪些定量结果需要用定性研究进行进一步探索,就要先确定定量研究的总体情况和在统计上显著的结果。因此,研究使用了时序设计,第一阶段使用定量方

图 4.4　一项解释性设计研究的流程图

【121】

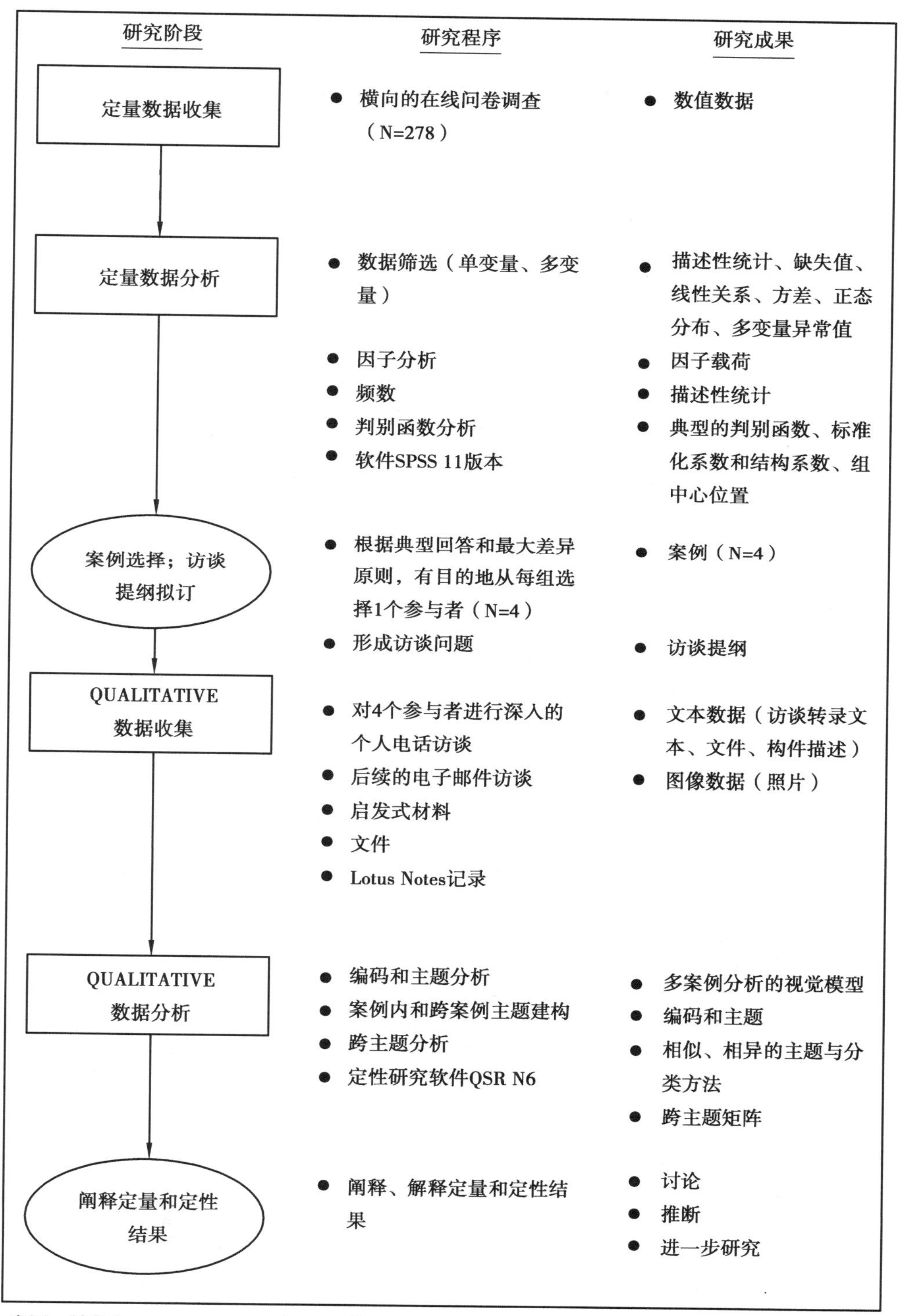

来源：转载自 Ivankova & Stick (2007，第98页)，已获施普林格科学与商业媒体公司许可。

法,第二阶段使用定性方法。作者指出,定性研究阶段更为重要,因为“它重在深入解释第一阶段的定量结果,而且从多个来源收集了大量数据,并包含两层级的案例分析”Ivankova & Stick, 2007:97。主要的交界点出现在第二阶段的定性数据收集中。作者根据定量研究阶段的研究结果,来确定定性研究阶段的抽样计划和访谈提纲,以此连接两个阶段的研究。他们也在阐释部分连接两个阶段的研究结果——先讨论主要的定量结果,然后讨论后续的定性结果如何有助于更深入地解释统计结果。

根据研究采用设计的特点,这项研究的符号可以写成:“quan → QUAL = 解释显著因子”。因为研究有两个阶段,而且第二阶段的定性研究建立在第一阶段定量研究结果的基础上,所以这项研究是解释性混合方法设计的实例。图 4.4 复制了作者绘制的流程图,其中强调了该项研究两阶段的时序安排,以及混合的时点。最上面的两个矩形,表示第一个定量阶段中的数据收集和分析程序。椭圆形(第一个交界点),表示通过案例选择和访谈提纲的拟订,从而将定量阶段与定性阶段连接在一起。接下来的两个矩形,表示第二个定性阶段的研究程序。流程图最后还有一个椭圆形,表示第二个交界点以及作者如何阐释整个混合方法研究结果。

【122】 研究 C:探索性时序设计的实例(Myers & Oetzel, 2003)

这项探索性设计是一个两阶段的设计——研究者先在第一阶段收集、分析定性数据;根据前面的探索结果,研究者在第二阶段收集、分析定量数据,来检验或推广之前的定性发现。迈尔斯和奥策尔(Myers & Oetzel, 2003)的研究采用了探索性设计来研究问题。

这两位作者是人际交流研究领域的学者。他们的研究主题是,在某组织架构下新员工融入组织的问题。他们认为组织融入是重要的研究问题,因为它有助于提高生产率和员工持久性,但现有测量组织融入的指标尚不完备。因此,此项研究的总目标是描述、测量组织融入的几个维度。

为了实现这一研究目的,作者报告说,他们的研究“有两个研究阶段”(Myers & Oetzel, 2003:439)。他们首先对组织融入的维度进行定性探索。在这一阶段,他们选取了 13 名参与者——代表不同类型组织、同一组织的不同层级和其他人口学特征,对他们进行一对一的半结构访谈。访谈产生了两类定性数据:现场访谈记录和访谈转录文本。研究者利用主题分析程序,从定性数据集中识别出组织融入的六个维度。

根据定性发现形成测量工具后,研究进入第二阶段,即定量研究阶段。作者使用组织融入指数(Organization Assimilation Index,缩写为 OAI)测量工具,以及其他根据组织融入维度假设出的指标。研究者对来自不同产业的 342 名员工,使用这份问卷进行调查。他们采用三种方式分析问卷答案:分析量表的信度,用验证性因子分析来确认次量表的效度,检验相关性假设来确认结构效度。

作者解释说,组织融入的维度尚未可知,所以,在对这一现象进行定量测量、用大样本检验研究发现之前，他们首先需要对该现象进行定性探索。因此，他们需要使用两类数据，先创建，然后检验测量工具。研究者按顺序进行两个阶段的研究：首先对该现象进行探索，接着对其进行测量。第二个定量阶段以第一个定性阶段的研究结果为基础。当作者形成测量组织融入的工具，以此来连接前面的定性部分和后面的定量部分，这就到了研究的交界点。在定性研究发现的基础上，作者提出了 61 项问卷项目，代表组织融入的 6 个维度。在第二阶段，研究者用这项测量工具进行调查。在最后的讨论部分，他们【123】说明了具体的定性发现，接着讨论定量结果在何种程度上验证了定性结果。由于作者重视开发、检验定量测量工具，这项研究因而侧重定量部分，整个研究的重心都放在定量数据上。

此研究的符号公式可以写成："qual → QUAN ＝ 设计、检验测试工具来验证探索维度"。作者在探索性混合方法设计中，设置了两个相连的阶段来实施研究方法。如图 4.5 所示，此设计首先收集、分析定性数据来探索某一现象（流程图的前两个矩形）。第一阶段之后，研究者在交界点开发得到测量工具（见图 4.5 中"开发一项测量工具"的椭圆形）。研究者使用这项测量工具在第二阶段收集定量数据（流程图的后两个矩形），并以解释两个阶段研究所得作结。

图 4.5　一项探索性设计研究的流程图　【124】

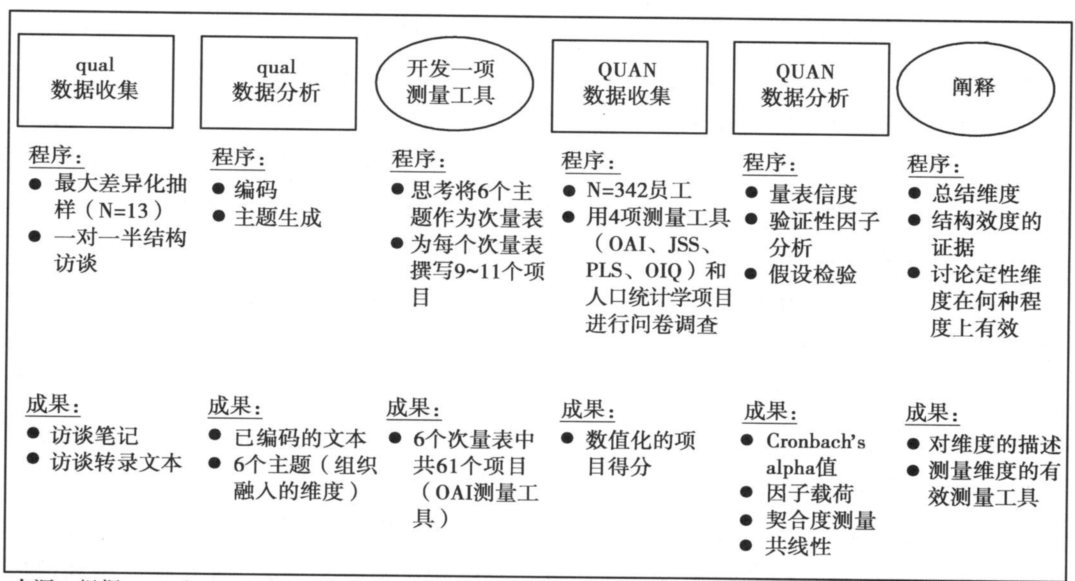

来源：根据Myers和Oetzel（2003）绘制。OAI表示组织融入系数（Organizational Assimilation Index），OIQ表示组织鉴定问卷（Organizational Indentification），JSS表示工作满意量表（Job Satisfaction Scale），PLS表示离职量表（Propensity to Leave Scale）。

研究 D：嵌入设计的例子（Brady & O'Regan，2009）

嵌入式设计指在关乎某类数据的设计框架中，收集、分析至少一类数据——例如，研究者选择在定量实验中，嵌入定性研究部分。嵌入数据的目的是为了改善更大设计的实施或解释。布雷迪和欧里根(Brady & O'Regan, 2009)的研究展示了这种设计的主要特征。

在文章中,他们报告了混合方法研究的设计——这项研究旨在评估在爱尔兰开展的"大哥哥大姐姐(Big Brothers Big Sisters,缩写为BBBS)"辅导项目。该研究有两方面的目的:评估BBBS项目对爱尔兰青少年的影响,考察该项目的进展和实施情况。作者详细讨论了:基于实用主义和辩证的立场,如何使他们可以接受在整体的实验性设计中加入定量研究部分。他们还描述了理论指导框架——罗德斯辅导模型如何为结合不同方面的内容提供思路。

这项研究的方法是定量的随机控制试验(RCT),旨在检验BBBS项目是否对青少年的表现有显著影响。为了能够在该项目开展良好的地方对其进行研究,并不因为研究影【125】响项目向有需求的青少年提供服务,研究者只能在样本量上选择妥协:仅将164名青少年参与者随机分配到项目组或干预组来进行研究。该研究还包括参与者的父母、导师以及教师。研究者分别在研究开始时、12个月后和18个月后,利用理论模型提出的指标收集测量结果。定量数据分析包括回归分析和结构方程模型(SEM),二者都以辅导模型假设的关系为基础。

研究者还描述了研究定性部分的设计。他们认为,要使利益相关者接受定量部分的研究,并为了解决与程序、可行性、具体实施相关的问题,有必要进行定性部分的研究。为此,他们收集了青少年、导师、家长和工作人员的观点,以及有关实验的信息。具体来说,他们打算有目的地选取12对导师—学生组合,并在指导关系刚成立时、6个月或更久之后,对他们进行两次访谈。此外,研究团队也在项目工作人员中,收集观察记录、案例的档案文件和焦点小组访谈结果。定性分析侧重根据多个案例和观点形成主题。

尽管研究者一开始"主要"关注严格规划的实验研究,但他们发现还需要解决与该设计相关的伦理、可行性和方法论的问题,而这些问题无法用纯粹的实验性设计解决。因此,研究者在定量实验设计中嵌入了"次要"的定性部分,来解决这些问题。例如,利益相关者对研究的担忧,项目结果之外其他关于进程和实施的疑问,以及个人和项目层面存在的问题。因此,研究的主要交界点出现在设计层面。由于研究者是基于定量实验设计来对在定量实验设计中实施的定性部分作出决策,因而研究中的定量、定性部分可以被认为是有交互关系。具体而言,在考察实验进程和实施的相关问题上,定性部分起到了补充性作用。此外,这两个研究部分的形成并不有赖于对方的结果,研究者也用理论模型连接它们。在总体性的实验设计中,研究者采用定量、定性两种方法来解决不同的研究问题。另外,研究团队利用理论模型将定量的影响数据和定性的案例研究数据结合在一起,来增进对研究现象的理解:在爱尔兰,人们如何经历该项目的干预。

此研究是一个嵌入式混合方法设计的例子。研究设计的符号公式可以写成:QUAN(+ qual)= 改善实验。作者提供了详细的研究流程图,见图4.6。流程图顶端的大矩形表示主要的定量研究部分。这个矩形展示了RCT(随机控制试验)的主要程序,包括干【127】预测量、干预前测量和干预后测量。大椭圆形表示次要的定性研究部分,这一部分旨在

【126】

图 4.6 一项嵌入式设计研究的流程图

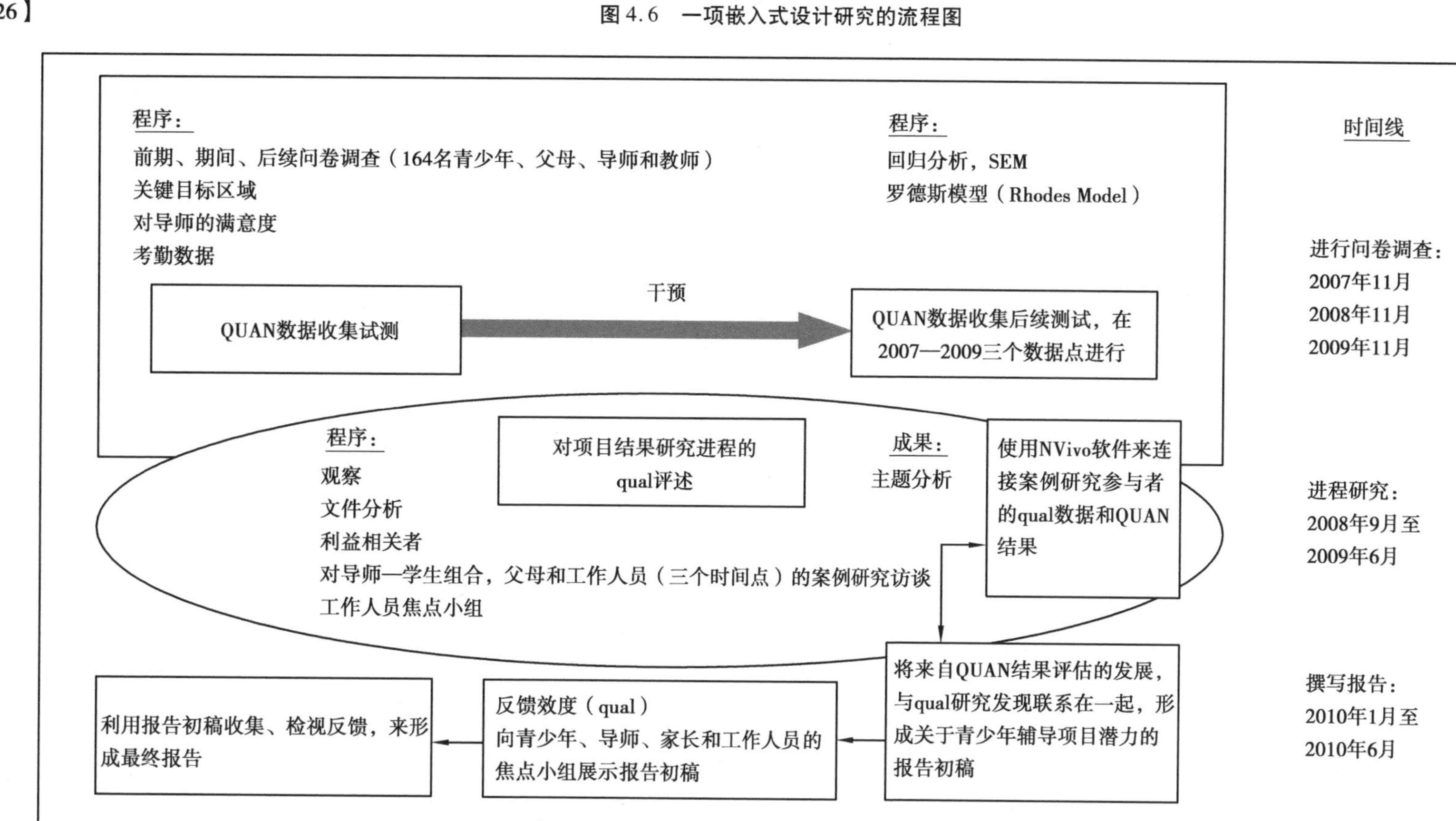

来源：引自Brady和O'Regan（2009，第277页），已获Sage出版公司许可。

考察干预的进程,与干预和实验程序并排呈现。椭圆形与矩形的重叠部分表示设计层面的交界。另外,流程图也展示了研究者计划连接定量结果与个人案例研究结果、项目案例研究结果的方式,以及在最终项目报告中报告合并后结果的打算。注意,流程图右侧还有研究各部分的时间线。

研究 E:变革性设计的实例(Hodgkin, 2008)

如果研究者从变革性理论视角出发进行混合方法研究,旨在帮助被忽视群体或边缘群体解决不公正问题或带来改变,就使用了变革性设计。定量、定性部分的研究可以并行进行、顺序进行,或二者兼有。霍奇金(Hodgkin, 2008)的文章描述了她对变革性设计要点的应用。

在该文章中,霍奇金讨论了她的研究如何采用变革性研究范式——具体而言,如何以女权主义为理论视角。她对社会资本这一研究主题很感兴趣,并且关注对女性社会资本的理解,重视挑战性别敏感的缺失。她的这项研究从变革性和女权主义的视角出发,旨在识别男女社会资本图景的差异、解释为什么女性会有这些差异,来强调性别不平等问题。

作者首先进行定量研究,采用截面问卷调查来识别男女之间是否存在社会资本图景差异。她使用简单随机抽样方法,获得了 1 431 份来自澳大利亚某市个体的邮件问卷反馈,其中有 998 名女性。在设计问卷时,霍奇金详细描述了如何在问卷中加入有关社会参与、社区参与和公民参与的量表,来使社会资本的测量工具能够全面、敏锐地反映性别议题。她还采用多因素分析来比较男女样本,并发现二者在三项参与指标上存在显著差【128】异——女性在非正式社会参与、社会团体参与和社区团体参与上得分较高。作者总结说,定量数据为社会参与、公民参与和社区参与的性别化模式提供了证据。

作者接着进行定性部分的研究,解释为何女性的社会资本图景不同于男性。基于问卷数据需要保密这一伦理方面的考量,她不能从反馈回来的定量问卷中选取参与者。于是,她采用随机整群抽样,从完成定量问卷的女性中抽取子样本。她对每个女性参与者进行隔周一次,总共两次深入的一对一访谈,并要求每个受访者在两次访谈间的一周内,用日记记录自己的反思与思考。这些有关女性活动的书面反思会在第二次访谈中讨论。直到对 12 位参与者的访谈无法再得到新内容,有关女性参与的访谈才告结束。此后,作者对根据定性数据得到的参与者故事进行叙事分析。由此生成了三个与母亲身份紧密相关的主题,用来解释参与的不同原因:想成为一个“好妈妈”,想避免社交孤立与想成为一个积极公民。

作者在文章中还指出,有必要挑战现有社会资本研究中缺乏性别敏感的现象,也有必要使用混合方法来获得更全面的理解,并向那些渴求改变的群体提供他们需要的数据类型。该研究的定量、定性部分之间存在交互关系——因为研究者首先明确了男女之间是否存在社会资本图景差异,以及存在怎样的社会资本图景差异;然后试图解释这些被识别出的差异。作者指出,在形成有助于变革的理解方面,定量和定性方法具有同等重要性。她用两种方式连接定量和定性部分:在第二阶段的研究中,研究者使用了来自第一阶段的子样本,并根据第一阶段的定量结果来设计定性数据收集协议,因而定量、定性部分在数据收集环节连接在一起。在结论部分,她解释了定量结果如何识别性别间的参与差异,以及定性发现如何解释女性参与。

以上便是一个变革性混合方法设计的例子。虽然作者使用了解释性设计的程序,但她在更大的变革性理论框架中实施这些程序,这一理论框架影响着设计决策。尽管作者没有提供研究的流程图,我们还是绘制了一份,见图 4.7。我们用包围研究方法的虚线部分表示变革性框架,这样不仅整体展示了该设计不同部分的变革性目标,也表现了在理论框架内进行的混合。图中还有表示定量、定性数据收集与分析的矩形,以及表示混合环节【130】的椭圆形——如从定量阶段到定性阶段的连接部分。这篇文章并未提供正式的变革性设计符号公式,但公式有可能是这样:女权主义理论(QUAN → QUAL) = 强调性别不平等。

研究 F:多阶段设计的实例(Nastasi et al. , 2007)

在多阶段设计中,研究项目在某段时间内结合使用时序、并行研究部分。这些研究部分通常会在一个更大的研究项目中,作为多个项目来实施。纳斯塔西等人(Nastasi et al. , 2007)描述了他们如何使用这种设计,以及这种设计的实施特征。

纳斯塔西等(Nastasi et al. , 2007)在斯里兰卡从事有关促进精神健康的长期项目研究和项目开发。这项研究的指导框架包括:基于参与式的特定文化干预模型,以及基于生态发展理论的精神健康模型。这项研究的总目标是,针对斯里兰卡的学龄人口,形成契合当地文化的精神健康实证实践。为了实现这一目标,提出了大量彼此相关的研究目标,这些研究目标要求进行下述工作:进行开发性研究(formative research),建立、检验基于特定文化的理论,形成、验证基于特定文化的测量工具,形成、评估基于特定文化的干预项目。

研究团队描述了项目中使用定量方法进行研究的几种方式。尽管他们在别处详细描述了数据的收集和分析,但作者在这篇文章中讨论的是他们所采用的总体定量方法。这些方法包括:检验已形成的心理测量指标,通过调查更大的代表性样本确定基础结果,使用真正的实验设计和准实验设计来检验已形成的具体项目的效果。

同时,研究团队在他们这项历时多年的研究中,也进行了大范围的定性数据收集和分析。由于了解斯里兰卡背景下精神健康的文化语境尤为重要,这项研究中的大部分定性研究都采用民族志设计。具体的数据收集活动包括:焦点小组访谈、个人访谈、参与者观察、档案和田野笔记。

纳斯塔西等人(Nastasi et al. , 2007)认为,要达到研究目的——形成契合当地文化的【131】精神健康实证实践,就需要循环、综合地将定量和定性方法结合在一起,这是在项目目标框架内进行混合的实例。他们需要运用定性方法来确定文化情境——这有助于指导项目开发和在新情境中使用该项目;而项目开发和在新情境中使用该项目也需要定量研究

【129】

图 4.7 一项变革性设计研究的流程图

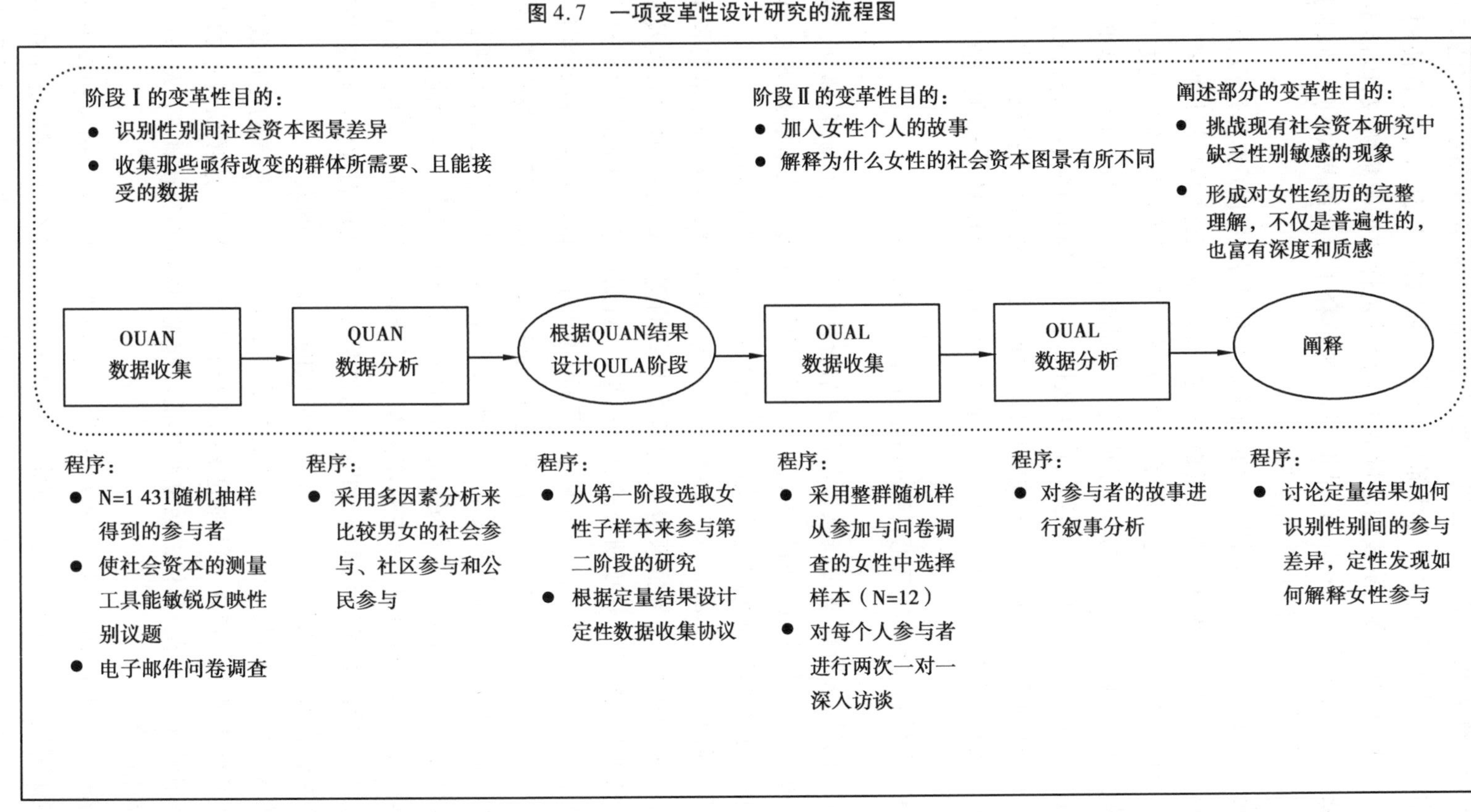

说明：根据Hodgkin (2008)绘制。

部分来检验文化模型和项目成效。在这项研究中,定量、定性方法有数次交互,如研究者利用定量方法来验证基于定性结果建立的心理测量指标的效度。当研究从一个时序阶段转入下一个时序阶段时,这种依赖关系尤为显著。另外,如果研究者并行实施定量和定性方法,二者也可能是相互独立的,如当研究者合并两类信息来理解干预方法的接受度、完整性和成效,就符合上述情况。作者并没有详细讨论两种研究方法的优先次序。虽然在单个阶段中,某种研究方法可能更具重要性;但从整个研究过程来看,两种方法在实现研究目标上同样重要。作者描述了整个研究中定量、定性研究部分混合的多种方式,如用定量部分来检测某项目的成效——该项目是基于定性部分的研究调整得到的,即连接,或是结合使用两种方法来考察某项目的接受度,即合并。

这个大规模的多年评估项目是多阶段混合方法设计的一个例子。研究分多个阶段进行,研究者会按顺序使用定量、定性方法,也会在某些阶段中并行使用两种方法。因为反复循环地使用两种研究方法,这项研究无法用简单的符号公式表示;事实上,作者引入了双箭头(→←)这一新符号来表示研究过程的循环特征。要描述整个研究,一种较为简单的写法应该是:QUAL → QUAN →[QUAN + QUAL]··· = 项目开发。不仅如此,如图4.8所示,作者提供的流程图还展示了多阶段研究的大量细节。此图描绘了项目开发进

图4.8　多阶段设计研究的流程图 【132】

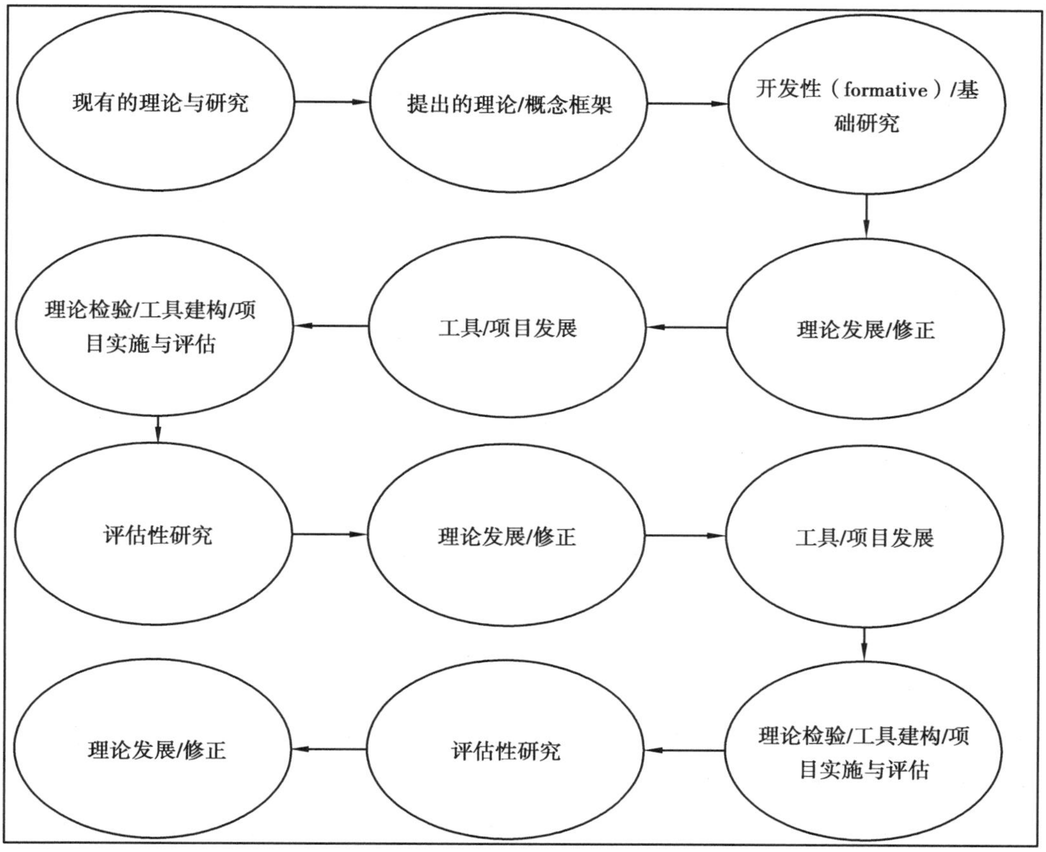

现有的理论与研究 → 提出的理论/概念框架 → 开发性（formative）/基础研究 → 理论发展/修正 → 工具/项目发展 → 理论检验/工具建构/项目实施与评估 → 评估性研究 → 理论发展/修正 → 工具/项目发展 → 理论检验/工具建构/项目实施与评估 → 评估性研究 → 理论发展/修正

来源：引自Nastasi等（2007:166），已获SAGE出版公司许可。

程中的多个阶段,其中每个圆都表示进行至少一个定性和/或定量部分的研究。除了流程图,作者们也在一个表格中详细展示了不同研究阶段中,数据的并行交互和顺序交互。

【133】● 上述研究实例的异同

本章讨论的六项混合方法研究的主要特征,已总结于表4.2。表中所示的相同点和不同点强调了混合方法研究的许多重要特征,以及进行混合方法研究的不同方式。

首先,有趣的是,以上六个实例研究来自不同学科,研究了不同主题,而且采用不同的哲学和理论视角。其次,它们的差异性也正体现了彼此不同的学科背景和各异的研究目的。威廷特等人(Wittink et al., 2006)采用定性和定量信息,研究了患者和医师如何讨论老年患者的抑郁程度。伊万科娃和斯蒂克(Ivankova & Stick,2007)识别、解释了一项影响广泛的博士生项目中学生毅力的影响因素。迈尔斯和奥策尔(Myers & Oetzel, 2003)探索、检验了组织融入的维度。布雷迪和欧里根(Brady & O'Regan (2009)想在检测辅导项目成效的实验中,设置一个部分来评估该项目的进程和实施情况。霍奇金(Hodgkin,2008)想要挑战社会资本研究中的性别不平等。最后,纳斯塔西等人(Nastasi, 2007)致力于在斯里兰卡进行契合当地文化的精神健康实践活动。

尽管这些研究采取了不同策略,但它们都包括用来进行定量、定性部分研究的个体样本。例如,威廷特等人(Wittink et al., 2006)在定量、定性研究部分中采用相同样本(相同个体和相同样本量)。霍奇金(Hodgkin, 2008)、伊万科娃和斯蒂克(Ivankova & Stick, 2007)都从定量阶段的参与者样本中,选取一个较小的次样本来进行定量阶段的研究。迈尔斯和奥第尔(Myers & Oetzel,2003)选取了一个小样本进行定性研究,接着选取由其他个体组成的大样本进行定量研究。

每项研究都收集了至少一种类型的定量数据,以及至少一种类型的定性数据。这些研究还使用了定量的截面问卷调查或实验方法。研究者采用不同类型的结构化问卷或测量工具,来收集定量数据。在这六项研究实例中,研究者收集的定性数据形式,包括一对一访谈、焦点小组访谈、观察、书面回答和研究者的田野笔记。

同时,每项研究也有定量数据和定性数据的分析程序。定量分析程序有描述性分析、组间比较、信度检验、验证性因子分析、相关性分析和多因素分析。定性分析程序包括形成描述、主题分析和叙事分析。

【140】 每项研究的作者都表明了收集定量和定性两种数据的原因。威廷特等人(Wittink et al., 2006)需要直接关联两类数据以更好地了解问题。伊万科娃和斯蒂克(Ivankova & Stick,2007)需要收集定性数据来解释他们前面得到的定量结果。迈尔斯和奥策尔(Myers & Oetzel,2003)想根据前期的主题探索开发测量工具,来检验定性发现,然后再对这些主题进行测量。布雷迪和欧里根(Brady & O'Regan,2009)需要定性数据,来解决实验所包含的伦理、可行性和方法论方面的问题。霍奇金(Hodgkin,2008)需要结合使用两种

【134-139】

表 4.2　混合方法研究实例的比较

	Wittink, Barg and Gallo(2006)	Ivankova and Stick(2007)	Myers and Oetzel(2003)	Brady and ORegan(2009)	Hodgkin(2008)	Nastasi et al.,(2007)
研究的内容范围和领域	• 抑郁程度(精神健康)	• 博士生的学习持久性(高等教育研究)	• 组织融入(组织研究)	• BBBS 辅导项目(青少年研究)	• 性别和社会资本(社会学)	• 斯里兰卡的促进精神健康的活动(评估研究)
哲学基础	• 没有明确讨论	• 没有明确讨论	• 没有明确讨论	• 实用主义和辩证的	• 变革性范式	• 基于特定文化的参与式干预模型
理论基础(社会科学或倡议)	• 没有明确讨论	• 关于学生学习持久性的三个主要理论(社会科学)	• 关于组织融入阶段的理论(社会科学)	• Rhodes 的辅导模型(社会科学)	• 女权主义理论(倡议)	• 基于生态发展理论的精神健康模型(社会科学)
研究内容的目的	• 了解医患对抑郁程度理解的一致性和差异性	• 识别、探索学生学习持久性的影响因素,来了解在一项影响广泛的博士生项目中学生的学习持久性表现	• 描述、测量标示新员工融入程度的维度	• 评估爱尔兰青少年中 BBBS 项目的影响、进程和实施情况	• 通过识别男女社会资本图景的差异,解释女性为何与男性不同,来强调性别不平等	• 在斯里兰卡形成契合当地文化的精神健康实证实践活动
定量研究部分:						
样本	N = 48 在更大研究中,自我鉴定抑郁的个体	N = 207 四组获得入学许可的学生	N = 342 不同行业的员工	N = 164 参与项目的青少年及其父母、导师、教师	N = 1431 随机抽样得到的参与者(n = 403 男性,n = 998 女性)	在每个阶段选取适合该阶段的样本

续表

	Wittink, Barg and Gallo(2006)	Ivankova and Stick(2007)	Myers and Oetzel(2003)	Brady and ORegan(2009)	Hodgkin(2008)	Nastasi et al. ,(2007)
数据收集	• 设计截面问卷调查 • 抑郁的指标(医生评分,患者自我报告和标准抑郁量表,CES-D) • 人口统计学特征 • 其他健康指标(如焦虑、健康状况和认知能力)	• 设计截面问卷调查 • 通过在线问卷调查来评估因变量	• 包含多个量表的问卷,用来测量OAI的六个维度,以及OIQ、JSS和PLS	• 设计 RCT • 收集测试前指标,以及3年后的测试后指标 • 测量对导师满意度的指标,考勤数据	• 设计横向调查 • 使社会资本指标能充分反映性别问题 • 用邮件问卷调查,来评估社会参与、社区参与和公民参与方面的社会资本	• 在各个阶段收集适合该阶段的数据 • 工具验证技术和实验设计等手段
数据分析	• 描述性统计 • 组间比较	• 描述性统计 • 判别分析	• 量表信度 • 验证性因子分析 • 相关性检验	• 回归分析 • SEM 分析	• 采用多因素分析,来比较男女差异	• 各个阶段进行适合该阶段的数据分析
定性研究部分:						
样本	• 自我鉴定抑郁的和定量阶段相同的个体(N=48)	• 从定量样本中有目的地选取四个人,他们分别是四个小组的典型个体	• 根据最大差异原则有目的地选取13个体	• 选取项目的利益相关者,包括青少年、导师、父母和工作人员	• 整群随机抽样,从女性调查参与者中选取子样本(N=12)	• 各个阶段选取适合该阶段的样本

数据收集	• 半结构访谈	• 设计多案例研究 • 电话访谈、电子访谈、开放式问卷和与项目有关的文件	• 一对一半结构访谈 • 研究者田野笔记	• 围绕 12 对青少年—导师组进行的访谈 • 案例文件 • 在项目工作人员开展焦点小组访谈 • 观察	• 与每个女性进行两次一对一访谈 • 参与者在一周日记中的反思记录	• 进行适合各阶段的数据收集，如焦点小组访谈、参与者观察、文件和田野笔记
数据分析	• 主题分析	• 单案例描述和主题分析 • 多案例主题分析	• 主题分析	• 主题分析	• 对参与者的故事进行叙事分析	• 适合各个阶段的数据分析
混合方法的特征：						
混合几种方法的原因	• 需要把对抑郁、个人特征的定量测量，与患者对医生的体验的定性描述联系起来，来形成更全面的了解	• 需要获得毅力影响因素的一般统计数据，还要深入探索参与者的观点来解释统计结果	• 需要定量数据验证定性发现	• 需要解决采用 RCT 研究项目成效而带来的伦理、可行性和方法论上的问题	• 需要使用能被亟待改变群体所接受的数据，并使用能够形成更全面理解的方法，来挑战现有社会资本研究中缺乏性别敏感的现象	• 需要用定性方法识别文化情境——这有助于指导项目开发和在新情境下使用该项目；需要用定量方法检测文化模型和项目成效
研究部分的优先次序	• 同等重要	• 定性优先	• 定量优先	• 定量优先	• 同等重要	• 同等重要

续表

	Wittink, Barg and Gallo(2006)	Ivankova and Stick(2007)	Myers and Oetzel(2003)	Brady and ORegan(2009)	Hodgkin(2008)	Nastasi et al. ,(2007)
研究部分的时序	• 并行	• 顺序:先定量后定性	• 顺序:先定性后定量	• 并行	• 顺序:先定量后定性	• 顺序和并行兼用
混合的主要环节(交界点)	• 数据分析环节 • 阐释部分	• 数据收集环节 • 阐释部分	• 数据收集环节 • 阐释部分	• 设计层面	• 设计层面 • 数据收集环节 • 阐释部分	• 设计层面 • 阐释部分
研究部分的混合	• 合并: 形成矩阵,将根据定性研究形成的小组和定量得分关联在一起 • 解释: 讨论两个数据集的比较如何提供了更好的理解	• 连接: 利用定量结果来选取定性阶段参与者、形成定性阶段的访谈提纲 • 解释: 描述具体的定量结果,并讨论定性发现对解释定量结果有何帮助	• 连接: 根据定性发现来开发定量阶段要用的测量工具 • 解释: 讨论定量结果在何种程度上验证了定性发现	• 嵌入: 定性研究嵌入定量实验中 • 合并: 个体层面的定量和定性数据 • 合并: 有关指导性理论模型的影响结果和案例研究结果	• 理论框架: 从女权主义视角出发收集定量、定性数据 • 连接: 在第二阶段使用子样本 • 根据定量结果设计定性数据收集的访谈提纲 • 解释: 讨论性别间活动参与的定量差异,以及定性发现如何解释女性参与的原因	• 项目目标框架: 推进精神健康 • 连接: 采用定量部分来检测根据定性部分调整的项目的成效 • 合并: • 采用定量、定性两种方法检测项目的接受度 • 嵌入: 在总结性评估中采用过程评估的程序
混合方法设计:						
混合方法设计类型	一致性设计	解释性设计	探索性设计	嵌入式设计	变革性设计	多阶段设计
符号	QUAN + QUAL = 全面的了解	quan→QUAL = 解释显著的因变量	qual→QUAN = 验证探索性维度	QUAN(+ qual) = 改善实验	女权主义理论(QUAN→QUAL) = 强调性别不平等	QUAL→QUAN→[QUAN + QUAL]··· = 项目开发

说明:BBBS 表示“大哥哥大姐姐”。CES-D 表示流行病调查中心抑郁量表。OAI 表示组织融入指数,OIQ 表示组织识别调查问卷,JSS 表示工作满意度量表,PLS 表示离职倾向量表。RCT 表示随机控制实验。SEM 表示结构方程模型。

方法,采用有待改变的群体可接受的数据类型,来挑战性别不平等,并用个人故事展现性别不平等的完整图景。纳斯塔西等人(Nastasi et al.,2007)需要在多年里结合使用两种方法,以识别文化情境——这有助于指导项目开发,以及在新情境中实施该项目;此外,还要结合使用定量、定性方法来检测文化模型和项目成效。

根据不同的研究目的,研究者在安排研究部分时采用了不同的优先次序和时序。在某些研究中,不同研究部分在实现总目标上具有同等重要性(Wittink et al.,2006);或是具有不同重要性,即定性部分优先 (Ivankova & Stick, 2007),或定量部分优先(Brady & O'Regan, 2009)。同时,这些研究也采用了不同时序,包括并行时序(Brady & O'Regan, 2009;Wittink et al. , 2006),顺序时序(Hodgkin, 2008;Ivankova & Stick, 2007; Myers & Oetzel, 2003)或是在多个阶段中结合使用并行和顺序时序(Nastasi et al. , 2007)。

这些研究都混合了其中的定量、定性研究部分,但分别采用了不同方式在不同时点进行混合。威廷特等人(Wittink et al. , 2006)在数据分析环节,将两组发现联系在一起并在一张表格中结合两组发现,以合并两组数据。霍奇金(Hodgkin,2008)、伊万科娃和斯蒂克(Ivankova & Stick,2007)、迈尔斯和奥策尔(Myers & Oetzel,2003)都是通过连接两个按顺序进行的阶段——其中第二阶段的数据收集建立在第一阶段的研究结果之上,来进行混合。霍奇金(Hodgkin,2008) 、伊万科娃和斯蒂克(Ivankova & Stick,2007) 在各自的研究中,都是从定量数据中识别出关键结果,并用它们来指导定性阶段的研究。迈尔斯和奥策尔(Myers & Oetzel,2003)根据定性发现开发测量工具,然后在第二阶段的研究中使用这项工具来收集定量数据。布雷迪和欧里根(Brady & O'Regan,2009)在实验中嵌入定性数据,从利益相关者视角检验干预过程和实施情况,以这种方式混合两类研究部分。霍奇金(Hodgkin,2008)在女权主义理论框架下使用混合方法,以此进行混合。纳斯塔西等人(Nastasi et al.,2007)则在项目目标框架中进行混合;在研究的多个阶段中,他们也通过在更大项目中合并、连接和嵌入研究部分来进行混合。

每项研究各代表了一种混合方法设计,我们可以考察上述符号公式、流程图(图4.3—4.8)中体现的模式,来讨论这些设计在方法论方面的差异。此外,还要注意这些设【141】计在时序安排上有何差异。图4.3 和图4.6 描述的是两种方法在同一阶段并行实施,图4.4、图4.5 和图4.7 展示的则是研究者按照确定的顺序采用两种方法。图4.8 展示了多阶段设计的顺序部分和并行部分。这些设计在定量、定性两类数据的优先次序上也有所不同,我们用 QUAN 和 QUAL 是大写还是小写来表示。这六幅流程图也强调了设计方面的其他特征,如图4.7 强调了变革性视角的重要性,图4.8 强调了多年的项目开发研究反复、循环使用两种方法的特点。

这六项研究展现的混合方法研究重要特征,正是我们在第一章历数的混合方法研究核心特征。这些研究展示了两类数据的收集,两组数据集的分析,收集两类数据的原因,两类研究部分的交界点、优先次序和时序安排,以及两类数据的混合方式。在检视已有文献时,关注这些特征尤为重要,而在阅读他人研究或设计自己的研究时,使用速记符号、绘制流程图来展示、组织研究程序,也很有帮助。

小 结

定位、阅读来自文献的混合方法研究实例,来增进个人对不同设计应用的了解,这非常重要。由于混合方法设计具有内在复杂性和大量重要的方法论特征,我们可以使用符号系统,以及采用标准方法绘制的、明确研究进程各阶段具体程序和成果的流程图,来讨【142】论这些混合方法设计。流程图也展示了两种方法的时序安排和优先次序。阅读已发表的混合方法研究时,读者需要检视这些重要特征,包括:确定主题来总结研究内容,明确相关的哲学和理论视角,找到目的陈述;也要分析作者在定量与定性两个部分是如何进行研究的,如确定定量、定性部分使用的样本,定性、定量数据收集程序的类型,分析程序的类型。此外,可以进一步识别该研究强调使用了混合方法的区别性特征,比如注意收集两类数据的原因,确定定量和定性部分的交界点、优先次序、时序和混合方式等。最后,这些特征会共同表明,研究整体采用了哪种混合方法设计。想要阅读、设计混合方法研究的研究者,如果可以在研究报告中找出重要特点、识别混合方法模型,并能够绘制体现研究方法的流程图,将获益匪浅。

练 习

1. 从文献中找出一个与你的研究计划采用相同混合方法设计的例子。列举你能从该研究中学到什么,并在你自己的研究中使用它。

2. 认真阅读你找到的混合方法研究。使用图 4.2 的清单,阅读研究时考察清单中列举的项目。

3. 使用表 4.1 的混合方法符号系统,写出表示该研究所用整体设计的符号公式。

4. 根据绘制流程图的规则(图 4.1)和本章作为示例的流程图,为你找到的研究绘制能够体现混合方法特征的流程图。

5. 根据混合方法符号系统、绘制流程图的规则(图 4.1),以及本章列举的流程图,为你正在设计的研究绘制一个流程图。

阅读推荐

其他有关绘制混合方法研究流程图的讨论,可参见以下资源:

Ivankova, N. V., Creswell, J. W., & Stick, S. (2006). Using mixed methods sequential explanatory design: From theory to practice. *Field Methods*, 18(1), 3-20.

Morse, J. M., & Niehaus, L. (2009). *Mixed methods design: Principles and procedures.* Walnut Creek, CA: Left Coast Press.

Tashakkori, A.,&Teddlie, C. (2003). The past and future ofmixedmethods research: From data triangulation to mixed model designs. In A. Tashakkori & C. Teddlie (Eds.), *Handbook of mixed methods in social and behavioral research* (pp. 671-701). Thousand Oaks, CA: Sage.

要查看使用不同设计的混合方法研究示例,可参考以下文献:

Plano Clark, V. L., & Creswell, J. W. (2008). *The mixed methods reader*. Thousand Oaks, CA: Sage.

Weisner, T. S. (Ed.). (2005). *Discovering successful pathways in children's development: Mixed methods in the study of childhood and family life.* Chicago: University of Chicago Press.

第五章

如何开启一项混合方法研究

在前几章中，我们学习了混合方法研究的主要特点，以及如何评估初步设想、如何选择研究设计与如何评估研究等内容。在本章，我们开始讨论设计与设施混合方法研究的详细步骤。这一章主要讨论如何打造混合方法研究的起始部分，而所有工作则始于设计一个符合混合方法研究的标题。这种说法似乎有些不同寻常，然而题目的确会帮你形成研究的"焦点(a focusing device)"。而且，初期草拟的标题可以随着研究的深入进一步修改。接下来是导言，导言包括论述触发此项研究的研究困惑(research problem)，随后是目的陈述(purpose statement)与具体研究问题(research questions)。[1] 标题和导言均根据混合方法的理念来撰写。由于混合方法研究问题在传统的研究方法论著中并不常见，这些混合方法理念可能有些出人意料。这是做一项好的混合方法研究的重要步骤，即将研究的总体目的与研究方法连接起来。

这一章将着重介绍：

- 拟一个反映混合方法设计类型的混合方法标题；
- 撰写导言，并强调引发研究的研究困惑；
- 撰写目的陈述，恰当地描述与设计类型相关的混合方法；
- 描述混合方法研究的具体问题(包括定量和定性的研究问题)，使其与研究所用的设计类型相匹配。

【144】

1 我们统一将"the research problem"翻译为"研究困惑"，"research questions"翻译为"(具体)研究问题"。——译者注

● 拟一个混合方法研究的标题

许多研究者并不重视标题,或者只在需要的时候草草而就。与之相反,我们尤其强调标题的重要性。标题就像是研究中的占位符(placeholders),时刻提醒研究者将注意力集中于研究的首要目标。我们把初定的标题视作半成品,可以随着研究的深入再进行修订。

定性的和定量的标题

在讨论混合方法标题之前,我们先看看好标题的一般特点,以及定性标题和定量标题的区别。标题通常需要传达研究的基本信息,使其他研究者能够在引用文献时轻松把握研究大意。标题一般要短,大概是12个单词或者更少。好的标题通常要反映4个重要的组成部分:主要的话题领域或者研究主题,主要的研究方法、参与者,以及进行研究的位置或场所。

就定性研究的标题而言,研究者可能会直接陈述问题或使用文学化的语言,如隐喻或类比。定性的标题包括以下几个组成部分:研究的核心现象(或概念)、参与者,以及研究进行的主要场景和地点。另外,定性标题有可能包括研究使用的定性方法,如民族志或扎根理论。定性的标题并不表示组别间的比较或变量间的关系,而是探讨某个观点(核心现象)以求深入理解。以下例子可以说明定性标题的组成部分:

- 《学校如何应对持枪学生》(Asmussen & Creswell, 1995)
- 《等待肝移植》(Brown, Sorrell ,McClaren, & Creswell, 2006)
- 《农村低收入家庭如何娱乐:一项扎根理论研究》(Churchill, Plano Clark, Prochaska-Cue, Creswell, & Ontai-Grzebik, 2007) 【145】

相反,对于定量研究的标题而言,调查者将着重比较组别或相关变量。标题其实已经清楚地表明了主要的变量、参与者和可能的研究地点。一些词语,如"……的对比(a comparison of)""……与……之间的关系(the relationship between)"或"预测(prediction)",都是定量研究的"信号"。有时,研究者会提及研究所检验的理论、所作的预测或可预见的结果。与定性标题一样,定量标题必须简短明确。这里有三个例子:

- 《辅导教学项目中影响学生结成促进性学习小组的因素》(Harrison, 2005)
- 《个人价值是否会缓和神经激素分泌与心理压力反应》(Creswell et al. , 2005)
- 《K—8年级夏天出生儿童与秋天出生儿童的学业表现差异》(Oshima & Domaleski, 2006)

很明显,定性和定量研究的标题反映了两种研究的某些基本差异,如前者研究单一现象,而后者分析多变量间关系,前者重在探索,而后者强调解释和关联,前者旨在发展理论,而后者重在理论检验。在这些区别的基础上,我们又应该如何结合定性和定量的研究,写好混合方法研究的标题呢?

混合方法的标题

标题的措辞尤其重要,它可以表明研究采用了混合方法。混合方法的标题通常向评论者传达了该研究采用混合方法这一信息。标题往往预示了研究使用的混合方法,以及作者所选择的混合方法设计类型。标题也可以让混合方法这种人文社会科学的独特工具更为人所知。鉴于很多人认为混合方法是一种新的研究手段,我们可以在标题中采用指明这种研究方法的词汇来强调本研究使用了混合方法。一个好的混合方法标题往往包括以下基本要素:

- 短小精炼。
- 主题突出,表明了主要话题、研究参与者及研究进行的场所。
- 【146】包含"混合方法"的字样,以突出研究所使用的总体方法。这种用法越来越多见,参见下面提供的例子。
- 中立。不包含定量和定性研究的相关术语,除非在研究中更为侧重于某一类方法。最好是先拟定一个中立的标题,等完全确定了混合方法设计类型之后(即研究重点究竟是落在定性还是定量研究),再对标题进行相应改动。
- 包含指明研究所用混合方法具体设计类型的词汇。如果在拟定标题时,设计类型还不明确,标题可以在确定类型以后再修改。

另外,对于混合方法设计的每一种主要类型,撰写标题时还需要注意一些其他因素。对于一致性设计,我们建议写一个中立的标题,不要过分偏向定量(如"……的解释")或定性(如"……的探索")。这一类设计的基本特征,就是将定量和定性的数据合并起来,我们并不想让标题明显地偏向某一方。研究方法上的倾向,可以使用指向定量或定性的词汇来表达。例如,表明定性研究的字样通常有"探究""意义""发现""产生""理解";表明定量研究的有"预测""比较""相关"和"因素"等。在一致性设计的标题中,最好不要有以上词汇,或是同时出现这两类词汇。下面的例子就很好体现了一致性设计标题的特点:

- 《ESL 分班测验的预测力:一种混合方法的途径》(Lee & Greene, 2007)

在这个例子中,研究主题只有一个:分班考试的预测有效性。没有表明定量或定性倾向的词汇。另外,"混合方法"一词表明了这是一个混合方法研究。在接下来的一致性设计例子中,作者在题目中嵌入指明两类研究的词汇来表示标题的中立性。它们也含有"混合方法"一词。

- 《关于"优秀教师"电话调查的封闭式与开放式问题工具:一个混合方法研究》

(Arnon & Reichel, 2009)

- 《访谈和统计:对拉丁美社区大学校长的混合方法研究》(*In Their Own Words and by the Numbers: A Mixed-Methods Study of Latina Community College Presidents*)(Muñoz, 2010) 【147】

在第一个例子中,"封闭式"和"开放式"向读者展示了定量与定性的研究导向,第二个例子的"访谈和统计"也是如此。一致性设计的标题还有其他形式,其中一种是在标题中明确指出定量和定性方法:

- 《自评健康的意义:定量和定向的途径》(Idler, Hudson & Leventhal, 1999)

在解释性设计中,由于强调运用定性数据以解释初始的定量研究阶段,标题的重点经常会放在定量研究上。参见下面的例子,它明确表示定量研究在定性研究之后。

- 《高危饮酒地点的多方法测量:以后续电话访问扩展门户网站调查方法》(Kelley-Baker, Voas, Johnson, Furr-Holden & Compton, 2007)

在探索性设计中,标题可以有不同的模式。一种是从表示定性的词汇开始,因为研究始于定性探索。另一种是强调研究试图达成的结果,正如工具发展型设计中定量调查里的组间比较。下面第一个例子采用"认知"一词,体现了第一种模式;第二个例子则通过评估不同参与组的异同来开展研究,反映了第二种模式。

- 《购物者对零售业发展的认知:新加坡的城郊购物中心与夜市》(Ibrahim & Leng, 2003)
- 《教师关于教授阅读理解的实践知识的异同》(Meijer, Verloop, & Beijaard, 2001)

在嵌入式设计中,我们建议拟写标题时也使用"混合方法"这一词汇。标题必须反映【148】研究使用了嵌套数据;可能的话,还要包括使用嵌套数据的原因。下面两项研究都是包含定性部分的干预实验。

- 《通过嵌套定性研究改善随机实验的设计和实施:前列腺癌症检测及治疗研究》(Donovan et al., 2002)
- 《参与者对随机控制实验结果的反应:一项解释性研究》(Snowdon, Garcia & Elbourne, 1998)

对变革性设计,我们希望在表明主要话题的标题中看到研究对理论框架的改进,以及特定群体遭受的不公正待遇和需求。第一个例子强调了对社会学理论的改进,第二例子研究了在大学生运动员文化中"迷思"导致的不公(the injustice of "myths")。

- 《布迪厄的反思社会学——一个混合方法研究的理论基础:在补充和替代医学(complementary and alternative medicine)中的应用》(Fries, 2009)
- 《理解特定社区的强奸迷思:探究"学生运动员文化"》(McMahon, 2007)

多阶段设计的标题则需要抓住研究有多个阶段这一精髓。标题也可以强调研究项目要经历多阶段评估。以下例子表明了这些特性:

- 《对改善残疾人信息科技获取能力的系统变迁项目进行的参与性项目评估》(Mirza, Anandan, Madnick & Hammel, 2006)
- 《行为研究:利用正向偏差(Positive Deviance)提高医疗保健质量》(Bradley et al., 2009)

● 在导论中阐述研究困惑

研究者在混合方法研究和设计类型的框架中拟订标题后,接下来要写"研究困惑陈述",这是对整个研究的介绍。无论是研究计划、期刊论文、会议发言底稿、专题论文抑或是毕业论文,都会有研究困惑陈述。**研究困惑陈述**是要告知读者一个有待解决的具体困惑或难题,以及研究这个问题的重要性。我们先来了解研究困惑陈述的几个基本部分,然后再讨论这一陈述如何体现了混合方法研究的特点。【149】

研究困惑陈述部分的主题

开启研究、介绍研究难点的研究困惑陈述有以下组成部分:主题、研究困惑、文献、当前研究缺陷、受众(Creswell, 2009c)。

- 引入主题。以一种能吸引广大读者的方式起笔,用一个自然段来明确研究主题。这一段落可以使用与研究问题相关的数据,呼吁对该主题进行更多的研究,或者提出一个发人深省的问题。
- 找到"困惑"。从对困惑的论述中引出研究的必要性。在写这一部分的时候,可以用"……面临的问题是……"或"当前的困惑是……"来开头。接着,从一两个出发点来描述这一难题。第一个出发点是:将该困惑视作日常世界或个人生活中的难题。例如,由于存在校园犯罪所以学生面临着危险;或者,由于健康问题,老年人感觉自己的权力被剥夺了。这些都是"现实生活"中的问题,并值得研究。第二个落脚点则是:从需要进行相关主题研究的角度来考虑该困惑。需要研究这些主题,可能是由于当前知识体系中缺乏相关研究,或是需要将当前研究扩展到新人群或使用新变量。一个理想的问题陈述,不仅能够表达社会中的现实生活问题,也能揭示现有文献的不足。
- 论述解决该困惑的现有研究。在此,我们需要展现关于该研究困惑的文献。注意,要从研究的类别而非单个研究(单个研究在文献回顾部分进行讨论)出发,才能更好地展示研究的大趋势。那么,要如何组织、总结现有文献呢?这需要识别每一类研究的主要思想,让读者对现今研究趋势有总体理解。在回顾文献时,研究者需要充分利用定量、定性和混合方法的研究成果。

- 指出现有文献的不足,以及你的研究将以何种方式弥补这些不足之处。这些不足【150】可能是研究空白,或是研究方法本身的缺陷(例如,现有研究都是定量研究,我们并未通过定性研究了解参与者的想法)。如果上文提出研究困惑的部分已经清楚地说明了当前研究的缺陷,这里便不必重复论述,而要说明你的研究将如何丰富现有研究,作出重要贡献。
- 讨论如果研究填补了空白,解决了缺陷,哪些群体将从中获益?某些特定受众(如研究人员、政策制定者、管理者、供应商或其他人)将得益于你的研究,可以将受益者和获益方式列举出来。

用目的陈述、研究问题或假设来做导言(困惑陈述)的结尾,这些内容将稍后论述。

将混合方法融入困惑陈述

如何将混合方法研究融入导言?尽管导言部分不必包括研究所使用的方法或设计,但哪怕是在导言开篇对混合方法设计的类型稍加预示,也很有帮助。我们可以将混合方法设计类型和当前研究的不足联系起来。根据表 5.1 的例子,我们可以看到每一种混合方法设计可以对应解决的现有研究需求。此外,你还可以用导言中提到的其他研究的缺陷,来支持使用混合方法设计,并预示你将在研究中使用的混合方法设计类型。

表 5.1　与不同混合方法设计相联系的当前文献缺陷【151】

混合方法设计类型	在文献中的作用
一致性设计	因为定量与定性各自只提供了部分事实,所以要通过收集定量和定性数据来形成对于该主题的全面理解。
解释性设计	由于我们几乎不知道趋势背后的机制,所以,我们不仅要获得定量研究的结果,还要详细地解释这一结果,尤其是采用详细的观点,从参与者视角出发进行解释。
探索性设计	因为变量是未知的,并且,我们需要评估从部分参与者得出的结果在多大程度上可以推广到总体,因此,我们需要探索这一主题。
嵌入式设计	采用实验的方法和过程,通过从定性数据当中获取参与者的详细看法来检验结果。
变革性设计	通过利用那些可以挑战不公,并提供利益相关者可接受的证据的数据源,以提高参与者的话语权,并呼吁相关变革。
多阶段设计	通过随时间开展的多阶段项目,以实现整体性目标。

下面的例子展示了对应某种混合方法设计类型的研究缺陷,是如何被融入导言的:

"在关于领导风格的研究中,现有研究已经讨论过变革性领导风格、以个人特质为基础的领导风格以及'情境型(person-situation)'领导风格。这些研究几乎都是定量调查,描述了领导行为,却没有包括参与者对不同类型领导行为的看法。由此产生的一个问题是,定量研究结果不足以描述和解释领导者的经历。(这个问题暗示需要解释性设计)"

● 进行目的陈述

混合方法的目的陈述也可以包括表明混合方法设计的内容。我们先来看看定量和【152】定性目的陈述的几个基本要素,这对讨论如何进行混合方法目的陈述很有帮助(Creswell, 2009c)。

定性和定量的目的陈述

定性的目的陈述向读者传达了研究的总体目标,包括核心现象、参与者、研究地点和研究所使用的定性设计类型,以"这项研究的目的是……"或者"这项研究的意图是……"开头。陈述也指明了定性研究所要探究的某个概念,这一概念即核心现象。你可以使用某些行为动词来表达对主要现象的探究:"描述""理解""探索""发展"等;这些词也可以传递一条信息,即本研究将进一步探索核心现象,并提供新的理解。由于定性研究关注参与者的多维视角,因此,定性的目的陈述不应包含那些指明立场的词汇,如"积极的""有用的""预测"等。总之,定性研究者需保持中立立场。另外,陈述也可以提及研究所用的定性设计类型和定性研究方法,如民族志、案例研究或扎根理论研究等。最后,定性的目的陈述也可提及研究可能关注的个人信息及研究场合等。

下面是一个定性目的陈述的例子,以"目的"开头,确定定性设计的类型,使用动词词组,明确主要现象,并且提及该研究的参与者及地点。

"这一民族学研究的目的是,在一个东部大城市的赈济处,探究无家可归者的文化共享言行。"(很明显,这一定性的目的陈述没有包含指向性的词汇,也没有与变量或组别比较相关的内容。)

在定量的目的陈述中,研究者会展示研究的总体定量目标,呈现研究的变量、参与者以及研究地点。包含指向性词汇和变量是这一目的陈述的主要特点。你需要明确自变量及因变量,通常还需要将自变量和因变量从左到右排列好。陈述以"这项研究的目的是……"和"这项研究的意图是……"开头,还可能说明研究所要检验的理论。一些关于变量的词组,比如"……和……之间的关系"或"……与……之间的比较",则反映了变量间的关系。与定性研究一样,定量研究的目的陈述可能包括所使用的研究方法,会写明研究参与者和地点。以下例子展示了一个包括上述要点的定量目的陈述的范例：

“这一相关性研究的目的在于检验性别角色理论；该理论预测，在大学里，男性比女性更适应进取性角色。”

混合方法的目的陈述

【153】

目的陈述是研究项目中最重要的内容，我们发现提供混合方法目的陈述的写作模板对读者很有帮助。如果陈述不清不楚，读者将很难理解整个研究。清晰的目的陈述对所有类型的研究而言都很重要，而混合方法研究尤其要求清晰的目的陈述，因为混合方法研究中交织着定性和定量研究的诸多元素。混合方法的目的陈述包括定性目的陈述和定量目的陈述，二者都需要论述清楚。虽然混合方法研究包括定性、定量和混合方法的要素，但混合方法目的陈述不一定要包括这三种目的陈述，相反，我们只需要最基本的混合方法目的陈述。在期刊论文中，目的陈述常出现在导言最后；在申请资助的研究计划书中，则被置于开篇的研究目标章节；而在专题论文和毕业论文中，目的陈述通常是一个独立的部分。

混合方法的目的陈述阐述了研究的总体目标，包括研究目的、混合方法设计类型、定量和定性目的陈述，以及收集定量和定性数据的原因。具体的要素如下：

- 开门见山，首句说明研究内容的总体目标。以“这一研究着重解决……”“这一研究的目的是……”“这一研究旨在……”“这一研究的意图为……”等词组开头。
- 使用研究所用混合方法设计类型的全称（如解释性时序式设计），读者才能明白具体的设计类型。给出这个设计类型的简单定义。
- 将具体的定量和定性目的陈述融合在一起，指明研究需要收集的数据类型、研究的参与者及两类研究发生的地点。
- 陈述收集符合设计类型基本原理的两类数据的原因。（见第 3 章）

图 5.1 的例子展示了以上几个要点。这是一个一致性设计的模板，包括研究意图、设计类型及其简单描述、定量和定性目的陈述，还有特定设计中收集两种数据的基本依【154】据。使用这一模板时，研究者只需根据自己的研究填空，并保证模板中各要素依序排列。如此，我们可以写出一个完整、详细的混合方法目的陈述。

图 5.1 一个一致性设计的目的陈述模板

目的{
设计类型{
定性、定量数据和目的{
合理性{
	这一混合方法研究着重解决__________(研究内容的总体目标)。研究运用了一致性并行式混合方法设计,这是一种同时收集定性与定量数据、各自分析后再整合的混合方法。在这一研究中,__________(定量数据)将用来检验理论(所检验理论的名称),这一理论预测,对__________(研究场所)的__________(参与者)而言,__________(自变量)将对__________(因变量)有__________(正向或负向的)影响。定性数据__________(定性数据类型,如访谈),将用来探索________(研究场所)的________(参与者)的__________(核心现象)。收集定量和定性数据是为了整合(或对比结果,或验证结果,或证实结果)两种数据,来获得对问题更深刻的洞见,这是使用单一数据无法达到的。

下面是一个一致性设计模板的例子。在 2005 年 2 月加拿大埃德蒙顿举办的一场定性方法国际研讨会上,我们和与会者一起设计了这个例子,这里稍作修改,使之更符合我们的模板:

> 本研究旨在探究第一民族[1]患有Ⅱ型糖尿病女性的食物选择。使用一致性并行式混合方法设计是为了合并定量(数值)和定性(文本或图像)数据。在这一研究中,调查数据将用来测量自变量(如家庭背景)和食物选择的关系。与此同时,研究将通过访谈资料,以及对曼尼托巴省第一民族患有Ⅱ型糖尿病女性的参与观察,来调查她们的食物选择。同时收集定量与定性数据,是为了比较从定性、定量角度得到的结果。

【155】

在解释性设计开始的定量阶段与后续的定性阶段之间,目的陈述说明了需要进行后续探索的理由。各阶段顺序——从定量到定性——强调了设计所使用步骤的次序。此外,第二个定性阶段的内容,在目的陈述中只能是暂定的,因为在定量阶段完成之前,核心现象,可能还有参与者和地点都难以完全确定。

> 本研究将讨论__________(研究的总目标)。我们将使用解释性时序式混合方法设计,先收集定量数据,接着利用深入的定性数据来解释定量结果。在第一个定量阶段,研究者将从__________(地点)的__________(参与者)那里获取__________(定量测量工具)数据,来检验__________(理

---

1 第一民族(First Nations),是一个加拿大的种族名称,与印第安人(Indian)同义,指的是在现今加拿大境内的北美洲原住民及其子孙,但是不包括因纽特人和梅提斯人。——译者注

论),评估＿＿＿＿＿＿＿(自变量)与＿＿＿＿＿＿＿(因变量)是否相关。第二个定性阶段将接着定量结果进行后续研究,协助解释定量结果。在这个后续研究中,初步计划是探索(地点)＿＿＿＿＿＿＿(参与者)的＿＿＿＿＿＿＿(核心现象)。

学习混合方法研究的一位学生提供了以下例子,这是一个课程项目的目的陈述:

本研究的目的是探查拉丁美裔青少年的家庭冲突观。研究采用两阶段解释性混合方法研究,旨在先从样本中得到统计的定量结果,随后对个体进行定性研究,从而更深入地证明或解释定量结果。在第一阶段,定量假设将关注南加州拉丁美裔初中生和/或高中生文化适应与家庭冲突的关系。在第二阶段中,多案例研究将采用定性的半结构访谈,旨在根据一所初中和一所高中的 4 个个案(由定量结果而得的),来探索家庭冲突的各个方面,这 4 个个案分别体现了这些冲突方面的不同组合。(Cerda, 2005)

在探索性设计的目的陈述中,收集后续定量数据的原因要放在定性研究阶段的描述【156】后面,这些原因将研究的第一阶段和第二阶段衔接在一起。另外,在定性阶段完成之前,研究者可能无法对第二阶段的定量研究问题和假设进行详细说明。如果读者需要详细了解这些定量阶段的内容,那么对这些内容的说明应当是"暂定的"。

本研究关注＿＿＿＿＿＿＿(内容和目标)。探索性时序式设计将首先对小样本进行定性研究,然后判断定性探索的发现能否推广到更大的样本。研究的第一阶段,是从＿＿＿＿＿＿＿(研究地点)＿＿＿＿＿＿＿(参与者)收集＿＿＿＿＿＿＿(数据类型),对＿＿＿＿＿＿＿(核心现象)进行定性探索。通过第一步探索得到的定性发现,将用于建构可用于更大样本的测量工具。在暂定的定量阶段中,我们将从＿＿＿＿＿＿＿(研究地点)＿＿＿＿＿＿＿(参与者)获得＿＿＿＿＿＿＿(测量工具的数据)。

下面目的陈述的例子,来自混合方法课堂上的另一位学生的论文:

本项研究关注移民家庭中的语言中介(language brokering)[1]现象,即孩子扮演翻译者的角色。这一两阶段的探索性混合方法研究旨在探索参与者对相关问题的想法;并根据获得的信息,运用中西部城市拉美裔样本建构并检验测量工具。第一阶段为定性研究,我们试图通过对一所中西部大学辅助计划中的 20 位拉美裔家长进行访谈,来探究父母对孩子作为语言中介者或翻译者的看法。由于当前并没有可以评估语言中介现象的工具,我们需要基于参与者的定性看法创造一套测量工具。定性数据中的观点和/或引语,将被转化成测量工具,如此,我们就能以 60 位拉美裔家长为样本,检验有关父母对语言中介看法的一系列假设——样本来自中西部城市的

1　关于"Child Language Brokering (CLB)"的相关研究,可参见 http://child-language-brokering.weebly.com/——译者注

一所西班牙裔社区中心,他们的孩子参与了一项专为拉美裔学生(小学到高中)开设的课外项目。(Morales, 2005)

【157】 在嵌入式设计的目的陈述中,一些基本组成部分要放在合适的位置,包括研究意图、设计描述、定量和定性的目的陈述,还有使用这种设计的原因。另外,也要加入与设计嵌入式属性相关的一些内容:主要设计的性质、将嵌入主要设计数据类型,以及这些数据将如何嵌入。

本项混合方法研究将关注________(研究的总目标)。研究采用嵌入式设计,________(定量数据、定性数据)将嵌入________(干预实验、案例研究或其他设计)的主要设计。定量数据将用于检验理论——这项理论预测,对________(研究地点)的________(参与者)而言,________(自变量)对________(因变量)有________(正向或负向)影响。为了________(嵌入数据集的基本理由),________(定量或定性数据类型)将嵌入更大的________(干预设计、案例研究)设计________(之前、之间、之后)。定性数据则用以研究________(地点)________(参与者)的________(核心现象)。

下面是一次混合方法研讨会上的嵌入式设计目的陈述:

这项调查的首要目标是,检验退伍军人(事务)医院里,通过自动化的药物和临床信息来改善血压管理的病例管理干预。其目标是通过合理用药以降低高血压病人的血压,以及通过药物和临床的电子数据加强对高血压病人的病历管理。研究设计使用了嵌入式混合方法干预设计,在研究的干预阶段之前和之中收集定性数据。在初始的定性阶段中,调查者在干预开始之前收集定性数据,以确定那些可能妨碍干预的潜在因素。而后在实验过程中,收集定性数据将有助于我们了解病人对干预的体验。在实验前,以及实验过程中的多个节点,我们会收集若干调查的定量数据以及病人的临床数据的结果。(Creswell, 2005)

【158】 在变革性设计中,目的陈述的基本内容包括:研究意图、提及变革性设计、定量和定性的目的陈述,以及选用这种设计的原因。除此之外,还有一点也非常重要,即明确说明研究采用的变革性视角、使用原因,以及采用这种视角对研究的影响。设计中的混合方法程序可以是并行式,或是时序式的数据收集。

本项混合方法研究将关注________(研究的总体目标)。在这一变革性设计中,________[理论视角(theoretical lens)的类型]提供了总体性的研究框架。采用这一视角出于以下原因:________(陈述原因),这一视角包括以下要素:________(该视角的各个方面)。研究包括了________(同时、先后)收集的定量和定性数据。定量数据将用来检验理论——该理论认为,对________(研究地点)________(参与者)而言，＿＿＿＿＿＿＿＿（自变量）对＿＿＿＿＿＿＿＿（因变量）有＿＿＿＿＿＿＿＿（正向或负向）影响。定性数据则用以研究＿＿＿＿＿＿＿＿＿＿＿＿（地点）＿＿＿＿＿＿＿＿（参与者）的＿＿＿＿＿＿＿＿（核心现象）。

下面是一篇已发表的期刊论文的一部分，是很好的变革性设计的目的陈述：

研究使用了时序式变革性混合方法研究设计，以解释为何政治广告无法吸引大学生。研究采用定性焦点小组访谈，来考察大学生如何理解政治广告；定量的显性内容分析则参考了2004年总统选举中的100多支广告，解释为什么研究关注群体对政治广告不感兴趣。（Parmelee，Perkins & Sayre，2007：183）

在多阶段设计中，目的陈述需要提出这样的观点：在调查过程中有多个阶段（或设计），它们随着时间的发展逐渐呈现，每个阶段都包含并行式和时序式的组成部分（或是其中一种）。此外，目的陈述也要说明这些并行式和时序式组成部分实施的先后顺序，以及研究意图、设计类型、数据类型、选择该设计的原因等基本内容。

本项混合方法研究将关注＿＿＿＿＿＿＿＿（研究意图或计划目标）。在这一多阶段设计中，我们将在一段时间内进行不同的研究阶段（或项目）。这些阶段有＿＿＿＿＿＿＿＿（确定各个阶段）。在各阶段中，收集的数据类型有＿＿＿＿＿＿＿＿（指出是定量还是定性数据阶段），而且不同阶段的＿＿＿＿＿＿＿＿（数据类型）是＿＿＿＿＿＿＿＿（同时、先后）收集的。使用多阶段设计的原因是＿＿＿＿＿＿＿＿（设计的基本理由）。” 【159】

下面的例子来自一份基金资助的研究计划，展示了多阶段设计的目的陈述：

这一为时5年的混合方法跨国研究，旨在研究加拿大、美国和新西兰三国学校里原住民、亚裔、欧裔青少年之间发生的歧视行为；并为青少年健康调查开发有关歧视的跨文化测量工具，以调查青少年中歧视的类型与感染HIV风险行为之间的联系。具体目标是：①根据当前大规模的校园调查，比较青少年中与性取向有关的HIV风险行为，以及和他受歧视特征有关的HIV风险行为的普遍性；并确认这两种对歧视的间接测量，即风险因素和保护性因素，都与HIV风险行为显著相关。②在三国的原住民青少年（美国印第安人、加拿大第一民族、新西兰毛利人）和亚裔青少年中，确认HIV风险行为、相关风险和保护因素的普遍性，并比较三国中有类似种族背景的青少年的行为模式。③在关键的青少年与成年调查对象中，探索校园环境下，理解歧视、指定歧视对象以及歧视行为的方式，并比较三国的模式。这一探究主要关注那些基于性倾向的歧视，也会兼顾其他类型的受歧视特征，来理解歧视发生机制的异同，以及歧视测量工具的潜在效用。④在各个国家内部，根据青少年和年轻工人HIV风险行为和歧视的调查结果，生成解释模型，并以契合各国文化的方式，提出在GLBQ青少年[1]中减少歧视、应对与性有关的风险行为的策略。⑤整合目标1—4

1　“GLBQ青年（GLBQ Youth）”是对男同性恋（gay）\女同性恋（lesbian）、双性恋（bisexual）以及问题青少年（questioning）的总称。——译者注

的发现,来开发从心理测量角度评估具有普适性的和适应具体国家文化背景的问题及量表,并进行试调查。最后,这些问题和量表将用于全国性的青少年健康调查,来测量被感受到的和实际发生的歧视,以便做青少年歧视的影响的跨文化比较。【160】(Saewyc, 2003)

● 撰写研究问题和假设

研究问题和假设是目的陈述的具体化,这些具体的问题和预测将在研究中得到检验。在混合方法研究中,会有定量、定性和混合方法的研究问题。我们先来看看定量和定性研究问题的基本构成。

定性问题、定量问题和假设

定性的研究问题是定性目的陈述的集中化和具体化,以问题而非假设的形式呈现。这些问题通常包括一个核心问题和几个子问题。在核心问题的引领下,子问题主要为核心问题的若干方面服务。因此,子问题通常不会超过5~7个。

核心问题和子问题都是非常简洁的开放式问题,它以"是什么(what)"或"怎么样(how)"等字眼开头,旨在探察核心现象。在已发表的论文中,我们也可以看到以"为什么(why)"打头的问题——这个词暗示了因果关系的定量导向,即对现象发生原因的解释。这样的解释和定性研究的本质正好相反,后者试图寻找对核心现象的深度理解,而非解释。正如定性的目的陈述,定性的研究问题也聚焦于单个概念或现象。由于定性的目的陈述已经描述了研究对象和地点,研究问题不必重复这些内容。下面的例子是一个定性核心问题和多个子问题,来自一篇讨论校园应对枪击事件的论文:

- 发生了什么?(核心问题)
- 谁参与应对枪击事件?(子问题)
- 在事件发生后的8个月中,这些应对措施主要围绕什么主题进行?(子问题)
- 【161】有什么现有的理论建构可以帮助我们了解学校的反应?本案例贡献了哪些独特的研究发现?(子问题)(Asmussen & Creswell, 1995:576)

定量的研究问题和假设通过研究问题(相关变量)或假设(对相关变量的结果进行预测)来使目的陈述具体化。当文献和已有研究预示了某些变量间的关系时(如从性别角色刻板印象来看,男人通常会比女人更积极进取),我们通常选用研究假设而非研究问题,来转述目的陈述。作出预测后,研究者要考虑是把它写成零假设(null hypothesis)("男女角色之间没有显著差别")还是有方向假设(directional hypothesis)("男人比女人更积极进取")。如今有方向假设更流行,比起零假设,它对预期结果的表述更明确。

无论作者是写假设还是写研究问题(通常而言,一个定量研究中只会出现一种),调查者都会将目的陈述具体化，指出有待检验的具体变量。而后，研究者会将变量彼此联系起来，或是在一组或多组间进行比较。最严谨的假设和问题会基于某些理论，这些理论中的变量间关系已经由其他研究者验证。下面是一些定量研究问题和假设的例子：

- 在四年级孩子的拼写学习上，口头指导、奖励与无强化措施的效果没有显著差异。（零假设）
- 如果这些四年级孩子接受了口头指导，他们在拼写测试中会比接受奖励或无强化措施时表现得更好。（有方向假设）
- 对四年级孩子来说，教学方法与拼写成绩之间的关系是什么？（研究问题）

混合方法研究问题

混合方法研究问题与定量、定性研究问题有何不同？读者们也许不能立刻回答，因为混合方法文献并未对如何使用混合方法问题多加笔墨（除了 Onwuegbuzie & Leech, 2006; Plano Clark & Badiee, *in press*; Tashakkori & Creswell, 2007a）。

混合方法研究问题是指混合方法研究中，有关定量、定性数据混合或整合的问题。【162】这是混合方法研究不可缺少的部分，因为定量和定性数据收集是这类调查的核心内容，而且除了定性和定量问题之外，它还提出了有别于二者的特殊问题。就像定量假设或定量研究问题需要回答一样，混合方法的研究问题也同样如此。通常，混合方法研究者得在结论和讨论章节回答这些问题。作为一种新的问题类型，混合方法问题在文章与研究计划书中表现得并不明显。而我们建议研究者更详细且清晰地陈述混合方法问题。

普莱诺·克拉克和巴迪（Plano Clark & Badiee, *in press*）[1]就混合方法研究中研究者如何陈述问题提供了一些指导。他们提出了三个维度：① 在进行混合方法研究的过程中，研究问题是何时产生的；② 混合方法研究中的多个问题如何相联系或保持独立；③撰写问题的特定修辞风格。

首先，从第一个维度来看，他们认为，研究问题可能是基于文献、实践、个人倾向、专业或是学科等方面的考虑而事先确定的。如果数据收集已经预先设定或完成，一致性设计就可以采用这种方法（即预先确定研究问题）。对于正在设计混合方法研究的研究生来说，如果委员会成员（和机构审查委员会）要求在研究开始之前了解具体的研究问题，这也是一个可行的好方法。但是，研究问题也可能出现或生成于研究设计、数据收集、数据分析或研究阐释的过程中。这类研究问题的生成方式和传统定性方法一致，可能会出现在时序式和多阶段设计中。韦、施陶贝尔、纳库勒和兰登（Way, Stauber, Nakkula & London, 1994）描述了意外的定量结果带来的问题——定量结果显示，两所学校学生的抑郁有不同的解释变量。克里斯廷（Christ, 2007）展示了探索性的纵贯混合方法研究如何产生问题。在研究地点之一，作者在意外的预算削减这一情况下，在研究的第三阶段加入

---

1 “in press”表明在本书出版时该作品尚未出版。——译者注

了新问题。

混合方法研究中的研究问题可以通过概念相联系,或是加以限定,以使它们相互独立(Plano Clark & Badiee, *in press*)。例如,如果研究者提出两个或更多的研究问题,这些研究问题可以彼此独立,即其中一个问题并不依赖于另一个问题的结果;或者这些研究问题也可以相互依赖,即其中一个问题以其他问题为基础。独立型问法通常出现在并行【163】式设计中,研究者在这种设计中收集了两套彼此独立且各具特性的数据(定性和定量)。采用一致性方法的多阶段、变革性和嵌入式设计也适用这一问法。相关研究(Brady and O'Regan, 2009:273)便提供了独立问题的好例子,他们的问题是:"'大哥哥大姐姐'项目(BBBS,Big Brothers Big Sisters)对参与项目的年轻人有什么影响? 在这个项目中,利益相关者的体验如何?"对于第一个问题,可以通过对受该辅导项目影响的年轻人进行问卷调查得到回答,而第二个问题则要借助对利益相关者的访谈。依赖型问法通常出现在时序式设计中,如解释性设计、探索性设计,或是嵌入式、变革性和多阶段设计中的时序式步骤。布迪克斯(Biddix,2009:3)为这一问法提供了有用的例子:"①成为社区大学高级学生事务主任(SSAO,Senior Student Affairs Officer)的女性,她们的职业道路(career paths)是什么样的? ②哪些因素影响了她们的职业决策,并导致更换工作或工作单位?"研究第一阶段的主要数据来源是高级学生事务主任的简历,第二阶段则是对她们的访谈。

有若干种撰写混合方法研究问题的风格(Plano Clark & Badiee, *in press*)。研究者可以提供总括性的研究问题,而不具体指明定量或定性方法。例如,艾戈、基维尔和布鲁宁(Igo、Kiewra & Bruning,2008:150)提出的问题是:"不同的复制—粘贴记笔记干预方式(copy-and-paste notetaking intervention)如何影响大学生理解网络文本内容?"在这个例子中,"如何(how)"一词强调了研究的定性部分,"影响"和"干预"则与定量部分有关。

研究者可以提出混合的或是复合的问题,这样的问题有两个具体部分,一个部分用定量方法解决,另一部分用定性方法回答。例如,在联邦政府资助的一个项目中,作者(Kruger,2006)提出了复合的目的陈述,这个目的陈述可以改写成一个混合方法的复合问题:"R21 混合方法探索性研究旨在生成并检验家庭护士对家庭的护理协调干预。"(Abstract, para. 1)。在这句话中,"生成"更具开放性,因而更多地暗含定性意味,而"检验"则表达了定量方法。

【164】 研究者可以为研究的定量和定性部分分别提出定量和定性问题。例如,韦伯斯特(Webster,2009)提出了两个定量问题和两个定性问题,从中可见他采用的研究方法:

"在一次精神病护理的临床经历后,用人际反应指数(the Interpersonal Reactivity Index,IRI)来测量,护士学生的同感能力是否存在统计上的显著差异?"(定量问题)

"在精神病护理的临床经历中,学生对与精神病患者一起工作的感受是什么?"(定性问题)(Webster,2009:6-7)

在混合方法研究中,研究者可以提出关于数据库整合的问题。我们称之为"混合方法研究问题",它的形式与混合方法设计类型密切相关。我们建议将问题和混合方法设计类型相联系,并以此来撰写混合方法问题。

如何将问题与混合方法设计类型联系起来,这需要详细阐述,因为它直接建立在我们对于研究设计类型的论述之上。与数据整合或混合相关的混合方法研究问题,可以写成多种形式:关注方法的,关注内容的,或合并内容与方法的。关注方法的混合方法研究问题是混合方法设计中关于定量与定性数据混合的研究问题,它关注混合方法设计中的方法,例如:

- 在多大程度上,定性结果可以佐证定量结果?

另一方面,关注内容的混合方法研究问题是混合方法研究中关于定量与定性数据混合的研究问题,它明确阐述了研究内容,并暗示了研究方法,例如:

- 如果青春期男孩的自尊心在中学阶段发生了变化,那么他们的看法如何支持这一结果?

最后的例子是合并的混合方法研究问题,这同样是混合方法研究中关于定量与定性【165】数据混合的研究问题,它明确指出了研究方法和研究内容。我们可以看到,这一形式的研究问题包含了研究的内容和该设计的方法。例如:

- 比较有关男孩自尊心的探索性定性数据与测量自尊心得到的定量结果,我们从中可以得到什么结论?

在上述三种撰写混合方法研究问题的方式中,我们建议选择合并的形式,因为它最为完整。然而,考虑到个别研究者或评论者偏爱在研究中强调方法或内容,我们也不排斥关注方法或关注内容的形式。另外,撰写关注方法的问题也有助于我们思考:混合方法研究中的各种方法如何进行整合或相互联系的。

这三类混合方法研究问题——方法的、内容的与合并的——可以与我们之前讨论的设计类型联系起来。表 5.2 提供了每一种设计类型里三种混合方法问题的例子。当然每个例子都可以有相应的变化,为方便比较,我们选择中学男生的自尊心作为这些假设性问题的共同主题。一致性设计的混合方法问题要说明两个数据库如何被整合在一起,而解释性设计的问题则要说明如何运用定性数据来解释定量结果。至于探索性设计问题,则要揭示初步的定性发现如何通过收集和分析定量数据,推广至更大的样本。嵌入式设计问题展示了嵌入的数据如何支持主要的数据类型。变革性设计的例子则表明,研究问题可以由解释性、探索性与一致性设计的问题转述而来,但它们必须包含该设计想要的表述——这些表述关注不公平,呼吁改革,或旨在改变社会不公正。多阶段设计的研究问题整合了时序式与并行式设计,我们用“研究 1”和“研究 2”来标记多阶段设计中的不同研究。我们选择定性研究作为后续研究的例子进行展示,但要注意,研究 1 和研究 2 中包含的多个研究,以及总体项目或计划中的其他研究,也可能是定性、定量或混合方法导向的。

【166】 **表 5.2 设计类型，以及关注方法、关注内容和合并的混合方法研究问题示例**

设计类型	关注方法的混合方法问题	关注内容的混合方法问题	合并的混合方法问题（方法与内容）
一致性设计	定量和定性结果在多大程度上相互支持？	在多大程度上中学男生的自尊评分与他们对自尊的看法相一致？	对于中学男生而言，关于自尊的定量结果与关于自尊的焦点小组访谈数据，在多大程度上相一致？
解释性设计	定性数据以何种方式帮助解释定量结果？	中学男生关于自尊的看法，如何解释了他们所报告的自己的自尊？	反映中学男生自尊心的访谈数据，以何种方式协助解释了调查所反映的有关自尊的定量结果？
探索性设计	定量结果以何种方式推广了定性方法的发现？	样本中中学男生关于自尊的看法，能否推及更多的中学男生？	来自某些中学男生的关于自尊的主题，能否推广至全体中学男生？
嵌入式设计	定性发现如何改善了我们对定量结果的理解？	中学男生的看法如何有助于设立一个干预计划（treatment program）[1]，或有助于解释某个旨在增强自尊心的项目的结果？	中学男生的访谈数据如何帮助设计一个干预计划，并协助解释干预实验的结果——该实验旨在检验某项自尊心改善项目？
变革性设计	为了探究不平等现象，定性结果如何增进了我们对定量结果的理解？	为了探究课外活动如何使中学男生边缘化，中学男生的看法如何有助于设计一个干预计划，或解释一项旨在改善自尊心的项目的结果？	为了探究课外活动如何使中学男生边缘化，中学男生的访谈数据如何有助于设计一个干预计划，或解释一项干预实验的结果——该实验旨在检验某项自尊心改善项目？
多阶段设计	在项目研究不同阶段加入此前研究问题的集合，以提出研究的总体性目标。	在项目研究不同阶段加入此前研究问题的集合，以提出研究的总体性目标。	在项目研究不同阶段加入此前研究问题的集合，以提出研究的总体性目标。

【167】 最后，在研究者设计混合方法问题时，我们提供以下整体性建议（Plano Clark & Badiee, *in press*）：

1. 撰写问题时，选择符合受众习惯的问题形式（问题、目标和/或假设）。如果可以选择多种形式，建议选用“问题”形式来强调这些问题在进行混合方法研究中的重要性。
2. 使用一致性的术语来指代多个问题共同研究的变量或现象。

---

1 根据本书对嵌入式设计的阐述，此处的“treatment program”指的是随机控制实验中的“处理”，即干预方法。——译者注

3. 综合运用多种问题类型以:(1)提出一个更大的、引导整个研究的问题;(2)陈述与定量和定性方法相关的具体子问题;(3)提出一个混合方法研究问题,该问题可以指导并预示混合不同研究方法的原因与途径。
4. 将问题类型、问题内容与研究采用的具体混合方法设计联系起来。例如,依赖型【168】问题应该与时序式设计或时序式过程相关(比如,包含数据转换变体的一致性设计会采用这些设计或进程)。
5. 若各问题是相互独立的,则按照重要程度依次列出;若问题是互相依赖的,则按照回答的先后顺序依次列出。
6. 确定该研究能够最好地回应哪类问题,是“预先确定的”问题和/或“生成的”问题。即使研究始于预先确定的问题,研究进程中也要接受出现“生成的”问题的可能性。当问题出现时,要讨论清楚问题是在哪个环节出现的,并思考它有没有可能引出新的问题。

小　结

混合方法研究始于混合方法标题。在研究的导言部分,研究者要突出研究困惑,并将其具现为目的陈述,而目的陈述则要进一步提炼为研究问题或假设。借由如此构成的导言,研究者预示了研究的混合方法路径和设计类型,该研究也因此是严谨、相互关联的,才称得上一项混合方法研究。

混合方法研究的标题要包含“混合方法”的字样,以指明研究所使用的方法类型。如果定量和定性数据在研究中占有大致相等的重要性,标题就应该是中立、无指向性的;如果研究更重视定性或定量数据,标题则可以表现出定性或定量的倾向。研究的导言同样可以预示这是混合方法研究。在本章提供的模板中,研究者以研究主题起笔,而研究困惑、相关文献、缺陷、受众,以及进行混合方法研究的原因,则都可以作为现有研究缺点,放入现有研究不足这个部分。混合方法目的陈述需要精心撰写,以突出混合方法设计类型、要收集的数据类型,以及收集两种类型数据的基本原因。本章已经提供了相应模板,以帮助读者撰写各种设计类型(见第三章)的目的陈述。最后,研究问题及假设使目的陈述具体化。我们提供了定量和定性研究问题的例子,以及特意编写的混合方法问题示【169】例。在混合方法研究中,研究者可以提出定量问题和假设、定性问题以及混合方法问题。在导言中加入混合方法问题尤为重要,因为混合方法问题强调数据的整合,并表明混合方法是该研究不可或缺的重要部分,而非附加内容。在混合方法研究中呈现研究问题的方式不止一种,我们介绍了方法导向、内容导向或两种导向合并的混合方法问题。

练　习

1. 浏览一些已经公开发表的混合方法研究成果的标题,从以下两个方面进行评估:

a. 是否包含混合方法研究的术语,如"定量的和定性的""综合的""混合方法"等;

b. 遣词是否准确地反映了设计的类型。

2. 已发表的混合方法研究论文的导言,是否反映了该研究使用混合方法的原因? 仔细阅读一两篇混合方法研究的导言,标明以下部分:

a. 主题;

b. 研究困惑;

c. 文献;

d. 当前研究的缺陷;

e. 受众。

同时标明作者在哪一个章节(可能是现有研究不足的部分)说明了使用混合方法研究的必要性。

3. 写一段合适的混合方法目的陈述。首先,确定哪一种设计类型最适合你的研究(见第三章)。接着,根据本章所提供的模板填空。这一模板对你来说有用吗? 对你的研究的读者来说有用吗?

4. 撰写一个混合方法研究问题。同上,找到最适合你的研究的设计类型,然后查看表5.2,选择要写的混合方法问题。思考关注方法的、关注内容的或是合并的混合方法研究问题该怎么写。根据问题示例,改变遣词造句使之符合自己的研究。

阅读推荐

以下资料将帮助你更好地理解导言的要素、如何撰写目的陈述以及提出研究问题:

Creswell, J. W. (2009c). *Research design: Qualitative, quantitative, and mixed methods approach.* (3rd ed.) Thousand Oaks, CA: Sage.

要了解撰写创造性的、暂定的、将随着研究展开不断修正的标题有多重要,可参见以下资料:

Glesne, C., & Peshkin, A. (1992). *Becoming qualitative researchers: An introduction.* White Plains, NY: Longman

以下资料将帮助你整体了解目的陈述的重要性:

Locke, L. F., Spirduso, W. W., & Silverman, S. J. (2000). *Proposals that work: A guide for planning dissertations and grant proposals* (4th ed.). Thousand Oaks, CA: Sage.

以下是有关如何提出、表述混合方法问题的额外资料:

Onwuegbuzie, A. J., & Leech, N. L. (2006). Linking research questions to mixed methods data analysis procedures. *The Qualitative Report*, 11(3), 474-498. Retrieved from http://www.nova.edu/ssss/QR/QR11-3/onwuegbuzie.pdf

Plano Clark, V. L., & Badiee, M. (in press). Research questions in mixed methods research. In A. Tashakkori & C. Teddlie (Eds.), *SAGE handbook of mixed methods in social & behavioral research* (2nd ed.). Thousand Oaks, CA: Sage.

Tashakkori, A., & Creswell, J. W. (2007). Exploring the nature of research questions in mixed methods research [Editorial]. *Journal of Mixed Methods Research*, 1(3), 207-21.

第六章

混合方法研究中的数据收集

在所有研究中,数据收集的基本理念是收集信息以解决研究问题。具体就混合方法研究而言,数据收集过程包含若干关键部分:抽样、获取权限(gaining permissions)、收集信息、记录数据以及管理数据收集(administering the data collection)等。同时,数据收集(data collection)还包含若干相互关联的步骤,并不仅仅是简单地收集数据(collecting data)。此外,在混合方法研究中,数据收集需要从定量与定性两个方面进行,而且都要遵循有说服力的、严格的方法。最后,在本书所强调的各种混合研究设计中,研究者在收集相应混合方法数据时均需作出若干决策。本章首先讨论定性与定量研究中常见的数据收集的一般程序,然后讨论在六类混合方法研究设计中,如何进行相应的数据收集。

本章将探讨如下问题:

- 在一项研究中定性与定量的数据收集过程;
- 六类混合方法设计中数据收集的具体决策。

【172】● 收集定性与定量数据的过程

正如第一章提到的混合方法定义,完整的定性与定量研究方法需要整合进混合方法研究中,其中就包括数据收集过程。在讨论用混合方法进行尼迫尔塔芒族家庭研究计划(the Tamang Family Research Project)时,阿克辛和皮尔斯(Axinn & Pearce,2006:73)提到:“因此,整合民族志与调查方法绝不是为了减少工作量,它不会比直接使用二者的工作量更少。”在进行混合方法研究设计时,我们建议研究人员提出包括“有说服力的(persuasive)”定性数据收集过程的定性路径和包含“严格的(rigorous)”量化过程的定量路径。这里我们用不同词汇表述研究的完整性(thoroughness)——“有说服力的”和“严格的”,主要是为了尊重定性与定量研究者不同的用词习惯。那么,数据收集过程究竟包含哪些部分? 表6.1提供了数据收集过程的组成要素,并将之归纳为数据收集中的关键步骤:使用抽样程序、获取权限、收集信息、记录数据以及程序管理。

接下来的讨论概括了每种数据收集过程的主要步骤,但这不能代替许多研究方法文献中更为详细的信息(比如本章节末所推荐的阅读材料)。此外,正如前文所述,进行混合方法研究需要具备定性与定量的数据收集技能,所以我们在此将要重点讨论这些技能与方法。在讨论中,我们也强调了在完成一项完整混合方法研究时需要处理的特定问题。这些内容源于许多现有混合方法研究,以及定性、定量研究中有关具体程序的论述(比如Creswell,2008b;Plano Clark & Creswell,2010)。

使用抽样程序

为了解决研究问题或验证假说,研究者常常需要实施完整的抽样程序,确定研究的具体位置或场所、提供数据的参与者、如何抽取参与者、需要回答研究问题的参与者数量,以及参与者的招募程序等。定性与定量研究均会用到上述程序,然而它们在具体操作上存在本质差异——尤其是在抽样方式与样本量方面。

表6.1　设计混合方法研究所推荐的定性与定量数据收集程序　【173】

有说服力的定性数据收集程序	数据收集的程序	严格的定量数据收集
• 确定研究场所。 • 确定该研究的参与者。 • 记录样本量。 • 确定招募参与者的目的抽样策略,并说明选择参与者的原因(入选标准)。 • 讨论参与者的招募策略。	使用抽样程序	• 确定研究场所。 • 确定该研究的参与者。 • 记录样本量和确定样本量的方法,说明这一样本的解释力。 • 确定概率的或非概率的抽样策略。 • 讨论参与者的招募策略。
• 讨论取得研究该地点和参与者所需的权限。 • 获得审查机构的批准。	获取权限	• 讨论取得研究该地点和参与者所需的权限。 • 获得审查机构的批准。
• 讨论需要收集的数据类型(开放式访谈、开放式的观察、文档或视听材料)。 • 确定数据收集的范围(extent)。 • 提出访谈问题。	收集信息	• 讨论需要收集的数据类型[测量工具(instruments)]、观测值、可量化的记录]。 • 讨论工具(如问卷)所获结果的信度与效度。
• 提及需要使用的协议(访谈协议、观察协议)。 • 确定记录方式(比如录音、田野笔记)。	记录数据	• 陈述将使用的测量工具(instruments)或核查表(checklists),并举例说明。
• 明确可能的数据收集问题(比如伦理的或逻辑的问题)。	程序管理	• 陈述这一过程将如何被标准化。 • 识别可能存在的伦理问题。

在定性研究中,调查者会有目的地选择那些可以提供必要信息的个体和场所。定性研究中的目的抽样意味着,研究者会有意选择(或招募)那些经历过研究所要探索的核心【174】现象或关键概念的参与者。研究者可以采用若干目的抽样策略,每个策略都有不同目标(参见 Creswell,2008b)。其中比较常见的策略是最大差异抽样,其原则是力求预期样本对核心现象持多样化的观点。最大化差异的标准由研究决定,但使参与者存在差异的原因可能是种族、性别、受教育程度或其他因素。该策略的核心思想是,如果一开始就有意挑选观点各异的个体,那么参与者的观点便会反映他们之间的差异,从而提供一份旨在展示研究现象复杂性的好的定性研究。另外一种策略,则是在那些不寻常的、费解的或有启示性的个体中挑选极端样本。与此相反,研究者也可以在特征多样化的子群体中进行均质抽样。随着研究的深入,运用抽样策略进行初步的数据收集后,研究者可能还要从中抽取某些个体,以更加清晰地阐明所研究的现象。

就参与者数量而言,研究者并非一定要选择大量参与者或场所;相反,定性研究者要挑选规模较小,且能为研究核心问题提供详细深度信息和概念的个体。定性研究的理念不是基于样本提供一般性的解释,而是提供对部分群体的深度理解——人数越多,个体的特色就越难详细地突显。许多研究者不喜欢通过限定样本规模来约束研究,而样本量可能从叙事研究(a narrative study)的 1 ~ 2 人,到扎根理论(a grounded theory)项目中的 20 ~ 30 人(Creswell,2007)。案例研究的样本量较小,比较典型的是 4 ~ 10 个案例。总之,样本量大小与研究问题以及诸如叙事、现象学、扎根理论、民族志或者案例研究等研究途径相关(Creswell,2007)。

另一方面,在定量研究中,概率抽样的目的在于挑选代表总体,或者代表总体某一部分的大量个体。在理想情况下,每一个体都是随机选出,总体中的每一个人都有一个已知的中选概率。概率抽样基于一个系统过程来随机选择个体,比如使用随机数表(a random numbers table)来帮助抽样。非概率抽样则涉及选择可获取且可用于研究的个体。比如,虽然意识到样本可能并不能代表多个班级甚至整个学校的学生,但由于个体的易【175】获取性,研究人员可能会选取一个班级的学生来进行相关研究。此外,研究者可能需要样本反映某些特征,而具有这些特征的个体在总体中往往不成比例。比如,在某一总体中有更多的女性,那么从逻辑上说,随机抽样就会得到更多的女性样本。在这种情况下,研究者首先需要对总体(比如按照男性与女性)进行分层,然后在每一层中进行随机抽样。如此,最终的样本就会包含对应不同分层特征的、相同数量的参与者。

严格的定量研究所需的样本量通常较大,样本也需要满足统计检验的要求。此外,样本还要能够很好地用于估计总体参数(即减少抽样误差并提供较强的解释力)。为了确定适当的样本量,我们建议研究人员使用研究方法教科书中的样本量计算公式,比如实验中的功效分析公式(Lipsey,1990)和调查中的抽样误差公式(Fowler,2008)。

获取权限

在收集数据前,研究者需要从个体或场所那里获取相应权限。这些权限通常来自许多人和各级组织，比如负责场所的人、提供信息的人（以及他们的代理人——父母）或者校园机构审查委员会（institutional review boards，IRBs）。

研究者为了接近人群或者场所，则需要获得相关负责人的许可——有时候负责人包括不同级别的人，比如医院的管理者、医疗主任与参与该研究的员工。不论这项研究是定量还是定性，总是需要不同级别的许可。然而，由于收集定性数据需要在某些场所耗费时间，而这些场所则可能是一般公众难以接触的（如为无家可归者准备的施食处），所以研究人员需要找一位守门人——一个身在组织、支持研究，且终将“开放”组织的人。定性研究以其研究者的合作立场著称，定性研究者往往试图在研究的各方面纳入参与者。在对那些难以接近的组织（如 FBI 或其他政府机构）的定量研究中，组织的开放也是必不可少的。

为了进行某个大学所资助的研究，研究者必须寻求并获得校园机构审查委员会的同意。设立这些委员会是为了保护研究参与者的权利，并评估这项研究对参与者的危险与【176】潜在伤害。研究者需要获取相应委员会的许可，并保障参与者的相关权利。学校如果未做到这些，将会造成负面影响，比如导致联邦资金撤出。通常来看，要获取审查委员会的许可就要填写申请，陈述危险与伤害的等级，并保证维护参与者权利。研究者通过在论述中声明维护这些权利，以及请参与者（如果参与者未成年，则包括成年的负责人）在提供数据前签署文件（比如知情同意书），以确保这些权利得到保护。如果在数据收集之前未获得许可，那么研究者很可能无法阐述或出版他们的发现。

在定性研究中，由于研究通常包括私人问题，需要收集个人生活或工作地点等信息，所以研究者需要详细说明收集数据和保护所收集信息的规则与程序。比如，从样本家庭收集而来的信息可能将个体置于险境；而当个体言行被录像时，这些录像可能被曝光，而参与者原本不希望如此。在定量研究中，研究者同样需要征得个人的许可来使用各类工具和观察其言行。这类研究通常不会在研究对象家里或者工作场所进行，也不太可能强人所难或置其于险境。如果研究者需要操控参与者所处的环境（比如实验），就需要细致地考察、描述相关的控制程序与潜在的风险利弊。

收集信息

混合方法研究中有多个类型的定量或定性数据。研究者需要权衡各种类型的数据，才能决定哪些数据源最适合回答研究问题或假设。某些形式的数据很难分为定性的或定量的，比如病历，其中既有提供者笔记这样的文本，又有筛选测试结果这样的数值数据。定性与定量数据的基本差别在于，前者包含从开放式问题中获取的信息，研究者并【177】不使用预设的类别或量表来收集数据。确切地说，受访者所要回答的问题并未设置回答选项，他们则根据此类问题来提供信息。与之相反，定量数据则来自事先已确定好回答范围或类别的封闭式问题。比如，一份定量的调查问卷会展示出研究者如何确定问题，并要求受访者在一定范围内提供他们对相关问题的答案或评价。

较之定量研究,研究者在定性研究中可以收集的数据类型更加广泛。某些形式的定性数据可能在研究开始之前就已确定,而其他类型的定性数据则会在研究过程中逐步出现。定性的数据可大致分为文本数据(比如文字)和图像(比如各类图片)。根据研究者通常会收集到的信息种类而言,这两类数据又可以分为:开放式访谈(比如一对一访谈、电话访谈、邮件访谈或者焦点小组等),开放式观察,(私人的或公开的)文档以及影音资料(比如录像、照片、声音等)。定性数据的类型还在持续增加,最新的类型包括短信、博客、维基词条、电子邮件,以及使用器物、图片、录像带等(比如从访谈中)捕获的各类型信息。因为收集定性数据往往是劳动密集型的工作,定性研究者会经常提及数据收集过程的工作量之大,比如3 000页的访谈记录稿件,长达6个月的多阶段观察。此外,如果研究中有访谈的话,定性研究者还会报告主要的访谈问题,以说明从受访者那里收集到了哪些信息。与此类似,定量研究者在期刊文章中报告其结果时,也会附上他们的测量工具。

在定量研究中,数据类型多年来少有变化。调查者使用能测量个人绩效(比如能力倾向测验)或个人态度(比如对于自尊量表的态度)的问卷工具;也同样收集结构式访谈与观察性数据,其中回答的分类在数据收集之前便已确定,回答的得分则以封闭式量表的形式记录。研究者从人口普查、考勤报告、进展总结中收集数值形式的事实信息;其他更为前沿的定量数据形式则包括生物医学测试(如追踪眼球运动或大脑反应)、地理信息系统(GIS)的空间数据,以及电脑跟踪数据(比如服务器日志中的数据)。需要再次强调的是,与定性数据一样,混合方法研究者需要评估的是,哪类数据形式将最适合回答他们的研究问题或假设。

【178】

记录数据

数据收集的途径涉及综合性的信息收集,并以某种特定形式来记录,以使研究者个人或研究团队可以保存或分析这些数据。定性数据收集中的信息记录方式仍有待发展。如果是收集访谈数据,就需要一份访谈提纲,其中有访谈问题和记录访谈信息的空白,也留有记录访谈时间、日期、地点等基本信息的空间。在诸多案例中,研究者会给访谈录音,之后再转录为文字;这一提纲也可成为记录信息的辅助工具。准备访谈提纲不仅可以帮助研究者更好地组织访谈工作,也便于研究者在记录设备不能使用的情况下记录信息。一份观察提纲同样是组织好一次观察研究的有效工具。以这种形式,研究者可以记录对事件的描述与观察过程,以及观察中的反思性记录,比如新编码信息、主题、关注点等。此外,评论文档和记录照片等图像数据也是可能的记录形式。

在定量研究中,调查者需要挑选合适的测量工具(问卷问题等),修改现有的测量工具,或者开发一套新的测量工具。如果选择了现有的测量工具,那么研究者就要确定,之前使用该工具所得到的结果是否具有较高的信度与效度。如果研究者选用了结构性观察,就要使用一份成熟的问题清单来记录信息。如果是带有数字数据的文档,研究者通常会开发一个可以总结数据的信息记录形式。以电脑为基础的数据收集方法,则要用安全的电子文档来组织和记录信息。

程序管理

管理数据收集的过程包括研究者为收集数据所采取的具体行动。在定性研究中，文献中的诸多讨论主要是评估或预期“田野中”可能出现的各种问题，这些问题可能导致数据不够充足——比如招募参与者的时间、观察中研究者的角色、记录设备的性能、查找文档的时间、录像设备的布置细节等问题，这些问题表明了田野中需要注意的事项。同时，研究者需要礼貌地进入研究地点，不打扰其他活动的进行。此外还有伦理问题，如制定【179】互惠原则以鼓励参与者提供数据、处理敏感信息以及披露研究的目的等，这些问题在定性和定量研究中都会出现。

在定量研究中，管理数据收集也涉及处理上述伦理问题。另外，在定量数据收集过程中，相应程序应尽可能保持稳定，以防出现偏误。从测量工具、核查表或者公共文档中收集数据，都要遵循标准化程序。如果不止一个研究者参与了数据收集，还应该提供必要的培训，以确保数据收集程序始终按照标准化的方式进行。

● 混合方法中的数据收集

熟知定性与定量研究中的数据收集程序是非常必要的，因为混合方法本身就建立在这些程序之上。在转向具体的混合方法设计及其数据收集程序之前，我们先讨论几条混合方法设计中定量与定性方法数据收集的一般准则：

- 混合方法研究中，数据收集的目的乃是寻求研究问题的答案（Teddlie & Yu, 2007）。运用混合方法的研究者不仅不可忽视这一目标，还应该不断自问，所收集的数据是否可以回答研究问题。
- 混合方法研究涉及收集定性与定量数据。因为需要收集诸多数据资源，运用混合方法的研究者需要对定性与定量数据收集程序的具体排列组合非常熟悉。我们鼓励在混合方法程序中使用创造性的定性数据收集（比如使用照片提取信息），并提倡谨慎选择定量工具，不超出“回答研究问题”的需求。
- 在抽样过程中，可以采取随机（定量）与立意（定性）相结合的抽样形式。比如，特德利和于（Teddlie & Yu,2007）讨论了一种分层目的抽样程序：研究者首先运用与概率抽样相一致的程序，根据某一属性对潜在参与者进行分层，然后再从每一层中有目的地选取少量样本。
- 特德利和于（Teddlie & Yu,2007）除了讨论抽样策略，并没有就具体的混合方法数据收集花费过多笔墨；同时他们也承认，现在还没有出现被广泛接受的混合方法抽样策略的类型学。

【180】

- 在混合方法研究报告中,我们强调报告数据收集程序细节的重要性。这可以为读者与评论者带来方便,帮助他们理解研究所运用的程序并评价其质量。此外,详细报告程序还有助于他人了解混合方法研究,理解定量与定性数据收集工作的复杂交织。
- 不同类型的混合方法设计引出了数据收集过程中的各种决策与问题。这些问题主要关于抽样和抽样策略、数据收集中所询问的问题类型、从 IRBs 获得权限的问题,以及酬谢、尊重参与者。决策类型的概述和六种设计的相关建议,见表 6.2。

为了应对数据收集的各种问题,我们将一一讨论本书所强调的六种研究设计。

一致性设计

在一致性设计中,数据收集包括同时收集定性与定量数据,单独分析信息,然后再合并两个数据库。在理想情况下,这类设计会对两类信息给予同等的重视,但是研究者为了解答研究问题,仍可能会偏重其一。在整个过程之中,研究者必须就抽样以及数据收集形式作出决策。在一致性设计中,**重要的数据收集决策**包括谁会被选入定性与定量两个样本中、两个样本的规模、设计数据收集问题,以及不同类型数据收集的格式与顺序等。

决定两个样本是否要包含不同的个体。在一项一致性设计的定性与定量部分中存在两种选择:样本可以包含不同的个体或者相同的个体。当研究者试图就一个主题综合不同层次参与者提供的信息时,他们会在两个样本中使用不同个体。比如,为了理解免役规范(immunization practices),斯基拉奇等(Schillaci et al.,2004)收集了包括来自家庭随机样本的定量调查数据,以及几家保健机构的个体(比如医生、护士、文职人员以及病人等)的定性民族志数据。【183】当研究目的是证实、直接比较或关联某话题下的定性定量两组发现时,我们建议定性样本和定量样本中的个体保持一致。在莫雷尔和坦(Morell & Tan,2009)的一项一致性研究中,定量样本包含 230 名小学生,其中 34 名组成了定性样本。如果混合方法研究者从不同参与者那里收集不同类型的数据,他就将冗余信息引入了研究,并潜在地影响到结果的整合。

决定两个样本的规模是否要一样。混合方法研究者需要根据采用的一致性设计,来考虑两个样本的规模。让两个样本规模不同,且定性的样本量比定量的样本量要小得多,是个好主意。这有助于研究者就研究话题进行深入的定性探索分析与严格的定量检验。当样本规模差异达到一定程度,这一差异就引发了一个问题——如何有效比较两个数据库。对混合方法研究者而言,这个问题的解决方法很多。受一些研究者(比如以定性为导向的研究者)青睐的应对方法之一是,说明两个数据库数据收集的目的并不相同,【184】因此样本规模差异不是问题:定量数据收集旨在对总体作出归纳概括,而定性数据收集则旨在对一些人进行深入理解。

【181－183】

表 6.2 混合方法设计类型、决策以及数据收集建议

混合方法设计的类型	数据收集中需要的决策	对于设计混合方法研究的建议
一致性设计	两个样本中包含不同还是相同的个体？	如果研究目的是比较数据集，就使用相同的个体。
	两个样本的规模相同吗？	考虑如何处理——比如说明使用不同规模的样本的合理性，选择相等的样本规模，或说明样本规模不同是研究的限制之一，等等。
	运用定性与定量方法评估相同的概念吗？	在定性与定量数据收集中创设平行的问题。
	数据是从各自独立的来源还是某单一来源中收集？	从两个来源分别收集定性与定量数据集。
解释性设计	在两个样本中使用相同的还是不同的样本？	参与定性阶段的个体也必须是定量阶段的参与者。
	两个样本量相同吗？	定性研究阶段的样本规模比定量研究的要小。
	追随哪些定量结果？	根据下阶段的需要考虑多种处理方法（比如显著的结果、显著的自变量）。
	如何挑选下一阶段的参与者？	根据初期的定量结果来选择参与者。
	应该如何描述即将开始的下一个阶段研究，以获取 IRB 许可？	将下一个阶段描述为暂定的，并准备需要的文档附录等。
探索性设计	哪些以及多少个体应该参与到下一阶段的定量研究中。	在定量阶段，使用与定性阶段不同且大得多的样本。
	应该如何描述即将开始的下一阶段研究，以获取 IRB 许可？	描述下一阶段暂定的内容，并准备需要的文档附录等。
	使用哪些定性结果来引导定量数据收集？	使用主题、编码与引语来协助设计工具（比如，主题变成变量）或分类（比如，不同的群组）。
	在工具设计环节，如何开发一套良好的工具？	遵循开发量表的严格程序。
	如何保证工具设计的精确与严格？	在这一环节用程序图来展示多个步骤。

续表

混合方法设计的类型	数据收集中需要的决策	对于设计混合方法研究的建议
嵌入式设计	在研究中使用嵌入数据的时机与原因？	给出嵌入数据的原因，并考虑嵌入的时机。
	嵌入次要数据会带来偏误吗？	谨慎地收集次要数据（比如，实验过程中的日记）。
	如果需要一套设计或程序（以连接定性和定量数据），它该是什么样的？	考虑那些已经在混合方法研究中使用的设计与程序（比如，个案研究、社会网络等）。
	可以预期到哪些数据收集问题？	检索并阅读与所选择设计或程序相关的文献。
变革性设计	使用什么标签来指代参与者？	在研究中为参与者使用有意义的标签。
	如何在研究中提高包容性？	通过与可能的参与者沟通来设计一套抽样程序。
	如何收集那些对研究对象共同体而言可信的数据？	将参与者当作共同研究者（coresearchers）（比如，咨询委员会）。
	使用哪一类对参与者敏感的测量工具？	选择对研究参与者敏感的测量工具。
	数据收集如何使得研究对研究的共同体具有敏锐反应？	建立向共同体回馈的途径（比如，推荐参考、共享发现等）。
多阶段设计	在各阶段或各计划中使用什么样的抽样策略？	使用适合各阶段或各计划的抽样策略（比如，分层，定性和定量抽样）。
	并行抽样还是时序抽样？	使得抽样测量与各阶段、各计划相匹配。
	这一项目如何处理测量与参与者流失问题？	设想与个体再接洽、处理参与者流失的应急方案
	连接各阶段或各计划的总体目标（或理论动力）是什么	确定一个串联各阶段或计划的单一目标。

如果样本规模的差异就是问题所在，也可以让定性与定量的样本量变得一样。在一项有关教师候选人多元文化态度与知识的一致性研究中，卡佩拉-桑塔纳（Capella-Santana，2003）从90位作为初等教育教师候选人的大学生中收集了定量的问卷数据。她还邀请这90位受访者接受访谈以“印证从问卷中所获取的信息”（Capell-Stanton，2003：

185)。这一样本量相等的方法可能会牺牲定性数据的部分丰富性。然而,如果研究者使用了某种数据转换的设计,便值得采取这种路径——这种设计中有两个规模相等的大样本,在规划终将量化(这一过程见第七章)的定性数据收集时,两个样本里的个体相同就很重要。当样本量相等却很小,研究者可能就要牺牲严格的统计检验。麦克维等(McVea et al. ,1996)在他们的一致性研究中评估了采用预防材料的全科医疗服务。他们从八项医疗业务中同时收集了定量数据(如使用结构性观察清单)与定性数据(如通过关键信息访谈)。这种情况由于样本量较小,就要使用描述性的量化统计。还有一些研究者向过大或过小的均等样本量妥协,并讨论了研究结果的局限性。在一项双维度(定性与定量)的文化适应性研究中,比科什等(Bikos et al. ,2007a,2007b)以32位移居土耳其的外籍女性配偶作为样本。在结论中,他们指出偏小的样本量导致定量维度的统计解释力较低;而在定性维度上,这一样本量又偏大,不利于寻找个体经验的差异。

决定是否设计平行的数据收集问题。我们认为,如果研究者在定性与定量数据收集中询问平行问题,定性定量数据库的合并效果将是最好的。询问平行问题,意味着我们需要在定性与定量数据收集中操作化同一个概念,如此便可以比较或合并两个数据库。如果"自尊"这一概念在定量调查中得到处理,那么在定性式一对一访谈中,同样要询问关于"自尊"的开放式问题。如此,在数据分析时,围绕这一概念的结果便可以合并。【185】

决定两次数据收集是分别采用两个独立的数据源,还是单一数据源。研究者需要考虑两个数据集是使用不同的形式(如使用调查问卷收集定量数据、通过焦点小组访谈收集定性数据)分别收集,还是使用单一形式(如设置开放式问题与封闭式问题的单一问卷)同时收集。尽管使用数据转换设计的研究人员通常使用单一形式,但是我们通常建议研究者在使用这一设计时,收集两个独立的数据集。接下来的相关问题是,研究者需要决定收集两个数据库的顺序。诸多一致性设计碰巧有某种数据收集的顺序(如在焦点小组访谈之前进行问卷调查),只是出于简单的逻辑考虑。如果研究者担心两种形式相互影响(如焦点小组讨论的参与者可能改变他们态度,与之前问卷调查时的反馈不同),可行的选择是颠倒数据收集的顺序。卢奥(Luzzo,1995:320)从学生中收集了问卷调查数据与个人访谈信息,指出"这些学生完成调查问卷和参加访谈的顺序是稳定的"。

解释性设计

解释性设计的数据收集过程包括:首先收集并分析定量数据,再根据定量结果来设计定性数据的收集。因此,这一设计中的定量阶段和定性阶段各有一次抽样。在解释性设计中,定性与定量的数据收集彼此相关、互为基础,而非相互独立。定性或定量数据的收集也有所侧重,通常而言,初期大量的定量数据收集更重要,随后定性数据收集则次之。

解释性设计的数据收集决策包括决定:谁是第二阶段的参与者;定性与定量数据样本量;从一阶段到另一阶段应当收集哪些数据,从哪里收集;如何为两次数据收集获取机构审查委员会(IRB)权限。

决定是否在两本样本中使用相同的个体。既然解释性设计旨在解释初期的定量结果,那么接下来参与到定性分析的个体,理应是初期定量阶段的参与者。这一设计的目的在于使用定性数据来为定量结果提供更多的细节,故而最适合这一研究设计的个体便是那些定量数据库中的个体。

【186】决定两个样本的规模。虽然有些研究者将第一阶段的样本全都纳入随后的定性分析(如此使得二者样本量相同),然而我们建议,定性数据收集的样本量应当要比定量数据收集样本量更小。有别于一致性设计,这一设计的目的不在于合并和比较两个数据库,因而在时序式设计中,非均等的样本量不成问题。重点在于要收集到足够的定性信息,如此才能发展出有意义的理论。在瑟格森-图玛尼和福克斯(Thøgersen-Ntoumani & Fox,2005)的一项解释性设计中,作者从312位职员中收集了定量数据,然后从中挑选了10位来参与接下来的定性阶段。

决定对哪些定量结果进行后续研究。就随后的数据收集而言,基于第一阶段的定律结果,研究者要决定接下来定性数据的目的,即对哪些定量结果进行后续研究。有若干方法有助于研究者进行决策。第一步是进行定量分析、检查分析结果,观察哪些结果并不清楚或不符合预期,从而需要额外的信息——这有助于形成策略。一些值得注意并进行进一步分析的结果包括:统计上显著或不显著的结果、关键的显著自变量(predictors)、在不同组有差异的变量、异常值或极端案例,以及特别的人口统计学特征。研究者应当识别需要额外信息的结果,并用这些结果引导定性阶段研究问题、样本选择以及数据收集问题的设计。

决定如何为接下来的定性阶段选择最好的参与者。另外一个决策是如何选择适合进行定性阶段的参与者。当然,成为定性阶段关注焦点的定量结果,会提出合适的参与者。有时候,参与者就是那些志愿参与访谈的个体。在一项关于养父与生父的解释性设计中,鲍曼(Baumann,1999)询问那些在第一阶段完成调查问卷的父亲是否有意参与接下来的访谈。这种方法使两个阶段间的联系较弱,然而对那些在定量阶段难以收集识别信息(identifying information)的研究而言,这可能是必要之举。一个更加系统的方法是使用定量统计结果来指导接下来的抽样程序,从而挑选参与者以更好地解释感兴趣的现象。韦等(Way et al.,1994)运用了这一系统方法——研究者证明,在郊区高中生与市区高中生两个群体中,抑郁和药物滥用(substance use)的关系有所不同,并决定基于这一定量结果,【187】从学校中选择抑郁得分排名前10%的学生进行接下来的访谈。

为获取机构审查委员会的许可,决定如何描述即将开始的调查阶段。既然这一设计将分为两个独立的阶段展开,研究者可能设想在每一阶段分别寻求IRB的许可。然而,我们建议研究者在最初的申请材料就描述两个阶段的研究计划;并强调,由于需要基于第一阶段的结果,第二阶段的定性研究计划是暂定的。IRB要求展示尽可能详细的数据收集程序,这也意味着,应该在一开始就告知参与者,在将来第二阶段的数据收集可能会再次联系他们。研究者也可能要向IRB解释,研究会收集个人身份信息作为定量数据的一部分，以便开展接下来的调查，并解决关于这些信息的伦理问题。我们同样提请研究者注意，在确立后续数据收集程序时，还要向 IRB 提交一份附录（addendum）备案，另外，最好说明下一阶段研究还是“暂定的”。

探索性设计

在探索性设计中，研究者首先收集并分析定性数据，然后再根据相关信息进行下一阶段定量数据的收集。因此，定量部分建立在定性部分之上。同样的，这两个阶段都有抽样，并且两次抽样相互关联。然而，一些探索性设计会使用一个三阶段模型，最初是探索性阶段，之后是工具设计（instrument design）阶段，最后是检验与实施工具的阶段。另外，中间的阶段也可能推动类型学的发展，并对工具进行探索与修正。研究者可以侧重这三个阶段中的任何一个。

虽然这两种设计都是时序性的，也引发了与解释型设计相似的数据收集问题，然而，探索性设计中的决策在很多方面均不同于解释性设计。探索性设计的数据收集决策主要包括决定：每一阶段的样本；如何使用第一阶段的结果；如果存在一个中间阶段，如何设计一个能够很好地进行心理测量的工具。

决定定量阶段的样本包括哪些、多少个体。与解释性设计不同，参加探索性设计最初定性阶段的个体，基本不会参与接下来的定量阶段。定量阶段的目的在于概括归纳总【188】体的特征，故而定量阶段会选择不同于最初定性阶段的参与者。此外，第二阶段的分析要求大样本以进行统计检验，并尝试论述所研究的总体。在他们关于成人教育研究生项目的变迁影响因素的研究中，密尔顿（Milton，2003）对 11 位教职和文职人员进行了访谈，然后对代表 71 个成人教育项目的 131 位个人使用了量化测量工具。

为获取 IRB 许可，决定如何描述即将开始的调查阶段。因为第二阶段的研究要以第一阶段为基础，只有准备好第一阶段的申请，能够确定第一阶段的数据收集，才能获得 IRB 的许可。当向 IRB 进行初步申请时，研究者可以提供一些第二阶段的暂定细节，确定了定量工具之后，还可以准备一个附录。如果两个阶段并未包含相同的参与者，那就需要分开描述各自的筛选、录入、知情同意等程序，也就可能需要分别提交两份 IRB 许可申请。

决定使用哪方面的定性结果来引导定量数据收集。在一个以发展或检验测量工具（或分类学）为目的的探索性设计中，决策之一是确定初始的定性阶段中，哪些信息最有助于定量阶段测量工具的设计。我们认为，在最初的定性阶段，典型的定性数据分析包括：识别有用的引语或句子、编码的信息段落，以及将编码分组为更宽泛的主题（将在第七章讨论）。通过这样的定性数据处理，混合方法研究者得以用定量工具评估核心现象，将主题转化为量表，将各主题中个体的编码转化为变量，将个体的特定引语转化为测量工具中的具体问题或项目。

决定采取哪些步骤来开发好的定量工具。另外一个决策是如何设计一套好的具有较强心理测量特质（psychometric properties）的工具。这项任务耗时且艰巨。混合方法研究者可以比照定性阶段的主题和出版的测量工具，来采用最适合的工具。混合方法研究【189】

者也可以根据定性发现，创建自己的工具。最好的工具是通过好的量表开发程序，严格设计而生成的。戴维利斯(DeVellis,1991)的论述囊括了我们建议的方法：

1. 决定你所想要测量的事物，并将自己置于理论和要提出的结论(也包括定性发现)中。
2. 形成这样的题库——题干短小、阅读难度适当，且每个项目(item)只询问一个问题(尽量使用参与者的语言)。
3. 确定测量工具的结构和项目的测量量表。
4. 将题库交给专家评论。
5. 考虑使用其他量表或工具验证过的项目。
6. 选择小样本进行试调查。
7. 评估各个题目(比如题目的相关度、变异度与信度等)。
8. 检查题目的效用与信度，来优化量表刻度(scale length)。

对混合方法研究者而言，根据定性发现生成工具的另一方法，是带着创建工具的目的，查阅已出版的、采用探索性设计的混合方法研究。这种设计的例子，既包括创建不同产业间组织同化测量方法的研究(Myers & Oetzel,2003，见其附录C)，还有关于阅读理解教学的教育学研究(Meijer,Verloop & Beijaard,2001)、关于自视为伴侣重要之人的心理倾向研究(Mak & Marshall,2004)、研究生项目规模变化影响因素的高等教育研究(Milton et al.,2003)，以及关于日本女大学生生活行为的跨文化研究(Tashiro,2002)。在田代(Tashiro,2002)的研究之中，作者首先收集焦点小组的数据。利用焦点小组的数据与其他未出版资源，她设计了一套问卷，然后请焦点小组的参与者评估问卷问题是否清晰，接着，在相似的参与者群体中用修改后的问卷进行试测。问卷内容则再经由数名专家验【190】证，并检查项目间信度和再测信度。这些程序严格遵守了戴维利斯(DeVellis,1991)的建议。

决定如何在程序图中描绘问卷的各组成部分。最后，在混合方法研究中，研究者可以将设计问卷的各个阶段整合进描述整体进程的讨论或图表。为了凸显设计一套好工具所应有的众多步骤，我们建议使用图表。布林(Bulling,2005)设计了一项混合方法研究，旨在揭示紧急救援人员如何应对龙卷风。图6.1来自这项研究，该图展示研究中的问卷开发阶段，以及这些阶段如何与研究的定性和定量程序相对应。

嵌入式设计

在一项嵌入式设计中，定量和定性的数据可以依序收集或同时收集，或两者兼而有之。这一设计中，一种形式的数据嵌入到另外一种形式之中(如嵌入一项干预性实验的定性数据，或嵌入纵贯相关设计[1]的定性访谈)。这一设计的另一形式，是在一套传统设

1　一种典型的纵贯相关设计(a longitudinal correlational design)是利用二份结构式问卷和二次电话访谈来收集资料。——译者注

计或程序中嵌入定性或定量数据(如包含定性与定量信息的地理信息调查)。我们将从这两种嵌入形式的角度,来讨论数据收集的相关问题。

图 6.1　一项探索性设计混合方法研究的相关程序

【191】

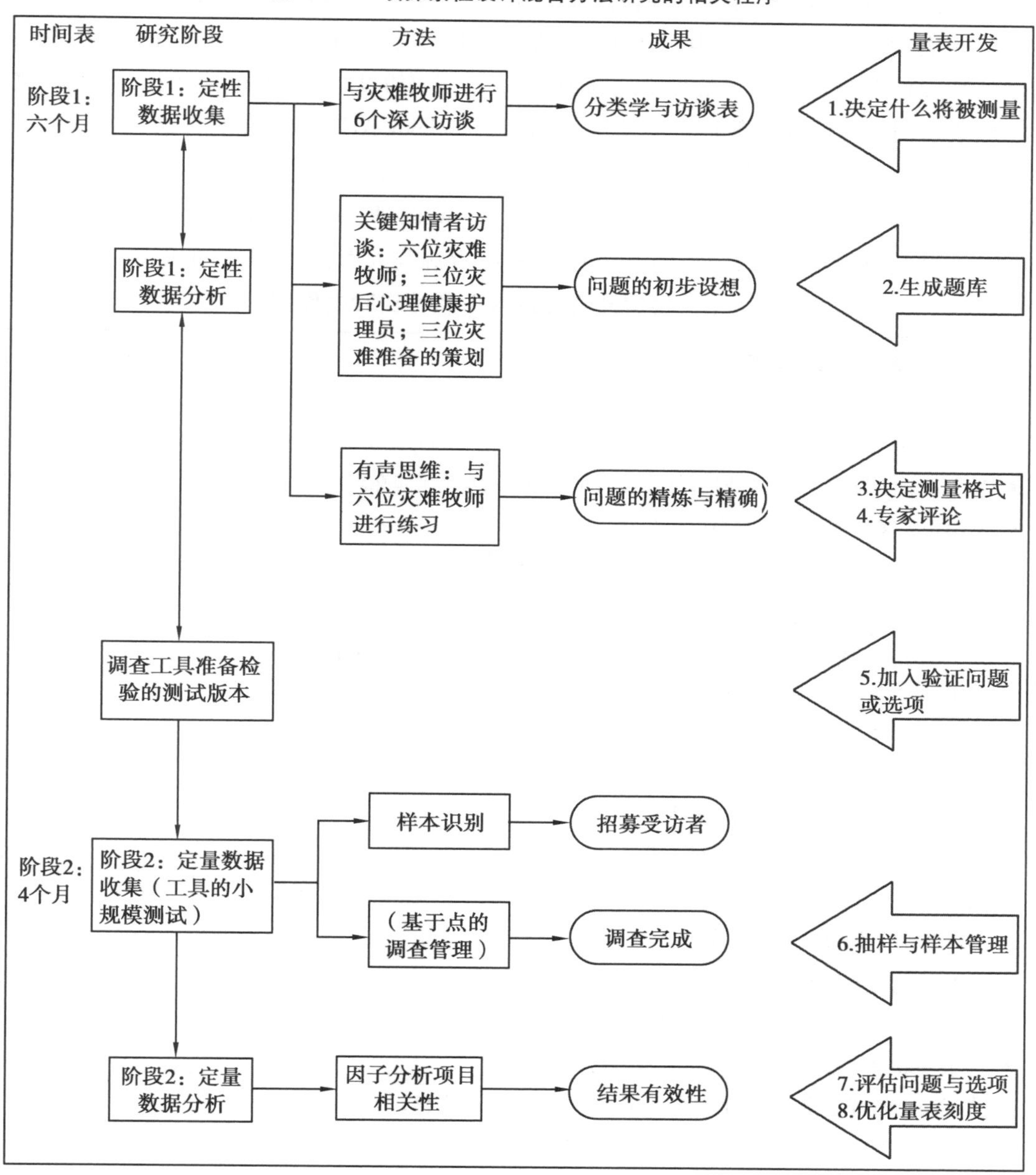

来源:Bulling(2005);经作者同意后使用。

运用这一设计时,研究者将面临哪些有关数据收集的决策呢?将一种类型的数据嵌入另一种类型的数据时,嵌入式设计的数据收集决策主要包括决定:嵌入某类数据的基本依据、嵌入数据的时机,以及如何解决嵌入引发的问题。如果是在一套传统设计或程序(比如个案研究或社会网络分析)中嵌入两类数据,研究者需要决定采用哪种程序,以及如何解决嵌入引发的问题。我们先来讨论将一种类型的数据嵌入另一种类型数据的相关决策,然后再讨论在一种程序中嵌入两类数据的有关决策。

决定将第二类数据嵌入一个更大设计的原因与时机。论及为何(rationale)、何时(timing)将支持性数据嵌入另一种数据收集程序(比如定量实验与相关性研究),研究者需要预先提出使用这一支持性数据的原因。这些原因可以在目的陈述部分阐明(见第五【192】章)。在实验性研究中,可以考虑在实验的某一阶段或多个阶段引入支持性的定性数据:在实验之前、之中或之后。在实验之前或之后,意味着时序性引入定性数据,而实验之中,则表示同时使用两类数据。桑德洛夫斯基(Sandelowski,1996)首次将这些可行的方法概念化。在后来的文献中,学者们详细阐述了定性数据可能进入干预性实验的具体方法,及保健科学研究吸纳定性数据的原因(Creswell, Fetters, Plano Clark & Morales,【193】2009)。这些原因见表6.3。正如上文所述,根据资源与人力,定性数据可以在单一阶段

表6.3 将定性研究纳入干预性实验的原因

在实验前加入定性数据的原因:
• 为了开发一套在干预性实验中使用的测量工具(找不到适合的工具时); • 为了在一项干预性实验中有效招募参与者或征求他们的同意(recruiting or consent practices); • 为了理解参与者、情境与环境,从而使得干预行之有效(比如在现实生活环境中使用干预); • 使用相关文件证明干预的不可或缺; • 为了编制对基准信息(baseline information)[1]的综合评价。
在实验之中加入定性数据的原因:
• 为了使用能够代表参与者意见的定性数据,来证明相关定量结果; • 为了理解对参与者的干预效应(比如壁垒与辅助者); • 为了理解实验中参与者的意外经历; • 为了识别可能潜在影响实验结果的关键因素,比如社会文化环境的变迁; • 为了识别有利于进行干预的资源; • 为了理解与描述实验组经历的过程; • 为了检查程序过程的保真度[2]; • 为了识别潜在的中介与调节变量。
在实验后加入定性数据的原因:
• 为了理解参与者如何看待实验结果; • 为了获取参与者的反馈以修正实验干预; • 为了帮助解释定量结果,比如在实验结果中被忽视的变异; • 为了确定实验后某项干预长期持续的影响; • 为了深入理解理论模型中机制如何运行; • 为了确定实验中的程序是否具有干预保真度; • 为了在比较结果与基准数据[3](baseline data)时评估情境。

来源:引自 Creswell 等(2009)表9.1。

---

1 基准信息是实验中研究对象(人或动物)接受干预前的相关信息和数据。——译者注

2 保真度指研究过程按照研究者所设计的程序如实进行的程度。——译者注

3 同基准信息(baseline information)。

加入，比如在实验之前(见 Donovan et al. ,2002，作者在随机对照试验[RCT]之前收集了定性数据来增加参与者同意参加实验的比例)，或多次进入一项研究(见 Rogers, Day, Randall & Bentall,2003，研究者在实验前收集定性数据来说明干预项的设计，在实验之后收集定性数据以审视病人坚持服用抗精神病药物背后的机制)。虽然这些是几种嵌入性实验设计的例子，且不论例子中定量和定性数据以何种方式(如案例研究)嵌入主体设计，其中揭示的内容——在主要的数据收集之前、之中或之后，嵌入补充性数据——都是很有用的概念化形式。

决定是否关注嵌入式实验中的偏误引入问题。当研究者将定性数据嵌入一项干预性实验时，可能会发生偏误引入问题，这是由于定量数据的收集过程会影响实验的内部效度。比如，在干预实验过程中收集焦点小组数据，是否会影响实验结果？研究者应对此保持警觉，并进行公开讨论，应该采取一些措施来最小化这一潜在偏误。可行方法之一是收集无干扰的(unobtrusive)定性数据，比如收集日志，或记录干预期间的行为。在一项对膝关节炎患者的干预性实验中，维克托、罗斯和艾克斯福德(Victor, Ross & Axford, 2004)使用了日志；他们要求干预组成员在干预期间记日记，记录试验中他们的临床症状、药物使用情况与治疗目标。研究者们在干预之后收集这些日记，并进行评阅。另外一种方法是在控制组与实验组之间均等地收集定性数据。最后，调查者可以使用一种时序性的数据收集方法，即干预完成之后才进行定性数据收集。

决定采用何种收集定性与定量数据的设计或程序。毫无疑问，研究者用来收集定性和定量数据的设计或方法越来越多(Creswell & Tashakkori,2007)。看待这些设计的方式之一，是将其视作各学科曾使用的“工具”，而后成为收集两类数据的框架。比如，民族志长久以来被看作一种数据收集方法(对文化共同体的研究同样如此)，也可以当作一种收集多种形式数据(定性和定量)的研究设计(Morse & Niehaus,2009)。根据研究问题、设计与目的，个案研究可以看成是定性的、定量的，或者兼而有之(Luck, Jackson & Usher, 2006)。生命史日历、地理信息系统技术、邻里史日历(Neighborhood History Calendar)或【194】微观人口学的社区研究[1]，也可以看作社会人口学的数据收集程序(Axinn & Pearce, 2006)。社会网络分析也可以是一种整合民族志方法的设计，在关于依法处理强奸的社会学研究中便是如此(Quinlan & Quinlan,2010)。

无论选择哪一种设计或程序，研究者除了掌握混合方法研究的专业知识外，还需要在这一框架下掌握一些与数据收集相关的专业知识与技能。

决定在既定的设计或程序中哪些数据收集问题可以被预料到。将两类数据嵌入一项更大的设计或程序中，研究者将遇到一系列问题，这些问题关乎混合方法设计中用作框架的特定设计或程序(比如生命史日历)以及它们的具体实施。以上文阿克辛和皮尔

1　生命史日历是一种获取可靠的可追溯的生活事件的数据收集工具；邻里史记事表则是收集社区层面事件史变迁的数据收集工具；而微观人口学社区研究则是多种方法的集合以克服单一方法的弊端，其主要是将民族志方法整合进调查数据之中，具体可见 Axinn, Fricke & Thornton(1991). The Microdemographic Community-Study Approach: Improving Survey Data by Integrating the Ethnographic Method, *Sociological Methods & Research*, 20: 187-217. ——译者注

斯(Axinn &Pearce,2006)的社会人口学为例,他们将两类数据嵌入到生命史日历等“工具”中,显现出一些具体的数据收集问题。为了形成回顾性的报告,生命史日历试图在结构化与非结构化的数据收集方法之间取得平衡。高度结构化的调查问题可以与低度结构化的口述史一起使用。为了将这些数据资源整合进生命史日历,研究者则会进行一项混合方法研究。阿克辛和皮尔斯(Axinn&Pearce,2006)提到的数据收集问题包括:将受访者回忆时段标准化;加入多个时间线索来帮助老年人降低回忆障碍;在那些不采用时间记录的人群中使用记事表;运用其他灵活的记录选择;纳入那些文化性的行为与事件;仅限收集事件与经历的数据,而非态度、价值观或信仰;限制该记事表在更大项目中使用;训练定性访员;为年老的受访者使用比“天”更大的时间单位,比如月。

变革性设计

变革性设计这样一种混合方法设计,是研究者为了解决不公平问题,或改变边缘群体的处境,在变革的理论视角下建构的研究。在这类研究中,定性与定量数据收集可以同时或依序进行,也可以二者兼有。因此,这一设计包括那些同时和/或依序设计已经提【195】出的数据收集决策。其他的变革性设计的数据收集决策还关乎抽样、研究参与者的收益,以及数据收集过程中的合作。在转换性混合方法设计研究,以及女权主义、种族、民族、同性恋和残疾人研究的具体考察中,这些问题会相继浮现(Sweetman,Badiee & Creswell,2010)。

考虑如何最好地询问参与者并与其互动。收集数据时不要对参与者使用老套的标签,而要采用对参与者有意义的标签。在一项对残疾人的混合方法研究中,博兰、戴利和斯坦斯(Boland,Daily & Staines,2008:201)提到,定性阶段的访员均受过关于残疾人语言和礼仪的训练:“在与带有残疾的顾客进行访谈时,五位访员均受过残疾人社交模式、礼仪和语言的训练。”

决定什么样的抽样策略将提升包容性。使用可以提升样本包容性的抽样策略,促使传统边缘群体在样本中能够被更充分、精确地代表。研究者可以采用合作的抽样决策。比如,佩恩(Payne,2008)在关于心理韧性的混合方法参与式研究中,描述了他如何与四位出身底层的黑人组成研究团队,和他们一起在地图上标出街头利益共同体,识别可以做守门人(gatekeepers)的“街头盟友”(Payne,2008:11),并利用滚雪球抽样确定参与研究的男性底层黑人。

考虑在数据收集过程中如何积极纳入参与者。研究者要使用合适的方法,以确保研究发现对于共同体来说是可信的;在设计数据收集过程时,允许研究者与共同体成员进行富有成效的交流。此外,在社会变化过程中,研究者也要使用能敏锐反应共同体文化背景、对参与者开放的数据收集方法。可行方法之一是将参与者视作研究伙伴,或者成立一个包含共同体成员的咨询委员会。博兰等(Boland et al.,2008)论述了如何与包含一名共同体成员的咨询委员会协商;此外,研究最重要的访员也是残疾人。库马尔等

(Kumar et al. ,2000)同样利用了一个咨询委员会,其中的成员各有不同的宗教信仰、社会地位、政治倾向、社会性别和生活水准。夏皮罗、塞特隆德和克拉格(Shapiro,Setterlund & Cragg,2003)的项目则在 OWN(一个旨在维护老年女性权利与尊严的组织)成员的监督之下。

决定使用能反映研究对象的群体文化背景的测量工具。除了就整体数据收集过程进行决策外,使用变革性设计的研究者需要仔细选择定量测量工具,测量工具要能敏锐【196】反映研究的结构和研究的对象群体。霍奇金(Hodgkin,2008)描述了如何选择一套社会资本的测量工具,它能够敏锐反映女性参与的正式、非正式活动的范围。在麦克马洪(McMahon,2007)对学生运动员强奸误解文化的研究中,作者也讨论了如何选择非标准化测量工具。她写道,这种工具"是针对大学校园里熟人强奸这一问题特别设计的,因而大大不同于那些常用的测量学生对性侵态度的工具"(McMahon,2007:360)。

考虑如何使数据收集过程与结果有利于研究对象共同体。这一决策反映了互惠的理念——或是回馈参与者。开发并执行一项可能对于共同体有用的研究还不够,还可以在这一共同体之内尝试传播研究发现。在进行一项西班牙女性研究的过程中,卡特莱特、斯周和赫雷拉(Cartwright,Schow & Herrera,2006:100)尝试与参与者分享其发现:"Formando 这个词概念化了在研究过程,以及解决参与者问题的进程中,与研究参与者分享研究发现这一理念。""推荐"可以提供另一种形式的互惠。在菲利帕斯和厄尔曼(Filipas & Ullman,2001:676)对女性性侵幸存者的混合方法研究中,他们向参与者提供了"一份有关应对强奸与其他犯罪的医疗和精神健康资源清单,在给学生的附信中推荐了大学里的咨询服务"。在另外一项混合方法研究中,库马尔等人(Kumar et al. ,2000)向吸毒者提供了免费的 HIV 测试和咨询、医疗建议以及食物,并向他们展示成为同伴教导者的前景。

多阶段设计

在一个长时段的研究项目中,多阶段设计将时序部分和并行部分组合在一起。主要例子可见大规模的评估项目和健康科学项目,它们可能包含多层次的分析,并通常历经数年。这些项目的共同点包括:①比两阶段的基本混合研究方法设计更复杂;②通常历时长久;③通常有一个研究团队;④要求大量的资金支持;⑤基于一个总体目标收集多个定量和定性数据库。这类研究包含各种各样的项目,以各种数据库为基础,出现在(有不同出版时滞)的各类出版物中(Morse & Niehaus,2009),也使我们难以识别具体的数据收集问题。只有各种研究和项目间的联系进行详细探讨后,我们才能开启关于数据收集等【197】重要问题的讨论。无论如何,随着混合方法在单一研究中越发常见和成熟,它在纵向项目中的应用也将更加普遍(Axinn & Pearce,2006)。

多阶段设计的数据收集决策包括抽样、使用纵贯设计,以及建立统合多个项目的整体目标。

决定使用多次抽样策略。多阶段设计通常涉及多种抽样策略,也可能在不同的分析层次包括不同的抽样程序。在一项路易斯安那州学校的效能研究(Teddlie & Stringfield,1993)中,作者在五个教育层次(州立学校系统、学区、私立学校、教师或教室以及教室内的学生)上,使用了八种抽样策略(例:概率类抽样,如随机抽样;定性的目的抽样,如典型案例抽样;组合类的抽样,如分层目的抽样)。

决定在每一阶段如何抽样和收集数据。多阶段设计可能包括并行、依序两种数据收集形式,研究者可以在组织的各个层级,以及/或者纵贯研究的不同阶段使用其中一种或两种收集形式(Teddlie &Yu,2007)。这可能意味着在不同项目中使用不同样本,从而避免参与者出现偏差或疲劳。在一项旨在改善急性心肌梗塞病人住院治疗水平的研究中,布莱德利等人(Bradley et al. ,2009)描述了四个阶段不同的抽样与数据收集程序。首先,他们分析了可以反映全美国医院情况的量化绩效数据库。下一步,他们对 11 家确认为是高绩效的医院进行了深入的定性研究,各家医院的样本包括不同角色的个体,比如心脏病专家、急诊科医生、护士、医院技术人员、救护人员与行政人员。根据定性调查,研究团队开发了一项定量网络调查问卷,对随机选出的 365 家医院进行调查。接着,研究团队广泛宣传基于研究结果得出的改善建议,最后使用多种方法来评估宣传的效果。

决定如何处理测量与参与者流失问题。多阶段设计的纵贯方面可能会出现某些具体问题,包括:如果数据收集方法持续数年,参与者可能流失(Axinn & Pearce,2006);在当前数据收集工作中,测量工具一方面要保持稳定的可比性,一方面又要收集不断浮现【198】的数据,因而测量工具会随时间变化,二者之间存在张力;在包含纵贯数据收集的多阶段研究中,存在多个数据收集的时点,参与者可能会随着进程变化而变化(社会背景、利益相关主题也是如此)。研究也需要建立再次接洽与合作的程序。如果分析单位由家庭组成,那么家庭中的个体会随时间变化。同样,研究者要确立整体意识,确保研究作为整体逐步推进,而不是拆解成多个独立发展的研究。正如阿克辛和皮尔斯(Axinn & Pearce,2006:178)所指出的:"在一个时点运用相关方法收集到的信息,可以用来指引下一阶段另一方法的实施。"

基于项目总目标进行决策,为多阶段项目提供框架。多阶段设计的多重项目间要有一致性,这种一致性来自项目的核心目标。莫尔斯和尼豪斯(Morse & Niehaus,2009)讨论了能给予研究项目理论助推力的纲领性目标的重要性。比如,坝贝尔等(Campbell et al. ,2000)的项目核心目标——进行复杂干预提高健康水平,就是他们的研究主题。他们讨论了"由多个相互连接部分组成的"复杂干预(Campbell,2000:694)。这一健康科学领域的复杂干预研究,可以作为例子来说明服务提供与组织单元(如中风病房)、卫生专家的行为(如贯彻引导方针的策略)、社区(如基于社区的心脏病预防项目)、群组(如基于学校减少吸烟行为的干预),还有个人(如抑郁的认知行为治疗)。这些干预项目的阶段可能是时序性的或反复的,通常都不是线性的。这些阶段包括临床的或理论的阶段、确定干预构成的阶段、确定实验与干预设计的阶段,以及促进有效执行的阶段。在这些阶段中,研究者加入了定性与定量数据收集方法,并讨论了一系列方法论问题,包括随机选择、隐藏干预项的配置、参与者招募的困难。

小 结

定性与定量数据收集涉及抽样、获取权限、选择数据类型、准备记录数据的表单，以及管理数据收集等关键部分。在每一个部分，定性与定量数据收集采用的方法都彼此不同。在混合方法研究中，为了有助于研究的进行，可以将两种数据收集形式概念化为并行形式或时序形式，或是将数据收集程序与混合研究方法设计的特定类型联系在一起。混合方法研究中数据收集的一般原则包括：收集解答研究问题的信息、提供具体程序的细节、熟知定性与定量的数据收集知识，以及使用定性和定量研究路径所采用的抽样方法。

每一种混合方法设计对应的数据收集，都有与之相关的特定决策。就一致性设计而言，这些决策涉及定性定量的样本包含哪些个体、两个样本的相对规模、两类数据类型中的平行问题，以及两类数据收集中的格式与顺序等。对于解释性设计，相关决策包括谁参与第二阶段的研究、两次抽样的相对规模、如何根据定量结果设计定性数据收集、如何为第二次抽样挑选最合适的个体，以及如何为两阶段获取 IRB 许可等。对于探索性设计，其决策与两阶段设计相似，但出发点不一样，其决策包括决定每一阶段抽样与样本规模、获取 IRB 许可的途径、使用第一阶段的哪些结果、如何设计一个能够很好测量心理的严格工具，以及在设计中如何表现这一重要步骤。嵌入式设计的数据收集问题则包括：决定嵌入数据的时机、解决嵌入时可能产生的偏误、选定全局性设计或程序，以及处理嵌入传统设计或程序而导致的问题等。在变革性设计中，决策包括识别来自边缘群体的参与者并与之互动、使用包容性的抽样策略、在数据收集过程中与参与者合作、选择对于参与者情境较为敏感的测量工具，以及使用有利于研究中参与者的程序等。多阶段设计的数据收集决策是逐步浮现的，我们无法预先确定其内容，只知道大致包括：需要多重抽样策略、为历时纵贯展开的多重数据收集设计程序、解决测量与参与者退出问题，以及建立统帅多个项目的总目标。

练 习

1. 考察一篇定性、一篇定量的期刊文章。这两篇文章应该展示了两种抽样：目的抽样，随机或系统抽样。然后讨论它们使用的不同方法。

2. 在期刊中找一项一致性混合方法设计的研究，并图解其数据收集与分析活动，指出其抽样策略、样本量、参与者，以及不同形式数据收集等细节。

3. 在期刊中找一项解释性混合方法设计的研究，讨论作者如何选择第二阶段的参与者,以及选择的原因;列举作者用来引导定性阶段数据收集的定量结果。

4. 在期刊中找一项探索性混合方法设计的研究,这项研究的目的是开发一套测量工具。列举作者利用定性结果开发工具的步骤,并将其与本章戴维利斯(DeVellis,1991)的建议进行比较。

5. 找到一项变革性混合方法设计的女权研究。着重分析其数据收集,注意作者如何与参与者合作并尊重其权利、如何运用对参与者背景敏感的数据收集程序,以及如何获得参与者支持并使他们参与研究。

6. 找到一项评估的或医疗科学的多阶段设计,确定其相互联系的各个研究项目,并图解其每个项目中的数据收集程序。

7. 请描述你在混合方法研究中可能使用到的数据收集程序,并列举你的抽样策略、样本规模、数据收集类型、记录信息的形式以及管理定性和定量部分的具体程序。

阅读推荐

有很多著作可以帮助大家理解定性和定量方法。这些著作通常关于某一具体学科领域,这里有两本关于广义社会科学与教育的著作,同时介绍了定量和定性方法:

Creswell, J. W. (2008b). *Educational research: Planning, conducting, and evaluating quantitative and qualitative research* (3rd ed.). Upper Saddle River, NJ:Pearson Education.

Plano Clark, V. L., & Creswell, J. W. (2010). *Understanding research: A consumer'sguide*. Upper Saddle River, NJ: Pearson Education.

还有一个关于研究方法的网站,其为大家提供了定性与定量方法关键理念的概述:

Trochim, W. M. *The research methods knowledge base* (2nd ed.). Retrieved from http://www. socialresearchmethods. net/kb/

如果是想建构一套测量工具或开发量表,其相关步骤的详细概述可参考下面的著作:

DeVellis, R. F. (1991). *Scale development: Theory and application.* Newbury Park,CA: Sage.

下面的资源详细概述了转换性混合方法研究与数据收集的具体问题:

Sweetman, D., Badiee, M., & Creswell, J. W. (2010). Use of the transformative framework in mixed methods studies. *Qualitative Inquiry*. Prepublished April 15, 2010, DOI: 10. 1177/1077800410364610.

接下来的著作讨论了如何在一项设计中同时收集并嵌入定性与定量数据:

Axinn, W. G., & Pearce, L. D. (2006). *Mixed method data collection strategies*. Cambridge, UK: Cambridge University Press.

第七章

混合方法研究中的数据分析与阐释

在混合方法研究中，数据分析包括以下内容：使用定量方法分析定量数据和使用定性方法分析定性数据，以及运用“混合”了定量、定性数据和结果的技术（混合方法分析）来分析定量定性两类信息。这些分析试图解答包括混合方法研究中的一系列问题和假设。因此，我们首要关注的是那些在研究中用来解决混合方法问题的分析路径；而通过不同的步骤以及关键决策，研究者分析数据来解答这些问题。在第三章中，我们介绍了六种混合方法研究设计，而这些设计的步骤和关键决策也不尽相同。混合方法研究者正是运用这些分析步骤来描述、阐释并验证数据和结果。计算机程序可以协助进行定量、定性和混合方法分析，而我们的讨论将始于回顾定量和定性数据分析及解释的基本原理。这一章的主要内容包括： 【204】

- 回顾定量和定性数据分析及阐释的基本原理；
- 总结混合方法数据分析及阐释中的重要原则；
- 讨论六种混合方法研究设计中的混合方法数据分析步骤；
- 着重介绍研究者在并行式设计和时序式设计中数据合并时的关键决策；
- 把效度问题和混合方法设计联系起来；
- 了解将在混合方法数据分析中所使用的计算机程序。

● 定量和定性数据分析及解释的基本原理

研究者们在进行定量或定性数据分析时，有一套类似的步骤：准备用于分析的数据，探索数据，分析数据，呈现分析，阐释结果，然后验证假设。这些步骤在定量研究中是依次进行的,但在定性研究中却会同时或反复进行。如表 7.1 所示,在定量和定性研究中,这些步骤具体展开的程序也有所不同。

【205-206】 **表 7.1 设计混合方法研究中推荐的定量和定性数据分析程序**

严格的定量数据分析程序	数据分析中的一般程序	具有说服力的定性数据分析程序
• 通过赋值为数据编码。 • 用计算机程序准备用于分析的数据。 • 清理(clean)数据库。 • 重新编码或计算将用于程序分析的变量。 • 准备编码手册。	准备数据以备分析	• 整理文档与可视化数据。 • 转录文本。 • 用计算机程序准备用于分析的数据。
• 目视检查数据。 • 进行描述性分析。 • 检查趋势和分布情况。	探索数据	• 通览数据。 • 写下备忘录。 • 准备定性编码书。
• 选择合适的统计检验方法。 • 分析数据从而回答研究问题或检验假设。 • 报告推断性检验、效应量(effect size)和置信区间。 • 使用定量统计软件程序。	分析数据	• 编码数据。 • 给编码注明标签。 • 将编码按主题(或类别)分组。 • 将主题(或类别)、摘要与更小的一系列主题关联起来。 • 使用定性数据分析软件程序。
• 在统计结果报告部分陈述结果。 • 以图表形式展示结果。	阐明数据分析	• 在讨论各个主题或类别的部分报告发现。 • 展示可视化模型、图和/或表格。
• 解释统计结果是如何回应研究问题或假设的。 • 将结果与现有文献、理论或早先的解释进行比较。	阐释统计结果	• 考察研究问题是如何得到回答的。 • 将发现与文献进行比较。 • 思考这些发现的个体意义。 • 基于发现提出新问题。
• 运用外部标准(external standards)。 • 验证并检查此前调查所得结果的信度。 • 建构当前数据的效度和信度。 • 评估结果的内部与外部效度。	验证数据和结果	• 使用研究者、参与者和检阅者标准。 • 运用验证策略,如成员核查(member checking)、三角互证法、驳斥性证据和外部评估者。 • 检查报告的精确性。 • 使用相应方法以检查信度。

许多读者对于这些步骤可能已经耳熟能详,因此,接下来我们将回顾并着重介绍数据分析的几个重要方面(更多详细介绍见 Creswell, 2008b)。

准备用于分析的数据

在定量研究中,调查者首先要将原始数据转换成便于分析的形式,这意味着:给每个回答赋值,以对数据进行计分,从数据库中查找、清除数据输入错误,并创建后续研究需要的特定变量(如用颠倒的分值来对问卷中的项目进行再编码,或计算量表中的多个项目以形成新变量等)。重新编码和计算则由计算机统计程序来完成,如社会科学统计软件包(SPSS)和统计分析系统(SAS)中包含的部分程序。同时,研究者还应当准备编码手册,列出上列变量及其定义,以及每个问题选项的赋值,等等。

对于定性数据分析,准备数据是指整理那些用于述评的文件或可视化数据,或是把访谈和观察中得来的文本转录成经处理的文件以便分析。在转录过程中,研究者会检查转录的准确性,然后将它输入定性数据分析软件程序,如 MAXQDA, Atlas. ti,NVivo,或 HyperRESEARCH。

探索数据

探索数据,是指检视数据以找出大的趋势和分布情况,或通览数据、记录备忘,然后建立对数据库的初步理解。

定量数据分析中的数据探索包括目视检查数据、进行描述性分析(调查中各个项目的均值、标准差[SD]及方差)从而确定数据的总体趋势。研究者通过探索数据来了解数据的分布,判定它是否服从正态分布,以便选择合适的统计方法进行分析。由数据收集【207】工具所得到的数值,将经由各种程序的核查,以评估其信度和效度。研究中的主要变量,尤其是重要变量(如自变量和因变量),都要进行描述性统计分析。

定性数据分析中的数据探索包括通览所有数据,以建立对数据库的整体理解。这通常需要研究者在笔录或田野笔记的页边空白处写下简短的备注,以记录他们的初步想法。这种数据的整体性检阅,往往要求回顾所有形式的数据,如田野观察笔记、日志、会议记录、图片以及访谈笔录。对建构更为宽泛的资料类别(如编码或主题)而言,记录备注是重要的第一步。备注通常写在笔录或田野笔记页边空白处,包括一些短语或想法。与此同时,研究者可以开始着手编写定性编码手册。编码手册是对数据库中编码的说明,是在研究过程中根据以往的文献以及分析过程中出现的编码形成的。编写编码手册的过程有助于组织数据,而且,当加入新编码和移除编码时,它有利于形成对笔录内容的一致理解(如果是几个人一起对数据进行编码)。并非所有定性研究者都采取这样系统的步骤,但这一过程对组织大规模数据库的确很有帮助。

分析数据

数据分析,指的是分析数据库从而解决研究问题或验证假设。不论是在定量还是定性分析中,我们都能看到分析的多重层次。在定量数据分析中,研究者根据问题或假设的类型进行数据分析,并运用合适的统计检验来解决问题或假设。选择合适的统计检验要根据:问题的类型(如趋势描述、组间比较或变量间关系)、自变量和因变量数目、用于测量变量的量表类型以及变量分值是否为正态分布等。研究方法教材对上述每一项考虑因素均有介绍(如 Creswell, 2008b)。研究者还应寻找实际效果的证据,以效应量和置信区间的形式进行报告。定量数据分析始于描述性分析,进而推断性分析,后者中的多重步骤会构建出更加精致的分析(如从交互效应分析,到主效应分析,再到事后的组间比较)。

【208】 定性数据分析包括数据编码——将文本划分成小单元(短语、句子或段落),给每个单元标注标签,然后把编码按主题进行分组。编码标签可能来自参与者使用的准确字眼(即体内编码,in vivo coding)、研究者编写的短语,或人文社会科学中使用的概念。如果研究者直接在打印出的笔录上编码,打印稿就需要留出较大的页边空白以便有位置写编码和备注。在手工编码过程中,研究者把编码字符写在文本段落的一侧(如左侧),把更宽泛的主题写在另一侧(如右侧)。

如今,使用定量数据分析软件程序更为实用(见 Creswell & Maietta,2002)。这些程序都包含部分下述功能:定性计算机软件程序可以存储用于分析的文本文件。研究者可以:用编码对文本段落进行划分和贴标签,以便检索;把众多编码制作成一张图像,以便用图表展示、明确编码间关系;搜寻包含多重编码的文本段落。这些程序在实现上述功能的方法和程度上有所不同。

定性数据分析的核心特征在于编码过程。编码,是对材料进行分组,给各种观念贴上标签,以逐步扩大研究视角的过程。数据库中的材料被分组编码,然后编码又被分为更宽泛的不同主题,主题进而被分入更大的、相关的或比较的维度和视角。关联主题的典型例子可见于扎根理论,研究者形成(被称为"类别"的)主题或编码,然后在理论模型中使它们联系起来。另一个例子可在叙事研究中看到——一系列源于数据的编码、主题,构建出了个体生活的年表。在这一过程中,主题、相互关联的主题或更大的视角,就是为定性研究问题提供答案的结果和发现。

呈现数据分析

分析过程中的下一步是用陈述、图表等形式总结报告分析结果。这些总结可以是概括性的结果报告。在定量研究中,这一步包括以概括统计结果的形式报告研究发现:"实验中的四个组得分各异。分析表明组间存在统计显著性差异($p<0.05$),$F(4,10)=9.98$,$p=0.023$,效应量 $=0.93$ SD。"

定量研究可以用表格报告描述性问题或推断性问题的结果。检验假设后，表格可以【209】用来报告检验结果是否具有统计显著性（还有效应量和置信区间）。研究者通常只在一个表格中展示一个统计检验。表格需要好好组织，要有清晰翔实的标题和行列标签。使用各种类型的统计程序都有必须报告的标准信息，例表模板可参见各种各样的统计学书籍。

研究者可以用图表（如条形图、散点图、线形图或曲线图）来直观地呈现定量分析的结果。这些直观的图表展现了数据的趋势和分布。图表应当增补，而非仅仅重复文本信息，并且要易读好懂，略去那些转移注意力的细节。部分统计程序中的图表可以直接复制到 word 文档中。

在定性研究中，呈现结果的方式包括：讨论主题和类别的证据或例子，用图表呈现研究所处自然环境，用图表展示研究框架、模型或理论。当讨论某个主题或类别的证据或例子时，基本思想是要让读者相信这些主题或类别源于数据。论证的写作策略包括：呈现次主题或次分类；引用特定文献；使用不同的数据来源，以例证证据的各个方面；提供研究中个体的多样视角，来呈现不同的观点（这些策略的具体例子见 Creswell, 2008b）。此外，研究者还可以使用不同主题的“图像”（如图表、地图或表格）来阐明他们的发现。关联主题可以形成模型（类似扎根理论）、年表（类似叙事研究）或对照性表格（如动物行为学）。地图则可以呈现研究开展环境的物理格局。

阐释结果

呈现结果或发现后，下一步要对结果的含义作出解释，这一步通常出现在报告的讨论部分。基本上，阐释结果意味着从细节性的结果中抽离出来，进而从研究议题、具体问题、现有文献以及个人经历角度出发，挖掘本研究更大的意义。对于定量研究，阐释结果指将最初的研究问题与最终结果进行对比，来确定这项研究是如何回答这些问题或假设的。此外，这也意味着，将本研究的假设以及前人研究中的发现，与研究结果进行对比，从而为研究者的发现提供解释。【210】

在定性研究中，这一步与定量研究稍有不同。定性研究者需要强调定性发现是如何回答研究问题的。另外，也可以与现有文献中的研究进行比较。此外，定性研究者还可以在这一步带入他们的个人经历，对发现的含义作出个人评估。正是这一特点区分了定性研究与定量研究，也反映了定性研究者的角色——他们相信研究（和它的阐释）绝不能与研究者个人的观点与特性相割裂。

验证数据与结果

为了确保数据、结果及其阐释的效度，所有好的研究都会使用相关程序进行验证。效度在定量和定性研究中有所不同，但在两种方法中，它都被用于核查数据、结果和阐释的质量。

在定量研究中,研究者从两个层面考虑效度问题:所用测量工具(如问卷的赋值的优劣);从定量分析结果中所得到的结论的质量。定量效度指,参与者给出的分值是被测量现象的有意义的指标。效度标准来自研究者和参与者以外的统计程序或外部专家。研究者试图论证研究的内容效度(项目或问题在可能的项目中是否具有代表性)、效标关联效度(分值是否与某个外部标准相关,比如类似工具的分值)或建构效度(他们是否测量到了想要测量的东西)。《教育和心理测试标准》(*American Educational Research Association*,1999)根据收集到的证据类型来运用相关术语(检验内容、响应过程、内部结构、其他变量以及结果检验),并注意联系测试的用途来阐释测试得分。为了评估一项研究的效度,研究者可以通过内容效度来建构测量工具的效度,通过效标关联效度和建构效度程序来确认分值的效度,此外,定量研究者也会考察那些可以从结果得到的结论的效度。【211】这意味着定量研究者要好好设计他们的研究,来保证内在效度和外在效度。内在效度是指,研究者可以在多大程度认定变量间具有因果关系。调查者只有在研究设计中考虑到参与者流失、选择性偏误以及参与者的成熟或自然发展[1]等可能影响效度的问题,才能得出正确的因果推论(Creswell,2008b)。在实验性研究中,内部效度是最受关注的。外在效度指研究结果能在多大程度上适用于更大的群体,这在调查设计中往往是最受关注的问题。也就是说,除非采用科学的研究程序,如选择有代表性的样本,否则研究者无法将研究结论扩展至其他人、其他背景以及其他时间节点。

定量研究者还要考虑信度问题。定量信度是指,参与者的赋值保持一致性和稳定性,不随时间变化而变化。分值的信度系数来自于过去研究的测试、对于信度系数的项目的评估以及调查工具的重测结果,这些都需加以说明、处理。在一项研究中,研究者在数据探索时要(用检测内部一致性的统计程序)检查分值信度,并核查所有再测信度的比较。在评估效度之前,要先确定分值的信度。

在定性研究中,更多是效度决定了研究者、参与者提供的描述是否准确牢靠(Lincoln & Guba,1985),而非信度。定性的效度来源于研究者的分析程序,这主要基于与参与者访谈所收集的、来自于外部专家的信息。在定性研究中,信度主要关乎研究团队中多个编码者对文本段落编码的一致性程度,但其往往是次要的角色。

定性验证的构建十分重要,但是关于定性效度的评论和类型实在太多了,导致研究者很难抉择究竟该采取哪种方法。在之前的论述中,我们设定了一些标准,接下来我们将由此着手(Creswell,2007; Creswell & Miller, 2000)。总的来说,要检查定性效度,就意味着评估收集到的定性数据是否准确。判断这种效度的有效策略并不少,而且定性研究者通常不只使用一种方法。成员核查是常用方法之一,调查者带着研究发现与总结(如案例研究、重大主题、理论模型)回访关键参与者,询问研究发现是否准确反映其经历。另一个检验效度的方法,是对从数个来源(如手稿和图片)或若干个体处获取的数据,进

---

1 “参与者的成长”是对于内部效度的基本威胁之一;其指的是,导致参与者改变因变量的自然过程。比如,在诸多医学试验(比如头疼治疗试验)中,参与者自己逐渐就好起来了。——译者注

行三角互证。这一方法也很常见:调查者采用若干来源或若干个体的信息来论证某编码【212】或主题。第三种方法则是报告驳斥性证据(disconfirming evidence)。驳斥性证据是指与现有论证观点相反的信息。报告驳斥性证据,实际上是在确认数据分析的准确性,因为在现实生活中,主题的证据往往是多样的,且同时包括正面和负面信息。最后一种方法是请其他人检查数据。这些"其他人",既可以是熟悉定性研究和该项研究所在领域的同侪(如研究生或教师),也可以是外部审核人员——他们在课题之外,可以用自己的标准检视数据库和定性结果(Creswell,2007)。

信度在定性研究中价值有限,但常用于比较不同编码者的编码。有一种基本方法,被称为定性研究中过录者一致性,即让几个人同时编码一份手稿,然后比较他们的成果,来确定是否达成相同的编码和主题(Miles & Huberman,1994)。通常情况下,编码者会根据某个预先定好的编码方案,查询已经完成编码的文本段落,来鉴别文本段落编码是否一致。频率可用于计算相似编码的占比,而信度统计量(kappas)可以用于系统性数据的比较。

● 混合方法设计中的数据分析和阐释

混合方法数据分析(mixed methods data analysis),指适用于定量与定性混合数据的分析技术,这几种类型的数据可能在单一课题、多阶段课题中同时或接续出现(类似定义见 Onwuebuzie & Teddlie, 2003),混合方法研究过程中,可能会有一次或多次数据分析。另外,混合方法数据分析还包括研究者采取的特定步骤,以及在不同阶段作出的关键决策。分析完成之后,混合方法阐释会涉及检视定量结果和定性发现,然后评估这些信息如何解决研究中的混合方法问题。特德利和塔萨科里(Teddlie & Tashakkori,2009:300)把这种阐释称作得出"推论"和"元推论(meta-inferences)"。混合方法研究中的推论是从研究中相互独立的定量、定性部分得出的结论或阐释,以及贯通定量和定性部分得出的结论或阐释(称为"元推论")。特德利和塔萨科里(Teddlie & Tashakkori,2009)把混合方法视【213】作一项工具,认为它能提高定量方法和定性方法所得推论的质量。在详细讨论不同混合方法的数据分析之前,我们先来回顾一下,学界对混合方法数据分析的认知是如何演进的。

数年来,对混合方法数据分析的认识发展缓慢。最初的关于混合方法中数据分析的讨论,确认了几个可用的一般步骤,这些步骤与具体的设计无关,是分析数据时的通用步骤,如 1993 年卡拉切利和格林(Caracelli & Greene)对四种分析策略的讨论。这四种策略是:

- 数据转换——将一种数据类型转换为另一种类型,从而使得研究者可以同时对比分析这两类数据;

- 类型学拓展——对一种数据类型进行分析,并由此拓展出一种同样适用于另一种数据类型的分析框架(或分类体系);
- 极端案例分析——从一种数据类型的分析中识别“极端案例”,并用另一种数据类型进行检查、提炼对极端案例的最初的解释;
- 数据整合——对两种数据类型进行联合评审,用以创造进一步分析所需的新变量、整合变量或数据集。

到2003年,围绕与研究过程更密切相关的数据分析,学界开展了一场更具实质性的对话。奥维格布兹和特德利(Onwuebuzie & Teddlie,2003)围绕数据分析过程的七个阶段,描述了一个用于混合方法数据分析的模型:

1. 数据简化——通过对定量数据进行统计分析或根据定性数据编写概要,以简化收集到的数据。
2. 数据呈现——比如,将定量数据简化为表格,将定性数据简化成简图或评量表。
3. 数据转换——把定性数据转换成定量数据(即量化定性数据)或相反(即质化定量数据)。
4. 数据关联——将定量数据和量化的定性数据进行关联。
5. 数据合并——合并两种数据类型来生成新变量,合并变量或数据集。【214】
6. 数据对比——比较来源不同的数据。
7. 数据整合——将所有数据整合成一个整体。

这一分析过程中,前两步遵循数据分析的逻辑步骤,但后五步(从转换到整合)则是分析中可选的步骤,不必按顺序一步步进行。不仅如此,这些步骤也不只是混合方法设计才有。

更为新近的一篇评论开始在研究设计领域讨论混合方法数据分析。为了考察混合方法数据分析,贝兹利(Bazeley,2009)探讨了一些新兴途径:考察研究(如密集案例分析、极端或负面案例或像社会网络分析这种固有的混合分析)的一个实质性共同目标;分析一种形式的数据时,使用另一项分析的结果(如类型学拓展);综合不同来源的数据来联合阐释(如把主题数据和采用矩阵的分类/比例变量进行比较);把一种形式的数据转变成另一种数据(如数据转换);创造混合变量;对多重的、时序式的研究阶段进行重复分析。

贝兹利(Bazeley,2009)的列表,预示了许多在混合方法设计中处于核心地位的数据分析步骤。通观六种主要设计,我们发现,混合方法数据分析不仅要考虑到各种设计的典型分析步骤,还要顾及研究者在执行这些步骤时所作出的关键决策。混合方法数据分析中的步骤指对某一混合方法设计进行数据分析时,研究者按逻辑顺序采取的先后次序。混合方法数据分析中的决策则指在数据分析中,那些需要研究者决定如何进行分析的关键决定。步骤和关键决策概览详见表7.2。

表 7.2　混合方法数据分析中各种设计的步骤和关键决策　【215－220】

混合方法设计类型	混合方法数据分析类型	设计中的数据分析步骤	数据分析决策
一致性设计	合并数据分析以比较结果	1. 同时收集定量和定性数据。 2. 利用最适合于定量与定性研究问题的分析路径，分别对定量数据进行定量分析，对定性数据进行质性分析。 3. 明确从哪些维度比较从定性、定量两个数据库所得结果。 4. 明确在这些维度上比较哪些信息。 5. 进一步改善定量和/或定性分析，生成需要进行对比的信息。 6. 呈现这些比较。 7. 阐释这些整合的结果是如何回答定量、定性以及混合方法问题的。	确定如何比较两个数据集(如维度、信息)。 确定如何说明或展示综合性分析(Combined analysis)判定是否需要进一步分析。
一致性设计	通过数据转换合并数据分析(如量化定性数据)	1. 同时收集定量和定性数据。 2. 运用最适合的分析方法，分别对定量数据进行定量分析，对定性数据进行质性分析。 3. 基于定性结果定义量化变量，并形成一套为定性结果赋值的评价量规(rubric)。 4. 系统地为定性结果赋值，从而确定量化变量。 5. 运用最适合混合方法研究问题的定量分析方法，来分析包括量化变量在内的定量数据。 6. 阐释合并结果(the merged results)是如何解决定性、定量以及混合方法问题的。	决定如何量化定性数据(即评价量规)。 决定连接两种数据组时要用的统计方法。
解释性设计	连接定量、定性数据分析来解释结果	1. 收集定量数据。 2. 运用最适合定量研究问题的分析方法对定量数据进行定量分析。 3. 基于定量结果设计定性部分。 4. 收集定性数据。 5. 运用最适合定性与混合方法研究问题的分析方法对定性数据进行定性分析。 6. 阐释连接结果(the connected results)是如何回答定量、定性以及混合方法问题的。	决定跟踪调查哪些参与者以及需要解释哪些结果。 确定定性结果是如何解释定量结果的。

续表

混合方法设计类型	混合方法数据分析类型	设计中的数据分析步骤	数据分析决策
探索性设计	连接数据以概括研究发现	1. 收集定性数据。 2. 运用最适合定性研究问题的方法对定性数据进行质性分析。 3. 基于定性结果设计定量部分。 4. 开展对新工具(或新的干预处理)的初步试验。 5. 收集定量数据。 6. 运用最适合定量研究问题的方法对定量数据进行定量分析。 7. 阐释连接结果是如何回答定性、定量以及混合方法问题的。	确定哪些数据可以应用于后续的定量分析。 确定如何最佳地评估测量工具的心理测量质量(the psychometric quality)。 判定定量结果是如何基于或详述定性发现的。
嵌入式设计	根据研究设计是并行式的还是时序式的,进行合并数据或连接数据的分析	1. 分析主要的数据集从而回答首要的研究问题。 2. 运用一致性、解释性或探索性设计中的步骤来分析那些通过合并或连接嵌入到主要设计中的次要数据(定性或定量)。 3. 阐释主要和次要结果是如何回答定性、定量以及混合方法问题的。	决定如何使用次要的数据结果。 决定次要数据该在何时加入主要数据集。 确定次要数据是如何支持或补充主要数据。
变革性设计		1. 运用一致性、解释性或探索性设计中的步骤,通过合并或连接来分析定量和定性数据。 2. 阐释结果是如何回答定量、定性以及混合方法问题的。	确定能最好地为变革型视角(the transformative lens)提供证据的分析路径。 与一致性、解释性或探索性设计的情况类似,在交互、合并或连接数据分析中作出相应的分析决策。 判断结果在多大程度上揭露了不公正以及在多大程度上改变。
多阶段设计	对于多阶段设计中的每个阶段或计划进行合并数据或连接数据分析	1. 对整个项目中的每个课题进行数据分析。 2. 按照项目要求的时机,运用测量进行合并分析或连接分析。 3. 阐释结果如何回答课题的研究问题以及对整体目标有何贡献。	确定合并数据与连接数据分析的适用性,或在项目每一阶段中某种结合的适用性。 决定如何才能最好地把研究中所有课题的数据分析结合起来,从而实现共同的研究目标。 判断结果在多大程度上推进了项目目标。

各种混合方法设计中数据分析的步骤与关键决策

正如表7.2所示,在一致性设计中,收集完定量和定性数据之后,研究者分别分析两类信息,然后合并两个数据库。之所以要分析,是为了通过比较两个数据集来合并结果,【221】或转换其中一个数据集来合并数据。在这种设计中,一个研究阶段会有三次数据分析,分别发生在:各数据集彼此独立时,数据进行比较或转化时,数据比较或转化完成后。这些节点间可能有中间步骤,比如识别数据比较的维度、明确哪个变量将被转化,以及在数据呈现或讨论中阐明比较的具体细节。最后,研究者需要将合并后的结果与研究问题进行比对。在这种设计中,数据分析中的关键决策主要有:如何比较两套数据集(如维度、信息),如何呈现综合性分析,如果结果存在分歧要如何进一步地分析。

在解释性设计中,数据分析步骤包括初步收集定量数据、分析数据,以及运用定量结果引导后续定性数据的收集。数据分析发生在三个阶段:分析原始定量数据,分析后续收集的定性数据,分析混合方法问题(定性数据在多大程度上有助于解释定量数据)。在这种设计中,最初的定量数据分析和后续定性数据收集紧密相连。在解释性设计的阐释阶段,研究者主要分析的是定性数据是否解释了定量数据、如何解释定量数据等混合方法问题。关键的数据分析决策包括:如何用定量分析识别参与者,从而判断哪些结果可以用于定性解释,以及如何用定性结果解释定量结果。

在探索性设计中,研究者首先收集定性数据并对其进行分析,然后运用这些信息来开展后续定量阶段的数据收集,定量部分由此接入最初的定性部分。类似于解释性设计,探索型设计中包含三次分析:在最初的定性数据收集结束之后,在接下来的定量数据收集结束之后,以及在两个数据库合并后的阐释阶段(即研究者需要推广、拓展最初的定性探索性发现这一阶段)。这一设计中的关键性数据分析决策,主要发生于用前期定性发现引导后续定量数据收集的阶段。其他需要作出的决策则主要关乎:数据收集工具的心理测量质量,如何分析测量工具得到的数据,以及如何在原始定性发现上构建、拓展定量结果。

在一个嵌入式设计中,定性和定量数据可以先后收集、同时收集或二者兼而有之。在这种设计中,一种数据形式被嵌入另一种之中(如被嵌入实验性干预试验中的定性数【222】据,或被嵌入纵贯相关性设计中的定性访谈)。该方法的一种变体是在设计或程序中同时嵌入定性和定量数据(如运用包括定量和定性信息的地理信息调查程序)。因此,这种设计中的数据分析步骤,取决于嵌入的数据何时、如何被用于研究,其步骤主要有三:主要数据分析、次要数据分析,以及进一步的决定次要数据以何种方式支持或补充主要数据的混合方法分析。其中关键的数据分析决策包括:如何进行次要分析,以及它应在何时加入主要数据设计中。

在变革性设计中,研究者在一个变革性的理论视角下设计研究,以揭露不公,并呼吁改变某个被忽视的边缘群体的境遇。研究中,定性和定量部分的数据收集可以同时、先后收集,或两种方式并用。分析步骤可能是同时进行的数据分析程序(如同在一致性设计中一样),或先后进行的数据分析程序(如同在解释型或探索性设计中一样)。因此,在合并或连接两组数据或阐释阶段时,都会有数据分析决策。类似的整合性分析也可见于多阶段设计中,这种设计既有时序式的部分,也有并行式的部分。最好的例子不外乎大规模评估和健康科学项目,这类项目包括多个分析层次,而且通常耗时数年。其中,定量和定性数据库的构建都是为了共同的整体性目标。这些设计的数据分析决策主要包括,获取研究结果以实现研究的总目标,以及推进整个研究项目。

正如表7.2中所示,六种设计中的数据分析包含了许多细节性的决策。通观这些设计,可以看到混合方法研究者主要使用两个分析步骤——对并行式收集的数据进行合并,对时序式收集的数据进行关联。这些步骤还涉及近年来有关混合方法分析具体技术的细节讨论。

并行式路径中合并数据分析决策

在可能用到并行式程序的四种设计类型中(一致性设计、嵌入式设计、变革性设计、【223】多阶段设计),研究者一般要运用混合方法的数据分析和阐释路径来整合定量定性数据。正如第五章所提到的,在整合数据时,有以下典型的混合方法问题需要回应:定量和定性结果在多大程度上是一致的?其他需要进行合并数据分析的混合方法研究问题,如定性发现与定量结果是否显著相关(一致性设计的数据转换变体)?定性分析过程中的发现在多大程度上促进了对实验结果的理解(嵌入型设计的实验阶段)?定性主题和定量结果如何一致或出现分歧,从而揭露不公并建议变革(变革性设计)?这些问题都需要整合性数据的分析程序和技术。

就两种分析结果是否一致,以及如何一致而言,混合方法数据分析主要用于回答混合方法研究问题。合并数据的分析策略包括:运用分析技术来合并结果,判断来自两个数据库的结果是否一致,以及在两种结果不一致的情况下,进一步分析数据来调和分歧。在实施过程中,我们可以采用以下具体方法。

比较结果的策略。在数据分析中,完成初期的定量和定性分析之后要比较分析结果,有哪些方法可用于结果比较呢?我们有三种方法来进行合并数据的分析比较。按照它们在混合方法研究中的使用频率,从高到低依次是:讨论或汇总表中的并排式比较,结果或阐释中的联合呈现比较,或者结果中的数据转换。

第一种合并方法,对合并数据分析进行并排式比较,指在讨论或汇总表中,同时呈现定量结果和定性发现,以便于比较。这一呈现方式便成为展现合并结果的方法。例如,当定量和定性发现出现在一项研究的讨论部分时,那么讨论就成为合并结果的工具。一种较为普遍的方式是,在结果或讨论部分先呈现定量结果,然后紧跟着以引用的形式呈现定性结果(或者反过来);接着使用一条评论,明确指出定性引用如何确认或否认了定量结果。在一项关于联盟成功的混合方法社会工作研究中(Mizrahi & Rosenthal,2001),

其结果部分便提供了相应的例子,见图 7.1。

图 7.1　从结果部分摘录的定量和定性数据结果的并行比较

【224】

呈现定量结果	总的来说,不管如何定义“胜利”,某些因素被一致认为对同盟胜利具有重大影响。“致力于理想/事业/议题”(95.0%)以及“足够的领导力”(92.5%)是在不考虑胜利定义的情况下最重要的两个因素,其次还有“对同盟整体/工作的奉献程度”(87.5%),“公正的决策制定架构/过程”(80.0%)和“相互尊重/包容”(77.5%)。胜利的其他重要因素包括“一群基础深厚的支持者”(75.5%),“取得中期胜利”(72.5%),“成员持续地提供资源”(67.5%)以及“分担责任与共享所有权”(65.0%)。具体的与资源相关的因素(人员配置和资金供应)反而不那么重要。绝大多数的同盟领导认为只有三个外部因素较为重要:“正确的时机”,选择一个“关键性议题”(上述两个都占到了 87.5%),以及“合适的目标”(71.5%)。尽管同盟领导难以控制这些因素,但很明显的是,这些因素对制定目标和策略的决策过程有深入影响:
呈现相应的定性结果并关联定量结果	本同盟积聚的资源是宝贵且可敬的。我们(成员们)都拥有大量关于专业领域和政治过程的知识。成员被视作专家,将使联盟具有更强的力量和更大的影响力来达成目标。

来源:Mizrahi 和 Rosenthal(2001:70)。

在这个例子中,作者用了定性引语(图 7.1 底部)来支持定量描述发现(在表格顶部)。在其他研究中,这一比较可以反过来使用——用定量部分来支持定性引语(例子见 McAuley, McCurry, Knapp, Beecham & Sleed,2006)。同时,在图 7.1 的例子中,作者并未试图直接合并或整合数据;相反,该讨论突出了对两个数据库分析结果的比较。其实,数据的合并贯穿于整个结果和讨论部分。

此外,还可以用汇总表来合并定量和定性发现,来进行另一种形式的并行式比较。一项学前教育的混合方法研究(Li, Marquart & Zercher, 2000)就很好运用了汇总表。如图 7.2 所示,作者比较了他们四个主要话题的访谈资料和调查资料(在两种数据来源中得到的类似资料)。他们在一张表格中呈现了这些信息,读者可以并排地看到两种数据是如何为每一话题提供证据的。

【225】

图 7.2 访谈和调查数据的信息比较

访谈和调查数据信息比较:	定性结果 以八个主题中的四个为例	定量结果
主题	面对面访谈	电话调查
1. 孩子为何以及如何被安排在项目中	决策的两个方面: (1)以社区为基础的"包容性"选择; (2)特殊的儿童看护中心。 影响选择的因素: • 到访过教室、拜访过教师,并喜欢二者; • 地点便捷; • 时间灵活; • 中心的良好声誉; • 中心会根据孩子的表现来决定是否接收孩子。	父母参与项目的首要原因: • 提供特殊的教育服务或治疗; • 为孩子提供学习机会; • 为孩子提供与其他孩子玩耍的机会。
2. 项目是否适合孩子	在成功的安排中,孩子和家庭的需求与项目之间存在"匹配"。影响匹配的因素有: • 工作人员和孩子的接纳; • 孩子喜欢活动和日程安排; • 孩子喜欢项目; • 可见的受益或具体的进步。	• 90% 的人认为,对孩子而言,参加包容性项目非常重要; • 80% 的人表示,孩子经常或总是能够获得所需的特殊服务; • 86% 的人满意儿童教育目标的制定方法。
3. 有益和无益的参与者	有益参与者的特征: • 在不同时间、场合始终在场; • 对孩子投入个人时间和精力; • 提供多种类型的支持; • 关于孩子信息的可靠来源。 无益参与者的特征: • 忽视或无视家庭关系; • 沟通不足。	最有益的助力来自: • 在家的其他家庭成员; • 孩子的老师; • 社区和儿童项目中的其他专业人士。
4. 孩子在家庭和社区活动中的参与	影响参与的因素: • 家长对孩子安全的考虑; • 家长对孩子表现的期望; • 近邻中少有小孩; • 家庭的类型、日程安排及其融入社区的方式; • 大家庭制度(an extended family system)在家庭文化中的重要性,使得家庭无须或不会选择深度融入社区; • 孩子年龄太小。	参与的限制: • 孩子的语言能力; • 家庭的时间和日程限制; • 他人对于儿童残障的态度; • 孩子的表现; • 附近缺少其他一同玩耍的孩子。

(左侧括注:主要话题——涵盖主题 1~4)

来源:Li et al., 2000, Table 2:124-125. 获得 SAGE 出版社授权。

第二种合并策略是运用联合展示表。联合展示表(joint display)指的是,研究者在一张图表上排列定量和定性数据,以便直接比较两种数据,这种呈现其实是合并了两种数据形式。如果想运用联合展示表,研究者要选定适当的维度,以及不同维度间比较的具体信息。联合呈现已有数种建构方法,研究者仍在继续发明新的方法。最直接的形式是合并数据分析中的类别/主题呈现(category/theme display in merged data analysis),这种方法把从定性分析中得出的定性主题,与定量统计项目或变量中的类别型数据、连续性数据,排列在一起。这种呈现的例子见图 7.3,该图展示了一项混合方法研究生成的数据。该研究的主题是,探索一项互助计划中接受师范教育的 16 位本科生,在彼此间建构积极关系的过程(McEntarffer,2003)。【226】

图 7.3　按主题排列的联合展示表举例【227】

维度:定性主题

维度:定量分类

盖洛普优势识测试中排名前三的优势	定量主题		
	关系构建策略	优势意识	关系结果
投入($n=8$)	24 冷静。 交谈了一小会。	15 谈论结果。 谈论优势意识这一术语。	55 我们观察到舒适度提高。 谈话显然更加从容。
交往($n=6$)	32 “这周过得怎么样”之类谈话。 谈论热点话题。	13 轻松随意地谈论优势。 积极且愉快地讨论。	13 我们间建立起了一种特殊关系。 我们度过了初期的不适阶段。 较早的对话不够深入。
成就($n=5$)	22 谈论我们的生活。 论及私人信息表达对我的信任。	3 能够获悉他人优势是件很棒的事。 我在日常生活中注意到自己的优势。 看电影有助于深入思考优势。	3 参与项目初期的紧张感消失了。 我们主动邀约。 我们对自己有了新的了解。

来源:改编自 McEntarffer(2003)的数据库,已获授权。

在这项研究中,三、四年级的导师与新生学员结对,来完成定量的优势识别测试。该测试工具由盖洛普公司开发,包含 180 个关于个人强项或才能的成对测试条目(Clifton & Anderson, 2002)。研究人员可以通过这一测试工具的分析,识别出每个人最强的五种优势。所有导师和学员中,排名前三的优势是投入、交往和成就者,它们分别纵向排列在图

7.3 中。这些优势呈现了一个类别型定量变量的不同层次。研究者收集文件,进行访谈,并在观察导师与学员的互动时做田野笔记,以此得到图 7.3 中横向呈现的定性数据。分析这些定性数据,研究者得到三个主题:关系构建策略,优势意识,以及关系结果。如图 7.3 所示,调查者用陈列的方式描述定量(优势)数据和定性(主题)数据。在各个单元格中,数字表示各类别、主题下参与者提供的文本单元数,其余部分是参与者所说的话,定量数据和定性数据就这样合并在一起。研究者在分类时也会用相似的呈现方法。类型学和统计合并数据的分析呈现,是对定性主题数据和分类定量数据的合并分析。例子可见附录 A (Wittink,Barg & Gallo, 2006)的表 A.3。

【228】 另一种合并数据的联合呈现方法,和按主题排列分类数据有所不同。为了突出合并数据分析呈现中定量定性发现的异同,研究者需要分析定性和定量数据并比较结果,再用表格横向呈现一致或不一致(或矛盾)的发现。此外,在表格的纵向上,研究者可能会呈现根据数值划分的主题和/或参与者类型。表格单元格中的内容可以是引语、数字或者二者皆有。这种方法的例子可见李和格林(Lee & Greene,2007)提供的联合展示方法,这项研究检验了学生在 ESL(作为第二语言的英语课程)分级测试中得分的预测效度。研究者收集并分析了学生表现的定量和定性指标,这些指标包括学生绩点(GPA)、测验分数,以及在师生中进行的问卷和访谈。如图 7.4 所示,作者将分班测验分数、GPA 间不同的关系(如低分数和低 GPA;低分数和高 GPA)和引述信息(还有相关的人口学信息)分列开来,展示了所选引语与“高分对应高学习绩效,低分对应低学习绩效”这种假设的一致或背离。

最后一个案例导向的合并分析呈现的例子,在定量量表里,研究者加入了案例和个案的文本数据。这个例子表明,研究者们能够创造性地根据需要建构矩阵。这种呈现方法的例子,来自一项对六个族群(以色列、欧洲、北非、苏联、美国、加拿大以及埃塞俄比亚)中成对母女间的女性健康行为研究(Mendlinger & Cwikel, 2008)。正如图 7.5 所示,四例个案按照健康评估等级,从差到优依次排列。表格提供了女儿和母亲对自己健康状况的描述,这是定量评级的基础。此外,表格也标注了女儿和母亲的族群。以这种方式,最后得到的表格不仅呈现了数字形式的等级得分,又呈现了文本形式的定性资料,合理地将二者结合在了一起。

同时使用定性、定量数据的第三种策略是数据转换合并分析。在这种合并形式中,研究者将一种数据类型转换成另外一种类型,使二者更易于比较和深入分析。诸多混合方法文献提出了数据转换这一议题(Caracelli & Greene, 1993; Onwuegbuzie & Teddlie, 2003; Sandelowwski, Voils, & Knafl,2009)。比如海塞-比伯和利维(Hesse-Biber & Leavy, 2006)曾问研究者:你想用定量数据来转换你的定性数据,还是相反呢?毫无疑问,把定性数据转换成数值计算(定量数据)要比反过来容易得多。

【229】

图7.4　分析结果一致性与矛盾性的联合展示表摘录

维度：一致和矛盾的例子

联机 ESL 分级考试（CEEPT）分数，以及师生调查与访谈的引语——引语评价了英语能力在课程表现中的作用

维度：考试成绩和GPA 间的定量关系

CEEPT 分数	GPA	教职工的反馈		学生的反馈	
		一致	矛盾	一致	相异
2	3.18 以上	“他的听力、口语和阅读不太好。在我的课上，最低分数是 B+，他的成绩是 A-，倒数第二。”（ID0624，I）（3.80）（技术）	“她交上来的作业准备充分、考虑周全。”（ID2005，Q）（3.75）（人文） “他在 12 个学生中是第二。他能根据文献提出很好的问题，他的笔记做得非常好。”（ID0620，I）（4.00）（科学）	“不熟悉惯用语，让我不太容易看懂家庭作业的题目。”（ID2037，I）（3.22）（商业） “因为听力太糟糕，我很难跟上课程内容。”（ID0605，I）（3.5）（人文） “我只能看懂 60%~70%的文献，这让我的分数比预想的低。”（ID0620，Q）（4.00）（科学）	“理解文献和参与课堂讨论很容易。老师说话挺慢的。”（ID0624，I）（3.80）（技术）
	3.18 以下	无数据	无数据	无数据	无数据
3	3.25 以上	“这个学生在课上很安静，但她的口头展示做得不错。她家庭作业里的写作部分可以媲美其他国际生（总而言之，非常好）。”（ID2036，Q）（3.57）（人文）	“她的排名在前 10%，得分是 A。我觉得她在语言方面完全没问题。”（ID2032，I）（4.00）（科学）	“我的口语不太好，但这不会妨碍我在学业上表现良好。”（ID0603，Q）（3.39）（技术） “听力很成问题。缺乏相关的文化知识会妨碍我的理解。”（ID0610，I）（3.53）（技术）	无数据

来源：改编自Lee & Greene（2007, Table 5:383）。获SAGE出版公司授权。

【230】

图7.5 联合展示的例子：运用案例方法把各个案例放入量表并提供文本

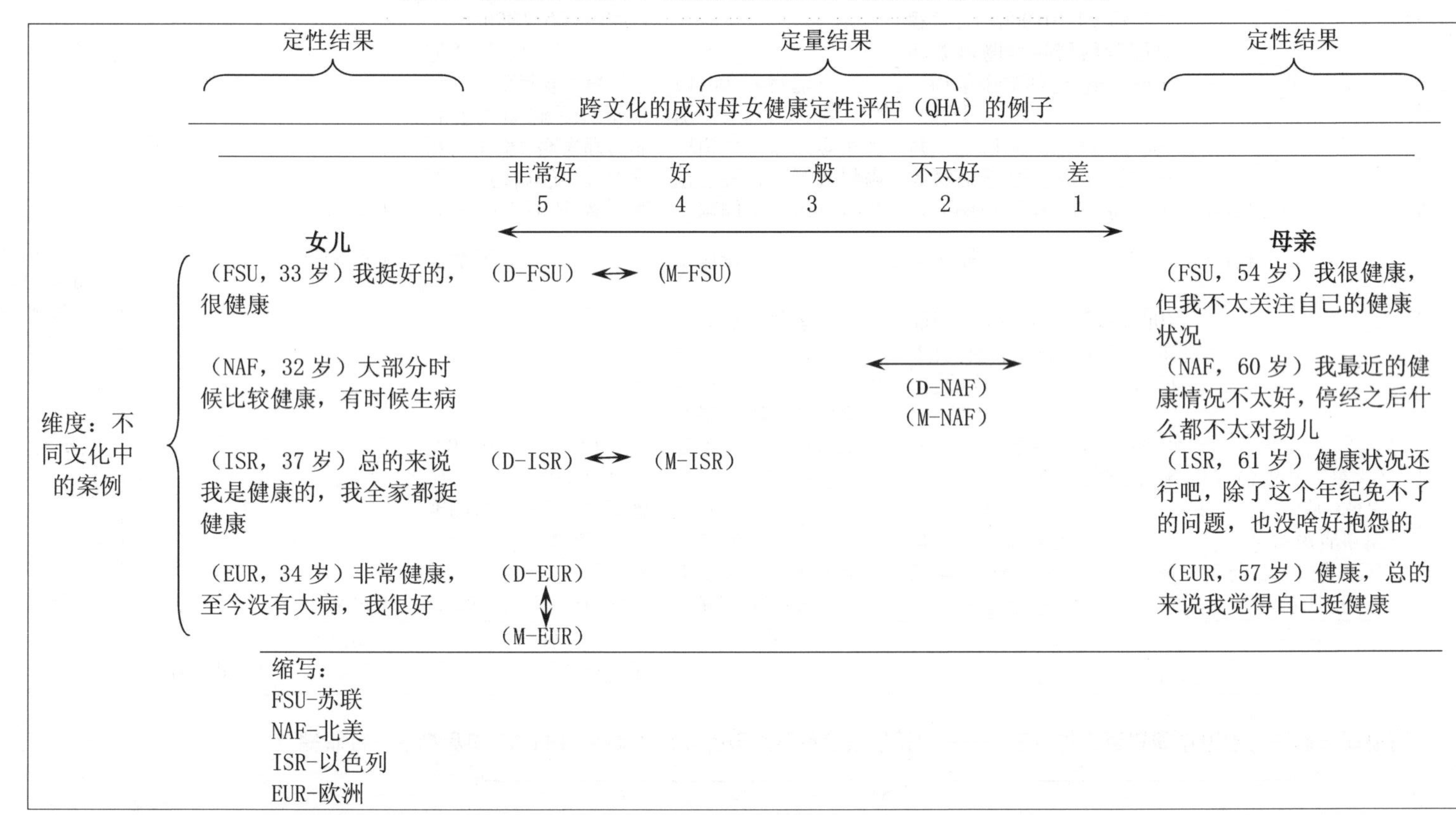

来源：Mendlinger & Cwikel（2008, Figure 3:288）。获SAGE出版公司授权。

把定性数据转换成定量数据,涉及把主题或编码简化成数值信息,如二分类别(dichotomous categories)。关于部分的转换步骤,我们所参考的最详细的资料是奥韦格布兹和特德利(Onwuegbuzie & Teddlie,2003)的著述。转换步骤中的一个关键问题是,应该量化定性数据的哪个方面,而且应该如何量化它。最简单的方法是,定义一个二分变量,以标示参与者身上出现(赋值为1)或者不出现(赋值为0)某主题或编码。其他方法还有,计算如某主题或编码在数据中出现的次数。奥韦格布兹和特德利(Onwuegbuzie & Teddlie,2003)提供了详细的计算方法,如可以:【231】

- 计算样本中某主题出现的频率,转换为百分比;
- 计算每一主题下的单位数量,转换为比值;
- 计算与某一现象相关的所有主题的占比;
- 计算选择或赞同多种主题者的占比;
- 计算每个单位的观察、访谈、文本的时间顺序和长度;
- 计算每小时观察到的行为的发生次数;
- 计算每页中出现的重要陈述的次数;
- 计算观察到一个分析单位之前所耗费的时间。

戴利和奥韦格布兹(Daley & Onwuegbuzie,2010)在一篇有关男性少年犯暴归因的研究中,讨论了数据转换的过程。为了把封闭式问题和开放式问题联系起来,作者试图运用一致性设计。根据开放式条目的回答,作者得到了七个主题。根据样本中的每个个体是否表现出某主题,研究者将其赋值为 1 或 0。此后,他们利用呼应式呈现(interrespondent display)来比较每个个体,并将开放式主题的得分和封闭式项目的得分联系起来。在另一项有关向父母身份转换(transition to parenthood)的研究中,桑德洛夫斯基(Sandelowski,2003:327)讨论了定性数据的"量化"。她和同事对访谈资料进行转换,以比较进行/未进行羊膜穿刺术(amniocentesis)的夫妻的数量,与鼓励/未鼓励他们进行羊膜穿刺术的医师数量。接着,他们运用统计检验报告了非显著性的发现。另一个将定性数据量化的方法,是根据理论模型来赋值(例如 Idler, Hudson, & Leventhal, 1999,他们创造了一种理论模型,用来为一个六分健康评估量表中的定性反馈制定赋值规则)。【232】

相较之下,把定量数据转换成定性数据的例子就少得多了,庞奇(Punch,1998)提供了一个例子。在他使用的案例中,定量数据可以呈现因子分析所得的因子,这些因子可视作与主题类似的聚合性单位。因此,这些(量化得到的)因子可以与定性得到的主题直接进行比较。另一个例子是,在塔诺、史蒂文、斯普纳克和林恩(Teno,Steven,Spernak & Lynn,1998)关于使用预留医疗指示(advance directives)的研究中,作者报告了如何将定量数据(即医疗记录、封闭式访谈、存活预测)转换成定性的叙事性概要。

诠释整合性结果及调和分歧的策略。不论是以并行式呈现、联合呈现还是通过数据转换进行数据合并,为了确定分析是如何回答混合方法研究问题的,研究者都要阐释综合性结果;因而,这些阐释与所用的研究设计紧密相连。比如,一个运用数据转换方法的研究者,可能会阐释转换数据与其他数据是否存在显著关系、这种关系有什么意义,以及应该考虑哪些限制因素。再举个例子,运用嵌入式中间干预设计的研究者,会利用实验结果、综合考虑相关过程的发现,以促进对实验条件的理解。然而最常见的情况依然是,运用这些方法的研究者,会阐释两种数据库在多大程度上保持一致,是否有相似或差异,以及从这些相似与差异中能得出哪些结论。

在为了"一致性"而合并两个数据集的过程中,混合方法研究者在阐释发现时应该寻找哪些差异?还有,当存在差异时,研究者要如何处理它们?就第一个问题而言,混合方法研究者在比较两个数据集时,要寻找的东西并不固定。正如上文所述,李和格林(Lee & Greene,2007)在数据库间所寻找那些一致性和矛盾性的证据。比较两个数据组的其他方式,还有寻找相容性或不一致性、(那些可能有意义的)冲突,以及(非此即彼的)矛盾(见 Slonim-Nevo & Nevo, 2009)。斯普洛宁-内沃和内沃(Splonim-Nevo & Nevo,2009)引用了一个家庭成员相处评估的例子,该评估使用了一份定量的标准化量表,还使用了对家庭成员的深度访谈。其中,深度访谈讲述了"……一个与众不同的故事……"(Splonim-Nevo & Nevo,2009:112),引导作者追问"那么,应该采用哪种方法——定量还是定性?"(Splonim-Nevo & Nevo,2009:112)。之后,作者转向一项有关以色列国内青少年移民及【233】其父母、师长的研究,讨论了定量和定性结果间的潜在差异。鉴于结果可能有不同的阐释方式,我们更倾向于注重"矛盾性"和"一致性"的结果,正如在李和格林(Lee & Greene,2007)以及斯洛宁-内沃和内沃(Slonim-Nevo & Nevo,2009)的一致性研究中所示。在这个意义上,我们认为,混合方法研究者应当注重寻找定量和定性数据如何讲述了不同故事;并评估在统计结果和定性主题间,一致性是否多于差异和矛盾。

如果数据讲述了矛盾的故事,那该怎么办?有几个应对方法。在研究的定量和定性方面,矛盾很可能源于研究中定量或定性方面的方法问题,比如定量抽样问题,或定性主题的拓展问题。在这种情况下,混合方法研究者需要说明此项研究的局限。研究者可以收集其他数据,或是引用他们更相信的那种数据形式的结果来消除这种矛盾。这种问题也可以视作通往新研究方向的跳板(Bryman,1988)。

然而,最好也最省事的方法还是重新检查现有数据库。帕吉特(Padgett,2004)在一项社会工作研究中曾采用这种方法。她的研究详述了一个研究团队重返原始数据库,进而获得新见解的过程。她的课题叫哈林区乳房 X 光片研究——由美国国家癌症研究所(the United States National Cancer Institute)赞助,该研究检视了纽约的美籍非裔女性居民对非正常乳房 X 光片作出拖延决定的影响因素。帕吉特的研究团队同时收集了结构化的定量数据和开放式访谈数据。在数据分析后,团队得出结论:女性决定拖延,并非由于定量模型中列举的因素。研究者随后转而分析定性资料,并特别关注两个定性主题,而后,为了支持这些主题,研究人员重新检视定量数据库。令人惊讶的是,定量数据证实了参与者的话。这一新情况反过来又引发了对文献的进一步探索,在此过程中,研究者找到了肯定这一新发现的证据。

时序式路径中连接数据分析决策

当两个独立的数据库被先后使用或连接时(如解释性和探索性设计,以及一些嵌入式、转换性和多阶段设计),混合方法数据分析比并行数据设计(Concurrent data designs)的分析更简单。这是因为,研究者可以在研究的不同阶段分析定量和定性数据,而且两【234】种数据不用合并。但是,这确实意味着时序式路径的分析需要特定决策,以确定如何最好地分析数据集并支持后续的研究。

此外,正如第五章和表5.2所述,研究者在使用时序式研究路径时,会产生一系列混合方法研究问题,而数据分析则需要回应这些问题。如果定量数据的收集先于定性数据(在探索性设计或某些嵌入式设计、变革性设计和多阶段设计中),混合方法问题可能是:定性数据以何种方式协助解释定量结果?在其他时序式设计中也会有类似问题,如后续的定性发现在何种程度上解释了不同条件下参与者的反应(实验后的嵌入式设计)?如果定性数据的收集先于定量数据(在探索性设计或某些嵌入式设计、变革性设计和多阶段设计中),典型的混合方法问题是:定量数据以何种方式概括了定性发现?这一问题的变体可以是:定性的数据收集程序以何种方式加强了实验(实验前的嵌入式设计)?

在时序式研究路径中,数据分析的问题并不关注分析本身,而是关注如何使用分别从定量和定性分析中得到的结果。关于时序式路径的具体步骤和决策,见表7.2。此处,我们将讨论混合方法数据分析的具体策略。

连接数据分析的策略。当研究者在时序式研究路径中考虑数据分析时,他们采用连接的混合方法数据分析,其中第一组数据的分析与第二组数据的收集相连接。此外,因为第二套数据有赖于第一阶段的结果,同样,研究者还应考虑如何根据第一阶段的经验来分析第二组数据。我们从解释性设计开始,来考察两种基本时序式研究路径的各个方面。

如果研究者志在解释定量结果,他可能需要考虑第一阶段的分析过程,来指导选择第二阶段的参与者。尽管第一阶段的参与者可能也愿意参与之后的定性阶段,但是,根据定量分析结果来确定参与者,能使两个研究阶段建立更强的联系。研究者需要评估以下可行的选择:【235】

- 选择典型的或能够代表不同群体的参与者,以便之后理解群体间的差异。为了描述定量样本中利益团体内部的具体数值或趋势,可能需要定量分析,根据这些分析,有目的地选择群体中的典型个体进入第二阶段的研究。例如,在伊万科娃和斯蒂克(Ivankova & Stick,2007)对分布式博士项目中学生学习持久性的研究中,调查者确定了四个组(初级组、中级组、毕业组、退出/不活跃组)的典型分值,此后从各组选出一个得分接近典型得分的个体。[1]

1　关于该研究,请详见本书后面的研究设计范例附录B。——译者注

- 选择得分在标准之外、处于极端水平的参与者,理解为什么他们的得分会是如此。这需要用图表来呈现第一阶段参与者的得分,从而确定异常值,也可以通过计算 z 值等方法来确定极端值(如通过根据样本均值设定一个标准差的具体倍数)。之后,根据得分对这些个体进行取样,向他们询问有关得分极端的问题。
- 在统计结果不同的组中选择参与者。这使研究者得以分析各组间差异的原因;研究者向所有组提出同样的问题,来了解他们为什么不同。例如,魏内等(Weine et al.,2005)对芝加哥地区参与多家庭互助和教育团体的波斯尼亚难民进行研究,他们通过第一阶段的统计分析,比较了两个群体——参与小组和不参与小组,这两个群体在某些因素上表现大相径庭,而这些因素成为后续定性访谈中有待探索的核心议题。
- 选择在重要指标(积极得分、中立得分和消极得分)上得分的与众不同的参与者,进而深入检查导致不同结果的原因。研究者需要分析数据以确定那些显著的自变量,随后,通过考察受访者的回答情况来确定符合条件的参与者。一旦选好参与者,研究者就要注意关于显著自变量的后续问题,并要求参与者解释他们对这些自变量的看法。在对学生记笔记行为的混合方法研究中,艾戈、基维尔和布鲁宁(Igo,Kiewra & Bruning,2008)从对学生学习行为的定量测量中得出了令人困惑的结果,这一结果与前人研究的结论并不一致。随后的定性阶段旨在解释这些结果。研究者根据上一阶段的几个指标(人口统计学特征、统计结果等)选择参与者,而且这一阶段用来收集数据的问题也和自变量以及群体因素有关。【236】

研究者运用时序式路径来解释结果(如解释性设计或试验后的嵌入式设计),也是在思考分析第二阶段定性数据时的最佳方法。定性分析应该使用有说服力的过程来回答定性研究问题(如表 7.1 总结的),也应当确保研究者能够回答混合方法研究问题(即定性数据如何帮助解释定量结果)。因此,为了形成定性数据分析的某些方面,研究者可以利用初始的定量结果。例如,当以定量研究结果确定的重要因素为基础进行定性分析时,研究者可以纳入一些预先确定的主题编码。再例如,如果研究者计划用后续的定性数据解释组间差异,那么策略就可能是,在混合方法分析中,将各组的人口统计学变量与定性主题对应起来。

如果研究者试图从定性数据的收集、分析进入到定量阶段(正如解释性设计,或实验前的嵌入式设计中的部分),其中的分析就重在将定性数据的分析结果用于后续定量阶段。研究者从典型的定性数据分析步骤开始,可能会使用一些技术来辅助产生第二阶段的研究工具(或分类、干预):

- 分析定性数据以更好地设计分类或测量工具。例如,找出参与者回答中那些天然的差异,并对这些差别进行分类;或是注意参与者的用语,以形成较好的术语用于设计问卷。这一分析过程也包括分析定性数据,以确定可用来设计工具中项目、变量、量表的有用的引语、编码与主题。在根据定性结果创建工具时,绘制主题、编码和引语的表格能够确保这些内容都被考虑到。在一项解释性混合方法研究中，梅耶尔、韦尔卢普和贝贾德（Meijer，Verloop & Beijaard，2001）测试了语言老师对给16—18岁学生上阅读课的认识——首先，他们进行了包括访谈和概念构图在内的定性研究，并用得到的数据制作问卷。他们详细描述了设计这份问卷的过程：使用量化分类来组织问卷，以提取教师的特定表现、把教师的表现转化成问卷项目、制作测量这些项目的李克特量表，随后在研究中把每份问卷转化为参与者熟悉的语言。

- 通过分析定性数据以优化更大规模的设计。在纵贯相关性设计或多阶段设计的【237】定量数据收集部分，研究者可以将定性数据分析所得到的信息，用于设计干预工具或下一阶段的计划。要想确定如何使用嵌入式设计的分析结果，请参考表6.2中给出的建议。例如，在一个测试前列腺癌治疗方案差异的随机控制实验（randomized controlled trial，RCT）研究中，研究者未能征集到足够数量的参与者。多诺万等人（Donovan，2002）运用其他定性资料，来理解预期参与者对招募信息的认知。基于定性的主题式分析过程和结果，他们描述了四类改进招募程序的方式，从而大大提升了有意参与这项定量研究者的数量。
- 与解释性设计类似，使用探索性设计的研究者同样需要考虑如何在第二阶段研究中更好地分析定量数据——不仅需要回答定量研究问题，也需要提供回答混合方法问题所需的结果。这一定量分析要使用如表7.1所列的严格程序。这意味着研究者在开发新的测量工具时，就要加入评估工具测量样本的效度和信度的程序。此外，研究者也应考虑如何更好地分析定量数据，来归纳或检验初期的定性结果。这些分析可能包括：进行描述性统计，以确定各个维度的普遍性或重要性；进行推断性统计，以检验定性发现所提出的变量间关系。

阐释关联结果的策略。当数据跨阶段或跨项目连接时，混合方法研究者如何阐释研究结果？这种阐释也可以称为“得出结论”或者“得出推论”。这里有一些基本观点，阐述了混合方法研究中如何连接数据分析，得出“推论”或“元推论”：

- 虽然每个阶段（定量或者定性研究）都可能得出推论，但元推论是在研究的最后才得出的。换言之，元推论通常是出现在研究结论或讨论部分更广泛的阐释之中。
- 在解释性设计中，相对于简单的定量结果，元推论关系到后续的定性数据是否提供了更好的对研究问题的解释；此外，这一推论着重回答解释性设计中的混合方法问题。而在探索性设计中，相对于单独的质性数据库，元推论则关系到后续的【238】定量研究是否能够提供对于研究问题更概括性的理解；同时，这一阐释也与回答混合方法问题紧密相关。对某些嵌入式设计而言，推论取决于何时使用支持性数据，而这些嵌入式设计或是带有实验前后的时序式数据收集，或是带有关联性研究。例如，如果在实验前使用定性数据，就可以得出这样的元推论：实验前的定性数据是否更有助于设计更好的干预工具或更有利于招募实验参与者(例如,Donovan et al. ,2002 的实验中,定性数据的分析结果提高了同意参与实验人数的比重)。在变革性设计中,推论由两个阶段联合得出,主要关于结果如何有助于揭露不公,呼吁变革。在多阶段设计的研究中,推论可以从各个子计划或多阶段呈现的整个项目的分析结果中得出。

● 效度与混合方法设计

关于混合方法设计中效度的讨论被认为仍处于不成熟的阶段(infancy)(Onwuegbuzie & Johnson, 2006)。这一话题是混合方法研究六大议题之一,也是一个研究项目最为重要的方面(Tashakkori & Teddelie, 2003a)。正如马克斯韦尔和米塔帕里(Maxwell & Mittapalli,in press)指出的,一些混合方法学者拒绝讨论效度,是因为觉得它被过度使用、没有意义,或是由于它总是出现在定量研究中,所以并不被定性研究者所接受。在那些关注效度的学者中,早期的讨论关注与效度相关的定量和定性方法(如 Tashakkori & Teddlie, 1998,以及更近期的 Onwuegbuzie & Johnson,2006)。近期的讨论也在建构效度的总体框架下,囊括了传统定量类型、传统定性类型,以及混合方法类型的验证方法,并探讨了一般标准下混合方法的效度。此外,作者还讨论了效度和研究设计、数据收集、数据分析、研究结果阐释等之间的关系(Onwuegbuzie & Johnson,2006)。

奥韦格布兹和约翰逊(Onwuegbuzie & Johnson,2006)的研究展示了混合方法研究进程中,效度与研究阶段的关系。我们曾看到其他混合方法研究者也以此作为研究的重【239】点。例如,特德利和塔萨科里(Teddlie & Tashakkori,2009)陈述了混合方法中效度与研究设计和阐释阶段的关系。他们讨论了设计的质量(问题的适合度、保真度,程序的精确度,研究各方面的一致性,以及程序的分析性应用),还有解释的准确度(与研究发现的一致性,与理论、与参与者和专家做出的阐释保持一致性,就可信或貌似可信的结论而言的差异性)。另一方面,奥韦格布兹和约翰逊(Onwuegbuzie & Johnson,2006:57)还关注了数据分析,把效度称为"合法化(legitimization)",并且提出了混合方法效度形式的分类。之后,他们陈述了合法化的概念化过程(如设计、数据分析或阐释),以及混合方法研究者可能在研究的数据分析阶段应用的具体步骤。

因此,讨论混合方法中的效度时,我们会关注研究者可能在数据收集、数据分析和阐释三个阶段使用的策略。然而讨论不止于此,我们进一步将效度、研究阶段与混合方法中合并、连接数据的技术联系起来。我们认为,除非研究者在研究设计中把效度概念化,否则无法恰当地把效度当作(或具体化)程序来处理。混合方法合并了定量和定性方法,这种特殊做法引发了额外的、潜在的效度问题,这个问题很好地扩展了定性或定量方法中所关心的效度的内容。

表 7.3 潜在的效度威胁以及在并行式一致性、嵌入式、转换性和多阶段设计中数据合并的策略【240-241】

合并数据时潜在的效度威胁	最小化威胁的策略
数据收集问题	
• 选择不适合的个体进行定量和定性数据收集	• 从同一母体中抽取定量和定性样本，以使数据可供比较
• 进行定性和定量数据收集的样本大小不一致	• 使用相对较多的定性样本或相对较少的定量样本，进而可以使得两类样本大致相等
• 在收集一项数据时进行另外一项数据的收集，从而引入了潜在的偏误（在实验进行当中加入定性数据）	• 使用独立的数据收集进程，在实验的最后收集数据
• 收集到的两类数据并不是针对同一主题	• 针对同一问题（平行的）来收集定量和定性数据
数据分析问题	
• 运用不适当的方法“收敛”数据（如无法阐释的呈现，uninterpretable display）	• 用定量分类数据和定性主题建构联合展示表，或使用其他呈现形式
• 对两个分析结果进行的比较不合逻辑	• 找出与统计结果相符合的引语
• 使用的数据转换方法不适合	• 使这一转换直接明了（如计算编码或主题），并且运用相关方法来提高转化后得分的信度和效度
• 使用不适当的统计方法来分析量化的定性结果	• 检查得分的分布，如果需要，考虑使用非参数统计
阐释方面的问题	
• 无法解释有分歧的结果	• 运用诸如收集更多数据、重新分析现有数据以及评估研究过程等策略
• 没有讨论混合方法研究问题	• 逐个讨论混合方法问题
• 偏重于某一种形式的数据	• 运用相关程序以平等地呈现两套结果（如联合呈现），或者合理解释为什么这一种形式的数据提供了对问题更好的理解
• 未能从诉求（advocacy）或社会科学的角度阐释混合方法结果	• 回顾变革性研究中的阐释以及研究最初所采用的视角，并基于结果进一步呼吁某种行动
• 在多阶段的研究中，各个阶段或项目没有相互关联	• 思考一个问题、理论或者视角如何支配性地将各阶段或项目联系在一起
• 一个团队中不同研究者间存在不可调和的差别	• 让团队中的研究者就该项目的总目标达成一致，并协调哲学和方法论上的差异

【242-243】

表 7.4 序列式解释性、探索性、嵌入式、变革性和多阶段设计中数据合并阶段的潜在效度威胁和策略

合并数据的潜在效度威胁	最小化威胁的策略
数据收集问题	
• 选择不适合的个体进行定量和定性数据收集	• 根据上一阶段的结果来选择同一批个体进行追踪;构建和测试新要件(如工具、类型学或者干预)时选择不同个体
• 进行定性和定量数据收集时使用不适当的样本规模	• 采用大的定性数据样本或小的定量数据样本
• 选择了不适合的参与者进入后续研究,这些参与者无助于解释显著结果	• 选择参与过第一阶段定量研究的个体来进行后续的定性研究
• 没有用可靠的心理测量方法设计测量工具(即效度和信度)	• 遵循严格的过程以开发、验证新工具
数据分析问题	
• 选择解释力较弱的定量结果来进行后续定性研究	• 权衡有待进行后续研究的结果,选择有必要进一步深入的结果来进行后续研究
• 选择较弱的定性结果来进行后续定量研究	• 采用主要的主题作为后续定量研究的基础
• 在没有清晰目的的情况下,把定性数据用于干预试验	• 明确每种形式的定性研究数据在研究中如何使用
阐释方面的问题	
• 在试图建构数据而非合并数据时比较两组数据	• 阐释定量和定性研究的数据集来回答混合方法研究问题
• 以颠倒的顺序来阐释两个数据库	• 让阐释的顺序符合设计(如先定量后定性,或者相反)
• 在干预实验中,没有充分利用实验"前""后"的潜在的定性数据发现	• 思考在干预试验中使用定性数据的原因
• 未能从诉求或社会科学的角度阐释混合方法结果	• 回顾变革性研究中的阐释以及研究最初所采用的视角,并基于结果进一步呼吁某种行动
• 在多阶段研究中,各个阶段或项目没有相互关联	• 思考一个问题、理论或者视角如何支配性地将各阶段或项目联系在一起
• 一个团队中不同研究者间存在不可调和的差别	• 让团队中的研究者就该项目的总目标达成一致,并协调哲学和方法论上的差异

总而言之,对论述或测量效度的混合方法研究者,我们提出以下建议:

- 因为混合方法研究包括定量和定性两种数据,有必要陈述分别针对两种数据的具体的效度检验类型。奥韦格布兹和约翰逊(Onwuegbuzie & Johnson,2006)以及很多研究方法的文献,都概述了定量和定性研究适用的特定效度形式。
- 尽管混合方法文献中有诸多术语,我们认为最好用的术语还是效度,因为它为当前的定量和定性研究者所共同接受,是研究者都能理解的通用语。
- 我们把混合方法研究中的效度定义为某些策略——研究者利用这些策略来揭示并解决数据收集、数据分析和阐释进程中的潜在问题,因为这些潜在问题妨碍了定量和定性数据的合并与连接,也不利于从两类数据的整合中得出结论。有关这些危险,以及混合方法研究者用来处理它们的方案和策略,详见表7.3和表7.4。

正如表7.3所示,合并数据的设计与连接数据的设计在效度上有不同的考量。在讨论数据收集、数据分析,并建议使用这些设计的程序时,我们提出了许多这样的问题。有些问题会危及数据收集,包括样本选择、样本规模、编码的问题,以及会造成数据无法比较、结果出现偏差、后续步骤错误等数据使用上的问题;有些问题则会妨碍数据分析,包括对数据的不当表达和不当分析,而这些步骤会是后续分析的核心;在阐释部分,如果与研究问题紧密相关的结果没有报告、矛盾没有解决、研究者偏重某些结果、合并不该比较的数据、颠倒了讨论数据的顺序、未充分利用两种类型的数据,就会出现问题。为了将研究中的效度威胁最小化,研究者应该积极运用策略,并把讨论研究设计局限作为阐释的一部分,放入研究报告的讨论部分。

● 软件应用和混合方法数据分析

多年以来,为了协助分析定量和定性数据,研究者会运用定性和定量软件包。但是,将计算机软件应用于混合方法研究,在最近才得到关注和讨论。我们认为,尽管这场对话一开始是泛泛而谈,但是后续的评论则越来越具体。接下来的例子可以解释这个观点,特别是两位学者——贝兹利(Bazeley,2009)和库卡茨(Kuckartz,2009)——已经就混合方法和具体软件产品开始了实质性对话。贝兹利(Bazeley,2009)回顾了可以用于混合方法研究的软件包。她提到把Excel用于混合方法研究,并且特别强调了两个为定量分析而设计,但也可以用于混合方法研究的软件——NVivo和MAXQDA。她还提到其他软件程序Provalis,这个软件内含定量和定性数据分析能力的子程序(如:Simstat和QDA【244】Miner)。贝兹利则描述了这些软件包在混合方法研究中的应用,比如:

- 比较有不同特点的案例是怎样论述同一问题的;
- 逐个或以群体为基础回顾个人经历的变迁;

- 考虑环境变化在经历演变过程中的重要性;
- 检查输出编码间的关系;
- 进行案例的定量比较分析。

库卡茨(Kuckartz,2009)更具体地阐述了混合方法与定性计算机分析的关系——特别是借助 MAXQDA 来运用混合方法。他认为,在混合方法研究中使用 MAXQDA 非常有帮助,该软件可用于链接、编码和备忘,在于定性数据向定量数据的转化,以及将输入统计软件的编码分布可视化。他还指出了一些 MAXQDA 在混合方法上的具体应用:

- 量化定性数据——计算一个编码出现的次数;
- 运用文本编码和"属性"特点,把文本和变量(人口统计学的或其他量化的变量)联系起来;
- 在统计程序中输出、输入数据——研究者可以创建一个横坐标为人口统计变量、纵坐标为主题、单元格为主题频数的数据呈现,并把这个表格输入统计程序中;以及
- 计算词频——计算定性数据中的词频,并把词频与编码或变量联系起来。

贝兹利(Bazeley,2009)和库卡茨(Kuckartz,2009)的建议,为混合方法数据分析中软件用途的概念化提供了良好的起点。我们也知道,定量和定性软件可以用于独立分析两种数据(如在一致性设计和解释性设计中),定性软件也可以用来比较分类变量和定性主【245】题(来形成联合展示表),定性编码可以输入 Excel 或 SPSS 的电子表(来形成联合展示表)。我们还可以从定性软件中得到词频,这在数据转化的设计中很有用。

我们的建议是,混合方法研究者们要考虑如何使用软件,以进行某种混合方法设计类型所需要的数据分析,并明确回答混合方法研究问题。此前没有形成这种程序与方法间的联系,可能是因为这需要概念性地思考研究设计,并理解每个设计中数据分析的步骤。

当前的软件将如何协助分析,以帮助我们解决那些与数据合并、序列分析有关的研究问题呢?我们认为,重点之一是把联合展示表视作混合方法分析的一项技术。这项技术不仅可以用于简单的数据合并,也可用于数据的序列分析。联合展示表的用法见表7.5。该表列举了各种设计、合并与连接数据分析中,可能出现的混合方法问题类型与呈现类型。混合方法问题的类型在表5.2中已作区分。表7.5中提出的呈现类型,用现有的定量和定性软件包就可以很容易地设计出来。它们在不同节点进入一项混合方法研究——某些呈现可在数据分析阶段插入(如把定性编码/主题和变量数据联系起来),有些可以在数据分析阶段和数据收集阶段之间进行(如呈现与建构量表相关的引语、编码和主题等定性数据),有些还可以在阐释阶段使用(如比较定性主题来解释定量结果)。其他的混合方法问题可能产生其他的呈现类型。通过使用计算机程序分析数据,进行呈现,研究者得以展示混合方法问题的数据,进而回答混合方法问题。毫无疑问,更多可用于混合方法研究数据分析的应用程序,将会在不久的将来陆续出现,而混合方法研究者

们却很少思考这一点。

表 7.5　混合方法设计、研究问题、混合方法数据分析与联合呈现　【246-247】

设计的类型	混合方法问题（阐明问题）	合并数据或者连接数据分析	可以发展的链接定量、定性数据的联合呈现类型
一致性设计	定量和定性结果在多大程度上是一致的?	合并分析	• 把定量结果与定性主题并排放在一起的呈现（图 7.2）； • 整合了定性编码或主题与定量分类变量或连续变量数据的呈现（图 7.3）； • 把定性主题与计算定性数据比率得到的定量得分联系起来的呈现。
解释性设计	定量数据如何有助于解释定量结果?	时序式分析	• 将定量结果与从后续样本中有目的选择的参与者的人口统计学特征关联起来的呈现； • 在研究的最后，为了解释链接定性主题与定量结果的呈现。
探索性设计	定量结果如何总结定性发现?	时序式分析	• 引语、编码和主题的呈现，这些引语、编码和主题与旨在创建工具而提出的项目、变量、量表相匹配； • 在研究的最后，表明定量结果如何总结定性主题和编码的呈现。
嵌入式设计	定量结果如何提供对定量结果更好的理解?	合并或时序式分析	• 链接定性主题与干预性试验中招募策略的呈现； • 链接定性研究主题和具体的干预行动的呈现； • 比较个体历程的主题与结果数据的呈现； • 比较数据结果和后续定性主题的呈现； • 比较定性主题和研究各阶段显著相关关系的呈现。
变革性设计	除了之前的研究问题，还“为了探索不平等”	合并或时序式分析	• 比较呼吁变革的策略与定量统计结果、定性主题或二者的呈现。
多阶段设计	在不同阶段扩展当前的问题	合并或时序式分析	• 各阶段研究的主题和定量结果的呈现，以及这些结果如何随时间变化。

【248】

小　结

在混合方法的数据分析中,研究者需要囊括定量和定性研究中好的数据分析过程。这包括:准备待分析的数据,探索数据,分析数据以回答研究问题或检验研究假设,呈现数据,解释结果,以及验证数据、结果和阐释。此外,混合方法研究中会出现其他的混合方法数据分析过程。混合方法数据分析包括把分析技术用于定性、定量数据,以及单个或多阶段项目中并行式或时序式的定性定量混合数据。这一领域的数篇文献推动了混合方法数据分析的进步。从根本上看,混合方法数据分析关乎分析数据,以回答混合方法研究问题。混合方法数据分析,包括在各种混合方法设计中实施的步骤,也包括在这些步骤中作出有关分析的重要决策。合并数据和连接数据的策略是各种研究设计通用的两种分析技术。在合并数据时,研究者可能用到几种方式,如并排比较、联合展示,或数据转换。连接数据的分析则关注如何使用数据分析的结果,这包括考察分析结果以选择后续研究的参与者、具体化后续研究问题,或是设计后续阶段——比如建构一种类型学、工具或者实验的干扰项。在分析定性和定量数据之后,研究者从定性和定量两部分的分析以及整体的混合方法分析中,得出结论,并进行阐释。无论作出什么样的阐释,研究者首先需要验证推论,这些推论源于定性、定量两部分的分析,以及混合方法设计中可能提出的总体性问题。最后,混合方法研究可以使用计算机软件,尽管只有近期的文献讨论过这些应用。通过建构一种思考各种混合方法设计中数据分析的框架,基于计算机的分析才可以为每种混合方法设计提供有用的结果呈现。

练　习

1. 在你的研究成果中撰写一个章节,说明如何进行定量和定性数据分析,内容包括:你将如何准备这些数据,如何探索这些数据,如何分析这些数据以回答研究问题或检验假设,如何呈现这些数据,如何阐释这些结果,以及如何验证这些数据。

2. 假设你的数据分析将进行定量与定性数据的合并,请讨论合并这些数据的三种选择,并说明你将选择其中的哪一种,以及为什么选择它。

3. 假设你的数据分析将包含连接的定性与定量数据,请说明你将如何使用初期研究阶段,以及你这么做的原因。

4. 考虑一种并行式或者时序式设计,并明确你的研究中可能出现哪些效度问题,以及你将如何解决这些问题。

5. 针对一项你即将进行的混合方法研究,设计一些将用于呈现数据、回答混合方法研究问题的联合展示表。

阅读推荐

关于定量与定性数据分析过程的概述,请参见以下资源:

Creswell, J. W. (2008). *Educational research: Planning, conducting, and evaluating quantitative and qualitative research*(3rd ed.). Upper Saddle River, NJ: Pearson Education.

关于如何进行混合方法分析,可参见以下资源:

Bazeley, P. (2009). Integrating data analyses in mixed methods research [Editorial]. *Journal of Mixed Methods Research*, 3(3), 203-207.

Caracelli, V. J., & Greene, J. C. (1993). Data anlaysis strategies for mixed-method evaluation designs. *Educational Evaluation and Policy Analysis*, 15(2), 195-207.

Onwuegbuzie, A. J., & Teddlie, C. (2003). A framework for analyzing data in mixed methods research. In A. Tashakkori & C. Teddlie (Eds.), *Handbook of mixed methods in social & behavioral research*. Thousand Oaks, CA: Sage.

关于应用混合方法分析与联合展示表的例子,请见以下资源:

Logan, T. K., Cole, J., & Shannon, L. (2007). A mixed – methods examination of sexual coercion and degradation among women in violent relationships who do and do not report forced sex. *Violence and Victims*, 22 (1), 76.

Plano Clark, V. L., Garrett, A. L., & Leslie – Pelecky, D. L. (2009). Applying three strategies for integrating quantitative and qualitative databases in a mixed methods study of a nontraditional graduate education program. *Field Methods. Prepublished December* 29, 2009, DOI:10.1177/1525822X09357174.

当前关于效度问题的讨论,请查阅以下资源:

Dellinger, A. B., & Leech, N. L. (2007). Toward a unified validation framework in mixed methods research. *Journal of Mixed Methods Research*, 1(4), 309-332.

Onwuegbuzie, A. J., & Johnson, R. B. (2006). The validity issue in mixed research. *Research in the Schools*, 13(1), 48-63.

Teddlie, C., & Tashakkori, A. (2009). *Foundations of mixed methods research: Integrating quantitative and qualitative approaches in the social and behavioral sciences*. Thousand Oaks, CA: Sage.

关于计算机应用与混合方法研究的讨论,见以下资源:

Bazeley, P. (2009). Integrating data analyses in mixed methods research [Editorial]. *Journal of Mixed Methods Research*, 3(3), 203-207.

Kuckartz, U. (2009). Realizing mixed – methods approaches with MAXQDA. Unpublished manuscript, Philipps-Universitaet Marburg, Marburg, Germa.

第八章

混合方法研究的写作与评价

在这一章,我们集中讨论混合方法研究的写作,其中一部分内容是关于如何组织研究的书面报告。由于混合研究中包含多种数据收集与分析的形式,读者很容易迷失在复杂的数据形式和多种分析方法中。此外,因为一篇混合方法研究的文章中既包含定性分析,又包含定量分析,对期刊来说可能篇幅过长。因此,我们应尽量使结构和表述紧凑简洁。部分读者可能不知道混合方法研究"长"什么样,因此精心设计陈述结构,可以让初识者了解混合方法。同样,读者可能也不熟悉混合方法研究的评价方法。然而,到目前为止,尽管评估"好"研究的标准对研究生导师、期刊编辑、研究计划评估者,以及研究的设计者与实施者而言都无比重要,但这一标准并未得到足够重视。有了这些标准,评论者便知道在研究中关注什么,同时也能帮助研究者找寻范例和好的研究模式。

【252】 这一章将集中讨论:

- 混合方法研究写作的一般准则;
- 各种混合方法研究写作结构,包括研究生的混合方法研究计划、博士论文、申请联邦基金的计划书,以及混合方法的期刊论文;
- 评估混合方法研究的标准。

● 混合方法研究写作的一般准则

诸多优秀著作可用于指导语法、句法以及专业写作,而本章节将集中讨论混合方法研究的写作结构(见本章结尾的阅读推荐)。虽然其中的一些理念适用于所有的专业写作，但我们重在讨论混合方法的项目与研究。与所有写作一样，当写作者在组织材料时，他们必须将读者与受众牢记心头。

研究者选择设计时，也多少需要考虑哪种写作结构类型能为预期读者所接受和欣赏。比如，一项探索性设计很可能对定性研究者有吸引力，当研究重心向定性部分倾斜时更是如此。解释性设计也会因为类似的原因吸引定量研究者。

混合方法研究的写作能起到让读者了解混合方法研究的作用。研究设计、学位论文、期刊论文中会有对方法的完整论述。作者可以采用混合方法术语（如“一致性平行设计”）、提供混合方法研究的定义、引用混合方法文献和具体的混合方法研究，或是将混合方法研究的部分嵌入写作（如混合方法研究问题，对混合方法数据分析的讨论）。研究生们则可以在提出研究计划或论文之前，选一篇自己所在领域已发表的混合方法研究和同伴分享，来了解如何使用混合方法。

因为混合方法研究比较复杂，读者在理解一项混合方法研究时，还需要一些协助手段。这些协助手段包括程序图、依照上文模板精心组织的目的陈述，以及对数据收集和分析中定性、定量部分做了清晰区分的标题。

学术研究写作也要讲一个精彩的故事。如果作者贯穿研究的定性、定量方面，试图说一个连贯且凝练的故事，读者会受益匪浅。如果写作是从一种数据写到另一种数据，并协助形成数据间的过渡，那么研究包含一种以上数据类型（比如定性和定量）的原因便【253】会显而易见。当然，这两个数据库也需要某种形式的联结；而且，这种联结越是小心、巧妙地建立，整个故事也会更加连贯和凝练。

我们还应该思考哪种视角比较适合研究所用的混合方法设计。叙事视角——谁在讲故事——可以用第一人称（我、我们）、第二人称（你、你们）或者第三人称（他、她、他们）。这也可以说是如何讲故事——从主观角度叙事还是从客观角度叙事（Bailey，2000）。使用第一人称的主观叙事主要见于定性研究，第一人称代词，如“我”或“我们”往往通篇可见。个人的主观故事则通过引语呈现。在定量研究中，主观的第一、第二人称并不常见，而客观的第三人称，如“调研员”或“研究者”，则是如实描述结果或客观转述会采用的形式。研究者主要置身于幕后客观地报告结果，而不会有明显可见的个人观点。那么，在同时包括定性与定量视角的混合方法中，哪一种表述会占上风？我们思考以下两种可能：从头至尾只使用一种视角来写混合方法报告，或是采用不同视角来写报告——在定量部分采用客观视角，而在定性部分则使用主观视角。研究者选用何种叙事方式，很可能取决于设计的类型（解释性设计开始更强调定量方法）、个人写作风格，以及文章的读者群。

写作结构要尽量与混合方法研究、混合方法设计类型相适应。因为每一种混合方法设计类型的研究要素（如目的陈述、数据收集等）均不同，各种设计类型的写作结构自然不会完全相似。事实上，研究的写作结构也能帮助读者更好地理解设计类型。

● 将写作结构与混合方法设计联系起来

我们很早便接受了这一理念——在研究开始之前要先深思熟虑地构想研究报告。与此同时,我们也相信,研究设计需要逐步生成——在诸多顺序性设计类型例子中,将来的步骤尚未可知。然而,在研究开始之前,对混合方法研究的最终图景成竹在胸总是有【254】益的。这一图景在研究开始之初会比较模糊,但随着研究的深入会逐渐清晰。

由于一个好的计划是实施混合方法研究的核心,我们提供了几个可能有用的提纲:研究生学位论文研究计划的写作结构,混合方法学位论文的结构,申请联邦基金的研究设计中相应主题的写作结构,以及混合方法期刊论文中研究主题的写作结构。读完这些各异的结构大纲,我们可以在上文讨论过的种种混合方法研究中,看到一些共同特征。但是,根据研究选择的混合方法设计类型,以及作者要写的是不是一项完整研究或一份完整报告的计划,这些共同特征会有所变化。

混合方法学位论文研究计划的写作结构

一篇学位论文的研究计划需要让委员会和导师相信:这个选题值得研究,也将被严格而深入地研究,并且学生有能力执行这项研究。研究计划要有说服力,如果这项设计运用了混合方法,总体计划就要包括与混合方法、设计类型相关的具体内容。不同学校的研究计划格式要求有异,学生要阅读以往的研究计划,分析它们的结构。因此,我们的第一个建议便是,研究生应该联系所在系所,索取以往学位论文的研究计划,或是已完成的研究计划来做范本。此外,使用高校图书馆检索或搜索引擎来搜索"学位论文及摘要"数据库[1]也可以找到混合方法的学位论文。这同样有助于找到一些混合方法研究成果。此外,在研究计划中包括混合方法的主要元素、关于具体设计的信息也很重要。

表 8.1 的例子,是混合方法学位论文及其研究计划中常见的主题概要。

这里的讨论将主要集中于包括混合方法要素的研究计划,我们已将混合方法的要素简单地置入传统研究计划之中:

- 标题应该表示这是混合方法研究,预示设计的类型。标题应聚焦于研究的主题,并说明这是一项混合方法研究,提及研究参与者和研究地点。
- 【256】学术研究的导论也是相当标准化的,主要是提出研究困惑和研究的重要性。但无论如何,混合方法研究总要弥补一些此前研究的不足,比如提供更加综合的分析、多元的观点,或探索、证明的机会等。这些使用混合方法的基本理由在第一章和第五章有所论述。
- 目的陈述需要表明混合方法的路径,研究问题则表明研究中定性、定量部分和混

1 关于作者提及的学位论文数据库,可参见 http://www.dissertationsandtheses.com/。——译者注

表 8.1　一篇混合方法学位论文研究计划的写作结构

【255】

题目

- 揭示了混合方法研究与设计类型

导论

- 研究困惑
- 关于这个问题的现有研究
- 现有研究的不足,且其中某些不足要求同时收集定性和定量数据来解决
- 将从本研究获益的受众

目的

- 项目的目的(可参见第五章),使用这一设计类型的原因
- 具体研究问题和假设(根据设计排序)
- 定量的研究问题或假设
- 定性的研究问题
- 混合方法的研究问题

哲学基础与理论基础

- 世界观
- 理论视角(社会科学的视角或诉求)

文献综述(如果可以的话,要包含定量的、定性的与混合方法的研究)

方法

- 混合方法研究的定义
- 所使用的设计类型及其定义
- 使用这一设计所面临的挑战及应对方法
- 使用这一设计类型的例子(如果可以的话,最好是你所在研究领域的例子)
- 在附录中可加入程序图
- 定量数据收集与分析
- 定性数据收集与分析,可能还有定性数据的转换,如果用到的话(比如在探索性设计中)
- 混合方法的数据分析过程
- 定量、定性与混合方法研究中的效度分析方法(validity approaches)

可能的伦理问题

研究者的资源与技能

完成研究的时间表

参考文献

附录:测量工具、访谈提纲以及程序图

合方法的研究问题,这些模板都可以在第五章找到。此外,正如此前所述,在目的陈述中加入混合方法的基本依据也很重要。研究问题的顺序要看顺序性研究所采用的设计类型,研究问题的顺序也反映了计划的研究程序(如在探索性设计中,定量在定性之后)。

- 说明采用混合方法的哲学基础,以及采用一种或多种世界观的基本依据。此外,如果研究带有某种理论视角(theoretical lens),也同样需要阐述这种理论视角(如社会科学的视角或诉求的视角);研究计划还要详细说明最终的研究成果如何遵循这种视角。如果研究并未采用某种理论视角,那这一部分便只需要论述研究者所选取的世界观。
- 我们建议,一项混合方法研究要有文献综述部分。其应该覆盖研究问题所涉及的文献(细分为各个子话题),以及现有的定向、定量与混合方法研究。在文献综述的结尾,还应指出本研究会如何显著地弥补了现有文献的不足。
- 方法论部分,开头就要说明混合方法研究和研究采用的具体设计类型。在第三章,我们提供了这样一个起始段落的范例。
- 在方法论部分,还需要准确表述混合方法设计的具体流程。由于研究计划的评估者可能不太了解混合方法,在研究计划中提供混合方法的定义便极为重要。此外,也需要提及、描述具体的混合方法设计。与此同时,对采用这种混合方法设计将面临的挑战也要略加笔墨。我们建议大家参考关于效度问题的表 7.3 和表 7.4。程序图在这里也很有用(正如第四章所述)。定性、定量研究中,一个好的数据收集程序要包含哪些要素,可以参考表 6.1。混合方法数据分析中合并、连接数据的步骤,可以参见第七章——这些步骤之后是具体的定性、定量、混合方法效度分析。【257】
- 同样重要的是,确定学位论文中可能构成挑战的伦理问题,以及应对这种挑战的策略。
- 除此之外,还需要说明研究者实施混合方法研究的具体技能,与收集两类数据的时间安排。研究者要熟悉定性与定量研究,以及两种数据收集和分析的方式。此外,由于两类数据收集分析要耗费大量时间,在混合方法研究中制定一个时间表将很有助益。

混合方法学位论文的写作结构

理想的混合方法学位论文的结构,应该完整体现研究计划,当然,此外还需要加入结果与结论部分。一个写作结构示例有助于我们说明最终研究成果的写作结构。研究成果的具体内容,会根据混合方法设计类型与项目要求有所差异。我们提供了一个人际沟通研究领域的例子,其是一个以工具开发为目的的探索性设计。

表 8.2　一篇混合方法学位论文的写作结构示例

第一章:导论

定义教师的不当行为,并识别其影响(确定问题的重要性)
师生关系中的面子问题(关键概念的描述与引语)
限定并梳理伤害研究(关键概念的描述与引语)
本研究的目的
小结

第二章:文献综述

人际关系中的伤害性信息
对于伤害性信息的个体回应
理论原理
面子理论
伤害性信息的相关性结果
教师不当行为的内容导向的结果
小结

第三章:方法论

认识论前提假设
研究设计
沟通研究与混合方法研究
混合方法调查的局限
阶段一:定性/阐释阶段
参与者　数据收集　焦点访谈　数据分析　数据效度
过渡阶段:工具开发
混合方法的效度
阶段二:定量阶段
参与者　数据收集　工具
小结

第四章:定性结果

伤害性信息的类型
伤害性信息与教师的不当行为
学生对伤害性信息的反应
面子与伤害性信息
对教师的建议
伤害性信息带来的可感知的影响
情感性学习
对关系的满意度
工具开发
小结

第五章:定量分析结果

具体研究问题
假设
小结

第六章:讨论

师生关系中的伤害性信息
面子理论与学生对伤害性信息的归因
大学课堂中伤害性信息的影响
研究的意义
结论的影响
局限性
未来研究方向
小结

参考文献

附录

来源:引自 Maresh(2009),获得作者授权。

【259】

表8.2的学位论文写作结构来自马雷什(Maresh,2009),这是一项旨在开发、检验工具的探索性混合方法设计。研究一开始从学生那里收集定性访谈数据,并分析这些数据。从分析结果之中,马雷什提炼了九个有关师生沟通中伤害性信息的主题。之后,他再根据这些主题开发测量工具,并在规模更大的学生样本中使用测量工具。正如这篇学位论文的结构所示,该研究一共包括六个部分。前三个章节包括导论、相关文献以及方法论。在方法论这一章节,作者提出哲学前提假设,描述了混合方法研究设计,并给出程序图。接着,方法论的讨论转向具体的研究阶段:初始的定性阶段、过渡的工具开发阶段,以及最后的定量数据收集。然后,作者用独立章节来分别讨论定性结果(包括测量工具)、定量结果以及最后的讨论。总体来看,这份内容表的章节多于一般定量学位论文常【258】见的五个章节;各个章节可以围绕具体结果进行论述,并按照从定性到定量的顺序排列。

一份国家卫生研究院研究计划的写作结构

由于基金机构对资助混合方法研究越来越有兴趣,讨论如何在联邦基金申请的研究计划中采用混合方法,将给研究者带来不少帮助。我们选取国家卫生研究院(National Institutes of Health,NIH)的指南作为例子来讲解,当然,我们也可以选择更简单的国家科学基金(National Science Foundation,NSF)或私人基金项目来做例子。

【260】国家卫生研究院曾发布过一些申请指南(National Institutes of Health,1999),来指导申请者设计一份包括定性和定量方法的NIH研究计划。研究院也以混合方法研究为主题举办过工作坊,比如2004年夏天面向社会工作与健康专家的工作坊。研究院1999年的指南提到实施"联合"研究所面临的挑战,他们建议:联合的要素要与研究问题、假设有关;作者要说明如何整合数据(如将数据混合);考虑到数据来自两种不同的研究范式,作者还需要说明如何阐释结果。指南要求研究者具备两种研究方法的专业知识,并要求完整表述两种方法及其贡献,而非仅就其中一种泛泛而谈。他们讨论了整合性模型(如一致性模型)和顺序性模型,并指出整合两种研究途径富有挑战性,需要大量说明。此外,他们也暗示,当已知因素需要控制、现有研究已经确定了该领域的研究规则时,仅运用定性方法是不够的。最后,他们建议,要给予这类研究充足的时间,调研者也要确保自己具备足够的专业知识。

在美国卫生与公众服务部、国家卫生研究院的院外研究办公室的网站上,可以找到他们的资助流程指南:http://grants.nih.gov/grants/oer.htm。研究者为申请NIH科研基金撰写的研究计划,还需遵循SF424 (R&R)标准格式。这个标准格式要求研究计划包括1页具体目标说明,12页RO1[1]型的研究计划模板,或6页RO3型和R21型的研究计划模板,模板要表明研究意义、创新与方法。如表8.3所示,我们提取了模板的主体内容,

1 译注:RO1在此是标准申请格式的代码,下面的RO3、R21同样如此。关于SF424 (R&R)的具体内容可参见网站:http://www.medicine.virginia.edu/research/offices/research/home/SF424_Guide_Abbreviated_WEB_Version_December.pdf。

并稍加修改,加入了混合方法研究与设计的主要部分。

表 8.3　国家卫生研究院的混合方法研究计划指南　【261-262】

A. 特定目标(英文限一页)

- 研究目的(包括混合方法的目的陈述),这一研究的定量问题或假设、定性问题以及混合方法问题(包括混合方法研究问题);说明研究对该领域和混合方法文献的影响;讨论使用混合方法研究的原因,以及这一研究将如何提升对混合方法研究的理解。
- 确定研究目标(包括混合方法设计将完成的目标)。

B. 研究策略(与计划类型的长度相匹配)

(a)意义(论述混合方法将如何促进对该问题的研究)

- 解释这一问题的重要性,或说明阻碍这一问题解决的关键因素。
- 说明这一计划将如何在一个或多个广泛领域增进科学知识、技术能力以及(或)临床实践。
- 描述如果研究目标达成,这一领域关键的概念、方法、技术、临床治疗、服务以及预防干预措施将如何变化。

(b)创新(说明如何创造性地把混合方法作为研究路径和方法论来使用)

- 解释这一应用将如何挑战、改变现有的研究或临床实践。
- 描述研究采用或建构的新颖的理论概念、路径或方法论、测量方法或干预手法等,以及它们比之现有方法论、测量方法、干预手法所存在的优势。
- 解释本研究对理论概念、路径或方法论、测量方法或干预手法的提炼、改进、新用法。

(c)途径

- 描述研究的整体策略、方法论以及用以完成项目目标的分析路径;并说明如何恰当地收集、分析、阐释数据,以及任何资源共享计划。具体包括:

——整体的分析途径(混合方法)和混合方法研究的定义。

——研究采用的混合方法设计类型(定义设计、选取这一设计的原因,引用该领域采用这种设计的研究)。

——程序图(可以作为附录)。

——数据收集(根据设计安排定量、定性数据收集方法的顺序)。

——数据分析(根据设计安排定量、定性数据分析的顺序)。

——效度(定性、定量与混合方法的)。

——讨论研究程序的潜在困难和局限(包括设计所面临的挑战,及其应对挑战的方法)。

——提供研究计划的暂定进程或时间表(包括混合研究范式的时间表)。

- 讨论达成研究目标过程中,潜在的难题、备选策略和成功标准。
- 如果项目正处于初期构建阶段,则需描述所有能支持其可行性的策略,并提出该计划中所有高风险内容的管理方法。
- 指出所有可能对人有危害的程序、境况或材料,并说明可用的防范措施。
- 加入对新用法的初步研究(包含使用定性、定量以及混合方法途径的研究);描述研究者的经验与竞争力(包括个人与团队在定量、定性与混合方法研究方面的技能)。

资料来源:NIH 以及其他 PHS 机构申请指南(I 部分 108 页到 110 页)见:http://grants.nih.gov/grants/funding/424/SF424_RR_Guide_General_Adobe_VerB.pdf。

这样一份研究计划需要注意以下混合方法事项：

- 该研究的具体目标部分，包括混合方法的目的陈述和混合方法的研究问题。
- 在意义阐述部分，说明收集定量和定性数据的原因，即收集两种数据如何弥补了现有研究的不足。
- 创新部分，可以讨论本研究对混合方法的创新性运用。
- 方法部分，开头要对混合方法研究与具体设计类型进行综述，参见图 3.9 中的段落模板。
- 说明为什么混合方法研究可以恰当地解决该研究问题。第一章论述的一般原因，第二章对这种研究形式演化过程的讨论，可以提供一些有用的指导。
- 在正文或附录中加入混合方法研究的程序图，以及程序图中各个阶段的时间表。
- 在方法部分中，定量和定性数据的收集与分析要作为独立的内容进行报告，以确保它们明确、清晰、便于回顾。
- 在混合方法数据分析中，需要具体报告与设计类型相关的数据"混合"步骤，而且，这是一个独立的步骤。
- 论述与特定设计类型相关的挑战，第三章初步介绍了这些挑战，第七章则从效度问题的角度进一步讨论了它们。
- 【263】讨论研究采用的设计类型可能引发的伦理问题。
- 在初步研究部分，引用定性、定量与混合方法的研究成果，来说明针对这一研究问题通常采用哪些研究形式。

一篇混合方法期刊论文的写作结构

到目前为止，我们给出的范例都是关于混合方法研究计划和学位论文项目报告的。在完成混合方法研究之后，许多作者会将其研究投给专业期刊。本书中，我们已经列举了大量混合方法研究的期刊论文，虽然这些文章的写作结构各不相同，却都蕴含着混合方法研究的一些基本要素，而且，各自明显的特征也表明它们采用了哪一种设计类型。在表 8.4 中，我们呈现了一篇混合方法期刊论文的基本写作结构。

一篇混合方法期刊论文要包含以下具体的混合方法部分和设计部分：

- 标题可以使用诸如"混合方法研究"的字样，表明该研究是一项混合方法研究。正如在第五章所言，标题同样可以通过采用中立词汇、强调定量或定性研究，来预示设计类型。
- 导论则可以论述当前研究的不足，如此便可顺水推舟，论及收集定性和定量数据的必要性。此外，导论还可以包括目的陈述（可参照第五章的模板）以及混合方法研究问题。

表 8.4　一篇混合方法期刊论文的写作结构大纲

【264】

标题(揭示混合方法研究及设计)

导论

- 研究困惑陈述
- 问题
- 研究困惑的相关文献(重在确定研究这个问题的必要性)
- 现有研究的不足(收集定性和定量数据的必要性)
- 研究成果的受众
- 目的陈述(可以参考适用于相应设计类型的模板)
- 研究问题(按照研究中的时机与优先性对定性与定量问题进行排序)

——定性研究问题

——定量研究问题或假设

——混合方法研究问题

相关文献评述(根据重要性使用的理论进行筛选;针对这个研究主题进行广泛的文献评述,并使评述的重心聚焦于研究的具体问题或困惑)

方法

- 整体方法(混合方法)以及混合方法研究的定义
- 所选取的混合方法设计类型(定义、选取该设计类型的原因,引用本领域中使用该设计类型的研究成果)
- 程序图(可以作为附录插入)
- 数据收集(根据设计类型对定性与定量收集方法进行排序)
- 数据分析(根据设计类型对定性与定量分析进行排序)
- 效度

结果

- 在一致性、嵌入式、变革性或多阶段设计中合并结果(有时候我们也会看到分别报告定量与定性结果,而后在讨论部分进行整合报告的情况)
- 在顺序性、嵌入式、变革性或多阶段设计中连接结果(以一定顺序呈现结果——比如定性结果先于定量结果)

讨论

- 总结结果(合并的或连接的)
- 解释结果
- 论述局限性
- 说明将来的研究
- 重申本研究的独特贡献

参考文献

附录(表格、图、工具、相关协议书)

- 在方法部分的开头,可以论述混合方法研究与设计类型,还可加入使用这一设计类型的原因与相关研究范例。此外,还应该提供程序图(可以作为附录之一),这在现今混合方法研究中日益常见。此外,也应提及定性和定量数据的收集与分析程序。
- 正是在结果部分,不同类型的混合方法期刊论文在写作结构上表现出差异,而知晓各种设计类型有助于作者理解不同写作结构。在一致性设计中,结果部分可能【265】会分别报告定性与定量数据的结果,也可能同时报告两类数据的分析结果和混合方法合并分析的结果。当采取后一种报告形式时,研究者可能会报告定量变量和定性主题的联合展示情况;或者,合并分析留待讨论部分再述,视作两个数据库结果的并行式比较。在解释性设计中,定量结果在定性结果之前报告。在探索性设计中则相反,定性结果先于定量结果呈现。正如表 8.2 混合方法学位论文写作结构所示,探索性设计中的过渡阶段表明,研究应包括一个定性阶段、一个工具开发的过渡阶段与一个定量阶段。就嵌入式设计而言,结果部分是关注定性数据还是定量数据,通常取决于何者是该研究的主要数据库。在嵌入式设计中,研究者一般会分别报告定性和定量数据,所以其结果可能不会同时关注两类数据,而是关注首要或次要的数据集。在我们回顾的许多嵌入式设计实验中,作者会将定量的实验与定性的实验区分开来。斯坦格、克拉布特里和米勒(Stange, Crabtree & Miller,2006)讨论了医疗科学领域的写作形式,如可以从混合方法研究成果中分离出定性与定量论文,将其作为单个主题的独立论文来发表,或是将两种方法整合为一篇论文来发表。在变革性设计与多阶段设计中,作者还可能在不同报告书中分别呈现定性和定量结果。如果研究者要在数篇期刊论文中分别发布定量、定性结果,那么我们建议,两类论文都要提到混合方法的使用,这些文章也要彼此引用,如此便可相互回应和定位。
- 在讨论部分,对结果的阐释必不可少,这些阐释要与相关文献、研究的局限以及将来的研究串联起来。那么,在一项混合方法研究中应该如何阐释结果?在一致性设计中,结果阐释会反映出对数据的合并,作者会比较定性与定量分析的发现,来回答混合方法的研究问题。在解释性与探索性设计中,结果阐释通常与数据收集、分析的顺序紧密相关(如在解释性设计中,是先解释定量结果,再解释定性结果);而后,研究者会报告对于混合方法问题的解答。在嵌入式设计中,阐释的重【266】点要与首要数据集有关,但作者同样需要讨论如何回答混合方法研究问题。在变革性设计中,研究者需要阐述合并或连接的发现如何解答了混合方法研究问题,并提出改变社会的行动计划。在多阶段设计中,研究发现包括并行式、合并的结果与时序式、连接的结果,这些结果都需要从推进调查项目整体目标的角度进行阐释。

● 评价一项混合方法研究

混合方法研究的写作结构要反映相应的设计类型,还要反映完整研究的复杂性和信度。混合方法研究者要注重思考如何评价研究的质量,以及其他机构或个人——比如研究生委员会成员、资助机构、期刊主编或读者等——可能会采用的评估混合方法研究成果质量的标准。

评估混合方法研究的方法并不少。如果研究的定性和定量部分都严谨且令人信服,我们便可以使用文献中对定性、定量路径的评估标准。此外,混合方法研究本身也需要服从这一质量标准,接下来我们将讨论数条混合方法领域新出现的标准。

定量与定性的评估准则

定量研究的评估标准通常会反映研究设计的类型与数据收集、分析的方法(Hall, Ward & Comer, 1988)。在混合方法研究中,一个严格的定量研究阶段必须运用与研究问题相匹配的设计类型,提供研究框架的理论,以及能够获得可信、有效数据的数据收集方式。此外,统计检验也必须适当、稳健。整体的研究要测量精确,可归纳,可信、有效且可重复。

定性研究的评估标准取决于研究者如何在该研究中定位自己。定性研究者往往会【267】使用不同的评估标准,比如哲学的标准、参与性或建议性的标准,以及程序性与方法论标准(参见 Creswell,2008b)。其中,我们更加强调程序性与方法论标准的重要性,比如强调严格的数据收集,在定性研究的哲学前提假设下建构研究,使用可接受的途径进行调查(如民族志、个案研究),针对单一现象,运用效度策略以确保计算的准确性,进行多层次的数据分析,以及撰写有说服力的、吸引读者的研究文本(Creswell,2007)。在这一长串标准后,我们还要加入一点,即研究者还需要公开他们的角色,以及该角色对于研究结果阐释的影响。

混合方法的评价标准

尽管混合方法研究必须回应定性的和定量的相关标准,然而我们始终认为,除此之外,混合方法研究还有自身独有的一系列评价标准。布里曼(Bryman,2006)将其称为"定制(bespoke)"路径,其中的标准是专门为混合方法设立的。此外,我们也看到,混合方法研究的评价标准似乎反映了定性研究中的某些趋势。正如此前所述,定性研究存在几种评价视角,而一个人采取何种视角取决于他的定位。在混合方法中,这一定位可能是研究方法的运用者,方法论学者、哲学家或者理论导向的学者。举个例子,资助研究的政策制定者想知道研究是否恰当地回答了研究问题,参与混合方法研究的研究者则想知道他们是否可以相信研究发现,并依此采取行动,研究的参与者(比如回答问卷的人)则好奇他们是否会有很棒的经历,研究的评估者则要传达那些可以评判研究的标准。对上述所有相关者来说,我们需要为混合方法研究确立一套标准。正如我们在第一章所介绍的,我们挑选的优秀混合方法研究成果反映了一种方法导向。为了评价一项混合方法研究,研究者需要:

- 收集定性和定量数据;
- 在数据收集与分析中运用有说服力、严格的程序;
- 【268】整合或"混合"(合并、嵌入或连接)两类数据资源,这样相对于单一的数据资源,混合的数据可以提供对研究问题更好的理解;
- 使用混合方法研究设计,并使研究符合该设计的所有特点;
- 在哲学前提假设之下建构研究;
- 运用当前混合方法领域的术语来表述该研究。

我们和学生一起使用这些以方法导向的标准来完成混合方法研究,也以此来评论那些期刊投稿。这是一套与本书论点相一致的标准。在更接近应用的层面,我们用来评价《混合方法研究期刊》(*Journal of Mixed Methods Research*,JMMR)投稿文章的方法,也许有助于思考如何将这些标准应用于混合方法论文。需要谨记的是,这些程序处理的是"研究"路径而非研究所关注的内容或主题。尽管我们的评价程序并非总是遵循它们,但我们依然倾向于使用下述评价步骤:

首先,我们阅读方法部分。我们审阅方法部分,看看研究者为了解答研究问题或检验研究假设,是否收集了定性和定量数据。我们在方法部分寻找典型的定性方法——包括开放式访谈、观察、文档或视听材料,以及定量研究的封闭式数据——包括问卷、观察清单以及数值数据文档。二者的区别有时并不明显,因为有些数据形式(如病例)同时包含定性数据(提供者的笔记)和定量数据(筛分试验的分值报告)。

其次,我们进一步细致考察方法部分。我们会考察方法是否得到贯彻执行,即定性方法是否详细且有说服力,定量方法是否遵循严格的程序(参见第六、七章中的数据收集与分析)。

再次,我们考察结果部分和论述混合数据必要性的讨论部分。我们感兴趣的是,研究者是真的"混合"了两种方法,还是收集了两类数据却始终分别使用它们。这一点有时难以查证。作者是否曾提及收集两类数据的基本依据(比如收集定性数据是为了解释定量结果),有助于评估这种混合是否确实发生。这一基本依据可以放在从开头到方法部【269】分,乃至从开头到结尾的任何部分。其他"混合"标记还包括:包含两类数据库的图表;关注定量数据和其他定性数据(或反过来)的单独的研究阶段;在结果与阐释部分,作者明确地整合了两个数据库。

最后,我们搜寻混合方法的相关术语。研究使用混合方法术语,表明作者在有意识地尝试运用混合方法程序,熟悉混合方法文献,而且力求使读者将他们的研究作为混合方法研究来理解与评估。我们会在以下各处寻找混合方法术语——标题（它们是否包含"混合方法"的字样）、关于方法的讨论、明确所用混合方法设计类型的论述、采用该研究方法的基本依据，以及论文结论部分有关混合方法优势的论述。

另一衡量混合方法研究质量的方法，是考察研究者的认知。在一篇关于研究者认知的混合方法研究中，布里曼、贝克尔和桑皮克（Bryman, Becker & Sempik, 2008）特别询问了研究者视角下的混合方法研究质量标准。定量结果显示，超过三分之二的受访研究者认为，对于混合方法研究的定量与定性部分应该采用不同的评价标准；访谈数据的分析则识别出四个可以用作混合方法研究评价标准的主题：

- 混合方法的使用要与研究问题相关；
- 混合方法程序要公开透明；
- 发现要是整合的或混合的；
- 要提供使用混合方法的基本依据。

此外，评价混合方法研究的方法，还包括将混合方法纳入更广泛的研究进程中来思考。在2008年，欧凯伦、墨菲和尼科尔（O'Cathain、Murphy & Nicholl, 2008）为好的混合方法研究报告（Good Reporting of a Mixed Methods Study, GRAMMS）建立了一套标准。在此基础上，欧凯伦（O'Cathain, *in press*）提供了一套新近的评估标准，指出关于混合方法评估的讨论源于文献评述、研究者的专业知识、对研究者的访谈以及研究者的测绘练习。欧【270】凯伦的框架包括：

- 混合方法研究计划的质量（比如可行性与透明性）；
- 设计的质量（比如设计的详尽描述、设计的适用性、优势以及精确程度）；
- 数据的质量（比如抽样与分析的详细描述、精确和恰当程度）；
- 解释的准确性（比如研究发现和方法的关系、发现矛盾、可信度，以及与其他获得同样结论研究的相似度）；
- 推论的外部有效性（比如结论可应用于其他背景）；
- 报告的质量（比如研究的成功完成、报告的透明性以及研究的收益）；
- 综合性（比如这项研究是否可被归入某一系列研究的证据）；
- 实用性（比如研究结果是否可以投入使用）。

欧凯伦在著述最后表示，现有标准太多了。我们同意，对混合方法研究者来说，一套简化准则是最有用的——尤其是那些经验有限、正要开始生平第一项混合方法研究的研究者。我们也要注意，最佳标准也许就在某项具体研究的实施和设计中。因为混合方法研究者在研究中采用了具体的研究设计，因而最佳标准往往就是第三章所述这六类设计的本质特征，而我们也可以运用这些特征作标准，来评估一项混合方法研究的质量。对于想评估某项具体研究的质量的研究者来说，一套量身定制的情境化的准则最为适合；然而，这对于更广泛的混合方法研究者群体（如政治制定者或编辑）而言可能有些鸡肋，他们需要一套更一般化的评估准则。

小　结

一般性的指导可以帮助研究者撰写一项混合方法研究。写作者需要考虑,怎样的写作结构最适合预期受众,他们的报告和报告的各部分如何让读者了解混合方法研究,他们复杂的混合方法研究如何才能被读者理解,要想讲述一个连贯的故事,应该如何采用一致性视角或与特定设计类型要求的视角。

【271】事前的计划对所有研究都是有助益的,所以我们也为混合方法研究的设计提供了一些结构示例。我们提供了学位论文研究计划、学位论文、NIH 资助申请书以及一篇混合方法的期刊论文的写作大纲。使用一种与混合方法研究相一致的写作结构,无疑增加了研究的复杂性与可信度。要运用这些写作结构,最重要的是识别不同类型的混合方法设计,它们的报告方式如何不同。

考虑到诸多相关者,比如研究生委员会成员、基金资助机构、期刊编辑与读者,都需要评估混合方法研究的标准,我们也推荐了几套可以用来评价混合方法研究质量的准则。我们可以分别评价混合方法研究定性和定量部分的质量,研究方法的著述已经很好地详述了评价准则。但是,我们认为,混合方法研究应该有一套自己的评价准则,至今还未有一套这样的准则。无论如何,我们建议使用我们的"方法"标准来评估期刊上的高质量研究,以此作为建立一套新准则的起点。另外一套准则源于近期关于混合方法研究质量的著述,其贯穿了混合方法研究的整个过程——计划研究、选用研究设计、收集高质量数据、精确阐释、提供高质量报告,直到为文献整合与定位而使用混合方法研究成果。最后的一个建议是,回顾本书曾论述的各类研究设计的特征,认真揣摩这些研究的关键特征,确定某项混合方法研究是否具有这些特征、混合方法研究是否与这些研究的本质特征相吻合。

练　习

1. 撰写一篇研究生学位论文研究计划的结构大纲,并使其符合所选取的设计类型。

2. 在你的研究领域查找一篇混合方法的期刊论文,根据本章中如何评价一篇混合方法期刊论文的要点,对其进行评论。

3. 从一家私人基金会或联邦机构(除了 NIH)获取研究计划指南。仿照表 8.3 的 NIH 的研究计划大纲,撰写一份与该基金资助机构相符合的研究计划纲要。

4. 使用欧凯伦(O'Cathain: *in press*)所提到的准则来评论你正在设计的混合方法项目。

阅读推荐

关于混合方法研究写作的讨论,可以参考以下资源:

Sandelowsi, M. (2003). Tables or tableaux? The challenges of writing and reading mixed methods studies. In A. Tashakkori & C. Teddlie (Eds.), *Handbook of mixed methods in social & behavioral research*. Thousand Oaks, CA: Sage.

Stange, K. C., Crabtree, B. F., & Miller, W. L. (2006). Publishing multimethod research. *Annals of Family Medicine*, 4, 292-294.

关于定性研究与定量研究的评价准则,可参考:

Creswell, J. W. (2008). *Educational research: Planning, conducting, and evaluating quantitative and qualitative research* (3rd ed.). Upper Saddle River, NJ: Pearson Education.

关于评价混合方法研究与专业写作评价准则的讨论,可参考:

Creswell, J. W. (2009). *Research design: Qualitative, quantitative, and mixed methods approaches* (3rd ed.). Thousand Oaks, CA: Sage.

O'Cathain, A. (in press). Assessing the quality of mixed methods research: Towards a comprehensive framework. In A. Tashakkori & C. Teddlie (Eds.), *SAGE Handbook of mixed methods in social & behavioral research* (2nd ed.). Thousand Oaks, CA: Sage.

O'Cathain, A., Murphy, E., & Nicholl, J. (2008). The quality of mixed methods studies in health services research. *Journal of Health Services Research and Policy*, 13(2), 92-98.

相关的网络资料:

NIH 的 SF424 (R&R)格式详述了一项 NIH 研究计划的论述模式,可以在这一网站上下载:http:// grants. nih. gov/ grants/forms. htm.

第九章

总结与建议

在混合方法已有20年的发展史(Greene,2008),这一研究领域的疆域急剧扩张。在本书中,我们也试图更新理念,吸纳新的发展趋向,并引用了大量已发表的混合研究方法文献。接受混合方法的学者不断增加,混合方法研究领域也不断扩展(Tashakkori,2009)。在本章中,我们将回顾一些已付诸前文的关键内容,来为进行或设计混合方法研究的研究者提供整体建议。为此,我们建议研究的设计者和执行者可以进行以下工作:

- 准备一篇推进混合方法研究的方法论论文,以及一篇关于本研究的论文;
- 定义混合方法;
- 在研究报告中使用混合方法的术语;
- 引入哲学视角,并讨论这种视角;
- 详述混合方法设计,使其严密、有说服力;
- 说明该混合方法研究的学术贡献。

关于撰写一篇方法论论文

我们在上文讨论了混合方法领域的现状。正如克雷斯韦尔(Creswell,2008a,2009b),格林(Greene,2008)以及塔萨科里和特德利(Tashakkori & Teddlie,2003b)等所述,在进行混合方法研究时,很多研究者首先考虑的是如何创造一篇对特定领域有学术贡献的研究。然而,我们强烈希望研究者除了完成研究之外,还能撰写一篇方法论论文,来讨论该研究如何推动混合方法研究的发展。撰写这样一篇论文可以有以下步骤:

- 首先,参考前面的表 2.2,检查在混合方法相关文献已经讨论过哪些主题。
- 思考你的论文可能促进或扩展哪一个主题。综述相关的混合方法文献,从而确认你的研究在现有混合方法研究中的位置。
- 写一篇简述这项经验研究的文章,并说明该文章在混合方法上的独有特征。文章以方法导向(methods orientation)开头,这里你既要回顾那些曾研究这种方法导向的作者,也要说明你的研究项目如何为这种方法导向作出独特贡献。接着再提及你的经验研究,精炼论述研究的主要部分(如研究领域、具体研究问题、方法、结果以及影响)。最后,以重述文章中重要的方法论内容作结尾。

写这样一篇方法论论文的挑战之一是:如何把关于特定主题经验研究的讨论,与关于该研究独有方法论特征的讨论结合在一起。沃利(Wolley,2009)近日在《混合方法研究期刊》(*Journal of Mixed Methods Research*,JMMR)上发表的佳作,提供了应对这一挑战的良好范例,值得我们检视。沃利的社会学研究以英格兰德比地区 18—25 岁年轻人为对象,研究了他们生活中结构性因素(如性别、教育水平和就业情况),与个人动力(personal agency)(如追求利益或实行规划过程中的自信、独立或积极态度)的交互影响。这篇论文是基于她的学位论文写的,是兼顾经验研究和方法论创新,且二者比例恰当的优秀范例。这篇论文开篇讨论了混合方法领域的主题——定性与定量数据的整合,以及混【275】合方法领域的作者面临的一系列困难,并且探讨了这些问题是如何阻碍研究者更加流畅、成功地整合数据库的。然后,沃利描述了她的社会学研究,并给出选择混合方法的理由。同时,她详细描述了自己采用的方法,给出混合方法的程序图,并讨论她整合定性定量数据的结果。最后,这篇论文的结论部分重在论述方法论问题,即这项研究如何成功地整合了数据。简言之,这一论文的框架是:开头将整个研究置于混合方法研究的某个问题或主题中,然后描述经验研究,结尾再回到对混合方法的启示。在这篇论文中,经验研究与经验研究对混合方法整合问题的贡献,两部分内容达到了很好的平衡。

● 关于定义混合方法

当你在设计自己的研究时,你会如何定义混合方法研究?如何回答这个问题,取决于你对混合方法的定位——你是否想运用多方法的导向、方法论导向(如研究自始至终都混合运用定性与定量方法)、哲学导向或现象学导向,来从多角度、多途径理解这个世界。你有若干种定义可选(如第一章所示)。在本书中,显而易见的是,我们选取的是“方法”导向,因为我们是应用型研究方法论者,并相信这一导向可以更为清晰地探讨混合研究方法。我们还明确了混合方法研究的核心特征,以及便于表述的数条核心原则。当前,混合方法研究者们要能够将这种研究路径以简单、直观的方式传达给读者;我们也相信,这些核心特征和“方法”取向的表达可以传达这些信息。

定义混合方法研究的一大挑战在于确定这一研究形式的"边界"。我们就研究者定义混合方法时经常遇到的问题,给出了一些建议:

- 将混合方法研究与定性研究区分开来。初次接触混合方法研究和定性研究的学者们往往认为两者没有区别。然而,我们将混合方法研究看作有别于定性研究,【276】且具有自身特点的研究路径。在社会科学与行为科学中,定性、定量以及混合方法研究代表着三种主要方法论路径(Tashakkori & Teddlie,2003a)。这类误解往往源于对混合方法研究、定量研究一知半解。
- 注意"混合方法"与定量研究中"混合模型(mixed model)"研究之间的差异。两者的名字很相似,但实际上代表了不同的研究过程。混合模型研究是一种定量统计技术,指在定量数据分析与参数估计时同时考虑固定效应与随机效应(Cobb,1998)。因此,这种方法在分析中确实"混合"了模型(固定的和随机的),但它没有混合定性与定量数据。
- 由于存在简短的开放式回答,所以要意识到包含开放式与封闭式问题的调查也提供了一个小规模的定性数据库。假设有一项调查研究,其问卷包含若干开放式问题。研究者可以通过分析定性的回答来证实相关的定量发现。这样算是混合方法研究吗?定性数据也许是短句和简评——这类定性数据不包括丰富的情境信息和参与者的详细信息(Morse & Richards,2002)。尽管这种方法没有收集丰富的定性数据,但它确实包括定性与定量数据收集,我们将它也看作混合方法研究。
- 将一项混合方法研究视作整体,研究者需要收集定性和定量两类数据。在内容分析研究中,研究者仅收集一种数据(定性的),因而这一路径远不是收集定性数据和定量数据。举个例子,研究者可能仅仅收集了定性的数据,却从定性(形成主题)与定量(计算词频或根据既定量表评估回答)两个角度分析数据。一种更典型的内容分析研究是,研究者仅收集定性的数据,然后通过计算编码或主题的频率,将其转化为定量数据。上述两个例子是混合方法研究吗?当然,它们使用了包含定性和定量数据分析的"混合方法数据分析"(onwuegbuzie & teddle,2003),但是数据采集过程只涉及定性数据。若是按照严格的定义,即混合方法包括收集定性和定量数据,这就不能算是混合方法。假如根据"方法论角度的"定义,即在研究的任何阶段存在方法整合,这一研究将被视为采用了混合方法,因为它确实使用了定性和定量的数据分析。
- 【277】区分混合方法研究与多元方法研究(multimethod research)。在多元方法研究中(Morse & Niehaus,2009),研究者收集、分析、混合多种形式的定性或定量数据。比如,研究者可以收集多种形式的定性数据,像一些参与式行动研究中的社区文件、扎根理论研究中的访谈。研究者也可以收集、分析、混合不同类型的定量数据(如带有结构式观察的定量调查)。这些形式的研究通常被称为多元方法研究,而不是混合方法研究,因为它们基于多种定性的或定量的方法和数据集。

● 关于使用术语

在描述混合方法的属性时,要恰当地使用特定术语。当前,在混合方法领域,研究者往往会编写术语表来说明混合方法研究的语言(本书也不例外,另可参见 Morse & Niehaus,2009;Teddlie & Tashakkori,2009)。然而,学界对混合方法研究设计和实施的术语远未达成共识。问题在于,混合方法的语言究竟是什么样的?特德利和塔萨科里(Teddlie & Tashakkori,2003b)提出这样的问题:我们是否需要一种有别于定性或定量研究的、只属于混合方法研究的新语言?或者,这些术语是否可以从定性或定量研究中提取?这让我们想起20世纪80年代早期,定性研究中产生的新语言——它以定性效度为主题,采用了可信性(trustworthiness)和真实性等术语,是表述定性调查的独特的新语言(Lincoln & guba,1985)。

在论述效度时,奥韦格布兹和约翰逊(Onwuegbuzie & Johnson,2006)有意将效度称为"合法性",以创造一种独特的混合方法语言。在本书论述研究设计的部分,我们提到过探索性的时序式设计——这不仅是给一种研究设计起了独特名字,更是表明了研究者将首先进行质性方面的探索,然后再继续定量方面的研究(Creswell,Plano Clark,et al.,2003)。在这些例子中,研究者创造了一种新的混合方法研究语言。我们再举个例子来说明一下"合成"术语。在最近的心理学混合方法研究中,学者用"qualiquantology"来表明,他们并不满足于定性方法和定量方法的直接混合(Stenner & Rogers,2004)。当特德利和塔萨科里(Teddlie & Tashakkori,2009:31)提到"推论可转移性"时,他们实际上是在创造兼具定量(推论)和定性(可转移性)意味的混合术语。

还存在一些例子表明研究者在混合方法研究中强调了定量导向。比如,特德利和塔【278】萨科里(Teddlie & Tashakkori,2009)曾用"推论"和"元推论"表明,为了回答研究问题,应该在何时将结果整合进一个连贯的概念框架。这些术语看起来比较倾向于定量研究,即研究者试图将从样本中获得的推论推及总体。另一个偏定量的术语例子是"建构效度",里奇、德、林杰、布拉纳根和田中(Leech,Dellinger,Brannagan & Tanaka,2010)将其作为混合方法研究的总效度来使用。这一术语源于长期确立的定量研究、定量测量的理念,基本和定性研究无关。最近,学界在讨论混合方法实施的基本原理时,科林斯、奥韦布格兹和萨顿(Collins,Onwuegbuzie & Sutton,2006)还加入了与定量研究密切相关的原理。工具保真度(比如评估现存工具的适当性或有效性、开发新工具、监测工具绩效等),以及干预完整性,也被视作实施混合方法研究的原因。

混合方法研究领域定性导向的术语也同样有所发展。例如,马斯顿(Mertens,2009)在谈到混合方法时,使用了她的"变革—解放"框架(p. v),这一视角通常与定性调查有关。毋庸置疑,这种已经出现的混合方法语言,不仅新颖而且同时与定量、定性调查相联系。我们倾向于支持塔萨科里和特德利(Tashakkori & Teddlie,2003b)的观点:在混合方法研究领域,这种复合语言终将大获全胜。不仅如此,这种复合术语的数量也在持续增长。如果情况的确如此,我们建议,混合方法研究者应继续开发一套独特的混合方法术语,并在混合方法研究的设计与写作中使用这套词汇。除此之外,引用与关键术语有关的参考文献不仅有助于阐明你的混合方法路径,也可以引导读者开发新术语。

● 关于选用哲学视角

在设计一个混合方法研究时,最为棘手的问题之一是:在研究设计和报告中,究竟要不要讨论为研究提供整体研究框架的哲学基础和前提假设(正如第二章所介绍的)?从混合方法定性的一面来看,研究要有清楚明确的哲学基础,在描述研究时也有必要说明这些哲学基础;而从定量的一面来看,哲学前提却鲜有提及。近来,一批定性研究者宣称,混合方法更倾向于后实证主义,更侧重阐释路径(Denzin & Lincoln, 2005; Howe, 2004)——这种观点是一个信号,表明某些研究者已经开始质疑混合方法研究背后的哲学基础。这些关于混合方法的多样立场,将研究者们置于不确定中,他们既不知道是否应该考虑哲学视角,不知道应该采取哪一种哲学立场,也不知道如何在研究中论述这些立场。【279】

在你的研究中,是否应该包括有关哲学的论述?这取决于你的研究受众是谁,他们是否主要是定性读者而非定量读者。定性研究者往往主张对关键的前提假设进行明确的哲学讨论,比如他们对这些问题的看法:如何建构现实(本体论),如何获得知识(认识论),如何实现和塑造价值(价值论),以及研究进程是从自下而上的归纳还是自上而下的演绎(详情可参见 Guba & Lincoln,2005,以及第二章中关于不同视角的讨论)。在第八章有关混合方法研究设计结构的内容中,我们建议研究者加入哲学讨论的章节,这部分内容可以放在研究目的与文献综述之间(表 8.1)。熟悉定性研究的研究者将很乐于看到有这样一个章节。这些章节主要论述先前提到的哲学前提假设,将其与某种范式立场联系,并具体讨论如何将它们整合进你的研究。

决定选用何种研究范式和世界观则更复杂。在第二章中,我们讨论过几种混合方法研究可以采纳的范式立场:后实证主义,建构主义,诉求(advocacy)和实用主义。而后,当研究者将这些范式立场应用于混合方法时,就可以在选用某种范式或世界观时采用一种或多种"立场":研究者可以采用一种范式或世界观,采用多种范式,将范式类型与研究设计类型相关联,或是使用形塑了该学科取向的世界观。此外,正如在第三章讨论研究类型时所述,我们已经开始将范式与研究设计类型联系起来——对于一致性设计,研究者也许会采用实证主义作为统领性的世界观;而对时序式设计而言,在研究过程的不同阶段可能需要选择相应的世界观。因此,我们的建议是,混合方法研究者需要慎重考虑如何选用世界观,并在考虑研究者自身信仰和该混合方法研究受众的前提下,选择其中最有效的一种。【280】就我们自己的经验而言,范式—设计匹配是一种可取的视角,而且在研究过程中可以适当转换世界观。

格林(Greene,2007)曾经提出这样一个问题:如何在混合方法研究中融入世界观?我们需要更多在混合方法研究中融入世界观的写作范例。世界观应当贯穿于整个研究,用一个章节单独论述,还是包括在文献综述中?一般来说,读者并不熟悉哲学前提假设(比如本体论、认识论),也不了解定性研究者探讨过的不同范式(如后实证主义、建构主义);此外,对于经验研究中引入并详加论述的哲学思想,读者们也认识有限。尽管如此,由于混合方法研究走了一条介乎定性、定量之间的小径——也因定性研究者通常会在他们的研究中加入哲学——我们建议有关哲学的论述应当包括:

- 该混合方法研究背后的哲学前提假设;
- 研究中所选取的范式或世界观;
- 该哲学前提假设和世界观如何形塑这项混合方法研究。比如,文章开头运用的演绎理论,揭示了混合方法的后实证主义导向;通过最初的定性焦点小组访谈产生构想,表现了一种建构主义的视角;混合方法研究结尾的"行动呼吁"则表明了某些诉求等世界观,而在讨论部分整合研究发现,则展示了一种实用主义的立场。

以上仅是在混合方法研究中融入哲学思想的数种可行方法。

● 关于设计研究过程

在第三章中,我们总结了混合方法设计的几种类型或类别。我们提供了设计的程序图,并提供了一些研究过程示例,以便读者理解这些程序图。在提供的研究范例中,我们加入了该研究原本没有的程序图。在我们看来,关于混合方法研究应该采取什么样的设计,并没有普遍的共识,而我们所提出这六种设计,是当前混合方法研究中最为普遍的类型。

我们的目的在于为初次使用混合方法的研究者提供研究指导,但是,我们也清楚地【281】知道,基本的设计与具体的实施之间总是存在着难以逾越的"鸿沟"。首先,我们已经强调了文献中使用或报告过的复杂设计。例如,附录 F 中,纳斯塔西(Nastasi)及其同事报告的复杂评估设计,不仅包含多个阶段,也混合了时序式阶段和并行式阶段(Nastasi et al.,2007)。其次,我们也注意到,期刊和基金申请的研究设计中报告的设计,已经包含了各种方法的"罕见的混合",比如定量与定性纵贯数据混合、对调查数据进行话语分析、次要数据集的定性后续研究,以及整合定性主题与调查数据来产生新变量(Creswell,in press-b;Plano Clark,2010)。设计的表现形式,由于要将定性与定量数据在一个表格中同时呈现,也催生了联合展示表(joint displays),这和定性软件产品的矩阵特性一致(见 Kuckartz,2009)。

我们的设计和诸多分类,创造了混合方法设计的类型学路径。正如第三章所言,除此之外,研究设计还有其他路径。一些学者认为,除了类型学路径,我们应当有其他替代性的路径,比如马克斯韦尔和卢米斯(Maxwell & Loomis,2003)便提出了系统路径的概念,将研究过程分为五个交互的方面;霍尔和霍华德(Hall & Howard,2008)提出了一种协作路径,在研究过程中,两个或两个以上不同部分相互作用,如此其组合效应便会大于各部分效用之和。

混合方法研究的设计者思考设计的方式之一,不是试图给他们的设计"归类"或起名(并配上程序图),而是反思混合方法研究的具体实践。正如格林(Greene,2008)所言,实践将引领产生有关设计的共识。的确如此,在过去几年里,当研究团队和研究者个人在商讨完成混合方法研究项目时,他们已经详细讨论了相关研究进程。布雷迪和欧里根(Brady & O'Regan,2009)最近的文章(见本书附录D)讨论了一项有关爱尔兰青年指导项目的混合方法研究,并着重论述了研究团队采纳某种设计类型、确立认识论视角、运用多种方法和资源进行数据分析的历程。在另一篇著作中,加拿大的弗尔克连(Vrkljan,2009)讨论了老年人及其副驾驶的汽车驾驶安全问题。在文中,作者讨论了建构混合方法研究过程中的决策,包括把研究属性纳入研究背景进行全盘考虑,到研究者的经历,再到考察多种决策来形成最终的设计。弗尔克连详细说明了研究中的关键策略,她使用这些策略来确定如何整合或阐释定性和定量数据、验证发现,确定数据收集所包含的时间段,以及撰写供发表的手稿。还有一篇论文来自澳大利亚的约翰斯通(Johnstone,2004),【282】她讲述了撰写混合方法学位论文的故事——从综述有关范式前提假设的文献,到研究过程的概念化,以及从个人医疗服务体验到形成实验性研究设计的20个步骤(或"细胞",p265-266),这个实验性研究设计包括数据收集、分析、整合结果以及提出新问题、修改研究。在文章结尾,她讨论了如何组织研究报告,其中包括导论、理论、文献,以及研究发现。

这些具体研究过程的例子表明,研究者可以在进行混合方法研究时,借鉴其他研究实践中所采用的决策或步骤。同时,越来越多的论文会详细描述混合方法研究的具体实施过程。我们也鼓励研究者说明他们进行研究的具体过程,并撰写描述研究过程、研究挑战、应对设计难题的策略等的方法论论文。就混合方法研究之间的相互借鉴而言,我们应当仔细审视学位论文的研究项目,因为作者在其中详细描述了研究进程,也思考了研究中遇到的挑战。

关于混合方法所贡献的研究价值

不管从研究设计还是研究过程来看,还是从一种范式的角度来看混合方法研究的效用,与混合方法研究是否是一种有价值的研究路径都紧密相关。在前文的定义中(见第一章结尾),我们假设:整合定性、定量方法会比单独使用定性或定量方法提供更好的理解。这一假设可以证实吗?一次午餐会上,在追溯混合方法近期发展历程时,我们引用了SAGE出版公司董事长曾提出的尖锐问题:"比起单独使用定性或定量方法,混合方法真的为研究问题提供了更好的理解吗?"(Creswell,2009a:22)这个难题是为混合方法辩护,维护其合法性的核心问题。不幸的是,在混合方法领域,这个问题仍悬而未决。

然而,我们还是可以对如何回答这个问题做些许推断。一种方法是回到现有研究的研究过程,将参与观察和调查结果相比较(Vidich & Shapiro,1955),或将访谈与调查相比较(Sieber,1973),并考察两个数据库在回答研究问题上是一致还是存在分歧。第二种方法是让读者尝试将研究分为定性、定量和混合方法部分,分别考察。在这样的尝试中,结果将被具体化为诸如阐释的质量、证据的丰富性、研究的严谨性或说服力等内容,并且可【283】以试着将这三组内容进行比较(见 Haines,2010)。第三种方法是考察那些已发表的混合方法研究。一种回答是看"产出(yield)",正如欧凯伦墨菲和尼科尔(O'Cathain,Murphy & Nicholl,2007)所言,接受众多著述的考察,检验该混合方法研究的作者是否真的整合了数据。其他结果则可以用定性的文献分析(document analysis)方法来分析,我们可以从混合方法经验研究论文、方法论研究成果的价值陈述部分提取主题。例如,传播学领域的学者会认为,使用单一方法获得的研究结果具有局限性,混合方法的价值就在于解决了这一局限性问题:"为了更透彻地回答这个问题,并说明研究可能存在的局限——我们将对学生参与跨文化交际课程进行更广泛的评估。"(Corrigan,Pennington & McCroskey,2006:15-16)

鉴于价值问题仍有待深入探讨,我们建议,作者可以在目的陈述中,说明使用混合方法的基本理由(正如第五章所述)。因此,我们鼓励那些有关采用混合方法重要性的"价值"陈述,这些陈述有的从"内容"角度出发,关注混合方法如何加强了研究内容;有的是从"方法"角度出发,讨论混合方法如何改进了数据收集、分析、阐释的方法。混合方法价值将逐渐显露,它的价值有时就在于其本身,有时则在与定量、定性或二者的比较中得到体现。无论如何,对使用混合方法的更为强有力的辩护会越来越多,而这也将促进混合方法的应用。

小　结

纵观全书,我们鼓励研究者在规划和执行混合方法研究时,融入关于混合方法的最新思想。我们也为正在设计、进行混合方法研究的研究者提供了一些建议:不仅要思考根据研究写一篇经验研究论文,还要思考写一篇方法论论文来说明混合方法如何推进了你的研究,以及这项研究对混合方法文献的贡献。不仅如此,由于混合方法是一种比较新的研究路径,我们还需要向读者说明混合方法研究的定义。虽然文献中有方法、方法论、哲学和框架等方面的定义,我们还是建议大家进一步思考方法的定义,将其与哲学理念区分开来,你也依然可以在研究中加入哲学内容。此外,在论述你的研究时,还要注意识别混合方法的核心特征,这是总结该研究模式本质的好方法。

熟知已经出现的混合方法研究术语也很重要。这些术语通常见于混合方法著作的术语表。同时,我们也要意识到这些术语还在陆续地被创造出来,而且这一研究路径的词汇也将逐步改变和增长。然而无论如何，这些术语确实表达了作者的理念，你需要在研究中引述你所用术语的相关文献。我们还建议混合方法研究者加入对研究所用哲学基础的论述；至于这论述放在研究成果中的哪个位置，则可以有很多选择。在选用哲学立场时，研究者可以采用一种或多种世界观。此外，关于如何在论述中加入对哲学前提、世界观可行性的讨论，以及哲学立场如何影响研究阶段的设置，研究者都有多种处置方式。

许多研究设计都可用于混合方法研究。我们的建议是，研究者要确认你的混合方法研究的过程——是否包括某种具体的设计、程序图、注释说明，或是步骤和决策清单。我们还建议，研究者要仔细考察现有的研究，看看作者为了应对相关挑战是如何规划研究过程、识别挑战并确定相应策略的。然后，在进行混合方法研究的写作时，我们建议研究者反思整个研究过程，这有助于在独立的论文或研究报告中向读者完整展示研究过程。最后，研究者还要向研究受众证明使用混合方法的合理性，思考混合方法如何增进了对研究内容或方法的理解，并在最终报告中说明混合方法的贡献和价值。

练　习

1. 选取一篇你已经写好的经验研究混合方法论文，讨论你的研究对混合方法文献中的哪些主题有贡献，然后重写文章的开头与结尾，强调这些贡献。
2. 在撰写你的混合方法研究报告或研究计划时，查阅本书后面的术语表。识别（并列出）哪些你的研究会用到的术语，如此你就可以像一个混合方法研究者那样“说话”，在研究项目中使用这些术语。
3. 在本章的结尾，我们讨论了理解混合方法研究“价值”的不同方式。你将设计什么样的研究来解答这个问题？你设计的研究可以是定性或定量的，也可以使用混合方法。

阅读推荐

想要进一步了解当前混合方法研究领域的热点话题与争论，可参考以下文献：

Creswell, J. W. (in press-a). Controversies in mixed methods research. In N. K. Denzin & Y. S. Lincoln (Eds.), *The SAGE handbook of qualitative research* (4th ed.). Thousand Oaks, CA: Sage.

Creswell, J. W. (in press-b). Mapping the developing landscape of mixed methods research. In A. Tashakkori & C. Teddlie (Eds.), *SAGE handbook of mixed methods research in social & behavioral research* (2nd ed.). Thousand Oaks, CA: Sage.

Greene, J. C. (2008). Is mixed methods social inquiry a distinctive methodology? *Journal of Mixed*

Methods Research, 2(1), 7-22.

Tashakkori, A. T. (2009). Are we there yet?: The state of the mixed methods community [Editorial]. *Journal of Mixed Methods Research*, 3(4), 287-291.

如需了解最近有关混合方法研究定义、术语定义的讨论,可以参考:

Johnson, R. B., & Onwuegbuzie, A. J. (2004). Mixed methods research: A research paradigm whose time has come. *Educational Researcher*, 33(7), 14-26.

Johnson, R. B., Onwuegbuzie, A. J., & Turner, L. A. (2007). Toward a definition of mixed methods research. *Journal of Mixed Methods Research*, 1(2),112-133.

关于混合方法研究所蕴含的哲学理念,以及如何论述混合方法中的哲学视角,可以参考:

Morgan, D. L. (2007). Paradigms lost and pragmatism regained: Methodological implications of combining qualitative and quantitative methods. *Journal of Mixed Methods Research*, 1(1), 48-76.

关于进行混合方法研究的具体过程,可以参考以下作者所提供的不同视角:

Brady, B., & O'Regan, C. (2009). Meeting the challenge of doing an RCT evaluation of youth mentoring in Ireland: A journey in mixed methods. *Journal of Mixed Methods Research*, 3(3), 265-280.

Johnstone, P. L. (2004). Mixed methods, mixed methodology health services research in practice. *Qualitative Health Research*, 14(2), 239-271.

Vrkljan, B. H. (2009). Constructing a mixed methods design to explore the older drive-copilot relationship. *Journal of Mixed Methods Research*, 3(4), 371-385.

附录 A——收敛性并行式设计范例

与医生谈论抑郁症时的“潜规则”:整合定性和定量方法[1]

Marsha N. Wittink, MD, MBE[1]
Frances K. Barg, PhD[1,2]
Joseph J. Gallo, MD, MPH[1]

摘要

目的:通过评估老年病人对其与医生交流时的一些看法,我们试图理解病人与医生之间关于抑郁状况的共识与冲突。

方法:我们使用了一种整合的混合方法设计,其既是假设检验过程,又是假设发展过程。从主治医生那里,我们招募到一些65岁及以上的、自认为患有抑郁症的老年病人,并在他们家里对其进行半结构式访谈。我们将根据其个体特征来比较两类群体,即医生认为患有抑郁症的群体与没有抑郁症的群体(假设检验)。在此基础上,我们将提炼一些关于病人对其与医生交流认知的主题,并利用这些主题来生成未来的研究假设。

结果:相对于那些医生认为没有抑郁症的群体,那些被医生诊断患有抑郁症的病人要年轻一些。此外,标准化测量(比如抑郁症状与身体机能状态)在病人之间并没有差异。在询问病人对其与医生互动的看法之后,我们提炼了四个主题:“我的医生一语中的(my doctor just pick it up)”,“我是个好病人”,“他们只是检查你的心脏什么的”,“他们只是将你移交给精神病医生”。其中,有两类群体都被医生认为患有抑郁症:一类是那些认为医生是靠直觉诊断其患病的群体,还有一类则是那些认为提到情绪化内容便将被移送给精神病医生的群体。而那些被认为是“好病人”的群体,则几乎没有被医生确诊为抑郁症。

结论:医生可能在有意或无意中向病患传达了这样的信号,即情绪问题将如何被处理,从而影响了病人关于其与医生交流情绪问题的认知。

● 引言

初级医疗服务(the primary health care setting)对于治疗老年人的抑郁症与其他精神问题起着重要作用,因为社区的老年人一般很难从精神卫生专家那里接受到精神卫生治疗(Cooper-Patrick, Gallo, Powe, et al., 1999; Gallo, Marino, Ford and Anthony, 1995; Gallo, Marino, Ford and Anthony, 1995)。然而,根据基础医疗中对患有抑郁症状老年人的护理效果来看,他们的抑郁症常常并没有被诊断出来,或得到积极处理(Gallo, Bogner, Morales and Ford, 2005)。在对于抑郁症诊断不全面这一问题上,大多数人认为是医师的责任;然而,主治医师却认为,在多数情况下,以病人为中心才是治疗抑郁症的阻碍,同

1 原文及版权信息:Unwritten Rules of Talking to Doctors About Depression: Integrating Qualitative and Quantitative Methods, July/August 2006, Annals of Family Medicine. Copyright©2006 American Academy of Family Physicians.

2 家庭医学与公共卫生系,医学院,宾夕法尼亚大学
人类学系,艺术与科学学院,宾夕法尼亚大学

时这也与病人对于抑郁症治疗的态度和信念相关(Nutting, Rost, Dickinson, et al., 2002)。

已有几项研究将医患之间的交流与治疗结果,以及病人遵循治疗的情况联系在一起(Kaplan, Greenfield, Ware, 1989; Stewart, 1995)。当病人喜欢医生与自己的交流方式时,他们就更可能听从医生的建议,即使发生医疗事故,也通常不会起诉医生(Roter, Stewart, Putnam, et al., 1997)。就抑郁症治疗而言,病人如何看待医患之间交流这一问题格外突出,因为病人可能并没有做好敞开心扉或接受诊断的准备,或许也不愿意吃药或者寻求咨询。一些对医生沟通行为的研究表明,某些特定行为,如表示同情、认真聆听、多问有关社会和情感方面的问题,有助于增强病人分享其忧虑的意愿(Roter, Stewart, Putnam, et al., 1997; Hall, Roter and Katz, 1988)。

我们的研究重点是关注病人对其与医生交流的看法,并使用整合的混合研究方法设计——这种设计结合了定量和定性研究方法的传统特征(Barg, Huss-Ashmore, Wittink, et al., *in press*; Tashakkori and Teddlie, 1998),并依次使用假设检验和假设发展的策略。通过这一研究设计,我们能够将有关病人与医生交谈的相关主题,同个体特征以及抑郁的标准化测量联系起来。我们假设,比起那些未被医生诊断为抑郁症的病人,那些认为自己患有抑郁症的人,以及被医生诊断为抑郁症的病人,会表现出更痛苦以及更多身体机能障碍。以往关于医患交流以及医患关系研究,往往只是关注某一具体访谈中医患之间的交流,而【289】忽视了病人在诊断过程中取得积极效果的贡献和看法(Hall, Roter and Katz, 1988; Roter and Hall, 1992; Wissow, Roter and Wilson, 1994)。在本研究中,我们试图了解医患关系(从病人的角度)的哪些方面可能对病患交流抑郁症的方式产生影响。为了着重关注与临床相关的情况,我们主要选取那些认为自己患有抑郁症的老年人作为样本。

● 研究方法

研究样本

"母体研究"(即对于我们样本来源的母体的研究)[1]的首要目的在于确定,初级医疗服务中的老年病患是如何来描述(report)抑郁症的。本研究设计主要是一项截面调查(cross-sectional survey),研究对象来自马里兰州巴尔的摩非学术性基础医疗机构,包括从该机构中招募来的年龄在65岁及以上的老年病患,以及他们的医生($n=355$)(Bogner, Wittink, Merz et al., 2004; Gallo, Bogner, Straton et al., 2005)。随后,通过目的抽样(purposive sampling),我们选取若干病人参加半结构式访谈(Barg, Huss-Ashmore, Wittink, et al., *in press*)。从参与半结构式访谈的102名人员中,我们再选择了48名病人作为研究对象,他们自认为患有抑郁症,并且医生也认为其患有抑郁症。[2] 本研究协议已获得宾夕法尼亚大学伦理审查委员会(the Institutional Review Board of the University of Pennsylvania)的认可。

测量方案

查看病历索引中医生对病人的评估

在病例索引中,医生将病患的抑郁症程度分为4个等级:正常,轻微,中度,严重。医生知道病人应该被评估为哪一等级。

评估病人

为了考察我们所选出的、有助于在基础医疗机构中识别抑郁症的几个因素(Klinkman, 1997),除了获取受访者的年龄、性别、种族、婚姻状况、住房情况、受教育程度以及近6个月的病历索引中所记录的问诊次数等信息之外,我们还利用以下工具:流行病调查中心的抑郁量表(the Center for Epidemiologic Studies Dpression, CES-D),这个量表是由美国国家心理健康机构(the National Institute of Mental Health)为社区样本的抑郁症研究而制定的(Radloff, 1977; Comstock and Helsing, 1976; Eaton and Kessler, 1981; Newmann, Engel and Jensen, 1991; Gatz, Johansson, Pedersen, Berg, and Reynolds, 1993; Miller, Malmstrom, Joshi et al., 2004; Long Foley, Reed, Mutran and DeVellis, 2002);贝克焦虑症量表(the Beck Anxiety Inventory, BAI),这是用来测量焦虑症状严重程度的(Beck, Epstein, Brown and Steer, 1988; Steer, Willman, Kay and Beck, 1994)。在CES-D量表中,得分在16~

---

1 在此,"母体研究"的母体是指对于参加第一阶段的半结构式访谈的研究对象,而后一阶段的48名研究对象正是来自于之前所选取的102名样本。也正是基于此,我们将"the Spectrum Study"译作"母体研究"。——译者注

2 网上的补充性附录提供了具体的抽样过程:http://www.annfammed.rg/cgi/content/full/4/4/302/DC1

21 分就表明抑郁症症状比较严重；在 BAI 量表中，得分大于 14 分就说明焦虑程度很高(Beck, Weissman, Lester and Trexler, 1974)。我们还使用贝克绝望量表(the Beck Hopelessness Scale, BHS)来评估与自杀观念相关联的因素(对未来所抱有的希望、想放弃的感觉、对未来的预期或计划)(Hill, Gallagher, Thompson and Ishida, 1988)。我们使用改进后的查尔森指数(Charlson index)来测量基础医学并发病(baseline medical comorbidity)(Charlson, Pompei, Ales and MacKenzie, 1987)，使用健康调查简表(the Medical Outcomes Study 36-item shortform health survey, SF-36)中的条目来评估身体功能状态(McHorney, 1996)。在认知评估上，我们采用了整体功能的标准化测量(精神状态检查量表, Mini-Mental State Examination, MMSE, Folstein, Folstein and McHugh, 1975; Tombaugh and McIntyre, 1992)。

半结构式访谈

在病人家中，由受过专业训练的访谈人员与病人进行半结构访谈，这些访谈都将进行录音、转录并输入 N6 软件进行编码和分析(DiGregorio, 2003)。表 A.1 中列出了用来考察病人对其与医生交流认知的访谈问题。同时，由一个涵盖了人【290】类学家、家庭医生、社区老年人的跨学科团队来处理文字记录，以便于在每周的例会上进行讨论(具体细节请参阅 http://www.uphs.upenn/spectrum)。受访者须回答："你曾觉得自己患有抑郁症吗?"而事实上，判定抑郁症并不基于对这个问题的简单的肯定或否定回答，访谈人员要进一步探究病人是否会如实上报自己的抑郁症状。总的来说，为了判定每位病人的抑郁症状况，我们选取了 3 个角度：①病历索引中的医生评估；②病患在标准化问卷(CES-D)中的回答；③病患的自我报告。

表 A.1 半结构式访谈提纲

你是否曾经与你的医生探讨过自己的情绪问题？ 若是，则回答 A 和 B； 若否，则跳至 C 和 D 题。
A. 是谁先提及的？你认为这样的讨论会如何发展？你觉得，如果你不提及这一点(情绪问题)，他/她会知道吗？
B. 关于情绪问题他/她都说了些什么？
C. 你觉得你的医生是如何看待你的情绪问题的？
D. 在描述对你的感觉的时候，医生用了什么样的字眼？(除了抑郁之外)

分析方法

我们采用的分析方法将假设测验和假设生成整合在一个研究之中，这是混合研究方法的典型特征。在第一阶段，我们把那些认为自己有抑郁症但医生却不这么认为的病人，和那些与医生看法一致的病人的个体特征进行比较(分别使用卡方检验和 t 检验进行比例和平均数的比较)。我们采用的显著性水平为 $\alpha=0.05$，采取显著性统计检验的目的，在于为进一步的推断与解释提供帮助。

在第二阶段，我们使用持续比较法，反复在编码和文本之间进行分析比较，以获得与医患沟通相关的主题(Malterud, 2001; Glaser and Strauss, 1967)。这种方法最初是用在格拉瑟和斯特劳斯(Glaser & Strauss, 1967)的扎根理论中。他们选取了一份数据(例如一个主题)，将它与其他所有类似的或不同的数据进行比较，然后将各种数据间可能的联系概念化。在提炼主题的过程中，研究团队并没有得到调查数据，包括病人是否被医生诊断为抑郁症等。我们更关注的是，对于有关和医生一起讨论时的感受和情绪这一问题而言，受访者的回答是怎样的(表 A.1)。然后，我们将主题与个人特征、医患是否在抑郁症状况上达成共识等几方面联系起来，进行综合分析。数据分析是采用 SPSS 和 QSR N6.0等软件来完成。

● 结果

样本特征

在 102 名参与半结构式访谈的病患中，有 53 人认为自己患有抑郁症。由于存在缺失值，有 5【291】个样本被排除在外，剩余的 48 个样本将用于研究(图 A.1)。表 A.2 比较了那些医生认为患有抑郁症的病人与没有抑郁症病人群体的个体特征。除了年龄之外(被医生诊断为抑郁症的病人一般更年轻些)，对于那些在病历索引中被医生记录为抑郁症的病人，我们并没有发现明显的差异。他们的 SF-36 量表均值也都没有显著差异(数据没有在表中列出)。

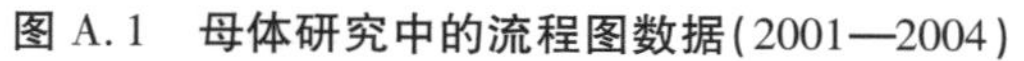

图 A.1　母体研究中的流程图数据(2001—2004)

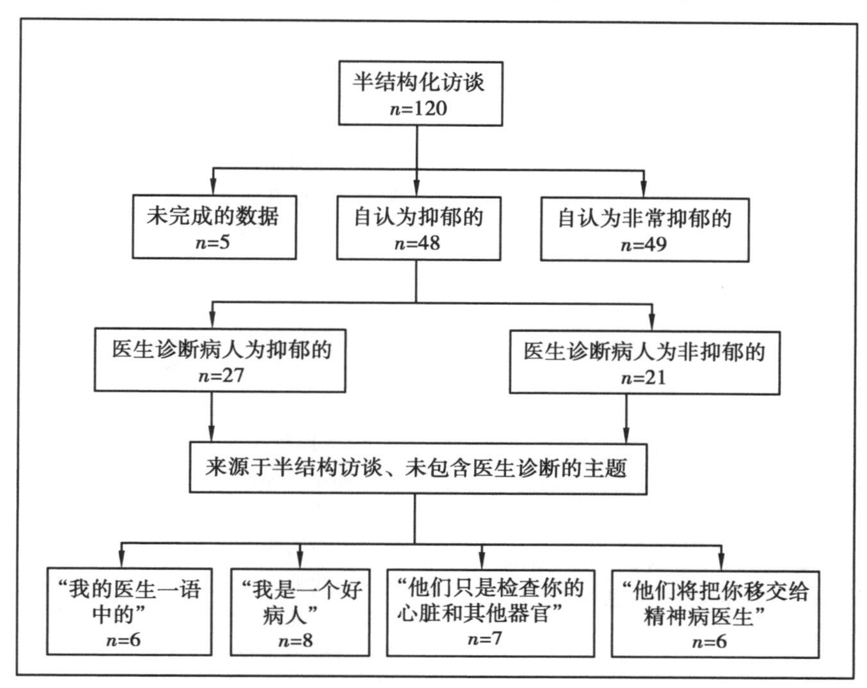

表 A.2　在半结构式访谈中自认为患有抑郁症的病人的特征($n=48$)

【292】

特　征	医生诊断为抑郁症 $n=27$	医生诊断为没有抑郁症 $n=21$	P 值
社会人口统计学特征			
年龄,平均值(标准差)	73.0(5.3)	77.1(5.3)	0.012
女性/%	21(79)	15(71)	0.623
非裔美籍/%	10(39)	12(57)	0.173
教育水平在高中以下/%	8(30)	10(48)	0.210
心理状况			
CES-D 得分均值(标准差)	18.3(13.5)	15.6(10.0)	0.450
BAI 得分均值(标准差)	10.0(9.2)	11.8(8.5)	0.498
BHS 得分均值(标准差)	5.5(4.1)	4.8(3.7)	0.607
认知状态			
MMSE 得分均值(标准差)	27.8(2.2)	27.1(3.0)	0.371
医生的诊断			
医生诊断为抑郁症/%	27(100)	0(0)	0.842
医生非常了解该病人/%	20(75)	15(71)	0.843

注:CES-D = 流行病调查中心抑郁量表;BAI = 贝克焦虑量表;BHS = 贝克绝望量表;MMSE = 精神状态检查量表。

从半结构式访谈中提炼出的主题

通过对访谈记录进行详细对比,我们提取了几个主题。根据它们在临床上的重要性,我们选择了4个主要的主题。这些主题与病患如何看待他们与医生之间的关系相关。

“我的医生一语中的”

在访谈中,一些病人认为,他们的医生能够在其还没有明确表现出某种情绪时就“诊断”出抑郁症症状。例如,K女士说她的医生能够理解她的感受:

【293】“她(医生)似乎能够注意到一些我没告诉她的事情,而且她会马上提出来。‘你没告诉我这件事,让我们来谈谈这件事吧,到底怎么回事?’这就是她的方式,所以我也就知道一定是哪里有问题了。”

这个例子表明,医生有一种近乎直觉的能力,并能够意识到病患哪有问题,同时也反映出有些医生具有识别非语言线索的能力。下面这段来自另一位女士的访谈摘录,也能说明这一点:

“当我走进房间时,我医生就说,‘你哪不舒服,女士?’其实我试图告诉他自己有多么痛苦。他马上说道,‘在我看来,你患上了抑郁症。’”

“我是个好病人”

这一主题是出现在病人谈论医生如何看待他们时,更具体地说,是经常在回答这一问题——“你的医生在描述对你的感受时使用的什么词”——时出现。病人自认为是“一个好病人”,这表明他们觉得自己是讨医生喜欢的。例如,S女士说道:

“他(医生)认为我是个好病人,他觉得我做得很好。”另一位病人,R女士说道:“他(医生)认为我……他怎么说的来着?‘很淑女’,然后他就对他的护士(nurse-practitioner)说,‘你会爱上她的,她太淑女了。’”

这些摘录表明,部分病人对医生进行了正面的描述。“好病人”的概念进一步表现为某种需要由病人和医生共同建构的特定角色,从下面J先生的访谈问题回答摘录中也可以看出来:

“你觉得你的医生是否了解你的感受?”

“我不确定我是否跟他谈论过这个问题。我从不认为跟他谈这个话题有多重要。不,他不会知道的。因为我到他那里去,跟那些女孩、小朋友及那儿的所有人开玩笑,他也不会知道。”

J先生的回答表明了他对于这一情境的看法,即自己去诊所看病时应该具有什么样的表现。例如,当被问到“你觉得你的医生是如何看待你的情绪化表现的?”他说道:“他认为我的身体和精神状态都很好,我的婚姻很幸福。”然而,这位病人却认为自己患有抑郁症。在另外一部分访谈记录,我们记录了他与访谈人员公开谈论自己的抑郁症状况。另一位病患R女士也谈到,她认为自己在医生眼里是一名“好病人”。她对此很肯定,即她的医生并不关心她的感受:

“不,他不关心。事实上,有一次他不在,他让另一个医生代班……那个医生并不了解我。我原来的那位医生很了解我……但是我们从未深入谈论过我的感受和情绪。”

然而,当她说起医生是如何看待自己这一话题时,她提到了“好病人”这个概念。当她被问到,“你觉得你的医生是如何看待你的情绪问题的?”她说:“他什么都不知道。他一直觉得我是个非常快乐的人,一个很好、很健康的77岁的老女人。他觉得我做得很好。他很喜欢我,见到我时总是很高兴,会很关心地跟我搭话‘你在这看什么书?’但是我们仅仅只是闲聊。”

“他们只是检查你的心脏什么的”

有一些病人提到,医生基本上只是关注身体上的问题,而忽视了情绪上的问题。例如,W女士谈到她与医生的会面时这么说道:

“我知道这次会面估计只有三分钟,他会说,‘嗨,你怎么样?好的。需要开药吗?’他用听诊器检查一下你的胸和背部就完事了。”

P先生也认为,他的医生并不关心他的情绪【294】问题:

“我不清楚,他从不问这些,他只是检查一下你的心脏什么的。我告诉你,我不认为他们会考虑情绪方面的问题。我只是实话实说,我不认为他们会关心你的精神状态,比如,你的感受。”

R先生对他的医生也有类似的看法:

“他没有谈论过我的感受。他所做的就只是给了我上一次验血的数据,告诉我接下来要做什么,或者稍微改了一下药方,就这些。”当被问到,“你觉得你的医生是如何看待你的情绪问题的?”他说道,“我不觉得他想过这个问题。”另一位病人T女士,对医生不想和病人谈论情绪或精神方面问题的原因很好奇:“就我所知,精神检查从来就不是身体检查的一部分,但即便如此,医生也不应该……我不知道为什么他们都不愿意和你谈论情绪问题,除非他们担心你可能会对此有抵触。精神健康问题是十分敏感的,容易被人‘扣帽子’,所以,如果当医生不确定你会作何反应时,他们一般会避免跟你谈论这些。"

"他们只是把你移交给精神病医生"

这一主题的意思是:病人觉得,他们与医生谈论任何情绪问题都可能被转诊至精神病医生那里。我们把这种情况称之为"踢皮球(turfing)",这个术语通常是指某个医生把难题抛给另一领域的医生。

"踢皮球"这个概念是在当病人谈论这一问题时出现的,即当其提及情绪问题时医生的回应如何。例如,对于这一问题——"你觉得你的医生知道你的感受吗?"——的回答,W 女士说道,"哦,我觉得他知道,是的,因为他说,'好吧,我们要把你送往精神病医生那里了。'"但是当被问到医生是否理解她的感受时,她说道,"不,他只是把我送往精神病医生那里。"另一个病人 T 女士,在被问到"你觉得你的医生是如何看待你的情绪问题?"时,也提到了"踢皮球"这个词,并且还给出自己对此的理解:

"我不知道,我认为他建议我去看精神病医生,很明显地,他并不是很乐意治疗我,所以他从未给我开过任何药。"

然而,另一个病人把"踢皮球"这个概念和医生对于健康的物理层面(physical aspect)的关注相联系:"我们从不谈论太多的情绪问题。医生从不过多地干涉你的情绪健康问题。我认为,如果你开始抱怨你的情绪状态,他们就会把你移交到精神病医生那去。"

病人的特征以及主题

表 A.3 根据各个主题(图 A.1 所示)列出了病人的特征。所有谈论过"我的医生一语中的"这一主题的病人都为女性,并且都同她们的医生在抑郁症诊断上达成了共识。那些提及"好病人"主题的病人,很少被医生诊断为抑郁症(8 个人里只有 3 个),且大多是女性(8 人里面有 6 个)。那些提及医生只关注身体疾病的病人大多是受过良好教育的白人,7 个案例中有 4 个被医生诊断为患有抑郁症。最后,所有认为当提及情绪问题就会被转诊的病人,都被医生诊断为抑郁症。

● 讨论

我们所采取的混合研究设计,将假设检测和假设发展放在同一个研究中进行。在医生认为【295】患有抑郁症的病人和没有抑郁症的病人之间,标准化测量并没有差异(假设检测)。但是,当要求老年病人回忆他们是如何与医生谈论情绪问题的时候,一些主题便应运而生(假设发展)。所有主题都代表病人对其与医生关于情绪状态、感受等问题互动的看法。

我们的研究也有几个潜在的不足。首先,我们仅仅依赖于临床病人的态度。病人只能提供其对实际遭遇的看法,而这些看法往往是片面的。然而,从本研究的目的来看,我们尤其关注病人对其与医生之间互动的看法。由于没有设置具体情境,我们只能认为,病人在半结构式访谈中的叙述能够代表其在任何环境中的看法。同时,我们也依赖病人对于抑郁症的自我报告,因为我们十分关注病人关于抑郁症的看法。通过此做法,我们也意识到,我们无法通过病人的躯体语言以及他们的担心来解读轻微的、重度的或严重的抑郁症。此外,各种评估也很难同时进行。尽管如此,我们尝试运用定量的数据来提高我们从参与者中区分各类主题的能力;并且,就兼顾医生和病人关于抑郁症的定义而言,我们采用了一种能够促进我们理解医患关系的方式来进行研究。我们知道,制度因素、医生因素以及患者自身因素等都会对医患之间的互动产生影响,显然,我们的研究并不能解释所有因素。关于研究病人行为及其期望如何在判定抑郁症中起到的重要作用,还有一些替代性设计,比如,集中分析医患境遇或者在病人看诊之后立即对其进行访谈,然而,这些研究设计将不会得到我们这里的描述性统计数据。

"我的医生一语中的"表明,这些病人可能不知道自己患有抑郁症,而医生却对此很肯定。正如这些病人所说的,医生的诊疗技能应该包括凭直觉感知到病人的各种情绪,而不是等病人自己提出来。这个主题只出现在三种类型的病人之中:医生诊断为抑郁症的病人,和医生谈论过自己情绪问题的病人,认为医生了解他们的病人。值得注意的是,对某些病人而言,仅仅依赖于医生的"直觉诊断",可能会使得病人认为自己并不需要主动表达情绪上的病征,而这会导致抑郁症得不到实质性的解决。所有提及这个主题的病人均为女性。或许因为女性的行为方式更符合对抑郁症的刻板印象,导致医生不等病人自己提出来就能直觉感受到其抑郁症状;也可能是医生知道抑郁症中女性病人更为普遍(Bogner and Gallo, 2004),因而更可能诊断女性为抑郁症病人。

“我是个好病人”这一主题是说:在医生看来,这些病人都不会有任何不良情绪或罹患抑郁症,原因是这些病人和医生共筑了这一角色,两者在谈论情绪问题时只谈开心的、正面的内容。抑郁症可能被当作某种道德缺陷,需要靠自我努力来解救自己(Switzer, Wittink, Karsch, and Barg, in press)。“好病人”的概念可能更普遍地存在于从家长式医生时代成长起来的老年病人。在那些自认为是“好病人”的样本看来,“好病人”是指那些尊重医生专业能力和建议的病人,遵从医生的建议,不向医生抱怨,不给医生增加负担。和医生谈论情绪上的问题,可能会被视为是不必要的抱怨。

【296】

表 A.3 根据半结构式访谈所提炼出的主题及相关个体特征($n=48$)

特 征	“我的医生一语中的” $n=6$	“我是一个好病人” $n=8$	“他们只是检查你的心脏什么的” $n=7$	“他们只是把你移交给精神病医生” $n=6$
社会人口统计学特征				
年龄,均值(SD)	73.3(3.3)	77.5(4.2)	75.1(7.8)	71.3(6.3)
女性人数/%	6(100)	6(75)	4(57)	4(67)
非裔美籍人数/%	2(33)	3(38)	2(28)	3(50)
教育水平在高中以下的人数/%	2(33)	3(38)	2(28)	2(33)
心理状况				
CES-D 得分,均值(SD)	19.0(11.8)	11.9(7.4)	15.3(9.6)	14.0(10.3)
BAI 得分,均值(SD)	10.5(4.9)	10.0(9.1)	6.4(4.5)	6.8(3.8)
BHS 得分,均值(SD)	4.8(4.9)	3.8(3.1)	4.6(3.7)	5.7(3.1)
认知状况				
MMSE 得分,均值(SD)	28.7(1.2)	27.5(2.2)	28.9(0.7)	27.8(1.7)
生理健康				
生理机能得分,均值(SD)	64.2(21.5)	63.6(31.0)	71.3(24.8)	56.7(28.2)
生理角色得分,均值(SD)	45.8(36.8)	65.6(35.2)	46.4(44.3)	29.2(29.2)
情绪角色得分,均值(SD)	88.9(27.2)	72.3(39.8)	50.0(50.0)	83.3(40.8)
社会功能得分,均值(SD)	75.0(17.7)	70.3(34.0)	63.5(27.0)	72.9(21.5)
躯体疼痛得分,均值(SD)	61.3(17.7)	55.0(25.8)	50.4(26.1)	43.8(24.2)
总体健康自评得分,均值(SD)	41.7(15.7)	61.3(17.5)	54.3(16.4)	42.5(14.4)
医疗条件	8.7(0.8)	6.6(2.9)	8.0(3.1)	8.0(2.3)
6 个月以来的访问量	2.5(1.0)	2.8(1.4)	2.6(1.5)	2.8(1.5)
与医生谈论抑郁症的情况				
医生了解你的想法/%	5(83)	4(50)	1(14)	3(50)
曾经与医生谈论过自己的感觉/%	5(83)	3(38)	1(14)	2(33)
医生的诊断				
医生诊断为抑郁症/%	6(100)	3(38)	4(57)	6(100)
医生非常了解该病人/%	5(83)	6(75)	4(57)	4(67)

注:数据来自母体研究(2001—2004);CES-D = 流行病调查中心抑郁量表;BAI = 贝克焦虑量表;BHS = 贝克绝望量表;MMSE = 精神状态检查量表。

“他们只是检查你的心脏什么的”这一主题,是由那些认为医生应该倾向于关注病人身体症状,以及那些根据经验认为在诊疗时与病人谈论情绪问题并不合适的访谈对象提出来的。这些病人似乎认为,医生的专业范围仅仅单纯地在于生理方面,也就是说,病人不会提及情绪问题是因为他们确信医生不会对此感兴趣。洛特和霍尔(Roter & Hall,1994)从以下方面分析了这个现象:"大多数病人在与医生交谈时心里都有特定的期望,尽管他们可能不太愿意把这种期望直接表达出来。"这种期望似乎使得某些病患不愿意提及与生理健康无关的问题。

【297】 "他们只是把你送到精神病医生那里去"这个主题是由那些认为自己被"踢皮球(turfed)"的病人提出的,即医生不直接处理他们的情绪问题,而是转诊给精神病医生了事。所有谈论过"踢皮球(turfing)"这一概念的病人都被医生认为患有抑郁症。尽管病人们明确提出对于"踢皮球"的不满,但是,医生在抑郁症的诊断上仍旧一致。如果病人认为,一旦提及情绪问题,医生就会把他们移交给精神病医生,那么,病人就会避免提及情绪问题,或者通过一些生理症状来反映情绪问题。

我们认为,本研究的发现既有临床意义,同时也具有方法论意义。在病人与医生交流时,医生所具备的有关抑郁症的经验和期望,可能会对病人倾诉的内容产生某种影响。很明显,这种医患之间的"互换(give-and-take)"是一种动态活动,类似一种舞蹈,对医生察觉抑郁症,以及和病人协商确定诊疗方案有十分重要的意义。从方法论角度而言,如果仅仅局限在对病人特征的分析(纯定量的研究),我们可能就会忽视从病人本身这一视角来看待问题。这些主题既代表了病人的心声,也让我们能够识别出,在关于医患就抑郁症问题的互动过程中,究竟存在哪些潜在影响因素。

想阅读评论或评论本文内容,请查看以下链接:

http://www.annfammed.org/cgi/content/full/4/4/302

参考文献

略。

附录 B——解释性时序式设计范例

学生在高等教育教育领导学分布式博士项目中的学习持久性：一项混合方法研究[1]

Nataliya V. Ivankova , Sheldon L. Stick

本研究采用的是混合方法解释性时序式研究设计。本研究的目的在于，就内布拉斯加大学林肯分校高等教育中的教育领导学分布式博士项目而言，识别出究竟是什么因素决定了学生的学习持久性。我们通过调查 278 名正在或曾经在该项目中学习的学员，以获取定量数据，然后有针对性地选择 4 名典型受访者进行深入研究。在第一阶段的定量研究中，我们提取了 5 个内在与外在因素，并以此作为学生在该项目中学习持久性的预测因子。它们分别是："课程项目""在线学习环境""学生支持服务""教师"以及"自我激励"。在随后的对多个案进行分析的定性研究阶段，我们提炼出了四个重要主题：①学术体验的质量；②在线学习环境；③支持和协助；④自我激励。参考前人的研究成果，我们对定量研究和定性研究结果做了进一步的讨论。最后，我们为政策制定者提供了一些启示和建议。

关键词：学习持久性；博士生；分布式课程；在线学习环境

● 引言

研究生教育是美国高等教育的主要组成部分，累计已有超过 18.5 亿名学生参加过研究生课程（NCES,2002）。其中，大约有五分之一的研究生修读博士学位（NSF, 1998）。然而，在这些修读博士学位的学生中，有 40% ~60% 的人没能坚持到最后（Bowen and Rudenstine, 1992；Geiger, 1997；Nolan, 1999；Tinto, 1993）。高退出率以及获取学位时间的不断加长，已经成为美国博士生教育中的顽疾（Lovitts and Nelson, 2000；NSF, 1998）。在教育学专业中，该退出比率大约为 50%。另外，大约有 20% 的人在论文撰写阶段放弃了自己的学位（Bowen and Rudenstine, 1992；Cesari, 1990）。没能继续修读博士生课程，对学生来说是痛苦且代价高昂的，同时对授课教师们来说也是一件沮丧的事情。这不仅仅会使教育机构的信誉受损，同时也会导致一些高水平资源流失（Bowen and Rudenstine,1992；Golde, 2000；Johnson, Green and Kluever, 2000；Tinto, 1993）。

研究者声称，远程教育中的博士生退出率则更高（Carr, 2000；Diaz, 2000；Parker,1999；Verduin and Clark,1991）。远程教育课程中的学习持久性是一个复杂的现象，其受到了远程学习环境给学习者带来的挑战、与个人相关的内在和外在因素、计算机水平、掌握各项必备技能的能力、时间管理能力，以及上司或家人在缺勤和其他问题上的态度等众多因素的影响（Kember,1990）。这些学生主要是一些在职的成年人，他们同时承受着来自工作、家庭和社会交际的重担（Finke, 2000；Holmberg, 1995；Thompson, 1998）。此外，因为学校的相关活动并不是他们最主要的生活目标，所以他们通常更容易被学习中的一些琐碎因素所困扰。

1　原文及版权信息：Ivankova, N. , & Stick, S. (2007). Students' persistence in a Distributed Doctoral Program in Educational Leadership in Higher Education: A mixed methods study. *Research in Higher Education*, 48(1), 93-135. Reprinted with permission of Springer Science + Business Media, Inc.

尽管在许多研究中,已经探讨了影响博士生在校园环境中学习持久性的因素(Bair and Haworth, 1999; Bowen and Rudenstine,1992; Golde, 2001; Haworth, 1996; Kowalik, 1989),但是,关于博士生在远程教育中学习持久性的研究还是不多(Tinto, 1998),尤其是那些分布式项目(分布式是指将学习材料以电子版的形式传送给世界各地的学员们,省去了参与者需要定时定点参加学习的麻烦)。现有的研究,要么关注在本科或研究生课程中远程教育学员们的学习持久性,要么关注分布式远程学习的载体(Ivankova and Stick, 2003)。

认识并理解研究生在分布式项目中学习持久性的影响因素,可能会对学术机构更好地满足学生需求、提高其学术质量、增加学位完成率有所帮助。尤其是在当今,因为税收增长和预算削减,高等教育机构纷纷转而提供在线分布式研究生课程。因此,认识和理解这些影响因素就显得尤为重要。对于趋势的了解和把握,将成为高等教育管理者阐释远程教育政策、设计和发展研究【303】生分布式项目、提高远程教育的基础设施条件的根本所在。

这篇研究报告旨在理解学生在内布拉斯加大学林肯分校(the University of Nebraska-Lincoln, UNL)高等教育中,教育领导学分配式博士项目(Educational Leadership in Higher Education, ELHE)中的学习持久性。在278名曾经或正在该项目中学习的学生样本中,根据从中所得到定量研究数据与结果,我们抽取4名学生作为个案,深入进行定性分析。其目的是为了识别影响学生在ELHE课程中学习持久性的主要因素。在最初的定量研究阶段中,研究的问题着眼于如何遴选出与ELHE课程相关的内在和外在因素(课程相关因素、指导老师相关因素、学术机构相关因素、学生相关因素,以及外在因素),以作为学生在项目中学习持久性的预测因子。在接下来的定性研究阶段,我们针对来自不同组别的四个个案的统计检验结果进行深入探究。在这一阶段中,根据研究问题,我们列出七项内在、外在因素,分别是:课程项目、在线学习环境、教职工、学生支持服务、自我激励、虚拟社区,以及导师。结果显示,这七个变量能够帮助我们区分四组数据[1]。

理论视角

本研究理论基础主要来自三个解释学生学习持久性的理论视角——廷托(Tinto, 1975, 1993)的学生融合理论,比恩(Bean, 1990, 1995)的学生流失模型,以及坎伯(Kember, 1990, 1995)的远程教育课程退出模型。廷托和比恩(Tinto & Bean)的模型主要关注本科生,而坎伯的模型则主要用于解释远程教育课程中成年学生的流失。尽管这些模型在研究学习持久性上采用的方法不同,但是它们的核心要素则基本相同,且彼此相互印证。这些模型的主要成分可以帮助我们识别那些可能影响学生学习持久性的关键内在与外在因素,比如入学特征、目标承诺、学术与社会融合以及一些外部因素(比如家庭、亲友和雇主等)。

通过文献综述,我们发现:研究生在学习项目中的持久性不会仅仅受到单一因素影响。在这些被识别出来的因素之中,有制度和学科因素(Austin, 2002; Golde, 1998, 2000; Ferrer de Valero, 2001; Lovitts, 2001; Nerad and Miller, 1996),导师因素(Ferrer de Valero, 2001; Golde; 2000; Girves and Wemmerus, 1988),支持与鼓励(Brien, 1992; Hales, 1998; Nerad and Cerny 1993),激励和个人目标(Bauer, 1997; Lovitts, 2001; McCabe-Martinez, 1996; Reynolds, 1998),以及与家人、老板的关系(Frasier, 1993; Golde, 1998;McCabe-Martinez, 1996)。基于这些因素,以及上文提到的三个有关学生学习持久性理论中的核心成分,我们构建了一组变量,以检验那些内在和外在因素对学生在ELHE项目中学习持久性的解释力。

高等教育中教育管理学分布式博士项目

这项教育管理学分布式博士项目,是由内布拉斯加大学林肯分校教育管理系开设的(Stick and Ivankova, 2004)。这一项目开设于1994年,其着重点在于高等教育中的教育领导学,并设立教育学领域的哲学博士或教育学博士学位以供学生选择。学生可以通过分布式学习工具完成整个项目的学习。创新的教学方法以及分布式【304】在线学习环境,使得学生们能够在36~60个月内完成整个项目的学习,并对生活方式、家庭责任和工作产生较小的影响。大多数的必修课程

---

1 本研究的定量研究阶段将数据按照学生的学习状况划分为四组。——译者注。

都通过分布式学习软件在网络上发布。这些课程大多通过 Lotus Notes 和 Blackboard 等群组软件传送给学生,这类平台为参与者提供了非同步的、协同的学习体验。迄今为止,已有超过 260 名学生加入并处于课程学习的不同阶段。一个学期中,有 180 ~ 200 名表现积极的学生。自 2004 年以来,已有超过 70 名学生毕业。除在线学习外,一些学生也在校园里完成部分课程,这是因为有些课程还未上线,或者学生们更喜欢亲临课堂的学习体验。

● 研究方法

研究设计

为了解答研究问题,研究者采用了混合研究方法(Tashakkori and Teddlie, 2003),即在一个研究中包含了收集、分析、整合定量以及定性研究数据的过程(Creswell,2005)。混合定量和定性研究数据的基本原因在于,单靠这两种数据中的任何一种都不足以捕捉到相关趋势和细节,如我们所研究的博士生在分布式课程中学习持久性这一复杂问题。若将定量研究和定性研究结合起来,则两者之间可以进行互补,这更有助于我们对研究问题产生一个完整的认知(Green, Caracelli, and Graham, 1989; Johnson and Turner, 2003;Tashakkori and Teddlie, 1998)。

本研究采用解释性时序式的混合研究方法,这一研究路径包含两个不同的阶段(Creswell, Plano Clark, Guttman, and Hanson, 2003; Tashakkori and Teddlie, 1998)。在这一研究方法中,研究者首先对定量数据进行收集整理并进行分析,随后用定性研究所得到的文本资料来解释第一阶段的定量分析结果。在此研究中,定量数据有助于判别在分布式学习项目中可能影响学生学习持久性的内在、外在因素的潜在解释力,同时也有助于研究者针对性地选择第二阶段的被调查者。然后,多案例的定性研究方法将被用来解释:为何第一阶段所得出的某些内在或外在因素对学生项目学习持久性具有显著的预测力。综上,定量数据及其分析结果,能够使我们对研究问题有一个全方位的了解;定性研究数据及其分析结果,则通过深入探究受访者对其学习持久性的认识,以进一步解释数据统计结果。

这项研究的重点在于定性研究方法(Creswell et al., 2003),因为它注重解读在第一阶段定量研究中所得到的分析结果,同时也包含了多源头扩展性数据(extensive data)的收集,以及二级案例分析(two-level case analysis)。本研究要遴选四名受访者进行个案研究,并根据第一阶段所得统计结果来起草访谈提纲,因此,定量研究和定性研究是相互关联的(Hanson, Creswell, Plano Clark, Petska and Creswell, 2005)。研究者将先对定量和定性两个阶段的结果进行整合,再对整体研究结果进行讨论(见图 B.1,展示了混合解释性时序式研究设计的过程)[1]。

研究对象/目标总体

这个研究的目标群体,是那些注册了 ELHE 项目并在 2003 年春季上课的学生,他们有的表现积极,有的则与之相反。部分研究对象是已经从该项目中毕业并获得博士学位的学生,以及部【306】分中途退出,或者在 2003 年春季学期之前就终止了项目学习的学生。只要运用分布式在线工具学习了一半以上课程的学生,就可以被称作远程教育学员。学生的状况则根据项目进程、课程完成情况、在线学习的课程数以及修读的博士学位等不同而有所不同。遴选受访者的标准包括:①正在参加 ELHE 课程项目或其他在线课程项目;②学习时间在 1994 年到 2003 年春季学期之间;③必须在线完成二分之一的课程学习;④任何录取的积极和不积极的、退出或休学的项目学员;⑤那些刚开始学习的学员,必须至少修完一门在线课程。一共有 278 名学员满足以上条件而成为研究对象。根据他们(研究对象)的注册情况分为以下几类:①被录取并且在课程中表现积极的($n=202$);②被录取但是在课程中表现并不积极的($n=13$);③已经毕业的($n=26$);④自 1994 年开设项目以来中途退出或休学的($n=37$)。在第一阶段研究中,我们通过给匿名被试者分配各自独立的网络调查密码,来保护他们的隐私。在第二阶段中,我们对选中作为分析个案的受访者采用化名,以此来保障信息不被泄露。此外,所有与名字以及性别等相关的代词,均从用于说明的引文中移除。

1　该研究中定性研究阶段案例选择过程的详细解释发表在其他期刊。

图 B.1　混合方法解释性时序式设计程序的直观模型

【305】

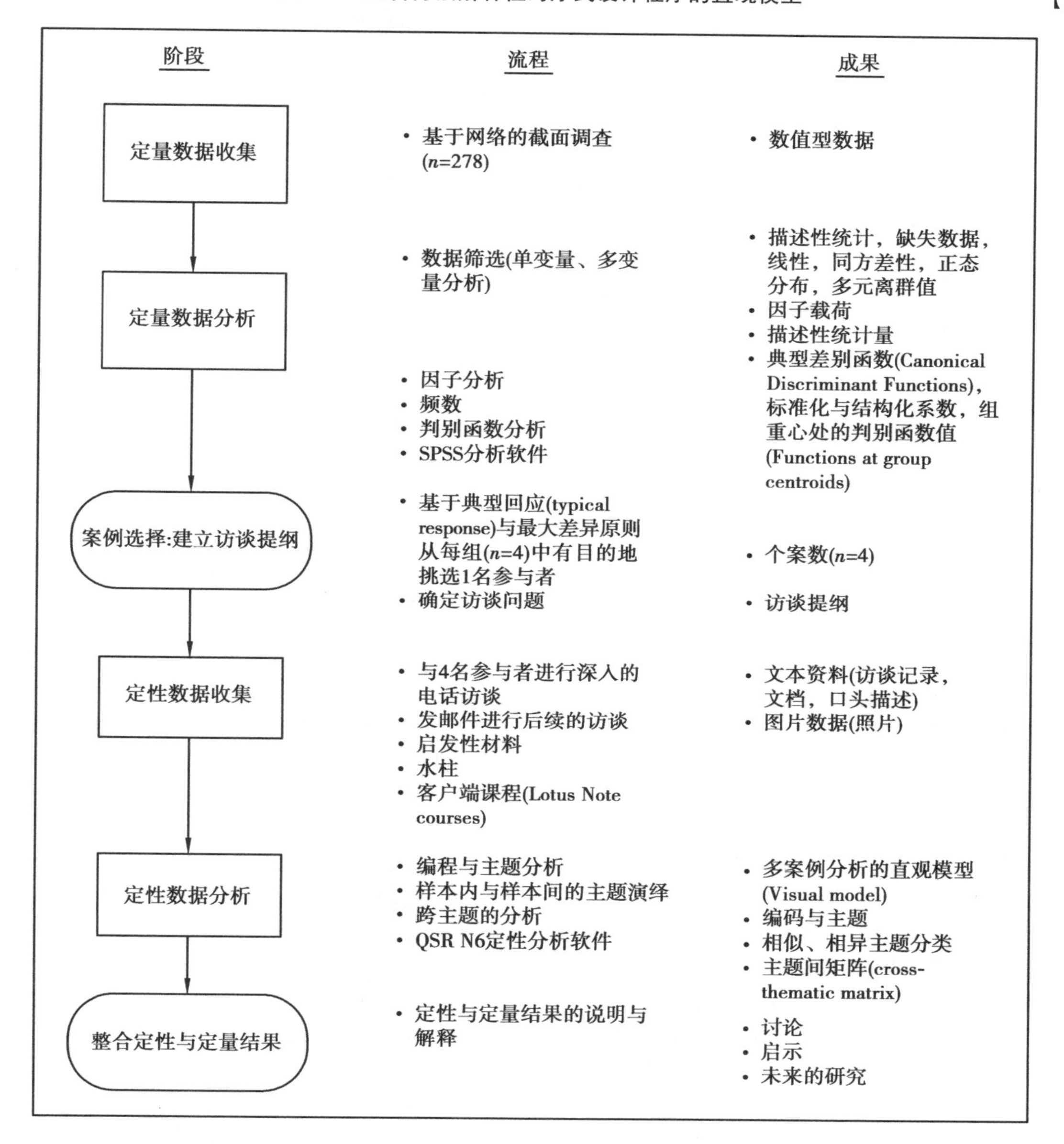

定量研究阶段

数据收集

在第一阶段的定量研究中，我们采用了截面调查设计(cross-sectional survey design)(McMillan，2000)。我们使用的测量工具是自行设计的，并随机抽取5%的受访者进行试调查。根据问卷调查的核心项目，我们建构了五个7分李克特量表，分别与上文提到五个影响学生学习持久性的内部和外部实体相联系，并提取出了九个在内、外部因素中较具代表性的变量："在线学习环境""项目""虚拟社区""授课教师""学生支持服务""学术导师""家人和其他重要的人""就业"以及"自我激励"。表 B.1 呈现了量表、子量表以及变量之间的关系，并且列出了用于测量每个变量的问卷条目，以及每一份子量表的信度指数(reliability index)。调查项目和量表的建立主要基于三个方面：相关文献的分析、前文中提到的三个有关学生学习持久性的理论模型(Bean，1980，1990；Kember，1990，1995；Tinto，1975，1993)，以及之前对于七名在 ELHE 项目中表现活跃的学员进行的主题分析(Ivankova and Stick, 2002)。一些在此项目中授课的教授组成了专家组,帮助我们确保问卷内容的效度。根据试调查的结果,我们对一些问卷条目进行了微调。

表 B.1 定量分析调查量表及预测变量(predictor variables)

调查量表/因素	子量表/预测变量	信度系数	问卷条目
ELHE 项目相关因素	在线学习环境	0.850 3	Q14 a-j
	项目	0.834 4	Q13 a-g
	虚拟社区	0.801 2	Q13 h-l
授课教授以及学术导师相关因素	学术导师	0.981 8	Q15 a-m
	授课教师	0.907 9	Q13 m-r
机构相关因素	学生支持服务	0.824 3	Q13 s-y
学生相关因素	自我激励	0.894 8	Q16 a-g
ELHE 项目以外的因素	家人和其他重要的人	0.582 9	Q17 a-d
	就业	0.528 9	Q17 e-h

【307】 问卷调查是通过网上 URL 链接进入的。从内布拉斯加大学林肯分校(UNL)的教育管理系管理人员那里,我们可以获取潜在受访者的常用邮箱地址;此外,我们还通过其他信息源进行识别。在研究开始前一周,我们通过邮件形式招募受访者。数据收集时间从 2003 年 4 月 1 日一直到 2003 年 7 月 18 日。其间,我们必须对 50 个无效的电子邮件地址进行校正,还要找到那些中途退出或已经毕业的学生的确切地址,这使得收集过程变得较为复杂。此外,一些技术性的系统故障也给研究带来了挑战。共有 23 名受访者无法登录在线问卷调查网址,或者无法完整填答。我们把纸质版问卷重新邮寄或传真给他们,或者将问卷的 word 文档以附件形式发送给他们。其中,有 19 名受访者重新完整地填答了我们的问卷。

278 名潜在的受访者当中,有 207 人填答了问卷,回复率为 74.5%。所有的调查对象,依据他们的项目入学情况以及学术经历的相似性,分为以下四组:①完成课程为 30 学时或少于 30 学时的(初级组)($n=78$);②完成课程多于 30 学时的(中级组[Matriculated Group])($n=78$);③已经从课程项目中毕业,且获得博士学位的(毕业组)($n=26$);④曾经就读该课程,但中途退出或休学,或是在问卷调查前三个学期(春季、秋季以及夏季学期)表现积极的(退出/不积极组)($n=25$)。问卷的量表及相关问题的信度与效度,则通过描述性统计、频数分布、内在一致性信度指数(包括 α 系数、项目总体相关系数、校正后项目间相关系数、删除该项后其他项目的 α 系数),以及项目间相关系数和因子分析加以验证。

数据分析

为了分析问卷数据,我们采用单变量与多变量的统计程序。通过交叉表和频数统计,我们对所有受访者的人口统计学信息以及每一条回答进行分析。通过判别函数分析,我们可以识别九个可能影响学生在 ELHE 课程中学习持久性因素的预测力。在进行分析之前,我们在单变量以及多变量层次均进行了数据筛选,这一过程基本是在克莱恩(Kline, 1998)、塔巴奇尼和菲德尔(Tabachinick & Fidell, 2000)所概括的研究框架下进行。

定性研究阶段

定性研究设计

在接下来的定性研究阶段,我们用多案例研究设计进行数据收集和分析。有效的多案例研究(Stake, 1995)主要是为了"阐明特定问题"(Creswell, 2005:439),比如学生在 ELHE 项目中的学习持久性这一问题。本研究的分析单位是

ELHE 项目中曾经或现在的学员。每一个个案研究仅包括一个受访者,且从他或她被 ELHE 课程项目录取的时候开始;而个案之间也是相互关联的。

【308】

个案选择

我们运用了系统性两段式案例选择方法[1]。在第一阶段当中,我们根据问卷的回答情况,计算出每个受访者的平均值,以及四个组的组平均值,并从每组中选出受访者平均值在组平均值一个标准差之内的受访者作为备选个案。在第二阶段中,我们采用"最大差异原则"(Creswell,2005)从每一组当中选出"最佳受访者"。最终我们选取了一位男士和三位女士;他们在人口统计学的不同维度上都存在差异,包括年龄、性别、居住地以及家庭背景。这为我们探究学生在 ELHE 项目中的学习持久性提供了多元视角。而且,四位受访者都表示愿意进一步参与研究。

访谈提纲的产生

访谈提纲的内容是根据第一阶段的定量研究结果而拟定的。定性研究的目的,在于更加详尽地阐释统计检验的结果(Creswell et al.,2003)。我们希望能够解释,为什么某些预测变量对于各个小组的"贡献"程度是不同的。在访谈提纲中,有五个开放式问题用来探究五项因素(在线学习环境、课程项目、授课教师、学生支持服务、自我激励)的作用,而统计结果也显示这五个因素对于样本有较显著的解释力。另外两个开放式问题,则探讨学术导师和虚拟社区环境对学生学习持久性是否有影响。尽管这两个因素对识别各组的函数模型并没有显著影响,然而在其他研究中,则阐述过这些因素在传统博士项目中的重要作用(Bowen and Rudenstine, 1992; Brown, 2001; Golde, 2000; Lovitts, 2001)。在使用访谈提纲之前,我们特地从完成第一阶段研究的受访者中选出一位来进行试调查。我们根据结果,对访谈提纲中问题顺序进行了微调,并增加了额外的探求性问题。

数据收集

为确保每个案例的丰富性和深度,我们特意从多个来源收集了数据,包括:①对受访者进行深入的半结构式电话访谈;②对每个受访者进行电子追踪访谈(electronic follow-up interviews),以确保获得有关主题的附加信息;③通过学习成绩单和学生档案,对所获取的信息进行验证,并获得一些与案例相关的细节信息;④启发式材料,比如照片、物件或个人物品,只要是学生能提供的与其项目学习持久性有关的物品;⑤受访者在定量研究阶段中对开放式问题和多选题的回答;⑥受访者参与过的在线课程,及其在 Lotus Notes 以及 Blackboard 软件上的存档记录。我们的数据收集工作在 2003 年的 11 月到 12 月进行。

定性分析

我们对每一次访谈都进行了录音,并依照录音逐字转录为文稿(Creswell, 2005)。分析主要分为两个层次进行:一是就单个案进行分析,二是进行跨案例分析(Stake, 1995; Yin, 2003),这些分析主要采用 QSR N6 分析软件,以对访谈数据进行存储、编码以及主题提炼。定性分析的操作步骤则包括以下几点:①通过审阅访谈记录与备忘录对数据进行初步探索;②对数据进行分类编码,并添加相应标签;③利用编码间一致性检查来验证这些编码;④将同类编码整合起来以提炼主题;⑤关联各个主题;⑥建构囊括摘要和主题的个案研究叙事;⑦跨案例主题分析。研究的可靠性是通过测量不同信息来源、核查受访者、编码一致性、对个案的广泛而深入地描述、对不成立证据的回顾及解析以及导师的审核来保证的(Creswell, 1998; Creswell and Miller, 2002; Lincoln and Guba, 1985; Miles and Huberman, 1994; Stake, 1995)。

【309-310】

● 研究结果

定量分析研究阶段

人口统计学信息

我们将对受访者的以下几项人口统计学特征进行比较:年龄、性别、参与 ELHE 课程项目时的就业情况、在内布拉斯加州的居住情况以及家庭状况。我们发现,较为典型的受访者往往具有以下特征:年龄在 36 岁到 54 岁之间,多为女性,拥有全职工作,多数来自其他州,已婚并育有子女。(表 B.2)

1　该研究中定性研究阶段案例选择过程的详细解释发表于其他期刊(Ivankova et al.,2006)。

表 B.2 调查对象的人口统计学特征

行/百分比/总计	第 1 组	第 2 组	第 3 组	第 4 组	总计
	初级组(n=78)	中级组(n=78)	毕业组(n=26)	退出/不积极组(n=25)	
年龄					
26—35	45.7	31.4	5.7	17.1	100
36—45	41.6	45.5	6.5	6.5	100
46—54	35.7	32.9	18.6	12.9	100
55 以上	16.7	37.5	25	20.8	100
总计	77	78	26	25	206
性别					
男性	33.3	38.7	15.1	12.9	100
女性	40.2	37.5	10.7	11.6	100
总计	76	78	26	25	205
就业					
全职	38	37.5	12	12.5	100
兼职	35.7	42.9	21.4	0	100
无业	0	0	0	100	100
总计	78	78	26	25	207
内布拉斯加州居住情况					
居住在本州	30.6	37.1	16.1	16.1	100
居住在其他州	41.3	37	10.9	10.9	100
居住在国外	28.6	57.1	14.3	0	100
总计	78	78	26	25	207
家庭情况					
已婚,孩子未成年	39.2	36.7	12.5	11.7	100
已婚,孩子已成年	34.9	44.2	11.6	9.3	100
单身,孩子未成年	44.4	33.3	0	22.2	100
单身且未婚	22.2	44.5	11.1	22.2	100
单身,离婚或分居	50	16.7	25.0	8.3	100
单身,丧偶	0	100	0	0	100
已婚但未有子女	14.3	57.1	14.3	14.3	100
总计	75	77	25	24	100

注:缺失值已排除在外。

【311】 量表频数分析

大多数的学员对自己在项目中的学术体验感到满意。在"毕业组"中,感到满意的受访者比例最高(92.3%),而"初级组"仅有57.7%,"中级组"则为71.8% 。然而,仅有20%的"退出/不积极组"受访者表示此项目满足了他们的需求,同时,这组中还有另外20%的受访者表达了对此课程的不满。在前三个小组中,大多数受访者对自己在在线课堂的参与情况给出了积极评价,并且都认同在线课程更具有学术挑战性。从各组情况来看,受访者在讲师的亲和力以及反馈的及时性方面,给出了更为正面的评价,而在反馈的质量和讲师满足远程学员需求等意愿方面,受访者则给出了负面评价。

大多数受访者能够接受在在线环境下学习(84.3%)。比较各个小组,我们发现"毕业组"受访者当中能够接受在线学习的比例最高(96.2%),而"退出/不积极组"中最少(47.8%)。相比于"初级组"和"退出/不积极组",在"毕业组"和"中级组"当中,更多的受访者能够接受参与在线讨论以及课程作业负担。当被问到这种分布式在线学习环境与面对面学习方式哪个更容易被接受时,我们也观察到"初级组"到"毕业组"之间类似的上升趋势。然而,在这种虚拟社区当中,每个受访者的收获是不同的。只有三分之二的受访者表示,自己会与一起参加在线课程学习的同学建立长期的社交关系。"退出/不积极组"满意度则最低,接受程度也较低(47.8%),同时,他们对分布式环境中学习的效果也给出了更为负面的评价。

此外,受访者在学术指导方面也有着不一样的体会。相比其他组,"毕业组"受访者的回答更为积极(76.0%)。在"中级组"中,受访者对学术指导这一项的评价要高于"初级组",这可能是因为,相对于那些学时小于30小时的"初级组"成员,"中级组"成员有更多机会与导师建立联系。而在"退出/不积极组"当中,给予导师正面评价的人数比例要少得多(38%)。

除了"退出/不积极组"以外(38%),几乎所有受访者对在分布式学习环境中修读博士学位都有着较高的积极性。在追求博士学位这方面上,"毕业组"受访者的积极性最高(100%),"中级组"次之(93.6%),"初级组"的受访者积极性最低(76.9%)。有超过50%的受访者对课程项目的制度性支持服务(institutional support services)感到满意。然而,受访者们的满意程度会因具体服务的不同、其在课程项目中的学习进度不同而有所不同。"退出/不积极组"中受访者的满意度还是最低(48.0%)。

超过70%的受访者认为,他们拥有良好的家庭条件来支持他们通过分布式学习的方式修读博士学位。比较各组的情况,"毕业组"的受访者得到了最多的家庭支持(80.8%),而"退出/不积极组"则最低(65.0%);而在"中级组"中,这一方面的满意度(77.6%)要高于"初级组"(77.6%)[1]。此外,在"毕业组"中,60.0%的受访者表示他们的朋友鼓励、支持他们参与该学习项目。在全部受访者中,有65.6%的人表示,自己参加博士项目学习曾经得到过老板的支持。"毕业组"的受访者中,得到支持和鼓励的比例最高(76.9%),而"中级组"得到支持的比例最低(63.0%)。在"退出/不积极组"当中,有61.1%的受访者对自己的老板给予了正面评价。

判别函数分析

我们的研究分析最终得到了三个判别分析函数。基于wilk Lambda检验,只有第一个函数式在统计上是显著的($x2 = 98.858$; $df = 27$; $\rho = 0.000$)【312】,这意味着只有该函数可以识别这一变量设置(Tabachnick and Fidell, 2000)。从第一个判别函数式中的标准化系数可以看出,这九个预测变量都在不同程度上对不同组别间学员学习持久性有所解释。(表B.3)

表B.3 典型判别函数的标准化系数

	函数		
	1	2	3
项目	1.187	0.458	0.187
在线学习环境	-0.078	0.588	0.065
授课教师	0.187	0.425	-0.608
自我激励	0.224	-0.427	0.176
学生支持服务	-0.341	0.209	0.016
就业	0.116	0.635	0.151
虚拟社区	0.105	0.786	0.163
学术导师	-0.180	-0.129	1.076
家庭	0.103	-0.080	0.455

对这四个组别差异解释力最强的线性关系式如下:

1 原文如此,两者均为77.6%。——译者注

V=1.187×课程项目-0.078×在线学习环境+0.105×虚拟社区+0.187×授课教师-0.341×学员支持服务-0.180×学术导师+0.224×自我激励+0.103×来自亲朋好友的鼓励+0.116×来自老板的激励

在有关受访者在ELHE项目中学习持久性的解释变量中,"课程项目"(1.187)是最具解释力的;没有任何一项其他变量有如此高的相关系数。变量"学生支持服务"(-0.341)对组别差异的影响仅次于"课程项目"。依照解释力度,其余变量按照由高到低的顺序排列如下:"自我激励"(0.224)、"授课教师"(0.187)、"学术导师"(-0.180)。由于相关系数较低、影响较弱等原因,其他变量则不再一一列举。

基于这些函数式的结构系数,"课程项目""在线学习环境""授课教师""自我激励"以及"学生支持服务"这五个变量在统计上有着非常显著的相关性,换句话说,这五个变量对学生学习持久性的解释力较强。(表B.4)

【313】 **表B.4 判别函数分析中的结构矩阵**

	函数		
	1	2	3
项目	0.905*	-0.066	0.030
在线学习环境	0.526*	0.307	-0.160
授课教师	-0.486*	0.245	-0.086
自我激励	0.482*	-0.331	0.005
学生支持服务	0.202*	0.097	-0.046
就业	-0.111	0.542*	0.255
虚拟社区	-0.438	0.521*	0.106
学术导师	-0.477	-0.034	0.690*
家庭	-0.041	0.190	0.339

变量"课程项目"($r=0.905$)以及"在线学习环境"($r=0.526$)具有最高的相关系数,并且对于识别四个组别之间差异的影响也是最大的。其他变量依照相关性由高到低分别是,"授课教师"($r=0.486$),"自我激励"($r=0.482$),以及"学生支持服务"($r=0.202$)。函数及其相关系数间的差异对我们理解这一判别函数造成了一定的困难,尤其是只得出了一个判别函数的时候,更是如此。然而,所有统计结果都表明:"课程项目"是解释力最强的变量。因此,我们将其命名为"ELHE项目"函数式。并且,我们也总结出,课程项目的性质和内容这一变量也有助于识别受访者与其所在组别的关系。这一判别函数式也表明,88.7%的受访者被正确地分类。"虚拟社区""学术导师""家人和其他重要的人"以及"就业"这四个因素在这一判别函数当中的解释力并不显著。

组中心函数(Functions at group centroids)则揭示了,在这一判别函数式当中,"退出/不积极组"(1.654)同其他三组受访者的区别最大。"毕业组"(-0.960)同"初级组"和"中级组"都有明显的区别;相比而言,它同"中级组"的差别较小,同"退出/不积极组"的差别最大。"中级组"(-0.410)同"初级组"(0.200)的差异也是相当明显的。(表B.5)

表B.5 判别函数分析中的组中心函数 【314】

组间关系	函数		
	1	2	3
组1:初级组	0.200	0.137	-0.177
组2:中级组	-0.410	-0.224	0.005
组3:毕业组	-0.960	0.302	0.284
组4:退出/不积极组	1.654	-0.043	0.242

定性研究阶段

通过对个案的研究以及个案之间的比较,我们提炼出四个有关受访者在ELHE项目中学习持久性的主题:学术体验的质量、在线学习环境、支持与协助以及自我激励。对每一个案的描述如下:

格温(Gwen)

格温现年40岁,已经在ELHE在线课程项目中学习了三年。她是中西部一所私人学院的教导主任,现今单身,并养了一只名叫山姆的猫,这只猫是她最亲密的朋友。截至访谈的时候,她已经完成了30个学时,其中有18个学时是从在线课程中修得的。

学术体验的质量

在课程学习持久性影响因素方面,在很大程度上,格温是受到课程结构的紧凑性和自己规划课程作业能力等方面的影响。据她所说,课程作业对于她的批判思维能力提出了较高的要求,同时也给予她向其他人学习的机会:"这一课程……帮助我用不同方式思考,因为,我必须把所有的想法写出来,并同其他人分享。"当然,这也和她的职业生活有关系。此外,课程质量与老师的课堂参与以及他/她所提供的反馈直接相关。

另一方面,格温并未受到任何来自其导师的质量反馈,她说:“我并没见过我导师扮演过这样的角色。”在第一阶段的问卷调查之中,她给了导师负面的评价。她很少同导师交流,即便有,交流的内容也没有多少有用的信息。通过对格温同其导师电子邮件内容的分析,我们发现,她发给导师的邮件大约有70%没有得到回复。尽管与导师交流的低质量使得格温感到沮丧,但是她还是愿意坚持通过远程学习修读博士学位,她说:“我不会让(导师)阻碍我在课程项目中的进度。”在研究进行期间,她决定申请换一个导师。这一申请正在被处理。

在线学习环境

对格温来说,远程学习非常方便,并且有很大的灵活性。满满当当的工作行程使她根本无法离开工作岗位,因此只能根据自己的进度和时间来安排学习,这对她参与课程项目有极大的影响:“当他们为你工作的时候……你便有更多时间与机会从事工作。”在线学习的方式非常符合格温的学习风格。她喜欢写东西,并且有足够的能力与其他同学进行学术论文交流。在线学习的形式使她可以从其他同学的作业中学到东西。格温很喜欢那种不与同学和老师碰面,而仅仅根据他们所写的东西想象他们模样的感觉,她说:“我会根据一个人所写的东西来想象这个人的模样。”她确信,一个虚拟社区能够在学员之间建立起来,但是,这也取决于一门课程的性质,并仅仅局限于这门课程之中。

【315】

支持与协助

此外,来自老师和同学的支持和鼓励具有很大促进作用。同学间的支持不仅包括在一些极具挑战性的任务上相互鼓励,也包括学员之间分享个人经历和学生时代的故事。了解课程同学以及他们的困难和关注点等方面,使格温觉得受益良多。她说:“对我而言,与课程项目中的其他同学交流,获知他们正和我有相似的体会,或者了解他们正忙于现实的目标,这些都是纯粹而快乐的事。”授课教师们的指导意见多是具体的,也与博士项目的内容相关。由于没有被分到一位相对积极的导师,格温更喜欢询问其他导师关于学术以及论文方面的问题。她说:“他们都愿意分享和交流。”上面提到的“制度性支持服务”对格温坚持学习课程起到了重要的作用,她对这一服务也给出了很高的评价。她长期得到来自老板和同事们以及父母与三个姐妹的支持。从她给我们展示的照片可以看出,她的家庭和乐美满,家庭成员之间相互关照。那只名叫山姆的猫咪,也是格温的另一动力来源。格温认为对山姆的照顾和它的温顺,使得自己变得理性而平和。

自我激励

在修读博士学位这件事上,格温具有相当强的动力,这也决定了她在课程项目中的学习持久性。对她来说,获得博士学位既是梦想,也是对自己的挑战。她清楚地知道过程不会一帆风顺,必定会有很多挑战。她说:“我事先就知道完成这个目标需要很强的主动性,也需要我不断的自我超越。”格温认为,尽管对于与学术导师交流并不是很顺畅,但这并不影响她坚持完成课程的愿望。这一决意要完成课程项目的信念,的确起了很大的激励作用,她说:“当我想到……明年,我就可以进修更高级的课程……我就动力十足。”

洛里(Lorie)

洛里今年43岁,在该课程项目中已经学习了四年。她在东海岸一家私立商学院中担任教务处长。洛里结婚23年,她的儿子也23岁了,现在他是一名大学四年级学生。洛里已经在分布式课程项目中完成了45个学时。在我们开展研究的时候,她正忙于撰写论文,并为论文答辩做必要的准备。

学术体验的质量

洛里在ELHE项目中的学习持久性来源于这一项目的高质量。在问卷调查中,她指出“项目质量”“名声”以及“提供的产品”是影响她学习持久性的主要因素。洛里声称,相比于在传统的教室里上课,她可以从在线课程中学到更多。她说:“我原以为在线学习可能没有在教室学的那样深入……出乎我意料的是,在线学习效果竟然好得多。”【316】同时,她也在向项目中其他学生学习的过程中受益匪浅,她试着去理解每个人并进行交流。洛里发现,她从在线课堂中学到的东西同她的职业息息相关。她觉得,当她的授课教师作为一个促进者鼓励学生们去探寻知识、寻找答案的时候,她的收获是最大的。洛里常常从自己的导师那里获得积极并富有建设性的反馈意见,这符合她的期望,她说:“这就是我想要的。”

随着洛里在课程项目学习中不断深入,导师的质量也在不断提高。当她的导师退休时,洛里花了近一个月的时间来找一个新导师,并积极与新导师进行邮件交流。这之后,新导师显得更加负责,对她的需求更加关注。洛里认为,在撰写毕业论文的阶段,她的导师扮演了相当重要的角色,她说:“我之前从未做过这事(撰写论文)……但是导师知道整个流程,也知道到底应该找哪一个委员会,知道应该做什么,不应该做什么。”

在线学习环境

分布式在线学习项目给洛里提供了灵活便利的学习环境,也增加了她的学习持久性。“由于我需要常常出差,我猜,正是这样的在线学习环境支持着我,让我留着这个项目中。”科技带来的灵活与舒适,让洛里在这个环境中学习更加便利。她很享受写作的过程,也很喜欢小论文形式的课程作业,并且积极参与在线讨论。在参加学生之间的讨论时,她带有很强的目的性,因为她知道他们的“风格习惯与行为方式”。通过 Lotus Notes 软件,我们对洛里上过的课程进行了档案筛选和检查,发现她常常与同组学生进行互动。洛里认为,一个学习社区是由虚拟空间内的学生建立起来的,当局限于一个特定的课程或者基于某些课程问题时,她说:“这是一个属于对某些特定主题有特定兴趣的学习者的社区。”然而,她与部分学生之间的关系远远超过了在线互动。洛里到其中两个学生所居住的州出差时,还与她们进行了见面交流。

支持和协助

在通过远程教育修读博士学位时,洛里也得到了不同方面的支持。由于她的工作需要常常出差,导师也是有求必应,而且愿意配合她的要求。尽管她认为自己和同学们保持着良好的关系,并且在问卷调查的“同学支持”这一项中给出了较高的评价,但在项目中,其他同学的支持虽然重要却较为有限。学术导师提供的支持大多是指导你“如何去做”。她指出,学生支持服务对于她在项目中的学习持久性也具有重要影响,虽然这一点不怎么容易看出来。遗憾的是,洛里并没有给我们提供有关来自其家庭和老板支持的信息。

自我激励

激励对常常在课程项目中的学习持久性也具有重要作用。她一直梦想拥有博士学位,其内在激励主要来自于学习过程的责任感,以及在线学习环境的特质。这个“特质”是指个人所学的课程是完全公开的,并且会收到其他学员的评价。她知道同学们在在线讨论或虚拟小组项目中都需要她的参与,她说:“我知道……缺少了(我这块拼图),我们都不会进步。”洛里很享受她在课程项目中所做的一切,这同时也增强了其内在激励。她发现这种学习过程是令人兴奋且具有吸引力的:“我很享受。我想,这就像是用一种曲折的方式进行娱乐和消遣。”此外,论文奖学金也为洛里在项目中坚持学习提供了外在激励。【317】

拉里(Larry)

拉里于 2001 年春天从 ELHE 课程项目毕业并获得了博士学位,当时他刚刚 45 岁。他用四年的时间学完了所有课程,并且绝大部分都是在线完成的。当时,他已是西北部某个州一所私立宗教学校文学院的院长。拉里已经结婚 25 年,并育有四个子女,其中两个已大学毕业,一个儿子还在就读高中。

学术体验的质量

拉里在项目中的学习持久性与课程质量有着重要关系。该课程是结构化的,并且安排也比较合理,他说:“我知道自己究竟需要什么。”课程内容与我的工作关联度较大,内容涵盖了管理者工作,以及管理问题的不同维度:“我那时所学的课程内容……正是当时我们在校园生活中面对的问题。”这门课程强调参与式学习(engaged learning)以及写作交流,这对拉里来说尤其具有吸引力。摆脱书本或其他数据来源,向来自世界各地的同学学习是很有帮助的。在拉里提交给导师、作为学位要求的部分专业表现档案(professional performance portfolio)中,这一想法也有所反映。

在教学质量上,授课教师的反馈参差不齐。在拉里看来,缺乏授课教师的投入会令在线课程的学生感到失望。拉里将学术导师看作他进入该项目学习的重要因素。他的导师同时也是拉里三分之一课程的讲师,并且为他提供了高质量的专业指导。他说:“导师在各方面都给了我很多建议和鼓励。”拉里也收到了来自其论文评议委员会成员的高质量的反馈意见,他也相信,评议委员会成员在项目的最后阶段发挥了主要作用。

在线学习环境

ELHE 课程所采用的在线学习方式确实影响了拉里的学习持久性。在问卷调查中,拉里将家庭支持、工作日程以及课程的便利性与灵活性看作影响其学习持久性的重要因素。没有了时间和地点的约束,拉里能够在上课的同时继续自己的日常工作,也让他有机会能够陪伴自己的家人和孩子:“我白天正常上班,回到家和家人一起吃过晚餐,晚上就在书房进行课程学习。”该课程的灵活性让他能够更有动力为博士学位而努力。

拉里非常适应在线学习的方式。他曾经当过记者,接受过专业培训并喜欢写作;在参与同学互动、课程讨论或者和讲师在线交流过程中,他也未遇到过问题。课程的结构和授课方式也很好地契合了他的职业背景、才学与技能,这使得他能够更好地完成这一课程,他说:“……如果在别的项目中,我觉得会变得非常困难。”拉里相信,一个由虚拟学习者所组成的社区——尽管并非持续存在的——已然建立起来了:“我们度过的第一个学期相当有意思,很多时候我们一起在咖啡馆里聊天,一步一步地增进对彼此的了解,随着时间的推移,我们都非常怀念那样的时光。”学生们也意识到,对于有全职工作且试图修读博士学位的人而言,建立这样的虚拟社区是有多么困难,而且这种社区也起不到太大的作用。

支持和协助

拉里收到了来自不同方面的鼓励和支持。他不仅得到了来自导师的高质量指导意见,还和导师之间建立起了私人友谊,这都为拉里完成博士学位学习提供了很好的支持。考虑到在线学习的挑战性,授课教师们一般会推迟提交作业的【318】截止日期。同学之间的关系是建立在相互尊重和认可的基础上。拉里的同学对于其宗教信仰背景比较敏感,但都尊重他的信仰。不同类型的大学支持服务为拉里通过该项目提供了源源不断的帮助:在课程软件和平台出现问题时,技术支持往往是“及时的”,图书馆资源也是“珍贵的”,登记和记录部门的员工总是“很有帮助”。在问卷调查中,拉里给了制度支持服务很高的评分。

支持也可以来源于课程之外,比如家庭和工作。拉里的家庭为他营造了一个很好的环境,家人也很鼓励他获取博士学位。拉里认为,自己之所以能够得到博士学位,母亲功不可没:“……母亲总说‘我以你为豪’,她是我最大的支持者。”拉里工作的那所大学的校长也经常给予他鼓励和帮助,包括精神上的支持,给他更多的时间,甚至经济上的帮助。

自我激励

ELHE 课程的创新性特质,以及借助远程教育(DE)方式获取高级研究生课程的理念,为拉里建构了独特的价值观,并增强了其学习动力。拉里所任职的机构并没有要求员工具备博士学历。作为为数不多的几个拥有博士学位的教职工,拉里的认可度和自尊心都得到了提升。拉里认为,个人动机在他修读博士学位的过程中起到了重要的作用。只有在顺利完成所有的课程任务并通过综合测验之后,他才开始考虑退出这一课程:“这几年里,仅仅是为了完成课程和考试就已经让人感到十分疲惫……你看着那些堆积如山般的论文,你就会想说,我到底能够完成得了吗?”当然,在导师、家庭和学校校长之外,这也给了拉里另外一个“重新起航的内在动力”。

苏珊(Susan)

从 ELHE 课程项目退出的时候,苏珊已经 45 岁了。她在北方某州一所私立神学院里担任注册主管。她已经完成了两门在线课程,这两门课程都与她的专业相关。在我们进行研究的时候,她已经在离家近 40 英里的一所私立大学三年制博士项目中完成了两年的学习。苏珊一直单身,且没有子女。

学术体验质量

虽然只学习了课程项目中的两门课程,但苏珊认为这些课程的质量相当高,并且是根据学生的需求量身打造的。她很欣赏课程内容的广泛性,以及之后可以选择其他领域的机会。她最满意的是授课教师对于课程作业的反馈,教师的回复非常及时。同时,与学术导师的交流互动中,她也觉得获益良多。苏珊参加这个课程并不久,还没有进入探讨毕业论文的阶段,但她仍然从导师那里获得了很多好建议:“好几次,我写邮件问他不同的问题,导师总是会第一时间给予我非常好的指导意见。”在问卷调查中。苏珊给了导师建议这一项很高的评分。同时,苏珊对其他学员的发言和反馈并不满意。她认为那些学生并不具备这门课程所需要的写作技能,而在注重文字互动的课程项目中,这一技能尤为重要:“试图回应他们让我觉得很沮丧……他们的笔头功夫真的不怎么样。他们无法很好地表达自己的想法。”她也不喜欢这种在线交流讨论的实质内容。她认为这种交流应当是学术性的,并且应当更注重论据,而不仅仅是观点的交换。

在线学习环境【319】

ELHE 课程项目对苏珊最大的吸引力在于它的便捷性以及时间安排的自由度。课程相当注重写作技能,这并没有给苏珊带来太多困扰。她很喜欢以小论文的形式提交作业,并乐于回复其他学生的发言。但是,苏珊似乎不太适应在线课程学习这种非同步的学习模式。她更喜欢面对面的实时交流,而对在线交流始终不太适应:"把我的观点发到网上,然后阅读其他人的回复再一一进行回应……这种形式对我来说很困扰。"在问卷调查中,苏珊表示,这种在线学习的形式是导致她决定结束课程项目的首要因素。

此外,苏珊还担心见不到同学和老师,无法观察他们的肢体语言。而她新加入的校园授课的课程项目则满足了上述几个要素,这对于她的学习持久性起到了至关重要的影响。在其参加的课程项目中,她认为缺乏所谓的团队建设。在问卷调查中,苏珊指出,缺乏与其他同学的亲身接触,是远程学习中最大的障碍。通过考察苏珊在 Lotus Notes 中对所学课程的记录,我们发现她在这个虚拟社区中缺乏社会互动。而在虚拟社区中社交关系的营造上,苏珊自己也没有投入太多精力。上述两个原因,即在线学习的形式和缺乏人际互动,是导致苏珊退出 ELHE 课程项目的主要原因:"问题不在于学校,也不在于课程项目,而在于学习方法。这是我最关心的因素,也是导致我退出该项目的首要原因。"

支持和协助

尽管苏珊只学习了该项目中的两门课程,她仍然感受到了来自授课教师、同学,以及制度支持服务所提供的帮助。她从授课教师那儿得到的反馈,尤其是某一堂课上老师写的鼓励卡片,对她坚持完成任务起了很大的帮助。这两门课的授课老师都尽可能地满足她的要求。在苏珊遇到技术问题时,她也很快得到帮助:"当联系他们之后,我很快就得到了想要的答案。"当在 Lotus Notes 开始第一堂课时,她就及时得到了所有她想要的帮助。这也为她开始项目课程学习营造了积极氛围。

自我激励

尽管最后退出了 ELHE 课程项目,但是她当时对于取得博士学位还是具有很高的积极性。当意识到这种分布式在线学习环境并不适合她的时候,她就开始寻找能够与其他学生面对面进行实时交流的博士学习项目来替代它。在我们进行研究的时候,苏珊已经在另一所大学开始教育领导学博士学位的学习了。每周,她都要驱车约 40 英里去见她的同学们。除了享受新项目的学习形式之外,苏珊表示她对于取得博士学位有着很强的个人责任感。这一责任感以及取得博士学位这一长期目标,成为苏珊每周坚持上课并努力克服困难的动力,她说:"这就是我,永不言弃。"

跨案例分析

通过对四个案例进行横向比较分析,对于受访者在 ELHE 项目中学习持久性这一问题,我们提炼出了四个主题:学术体验的质量、在线学习环境、支持和协助以及自我激励。尽管这些个案的差别并不大,但是,这些主题在子主题(subthemes)数量和相似度、主题类别等方面还是存在较大差异。(表 B.6)

【320-323】

表 B.6 案例的主题、子主题及分类

主题,子主题	格温(Gwen)	洛里(Lorie)	拉里(Larry)	苏珊(Susan)
质量				
大学		远程教育	研究内容(Research one)	
项目	结构合理	结构合理	结构合理	
	相关的	相关的	相关的	
	学术型	学术型	学术型	
	向其他人学习	向其他人学习	向其他人学习	
	挑战性	挑战性		
		内容广泛		
	传播方式	深度	预期明确	内容广泛
	量身定做	知名度	忙碌的学习	满意
	声望		书面对话	学生需求
	高标准		布局(Laid out)	

续表

主题,子主题	格温(Gwen)	洛里(Lorie)	拉里(Larry)	苏珊(Susan)
授课教师	反馈	反馈	反馈	反馈
	参与度	参与度	参与度	参与度
	及时性			及时性
		促进性	互动	
		做好在线教学的准备	承诺	
学生	反馈		反馈	反馈
	专业性		互动	写作技巧
	积极性		多元化	面对面交流
导师建议	负面评价	需要	专业化	有帮助的
	没有用	多元的	参与度	及时性
	缺乏指导	流程上的知识	费心	
	沟通		优秀的论文	
	更换导师			
论文委员会成员			补充性的意见(Second opinion)	
在线学习环境				
	便利	便利	便利	便利
	灵活	灵活	灵活	灵活
	学习方式	学习方式	学习方式	学习方式
	不必线下课堂参与(Non-physical presence)			
	在线虚拟社区	在线虚拟社区	在线虚拟社区	在线虚拟社区
	技术适用性	技术适用性	技术适用性	
		工作日程	工作日程	工作日程
	想象力	班级规模	情绪上的放松	作品内容
	远程学习	熟悉的同学	和家人一起	非实时(上课)(non-real time)
		私下聚会		参与度
支持				
大学			合作	
授课老师	愿意迁就	愿意迁就	愿意迁就	愿意迁就
	多元的	可接受的	私人关系	个人笔记(personal notes)
	有回应的			
	能够给建议			
	善于交流(open)			
学生	鼓励		鼓励	鼓励
	敏感的		敏感的	
	礼貌的	作为参考	尊重	

续表

主题,子主题	格温(Gwen)	洛里(Lorie)	拉里(Larry)	苏珊(Susan)
	个人经历	课程活动的限制	认可(recognition)	
	同情		美好祝愿	
	祝贺			
学术导师	无	协助-指引	协助	不需要协助
		"怎么做"	友好地	
			鼓励	
			个人利益	
			随和的	
学生支持服务	及时地	及时地	及时地	及时地
	有帮助	没有帮助	有帮助	有帮助
		平稳的		平稳的
	便利	简单	及时	直接的
	总是有用		容易解决	
	友好地		关注	
			有资格的	
家庭	鼓励		鼓励	
	骄傲		骄傲	
	关心		支持的环境	
	关注			
就业	休假		休假	
	终生学习		鼓励	
	分享经历		建议	
			额外贷款	
			推力	
宠物	静静地看着			
自我激励				
	责任感	责任感	责任感	责任感
	享受	享受	享受	享受
	暴露	暴露	暴露	
	梦想	梦想		愿望
	平衡	平衡		
		论文	论文	
	自我挑战	可靠性	职场晋升	委派
	得到文凭	挫折	认可	
	自我驱动	同时	补偿	
	额外努力		体验远程学习	
	完成课业		博士学习任务	
	保持积极性			

【324】 总体上看，尽管处在不同的阶段，比起毕业或退出的受访者，那些还在 ELHE 项目中学习的受访者具有更多的相似性。我们认为，对这四位学员在 ELHE 课程项目中的学习持久性影响较大的因素有：

学术体验的质量

这部分包括课程项目的质量及其与课程作业（以及课程本身）的相关性，并注重参与式学习、授课教师对待学生反馈的质量、在线课程的参与度、导师指导意见质量以及导师对学员的投入等。

在线学习环境

在线环境给学员们的学习提供了便利性和灵活性，尽管它对学生学习持久性的影响是不同方向和程度的。对于仍坚持在线学习的学生而言，他们对于科技有很高的接受程度，也具备很好的写作技巧，并且能够接受和其他学生进行在线交流。在线虚拟社区并不是很重要，因为它在每一门课中作用不同，并且通常受限于特定课程。

支持和协助

由课程项目的内部和外部因素构筑而成的支持性和鼓励性环境，切实影响着学生的学习持久性。内部支持的来源包括：授课教师的责任感，及其适应远程学员需求的意愿；同学之间的相互支持和鼓励；学术导师的支持和指导；支持服务的硬件设施。课程项目外部支持和鼓励因素则包括家庭、职场和宠物。

自我激励

这部分包括在此环境中修读博士学位的内在激励，比如自我挑战、责任感、对学习的热情以及体验新的学习形式等。外在因素则包括职位晋升、获得文凭、他人认可以及加薪等。

● 讨论

这一混合方法的解释性时序式研究设计，主要是为了确定影响学生在 ELHE 项目课程中学习持久性的因素。在定量分析阶段，我们发现了五个相关的内部与外部因素（“课程”“在线学习环境”“学员支持服务”“授课教师”“自我激励”），这些是学生学习持久性的预测因子。随后对多个案例进行的定性研究，则揭示了以下四个核心要素：①课程本身以及其他相关学术活动的质量；②在线学习环境的内在特质；③来自不同方面的支持与协助；④学员们的自我激励。学术体验质量高低是最能影响学生学习持久性的因素。在线学习的形式是导致其中一个受访者最终选择退学的原因，但总体上看，学员们能得到的支持和协助对他们的学习情况有重要影响。在获取学位的动机上，所有受访者是大致相当的。

我们所做的定量和定性研究强调了课程本身以及学习体验的质量；而支持服务的硬件设施，以及通过远程学习修读博士学位时自我激励的重要性，则同廷托（Tinto，1975，1993）的“学生整合理论”的基本观点一致。同时，学生学习持久性的关键外部因素却与比恩（Bean，1980，【325】1990）的“学员流失模型”中提出的一点——机构外部因素对于学生大学学习情况的影响是等同的——有所不同。然而，比恩的模型是专门适用于本科生群体的。对于在 ELHE 课程项目修读博士学位的学生来说，相对“课程项目”和“在线学习环境”这两个内在因素，外在因素的影响是次要的。我们所做的定量与定性分析结果都佐证了坎伯（Kember，1990，1995）“远程教育学生退出模型”当中的核心观点。尽管坎伯模型的适用范围基本仅限于多数非传统的本科生以及个人远程教育课程，但是，“远程教育课程提供的服务实现了学术和社会资源的整合”这一观点，在我们的研究中也有所反映。项目及在线环境下学习体验的质量、学生支持服务硬件设施的重要性以及学生的目标与投入，这些都是学生在 ELHE 课程项目中保持学习持久性不可或缺的因素。

项目相关因素

项目

从定量研究结果来看，大多数受访者对他们的学术体验、课程相关性和实用性以及项目对其需求的符合程度等方面表示满意。“毕业组”的满意程度比例最高，而在“退出组”当中，这一比例却是最低的。多个案例研究分析表明，所有受访者在项目中都有高质量的学术体验。“质量”体现在项目的学术特征、高标准、明确的预期、相关性、良好的课程结构以及向他人学习的机会。这一项目的挑战在于其课程内容的广泛性，同时，需要专注于参与式学习也被认为是难点之一。与其他学员互动的质量以及他人的反馈，也在不同方面影响了学生的学习持久性。那些在项目中成功注册入学的学生，则获得了更多有意义和富有建设性的反馈。

同目前有限的关于博士生在线课程结构、课程内容以及其对学生学习持久性影响的研究相比,本研究的结果与现有研究基本一致。通常,学生的学术体验是与其他学术、制度等相关因素相结合的,如学科方向、课程作业和研究技巧之间的关系、对待学生的态度以及学生的参与度等(Ferrer de Valero, 2001; Golde, 1998)。在认知和应付一些模棱两可的任务时,远程课程的学生通常会感到较为茫然,往往需要相关导师和其他同学的指导。一些针对博士远程教育课程中学习体验质量的研究(Huston, 1997; Sigafus, 1996; Wilkinson, 2002)还发现,课程结构是正面影响学员学习体验的因素之一。让学生参与制定或者知晓学习"路线图",能够让他们觉得一切都在掌控之中。此外,针对 ELHE 项目中某一课程的定性研究发现(Ivankova and Stick, 2005),对于参与式学习的接受与关注程度应该成为评价其质量的指标之一。而且,受访者也认为,在与同学和指导老师有意义的互动中,他们受益颇多。

在线学习环境

根据定量分析的结果,我们发现,大多数的受访者能够很好地适应在线学习环境,对在线学习体验也十分满意,并且认为这种模式的学习效率不会低于面对面的课堂学习。而且,如果受访者在课程项目中越深入,他们对于在线学习体验的评价也会越好。【326】定性研究结果则发现,在线学习环境不受限于时间和地点约束,同时能够兼顾学习、工作与家庭的特点,是吸引学生的主要方面。第二个重要的因素是,在线学习能够让学生根据自己的学习节奏和时间来安排课程。然而,在线学习形式对于受访者学习持久性的影响,也不尽相同。对于那些成功在课程项目中注册的人来讲,这种非同步的学习方式对于他们的进度有正面影响,因为这更符合他们的学习方式偏好。而这一学习方式的阻碍因素则包括:非实时的课程交流方式;更注重书面交流而非口头交流的互动模式。

在本研究之前,部分有关在线学习优缺点的研究,尽管不与学习持久性直接相关,但是,其结果也支持了我们的研究发现。有研究表明,远程学习最大的优势就在于能够根据个人便利的时间点灵活安排学业(Quintana, 1996; Simonson, Smaldino, Albright and Zvacek, 2000);而在线学习形式以学员为中心的模式,则能够增加互动频率,提高参与度(Chute, Thompson and Hancock, 1999; Moore and Kearsley, 2005)。非同步学习形式所需要的互动能力,则为我们提供了深刻思考的机会;这是在同步学习环境下(包括面对面的课堂学习)所没有的(Anderson and Garrison, 1998; Berge and Collins, 1995; Hart and Mason, 1999)。此外,基于文本的交流形式,也促进了带有较少刻板印象,以及更多平等参与的社会"均衡"效应(Harasim, 1990)。

虚拟社区

从统计数据看,"虚拟社区"这一因素对于区分四个群组并没有太大作用。总的来看,大约有一半的受访者对在线社区表示满意,约有三分之二的受访者相信他们能够和其他同学在线上建立长期的社交关系。然而,对于那些最终退出或课堂表现不活跃的学生,他们则对虚拟社区体验给予了负面的评价。定性研究的分析结果也显示,尽管受访者认为虚拟社区有助于学习,但它并非学术体验中的重要部分。没有任何一位受访者认为虚拟社区与学习持久性具有较强的相关性。而每一门课程所建立的虚拟社区也是不同的,虚拟社区总是受限于课程活动并且依赖于学生们的参与意愿。不过,在某些课程中,不管在学术层面还是私人层面,学生们都在尽力营造一种相互鼓励、相互支持的氛围。这样,学生们就依靠特定的课程以及特定的活动实现了一种"社会整合"。

这一研究,在某种程度上颠覆了有关在线学习环境中社区建设的大量研究成果。赫尔茨(Hultz,1998)认为,有共同兴趣的人可能会通过网络媒介建立并维持相互关系与社区关系。该环境下的社区建设依赖于成员之间的协同学习与合作(Curtis and Lawson, 2001; Harasim, Hiltz, Teles and Turoff, 1995; Palloff and Pratt, 2003)。然而,这些研究都仅仅集中于探讨某一门远程课程中的虚拟社区建设。尽管有研究证明,建立虚拟社区能够促使学生留在课程中(Brown, 2001; Eastmond, 1995; Garrison, 1997; Hiltz, 1998; Ivankova and Stick, 2005; Palloff and Pratt, 2003),但是,这些研究并没有从整个课程项目,尤其是博士课程项目中学生学习持久性的角度来探讨虚拟社区的发展。现有的研究结果往往认为,虚拟社区只是一种短暂的现象,并且只是受访者所活动的众多"社区"中的一个。【327】

与学术导师以及授课教师相关的因素

学术导师

从统计数据上看,学术导师并不会对学生学习持久性产生显著影响。约三分之二的受访者对导师及其与导师之间的关系表示满意。相较于"初级组"和"退出组"的成员,"中级组"的成员们对于学术体验评价更高。个案分析结果则显示,四个受访者对于导师意见质量的看法不尽相同。对于已经毕业的受访者而言,学员同导师之间的互动是相当频繁的,并具体体现在专业指导意见、积极的反馈以及对论文的指导等方面。对于另一位即将进入论文撰写阶段的受访者来说,导师仅限于在研究上给出一些建议。另一位从课程项目中退出的受访者表示,她很少收到导师的建议,但也认为这些为数不多的建议是有效且及时的。第四位受访者刚刚完成了一般的课程进度,她认为,所谓的学术建议并没有太大的作用。据研究,缺乏对学生的指导、交流以及及时的反馈,是学生对老师产生质疑的主要原因。有效的学术指导往往会对学生的学术以及私人问题提供支持和帮助,还会鼓励其努力修读学位。

我们的研究则发现:学术导师并非影响学生学习持久性的关键因素。这与以往的研究有所出入。费雷尔·德·瓦莱罗(Ferrer de Valero,2001)、吉尔韦斯和文墨拉森(Girves and Wemmerus,1988)、戈尔德和多雷(Golde and Dore,2001)以及洛维茨(Lovitts,2001)发现,在传统的课堂教学之中,学术导师和学生之间的关系是否良好,对于博士学生的学习持久性是非常重要的。博士生退学的原因,在某种程度上是因为所需指导的不充分或不正确,对于指导老师的研究领域缺乏兴趣,或者是导师的能力不足(Bowen and Rudenstine,1992; Golde, 2000)。出现上述研究结果的不一致,很有可能是因为作为研究对象的博士生群体有所不同。比如,远程教育中,学生的独立性可能更强,并且更专注于获取学位。作为专业的教育管理人员,他们更能够坚持学习;并且对于其中多数人来说,获取博士学位是他们保住工作和晋升的必要条件。此外,当学生对分配给自己的学术导师不满意时,他们便会寻求其他的帮助。此时,其他的授课教师也愿意为学生提供学术上的指导和协助。

授课教师

在定量分析的模型中,我们发现"授课教师"这一变量对于学习持久性的影响力相当显著。在分布式教学中,对于授课教师教学的不同方面,学生们满意度则不尽相同。对授课老师们能够接收和及时处理反馈意见这一点,学生们均比较满意。相比之下,对于反馈的质量以及讲师满足学生需求意愿等方面,多数学生则较为不满。定性研究结果表明,反馈的质量取决于授课老师对于在线教学的准备程度、在课程中的参与程度以及对学生的投入。学生的学习持久性,很大程度上取决于他们从授课老师那里得到的支持和鼓励,以及自我协助的能力。而这种反应在学术导师缺位的情况下显得尤为重要。

这些研究结果也得到了其他有关博士生学习持久性研究的支持。【328】在传统的博士生课程项目中,学生学习缺乏持久性,往往被归因于缺少来自院系及授课教师的支持和鼓励(Ferrer de Valero, 2001; Golde, 2000; Hales,1998; Lovitts, 2001; Nerad and Cerny, 1993)。那些受到授课教师鼓励的学生,完成博士学位的可能性更大。然而,只有少量研究分析了授课教师对于远程教育中博士学生学习持久性的作用。比如说,在希格拉斯(Sigafus,1996)的研究中,授课教师被认为是学生得到支持与协助的最主要来源。

制度相关因素

从统计数据上来看,"学生支持服务"对于受访者选择该课程项目有着显著影响。尽管有超过一半的受访者对制度支持服务感到满意,然而,他们对于不同服务的满意情况则有所不同。除了"退出组"满意水平较低之外,其他三个组的满意程度也并不完全一致。案例研究表明,尽管受访者在课程项目中的不同状态导致了其使用服务的类型和数量不同,但是总体而言,所提供的基础服务是人性化、便捷且及时的,服务过程也是便利、流畅且简单的。

就好的支持服务基础设施对于远程教育学生的重要性,相关文献进行了较好的说明。(King, Seward and Gough, 1980; Moore and Kearsley, 2005; Rumble,1992; Simpson, 2000)。学生支持服务的有效性以及获得该服务的渠道,是远程教育机构取得成功的关键因素(Biner, Dean and Mellinger, 1994; Tinto, 1993; Voorhees, 1987)。然而,几乎没有任何研究去探讨在类似ELHE这样的分布式博士课程项目中,机构的服务硬件设施对于学生学习持久性的影响。

学员的相关因素

从定量数据来看,在该项目课程中,“自我激励”因素对学生的学习持久性具有显著的影响。除了“退出”以外,对于通过分布式在线工具修读博士学位,其他组别的受访者都具有较高的积极性。不出意料的是,“毕业组”的积极性是最高的,其次是“中级组”,最后是“初级组”。案例研究也表明,在分布式学习环境中,自我激励是影响学生学习持久性主要因素之一。其中,内在激励包括:对学习的热爱、自我挑战、毕生的梦想以及愿意体验新的学习模式等。所有人的作业都会受到班上其他同学的评判与评估,这是他们保持责任感的一个重要原因。平衡工作和学习就是对激励的挑战之一,不过,论文写作的非结构化过程似乎才是最棘手的问题。对学生专注于目标而言,外在因素也十分重要。并且,外在因素对于男性受访者的影响大于对女性的影响。

以往有关获得学位的激励动机如何影响学习持久性的研究,均佐证了我们的研究结果。弗雷尔·德·瓦莱罗(Ferrer de Valero,2001)、洛维茨(Lovitts,2001)以及雷诺兹(Reynolds,1998)的研究均证明了,在校园学习中,自我激励是取得博士学位的一项重要因素。那些抱有“永不言弃”信念或者十分自信的学生,完成博士学位课程的可能性更大,尤其是从课程结束到论文撰写这段最脆弱的时期。在学习过程中,责任感的激励作用对于远程教育博士项目的学生来说尤为重要。研究表明,内在激励是这部分学生能否成功获得学位的重要因素(Huston, 1997);同时,在在线学习环境下,个人责任感被认为是学生们不断深入学习的重要情境因素(Scott-Fredericks, 1997)。【329】

外部因素

根据定量分析结果,外部因素,诸如“家庭及亲友”以及“职业”等,对于学生的学习持久性并没有显著影响;然而,有大约三分之二的学员得到了来自家庭、重要朋友、亲友以及上司的支持。“毕业组”受访者得到的支持是四个小组中最多的;但是,他们同时也是在工作责任感以及工作时间安排方面压力最大的群体。定性研究结果显示,不同的受访者所得到的外部支持也不同:对有些人来说,这些支持主要来自家人和同事;对有一些人来讲可能来自宠物;也有一部分人并没有得到明显的外部支持。

这些研究结果中有一部分和以往的研究相一致。弗雷泽(Frasier,1993)、吉尔韦斯和文墨拉森(Girves and Wemmerus,1988)以及齐格弗里德和斯托克(Siegfried and Stock,2001)指出,在传统的课堂学习中,婚姻状况不会对博士学生学习持久性造成太大影响。在美国历史学会对历史专业博士生进行的课程调查中(The American Historical Association, 2002),仅有4%的历史专业学生认为家庭原因是导致他们退出的最重要因素。但另一方面,格尔德(Golde,1998)发现家庭责任恰恰是导致许多学员终止学业的主要背景因素。对于在校修读博士学位的学生来说,安排好轻重缓急,平衡工作和家庭的关系往往是最困难的,这可能导致其延期毕业或退学。本研究集中于那些在分布式在线学习环境下修读博士学位的学生;而这种学习模式则具有便利性、灵活性,并且让学生能够平衡日常工作和学习。摆脱了传统课堂的约束,远程教育的学生们便可以根据轻重缓急选择合适的时间进行课程学习,并同时兼顾工作。对于分布式在线博士课程中外部因素对学习持久性影响,有限的研究指出:家庭、亲友和上司都是有效的支持来源(Huston, 1997; Riedling, 1996;Sigafus, 1996)。

启示及建议

考虑到现在很多大专院校、高等教育机构都通过分布式教学模式进行相关教学,我们研究的主要利益相关者有:政策制定者和教育机构管理人员,研究生课程项目开发者和课程设计人员,机构教师和职员,以及那些正在或打算进行分布式在线课程学习的学生。了解分布式环境下学生学习持久性的内、外部因素的解释力,有助于完善课程发展战略,以提高博士学生的学习持久性以及学位完成情况。具体来讲,这项研究所获得的启示如下:

1. 课程项目本身的学术性和挑战性、与学生职业活动的相关性和实用性、高标准及其对学员个体的关注,这些都会为该课程项目带来更多的申请者。符合以上条件的分布式在线课程,有更大的潜力吸引更多的优秀申请者,提高学生的学术水准,并最终提高他们的学习持久性和结业率。
2. 若想要从这种分布式学习环境之中受益,【330】学生们需要适应学习所需的科技手段,并要有良好的写作技巧。学生们的学习风格应该偏向通过文本进行学习，同时，要能够适应与其他同学和导师进行在线互动。那些正在考虑或正准备申请这一课程项目的学生，应当事先知道该课程的形式，以及课程对他们的期望。

3. 如果授课教师在教学的时候不断给予学生鼓励和帮助，那么学生们则更能从在线课程中获益。为了达到这一点，授课教师需要对在线教学提前做好准备，提供持续且及时的反馈，以适应学生的需求。
4. 学生支持服务设施应当能够尽可能根据学生的需求、问题和担忧提供支持和协助。其中应该包括远程教育学员在整个学习过程中可能需要的所有服务。尤其是要能够为学员们提供及时且高质量的技术支持，获得图书馆数据资源以及其他资源的进入权限等。
5. 若要想在分布式远程教育中取得成就，学生们就必须具有很高的积极性，并注意平衡学习、工作和家庭的关系。课程项目的质量、人性化的在线学习形式、舒适的学习环境，还有一些课程外部因素，都能够提高学生的内在激励。外在激励也是相当重要的，但是会因具体案例而不同。
6. 在分布式在线博士课程中，导师的回应以及学术建议应当具备较高水平。在整个课程项目中，学生需要从导师那里接收专业的建议和指导。学生和导师之间建立起良好的联系将有利于学生在项目中的持续学习。除了给予学生学术帮助，导师更应该给学生更多的鼓励。这也是远程教育中师生关系的重要部分。
7. 假如在线学习社区能够建立，并贯穿课程项目始终，将会非常有利于学生的进步。授课教师可以在课堂之外通过一些学术活动发起非正式的交流互动。学校和学院也应当尽可能地将学生聚集到一起，如举办在线夏令营、开设网上论坛以及成立在线学生组织等。

该研究仅提供了影响分布式在线博士项目中学生学习持久性的其中一个研究视角，即学生自身的视角，并没有着重考虑其他内部、外部因素。同时，对于测量“亲友及重要的人”和“就业”等子量表的边际效度估计，也被认为是相关研究的局限所在。作为唯一一项探讨分布式博士生课程中学习持久性的研究，本研究同样存在诸多未能解答的疑问，这也为今后进行此类研究开启了新的研究路径。在这方面进行更深入的探讨，可能有助于减轻学生们在求学之路上的负担，并使其学习更加高效。无论是学生、科研机构还是整个社会，都将从这一研究之中获益良多。

参考文献

略。

附录 C——探索性时序式设计范例

探索组织同化的维度:建构一种测量方法[1]

Karen Kroman Myers
John G. Oetzel

本研究的目的,在于提出并验证一种测量组织同化指标(organizational assimilation index)的方法。组织同化这一概念,描述了新人刚进入组织环境时相互接纳的程度。本研究包括两个阶段,受访者主要来自广告业、银行业、酒店管理业、大学、非营利机构和出版业6个行业。在第一个阶段,13位受访者提出6个组织同化的维度:与他人的亲密度、组织文化适应、认可、参与度、工作胜任力、适应/角色调适。第二阶段则涉及分析包含342名参与者的调查问卷,以验证上述6个维度。此外,我们还使用了另外3个量表来验证并支持组织同化指标的结构效度。其中,工作满意度与组织认同感同组织同化程度呈正相关,而离职倾向则与其呈负相关。

关键概念:组织同化;组织同化指标;组织社会化;新人融合

【336】 费舍尔(Fisher,1986)强调,针对组织进入过程的研究相对缺乏。近几年来,对于组织进入相关过程的理解,我们主要得益于几类研究,其中就包括引入新人并将其塑造成有效组织成员的过程(Chao, O'Leary-Kelly, Wolf, Klein & Gardener, 1994; Schein, 1968; Van Maanen & Schein, 1979)、社会化转折点(socialization turning points)(Bullis & Bach, 1989)、组织适应和培训的方法(Holton, 1996; Jones, 1986)、新人为适应组织所做的努力(Ashford & Taylor,1990)、行为自我管理(Saks & Ashforth,1996)、应对策略(Teboul, 1997; Waung, 1995)、初期的参与(Bauer & Green, 1994)、信息搜索(Miller & Jablin, 1991; Morrison, 1993; Ostroff & Kozlowski, 1992)以及角色调适(Kramer & Miller, 1999; Miller, Jablin, Casey, Lamphear-VanHorn, & Ethington, 1996)。

组织同化指的是个体融入组织文化的程度(Jablin, 2001:755)。尽管有一些学者指出,"同化"强调个体放弃自己的个性以适应新的集体(Bullis, 1999; Clair, 1999; Turner, 1999),但是,我们认为这的确是新人进入组织的一个重要环节。因为要成为组织的有效成员,不只需要组织对新人的社会化,反过来,也需要新人努力被组织领导接纳。成功的同化需要组织和新人两者共同的努力。

尽管对于这一过程的研究很普遍,却没有一个关于组织同化的测量方法。组织同化的阶段模型(Jablin, 1987, 2001)在学界很流行,尤其是在组织沟通的教材中。该模型认为,雇员是以某种线性发展的方式被同化的,并暗含了这样一种假设:除非成员离开组织,否则他们会逐渐感觉到自己已经慢慢成为组织的一部分。另外一方面,如下的假设也是有意义的:一个人认为自己是组织有价值组成部分的强烈程度,可能会随着时间的推移而变化,而其中的影响因素则包括未得到满足的预期、环境转变、职责变化、升职、倦怠以及组织生活中的各种经历等。

---

1 原文及版权信息:Myers, K. K., & Oetzel, J. G. (2003). Exploring the dimensions of organizational assimilation: Creating and validating a measure. Communication Quarterly, 51(4), 438-457. Reprinted with permission of Taylor & Francis Group, LLC.

缺乏一种测量同化程度高低的方法或工具，可能是这些线性假设一直存在的原因之一。此外，我们也可以明显看出，一般而言，一些新人和他们的组织不仅在同化过程的效率上不同，还在同化现象的具体维度上也不同。例如，由于他们的工作和某些方面相关，个体可能认为自己在这些方面被组织同化了，但是，在这样的环境下，他们却可能无法发展起生产性工作关系。此时，我们需要的便是一个能够测量成员组织同化程度的方法或工具。

通过指出是否存在同化的缺点以及最缺乏的具体维度，这样一种测量手段能够为管理提供有价值的信息。进一步而言，此测量手段使得学者能够更关注同化的不同维度以及某些先兆现象的影响。本研究分两阶段进行。在第一阶段，我们探究组织同化的维度，以定义从新人到组织成员这一转变过程；第一阶段的主要任务在于创立一种组织同化维度的操作化测量方法。而第二阶段主要是验证上述测量手段，即建构我们所称的组织同化指标（Organizational Assimilation Index, OAI）。

【337】

组织同化的维度

如前文所述，已经有研究考察了与同化相关的过程。这些研究对新人融合的概念进行了深入讨论。在此，我们将回顾建立组织同化测量基本框架的三个范例。随后，我们将讨论与验证与测量方式相关的概念，并且，通过运用这些概念，我们会建立起新的测量方法的结构效度。

阶段模型至少描述了组织同化的以下三个阶段（Jablin，2001）。预期社会化指的是在进入组织之前所做的一切社会化努力。接触期则从新人进入组织开始，通过接受培训和引导信任，使其开始社会化。最后，质变阶段指的是，随着新人长期稳定下来，完成从新人到正式组织成员的过渡。但是，究竟何时新人完成了组织同化的所有阶段，学界对这一问题仍存在诸多疑问。雅布林（Jablin）指出，许多组织均较为武断地将3～6个月视为新人的过渡期。这种做法似乎忽略了两个重要事实：第一，与其他人相比，某些新人可能会更快被组织同化；第二，新人可能在组织生活某一方面同化的速度要比在其他方面更快（Ostroff & Kozlowski，1992）。因此，我们更希望专注于同化内容的研究。

在一项多阶段研究中，周等人（Chao et al，1994：730）尝试确定（组织成员）在社会化过程中究竟学到了什么。他们发现了新人社会化6个方面的内容（组织的历史、语言、政治、成员、目标和价值、业务熟练程度），并考察了这些因素与职业生涯成果之间的关系。之后，他们比较了不同群组在这6个维度的层次，这些群组包括那些没换过工作的、在同一组织但换过工作岗位的以及跳过槽的。结果表明，一直在原来组织工作且没有换过工作岗位的员工，在其中5个维度中指标最高；其次是那些只换了工作岗位而没有更换组织的员工。

布利斯和巴赫（Bullis & Bach，1989）对28名研究生新生进行了访谈，并让他们描述对其与新院系关系有长期影响的转折点与具体信息。受访者描述了15个不同的转折点事件，如入系、离开、得到正式认可以及自我怀疑等。在他们进入系所两周至8个月后，研究者再让他们描述所经历的转折点，并完成切尼（Cheney，1983）的组织认同问卷。作者指出，社会化的经验事例会对认同产生积极的影响，而失望的经历则产生消极的影响。由于涉及沟通、交流，许多转折点都表明了新人在组织内的接纳情况，因此，布利斯和巴赫（Bullis & Bach，1989）的研究使得我们在理解新人同化过程中又迈进了一步。

尽管这些例子描述了组织同化的部分内容和过程，但是，研究者并没有清楚地描述组织同化的所有维度。从这些研究中可以看出，认识组织中的其他人与获得认可似乎是相关的，不过，其他的维度和策略也可以促进个体的同化。在本研究的第一阶段，我们将探讨并确定一份组织同化维度的详细清单。这一阶段的研究将帮助我们确立测量的内容效度。为此，我们将解答：

RQ（研究问题）：组织同化的维度有哪些？

【338】

在本研究的第二阶段，我们力图验证组织同化测量工具（the Organizational Assimilation Instrument, OAI）。对于该研究问题的回答，将为组织同化测量操作化提供具体条目。我们用3个量表对OAI的结构效度进行测验：工作满意度、组织认同感、离职倾向。工作满意度是指一个人对工作或者公司的好感程度（Brayfield & Rothe，1951）。为了准确把握这一特质，布雷菲尔德和罗斯（Brayfield & Rothe）设计了工作满意度指数。组织认同感，是指组织成员对于这一境况的感知，即组织价值和利益是评估决策可选方案时的首要考虑（Tompkins & Cheney，1983）。切尼（Cheney）推断，有组织认同感的员工会在该认知基础上作出影响组织的决策，并由此开发组织认同问卷(organizational identification questionnaire, OIQ))以评估雇员的组织认同程度。离职倾向是指个体断绝与组织之间联系的可能性。莱昂斯(Lyons)开发了一个指数,其中涉及相关的问题,包括:一个人想继续留在组织的意愿程度;如果员工被迫离开组织(如因病离职),那么他重新加入组织的可能性有多大;员工希望留在组织的时间,等等。

我们预期,工作满意度、组织认同感与组织同化呈正相关,而离职倾向与组织同化呈负相关。进一步,我们还期望,相对于雇佣期,组织同化的各个维度可以更好地成为雇员工作满意度、组织认同感、去职倾向的预测变量。由于雇佣期常常被用作衡量同化的指标,因此,通过组织同化指标(OAI)以展示除雇佣期以外的信息是非常必要的。由此,我们的预期也引出4个假设:

H1:组织同化维度和工作满意度呈正相关。

H2:组织同化维度和组织认同感呈正相关。

H3:组织同化维度和离职倾向呈负相关。

H4:相较于雇佣期,组织同化各维度可以解释雇员在组织满意度、组织认同感和离职倾向上的更多变异。

● 确定表面效度和内容效度

本研究分两个阶段展开。第一阶段的目的在于,通过确定组织同化的维度,以解答上述研究问题。这一步是通过让组织成员描述他们被同化的经验来完成的。第二个阶段包括开发一份能够用来测量组织同化的问卷,并进行相关验证。下一节将描述第一个阶段的研究及其结果。

参与者

为了确保组织同化的测量方法能够同时适用于行业和组织层面,我们选取了来自不同类型组织内的不同层级的成员来参与本研究。基于此,我们挑选了能代表所在组织、雇佣期、年龄以及行业等广泛境况的7位女士与6位男士进行访谈。参与者的职位范围从较低级的蓝领工人到高级行政人员,雇佣期从半个月到109.5个月不等(M = 28.57;SD = 34.72)。受访者的年龄在18岁到61岁之间(M = 37.08;SD = 11.54)。他们从事的行业包括酒店餐饮、大学教育、高新技术以及广告等。所在组织均位于美国西南部的两个城市。【339】

数据收集

访谈提纲。为了帮助受访者回想自其进入组织开始,他们的地位与状态是如何改变并以何种方式改变等过程,我们设计了相应的访谈提纲(见附录A)。一开始的两个问题要求受访者描述,与入职的第一天相比,现在(进行访谈的时候)他是否觉得自己更像组织的一分子;如果是,则描述一下转变过程。继而要求受访者回想,使他感觉自己正式成为组织一分子的场景和对话(问题3-6)。接下来的两个问题(7-8),需要分别描述那些被同化或未被同化的人,以及对同化程度产生消极影响的交际行为。在问题9,受访者将描述同事之间的交流与组织同化之间的关系。问题10和11是有关对"适应"方面的看法。在最后一个问题,我们想要了解,受访者用来使自己融入组织的策略。通过这些问题,我们可以确定,受访者在其雇佣的不同时期逐渐融入组织时所表现的交际行为的具体类型。

访谈程序。除了一名受访者是采用电话访谈的方式,其他所有受访者都是在他们各自所在的组织里逐一接受访谈。他们是自愿接受访谈的,而且可以拒绝回答任何问题,并随时终止访谈。我们告诉受访者,这项研究的目的在于探究一个新人是如何成为组织一分子的。我们向受访者保证,不会将访谈的内容告知组织的管理人员,并且,如果研究结果中需要引述访谈内容,也将会使用化名。我们要求受访者回想一下他们是如何努力承担组织中的成员身份。对此,受访者仔细回想了自己的经历,并说出他们认为能够体现其特征的故事。一个问题后往往会有附加问题,这样可以帮助我们进行深入地理解。访谈人员做了详细的访谈笔记,而且,所有的受访者都同意进行录音。访谈通常进行到理论饱和点为止(Lindlof, 1995)。所有访谈的长度均在20~50分钟,内容都被逐字转录成文稿以备分析之用。

数据分析

第一阶段的分析在于解决关于组织同化维度的问题。根据格拉泽瑟和斯特劳斯(Glaser & Strauss, 1967)的持续比较法以及迈尔斯和休伯曼(Miles & Huberman, 1994)关于对定性数据编码的建议,我们对受访者在访谈中所提到的所有关于他们试着了解、融入组织的过程进行分类。我们反复进行了数次才完成了这一过程。首先,我们阅读了访谈的录音稿,对受访者的回答有了整体上的把握。接下来,我们逐行或逐段加上可以反映我们初始编码的标签。通过这些标签,我们建构一份关于受访者回答的一般性分类方案。

其次,我们开始对初始方案进行具体类别以【340】及子类别的划分,以便确定相关主题。分类反映了(有关同化过程)回答的相似性和频率。至少一半的受访者需要被纳入其中一个或几个初始主题之中。然后,我们再次阅读了录音稿和访谈笔记,寻找那些频繁出现的表述以及意料之外的信息,来为受访者的经历提供非典型的佐证材料。我们根据几个初始主题来对受访者的回答进行分类,如了解同事的名字、学习组织的规章、培养工作技能、被主管和同事赏识以及知道如何融入组织等。

第三,我们对这些主题进行了回顾,以便弄清楚它们是如何契合现有的同化理论,或者它们是如何帮助我们理解同化过程的。在这一步骤中,我们使用了两个标准(Patton,1990):第一,该信息是否证明了现有的组织同化理论?第二,关于组织同化,它们是否给出了新的解释?在接下来的第三步中,我们也想到了同化过程的根本目的,以及他们的行为是如何实现成为组织一分子这一目标等问题。因此,我们将初始主题进行整合,并重新命名为同化的6个维度。最后,我们重新阅读受访者的回答,并将其分类归入6个主题之下,以保证拟合度。在这一步之后,我们相信,这6个维度可以比较充分地反映受访者的回答内容。

结果

熟悉他人包括了解同事、和同事交朋友、和同事在一起很自在、能够感到并表达友好、学习如何与同事互动、在会议上发言、表现出与同事交流的强烈愿望、能够得到同事情感上的支持以及有团体的感觉。罗德尼(Rodney)是一家宾馆服务员的领班,他认为,由于他与同事之间建立了良好的关系,故而使得他和组织之间的关系更密切:"我已经开始了解周围的同事。下班后,如果大家碰巧一起出去,点一杯鸡尾酒什么的,你就建立起了更多的社交关系。正是因为人们能够和你长期相处,你和(组织)之间也就形成了一种认同感。"

文化适应,或者说了解并接受某种文化,是组织同化的第二个维度。受访者描述了如何学习组织规范,以及在他们的组织里"问题是如何解决的"。凯利(Kelly)在一家技术公司的组织发展部门任职。她谈到了公司引导新人融入组织的做法。根据她的描述,她们公司的文化不利于新人顺利、友好地融入组织。其他人会告诫新人"他们需要提防什么,什么事是不要去做的,什么事情做了会有麻烦"。她也谈到,有些没被同化的新人更有可能破坏组织的规矩,如向同事隐瞒他们的工作进度。而违反规则可能会使得组织成员更加排斥新人,从而导致他们的适应性降低、压力增大。因此,文化适应对于组织同化来说是至关重要。

我们把第三个维度叫作认可。根据受访者所说,被上级或者同事认为有价值,并且感觉到自己的工作对于组织来说十分重要,是其感到被组织接纳的重要部分。杰西卡(Jessica)是一名酒店经理,其组织同化过程中的重要时刻是有一次她在关键时刻用西班牙语帮了总经理一把。她很自豪地回忆道:"他走向我,说,'你得帮我,这些女士里面没一个会说英语的。'我帮他进行【341】了会议的翻译。我很高兴能够帮上总经理。"

有些受访者说,他们能够根据员工的工作参与度判断出某个员工有没有被同化。当成员努力融入组织时,他们会想方设法为组织谋利,常常通过自愿加班或者帮助组织其他成员承担额外的工作来表现自己。玛格丽特(Margaret)是一位大学教师,她比较了两名学生,一个很积极活跃,另一个则正好相反。那名积极的学生很快就融入了大学生活的方方面面。她(活跃的学生)和系里的很多人都成为朋友,并且从同学那里得到了很多帮助和支持。而另一个学生则不清楚自己的长远目标,除了上课基本上不和其他人交往。据玛格丽特所说,"她压根就感觉不到她和同班同学之间的联系。"但是,玛格丽特也推测,那名不活跃的学生可能仍然会从她周围一些老朋友那获得情感上的支持。

工作胜任力被认为是得到组织认可的另一个重要因素。已经被同化的员工清楚地知道要如何工作,而且完成得很好。作为一名新的广告营销代表,萨拉(Sarah)认为,完成第一次销售对她而言是一个决定性时刻。"嗯,是的,第一次销售成功对我来说帮助太大了。"她笑着说道。紧接着,她解释了第一次销售成功是如何使她觉得自己能够立刻胜任这份工作的。

访谈中所显现出的第六个维度是适应和角色调适。适应新组织或在组织内部进行角色协商,意味着新人已经适应了组织。角色调适涉及新人在自身期望与对公司期望两者之间的妥协。适应意味着新人做出更多的妥协。当新人适应组织时,他们会调整自己以适应组织的标准和环境。柯蒂斯(Curtis)是一名刚到新公司工作且经验丰富的酒店经理,他描述了促使自己进行角色协商的情境。“就在我进公司之前,公司进行了大规模的再融资。公司上下都很强调控制成本。但是,我决定多支出一点,宁愿别人说我花得太多,也不愿意为了省那么一点钱而导致公司停止运转。”公司视他的职位为“成本削减者”,他却选择成为“财产守护者”。他后来获得了晋升,这可以视作他成功进行角色调适的一个表现。

受访者描述了他们经历的或见证的组织同化过程。通过对定性数据的分析,我们得出了有关个体与组织融合的6个主要主题。这6个主题——熟悉他人、文化适应、认可、参与度、工作胜任力以及适应和角色调适——是个体完全成为组织一员的相关维度或过程。这6个维度为组织同化的测量打下了基础。在下一部分,我们将阐述建立和验证组织同化指标的过程。

● 构建组织同化的测量手段并确立其结构效度

在第二阶段,我们设计了61个指标来测量组织同化的六个维度。然后,我们抽取了几个组织的雇员作为样本,并用这些指标来评估他们的同化经历。

参与者

【342】

为了建构一项可衡量不同行业成员同化程度的通用方法,我们选取了来自几个完全不同行业的342名雇员,这些行业包括住宿业、银行业、广告业、出版业、酒店业与非营利服务机构。其中,有四家酒店来自同一个公司,地点分别在亚利桑那、加利福尼亚和华盛顿。银行、广告商与非营利机构均位于美国西南部的大城市。这家银行还包括两家分支机构。

由于同化是一个持续的过程,因此,我们鼓励所有的雇员都参与到我们的调查中,而不仅仅是新人。样本囊括了来自至少6个不同种族的114名男性与219名女性,包括153名白种人,148名西班牙裔、12名亚洲/太平洋岛民、7名印第安人、4名非裔美国人以及3名其他种族的人,其中有15人没有标明种族。受访者的年龄从17—77岁(M=32.69,SD=12.56)。受教育程度方面,32人读过一段时间高中,拥有高中学历的有68人,上过大学的有159人,拥有大学学历的56人,具备研究生学历的为10人,有2人将他们的受教育程度归为“其他”,15人不愿透露其受教育程度。在组织中的地位方面,其中高管18人,主管/经理为75人,蓝领工人为224人,还有25人没有公开职业。受访者的在职时间从两周到40年不等(M=2.68年,SD=3.81)。74%的受访者用英文完成了问卷,其余的26%用西班牙文完成了问卷。

测量工具

在这份包含61个指标的问卷中,前文提到的每一个维度都对应其中的9~11个指标。这些指标反映了6个维度的具体内容(见附录B)。测量工具还包括三个额外的量表:布雷菲尔德和罗思(Brayfield & Rothe,1951)的工作满意度量表;莱昂斯(Lyons,1971)的离职倾向量表;还有6个随机从切尼(Cheney,1983)组织认同问卷中抽取的指标。布雷菲尔德和罗思通过让受访者将各个指标按照从满意到不满意的排序来验证内容效度。该指标的信度用积差系数(0.77)来表示。莱昂斯(Lyons,1971)的量表与工作满意度呈负相关,与主动离职和工作压力呈正相关。根据科贝格和胡德(Koberg & Hood,1991)的报告,莱昂斯离职倾向量表的信度系数为0.83。切尼通过对178名企业员工进行访谈来验证测量工具的效度,其目的是探究组织认同的过程,以便建构测量工具。进一步,他发现,52%的受访者正打算跳槽,而且他们的组织认同感都很低。[1]该组数据的信度系数为0.94。在本研究中,三个量表的信度系数分别为0.61,0.85,0.68。[2]

我们将量表中的指标进行随机分布。每个指标都附有一个5分的李克特量表(1表示非常

---

1 我们使用组织认同问卷(OIQ)的目的在于,将那些应该与组织融合呈正相关的条目列入我们的研究中。我们承认萨斯和加纳利(Sass & Cnanry,1991)以及米勒、艾伦、凯西和约翰(Miller、Allen、Casey & Johnson,2000)关于OIQ能够测量组织认同感以及其他的组织团结形式这一观点。尽管我们尊重这一看法,但是,我们并不认为,将其用于验证OAI中承诺或组织认同感应该与组织同化维度呈正相关这一点上存在任何问题。

2 我们从沟通风格量表中选取了4个条目,用以检验“不相关性”。我们采用了“活力”子量表(animated sub-scale)中的条目。在这个研究中,量表的信度系数为0.45。因为信度较低,该量表并没有用来验证OAI。

赞同、5表示非常不赞同)。最后,问卷还包含了与受访者组织地位相关的人口统计学问题,包括雇佣期、年龄、性别、教育和种族。

程序

我们先在四个人中进行试调查,其中包括两名研究生,以及两名在其所在组织中教育程度稍低的员工。在这两名员工中,一个有高中学历,另一个只有小学学历。根据他们的建议,我们对问卷进行了修改。最后,由于许多受访者只会西班牙语,我们通过专业翻译将问卷和同意书转译为西班牙文。我们请受访者中一位会双语的酒店经理将西班牙文的问卷再次翻译成英文,以验证问卷表达的准确性。由于多数受访者的受教【343】育程度较低,且不是管理人员,因此,他建议我们在问卷的表述上做一些修改。例如,诸如"同僚"和"交际或交往"等词汇,我们将其替换成"同事"与"一起下班"等。

问卷有英文版和西班牙文版两个版本可供选择。研究者在他们进行公司会议的时候发放问卷。受访者了解我们研究的目的,即探究组织成员融入组织的过程。大家都是自愿参与本研究,并且,我们也保证管理层不会看到他们的答案(只能看到有关整个组织的总结)。问卷完成后,我们将问卷集中放在一个大信封里,以进一步保证问卷的匿名性。大多数受访者在15分钟左右便完成了问卷。在6个月之后,受访者在相似的条件下再次填答问卷。我们让受访者填写他们的中间名或者母亲的中间名,并在一定程度上保证匿名性。但是,在后续工作中,我们仍然识别出了91名受访者。这91份调查问卷可以使得我们评估OAI的再测信度。

结果

我们将第二阶段的数据进行验证性因子分析,以建立先验维度(a priori dimensions)的内容效度。然后,我们用相关分析来验证有关工作满意度、离职倾向、组织认同、雇佣期四个假设。对这些假设的支持,同时也为测量方法的效度提供了证据。这也意味着,我们所定义的同化维度与因变量之间有同样的关系。根据贝利(Bailey, 1982)的看法,当不同指标(在此案例中是维度)均表现出与其他测量手段存在相同的关系(而且正如预期,这些测量手段与理论基础相关)时,结构效度便存在。

因子分析。利用3.61版的AMOS结构方程模型软件(Arbuckle, 1997),通过各指标的协方差最大似然估计,我们可以检验假设模型的经验效度。我们利用一些标准来检验指标和模型的拟合度。首先,各指标的主因子载荷必须在0.4以上。其次,通过内部一致性和平行性检验,指标之间必须证明为单维度的(unidimensional)(Hunter & Gerbing, 1982)。内部一致性意味着,问题指标所囊括的量表与主因子有着相同的统计关系;平行性则意味着,量表的指标与其他因子有着相似的统计关系。由于AMOS软件不能直接检测内部一致性和平行性,我们就对那些"AMOS模型修正选项"认为可归为其他因素的指标进行了调整。从本质上说,这一过程确保了一个指标只能荷载于一个因子。对于最终的模型,我们通过乘积法则来检验其内部一致性和平行性。第三,这些指标必须具有同质性的内容。第四,指标的可靠性(信度系数)需要在可接受的范围之内。

根据前两条标准对模型中的指标进行调整之后,所得到的实证模型符合概念模型的6个维度,其中 $X^2(155, N = 342) = 365.92, p < 0.001$, IFI = 0.92, CFI = 0.92, GFI = 0.90。由于卡方检验和P值容易受到样本量和模型的影响(Kline, 1996; Marsh & Hocevar, 1985),因此,卡方与自由度的比值则相对更有意义。卡方与自由度的预期比值是1,数值越小则说明越合适。研究者认为这一比值在5到1之间说明模型的拟合度较好(Marsh&Hocevar, 1985),但在3到1之间则更好(Kline, 1996)。在该研究中,比值为2.6,说明该模型拟合度较高。该模型拟合度应该等于或高于0.9(Hoyle & Panter, 1995)。【344】此外,指标在内部一致性和相似性上并没有偏差。各个维度也表明了指标内容的同质性,并且估计信度也较好("认可"为$\alpha = 0.86$,"熟悉他人"$\alpha = 0.73$,"文化适应"$\alpha = 0.72$,"参与度"$\alpha = 0.72$,"角色调适"$\alpha = 0.64$,"工作知识"$\alpha = 0.62$),重测信度的估计值也相似("认可"$\alpha = 0.85$,"熟悉他人"$\alpha = 0.77$,"文化适应"$\alpha = 0.71$,"参与度"$\alpha = 0.70$,"角色调适"$\alpha = 0.57$,"工作知识"$\alpha = 0.66$)。从整体上看,这些结果表明,用以测量人们对组织同化经历看法的测量工具比较稳健。表C.1列出了所有的指标及其因子载荷。作为对模型一般性的附加验证,我们对每个因子的信度进行了检验。信度系数在组织内部和组织间并没有太大差别。

表 C.1 组织同化指标

维 度	因子载荷
对主管的熟悉程度	
我觉得自己非常熟悉我的主管	0.54
我的主管有时候会和我讨论问题	0.69
我和我的主管经常一起交谈	0.85
文化适应	
我理解公司的规章制度	0.68
我对于组织的运行有很好的想法	0.64
我理解所在组织的价值观	0.78
认可	
当工作出色的时候,自己能够得到上司的认可	0.68
我的上司能够倾听我的意见	0.74
我认为主管会重视我的观点	0.86
我认为主管认可我在组织中的价值	0.82
参与度	
我会和同事谈论我有多么喜欢这里	0.70
我志愿去做一些有利于组织的事情	0.52
我会谈论我有多么喜欢这份工作	0.70
我在组织中很有存在感	0.66
工作胜任力	
我常常向他人展示如何更好地完成工作	0.61
我认为自己较为熟悉自己的工作领域	0.44
我能够找到有效率的方法来完成我的工作	0.54
如果有需要,我也可以完成他人的工作	0.58

续表

维 度	因子载荷
角色调适	
我曾经为如何提高生产效率提供过建议	0.70
我改变了自己所在职位的职责	0.66

为了给组织融合 6 个维度的区分效度提供【345】证据,我们设定了一个单因素的解决方案,并假定每个条目代表了某种单一的结构。这一模型的拟合度欠佳,其中 $X^2(170, N=342)=931.28$, $p<0.001$, IFI = 0.69, CFI = 0.69, GFI = 0.73。卡方自由度比值为 5.47。通过对比这两个模型,我们发现六因素模型的拟合度更好, $X^2(15, N=342)=565.36$, $p<0.001$。因此,我们拒绝了以单因素建构此测量方法的假设。

OAI 的结构效度。假设 1-3 提出,组织同化的各个维度与工作满意度、组织认同呈正相关,而与离职倾向呈负相关(见表 C.2 相关系数矩阵)。在工作满意度和 OAI 的 6 个维度之间存在显著的正相关关系。同样的,组织认同和 OAI 的 6 个维度之间也存在显著的正相关关系。而离职倾向则与 OAI 的 6 个维度之间存在显著的负相关。因此,假设 1-3 为 OAI 的结构效度提供了更进一步的证据。

第四个假设认为,组织同化的几个维度比雇佣期更能解释说明工作满意度、组织认同以及离职倾向的变化。雇佣期与工作满意度、组织认同和离职倾向等方面并没有显著的相关性。因此,第四个假设同样成立。

【346】 表 C.2 组织同化维度与工作满意度、离职倾向、组织认同感的相关关系

变量	1	2	3	4	5	6	JS	PL	ID	Tenure
1	1.00	0.53**	0.46**	0.30**	0.37**	0.48**	0.33**	-0.28**	0.43**	0.01
2		1.00	0.51**	0.52**	0.53**	0.44**	0.45**	-0.41**	0.60**	0.08
3			1.00	0.41**	0.25**	0.30**	0.24**	-0.34**	0.46**	0.15**
4				1.00	0.42**	0.35**	0.53**	-0.63**	0.61**	0.01
5					1.00	0.46**	0.37**	-0.31**	0.50**	-0.04
6						1.00	0.34**	-0.19**	0.35**	0.01
JS							1.00	-0.68**	0.62**	0.04
PL								1.00	-0.74**	-0.03
ID									1.00	-0.03

续表

变量	1	2	3	4	5	6	JS	PL	ID	Tenure
雇佣期										1.00
均值	2.19	1.89	1.94	2.14	1.98	3.50	1.90	1.99	2.20	2.68
标准差	0.78	0.65	0.72	0.65	0.57	1.22	0.58	0.89	0.68	3.81

** $p<0.01$,双侧检验

(1) = 与主管的熟悉程度,(2) = 文化适应,(3) = 认可,(4) = 参与度,(5) = 工作胜任力,(6) = 角色协商,(JS) = 工作满意度,(PL) = 离职倾向,(ID) = 组织认同

讨论

本研究的目的在于建构并验证一种组织同化的测量手段。本节主要讨论两个阶段的研究发现,以及本研究是如何实现预定目标的。在此,我们会对本研究中出现的组织同化因素进行回顾,并讨论研究的意义、不足以及未来的研究方向。

组织同化的维度

在第一阶段,我们确定了组织同化的 6 个维度。组织同化指标的验证性因子分析为这 6 个维度的划分提供了实证支持,也验证了其内容效度。此外,OAI 的结构效度同样比较显著,每一个维度都和工作满意度与组织认同呈正相关,且与离职倾向呈负相关,本节将对这些维度进行总结性的讨论。

第一个因素涉及对主管的熟悉程度。受访者将了解主管作为融入组织的第一步,并且认为,和主管熟识之后,他们对于组织的感觉发生了变化。这与雅布林(Jablin,1982)将同化视为一个互动交流过程的观点是一致的,与先前的学术观点——社会化意味着和组织内成员建立联系——也相符,也与周等人(Chao et al.,1994)“了解他人是一项重要社会化结果”的观点也相符。

【347】第二个因素是关于组织文化适应的。当组织文化逐渐渗入成员时,他们会逐渐接受组织文化,并且愿意为融入组织而改变自己(Wilkens,1983)。组织成员是否与组织形成共识,是那些真正成为组织一部分的成员和没融入组织的成员之间的重要区别(Deal & Kennedy,1982;Jaques,1951;Kanter,1984;Peters & Waterman,1982)。周等人(Chao et al.,1994)也得出了相似的结论。他们发现,对组织目标和价值观的逐渐了解是雇员社会化的一个重要结果,那些感到组织价值与个人价值观不匹配的成员更可能选择离职。

第三个因素——认可——涉及个人对自己在组织中的价值的感知,以及是否得到主管的认可。之前的研究认为,认可往往与工作满意度以及组织认同感等积极结果相关联(Baird & Deibolt,1976;Garland,Oyabu,& Gipson,1989;Pincus,1986)。布利斯和巴赫(Bullis & Bach,1989)在关于社会化转折点的研究中发现,得到认可对增强成员的组织认同也有重大影响。

第四个因素为参与度,其涵盖了成为组织一分子的多个方面。受访者描述了参与的不同标准,如自愿承担额外的组织工作、用更有效率的方式完成工作,以及对于自己被纳入到组织之中的感受。这与鲍尔和格林(Bauer & Green,1994)的研究发现类似,即新人在初期的参与度会使得他们更多地感觉到被接纳,较少地觉察到角色冲突。此外,初期参与度也可能会转化为更高水平的生产效率。

第五个因素为工作胜任力,其与成员认为自己能够完成任务的信念相关。费尔德曼(Feldman,1981)指出:“如果员工的工作能力相对低下,不管你怎样激励他们,都很难成功。”

最后,第一阶段的结果表明,适应和角色调适共同构成了第六个要素。然而,验证性因素分析只为角色协商提供了证据。对受访者来说,角色调适表示,新人试图用一种大家都能够认可的行为方式与组织中的其他人进行互动(Miller et al.,1996)。阿什福思和萨克斯(Ashforth & Saks,1996)认为,员工选拔的过程并不一定能使得新人和组织之间的完全适应。成功的角色协商需要组织和新人双方都具备妥协的意愿(Jablin,1987)。

总之,OAI 包括了 6 个不同的、经过验证的组织同化测量维度:和主管与他人的熟悉程度、组织文化适应、认可、参与度、工作胜任力以及角色协商。通过两个阶段的研究,我们证明了 OAI 的表面、内容以及结构效度。尽管每个维度自身就

能够提供有价值的信息,但是,建立完整的指标体系,能够为组织新人发展项目的成功与不足提供更有效的数据。从长远来看,6个维度之间的关系可能会对产业,乃至组织同化理论的未来发展提供帮助。

启示

本研究有助于我们理解组织同化的过程,并建构了相应的测量方法。关于同化的一般假设——成员在组织中任职时间越长、被同化的程度越高,也说明了我们需要建立这样一套指标。根据一些受访者的观点,同化的程度不会总是上升。我们的结论与布利斯和巴赫(Bullis & Bach,1989)所提出的观点——组织认同的程度在成员的雇佣期内是各异的——不谋而合。类似地,在成员的雇佣期内,其【348】同化程度可能会因为领导、管理政策以及与同事间的关系等各种因素而上升或下降。我们认为,OAI是一个比雇佣期更为准确的评估同化程度的指标,研究结果也证明了这一点。

OAI适用于各种不同的组织类型,而不仅仅只是某一特定行业。此外,它还适用于组织中所有级别的成员。这种普遍适用性更加强了它在组织环境中的价值。

组织的领导层可能尤为关注本研究中的三个启示。第一,我们的研究发现,有助于理解沟通过程和前期人员流动情况。新人的流动率,至少是那些在组织工作四周以上员工的三倍(Wanous,1992)。由于新人往往比有经验的员工生产效率低,并且在他们熟练掌握工作职责与技能之前,可能会犯许多错误,因此组织通常在招聘宣传、面试、培训上花费大量成本。理解与同化相关的沟通过程,可能有利于鼓励新人融入组织。当组织了解同化过程中不同的沟通类型,组织就能采取相应措施以促进这一过程。例如,基层管理者应当了解早期的、经常性的认可的重要性,以及它对组织成员同化和承担义务的潜在影响。这种知识和实践可能会延长员工在组织内的雇佣期,并减少员工流动成本。第二,OAI可以帮助组织提高同化的效果。通过使用OAI来评估同化的程度,管理者然后针对特定的组织、部门或工作环境,实施不同的、最有效的社会化策略。其结果便可能是,用更低的成本获得更高的同化质量。第三,在可能促进更高程度组织同化的培育过程中,员工可能会表现出更高的组织认同感和工作满意度,从而孕育一种更良好的组织文化。当然,这也会增强组织的利益,并促使员工表现得更好。

最后,值得注意的是,OAI不能被组织领导用于决定"谁没有适应"组织目标,或者"开除"那些尚未适应的雇员。对于组织而言,那些没有适应组织目标的员工仍然是富有成效的或有价值的"资产"。事实上,尽管我们的研究结果表明,工作能力变强是同化的一个维度,但是,并不能绝对地说,同化程度与生产力的提高是正相关的。然而,这一测量能引导组织对招聘新人的方法进行评估,并努力维持一种鼓励接纳和同化的组织氛围(尤其是在个体拥有不同目标和背景的情况下)。

不足与未来的方向

我们也意识到,本研究存在一些不足,而且,其中的一些不足也为以后的研究提供了契机。

第一个不足与第六个维度相关。具体而言,尽管适应以及角色调适被看作同一个因素,但是,"适应"的相关指标似乎与文化适应比较相关。考虑到文化适应与适应过程的相似性,这也许是一个合理的结果。然而,在此情况下,根据因子分析,被定义为角色调适的这一因子就只包含两个指标。

第二个不足在于,组织同化是一个动态的过程,但是,本研究只选择了组织现任成员作为受访者。然而,同化的过程可能在成员入职前就已经开始,一些影响很可能在成员离职后一直存在。组织成员同化程度的模式,可能在那些在不同间隔时期对参与者进行测试的研究中更加明显。对于OAI的重复纵向研究,最好包括那些尚【349】未入职的以及近期离职的个体,这样将更有利于研究者理解同化过程的本质。

最后,我们建议,以后的研究在运用OAI评估成员组织同化程度时,需要同时与其他的数据(如离职率、旷工数以及生产效率)进行对比。在判断组织同化是如何与其他组织结果相关联这一点上,这些信息是很有用的。总之,这项研究能够为理论与实践提供有价值的信息。

参考文献

略。

【351】
附件1 访谈提纲

1. 与来公司的第一天相比,现在你是否觉得更像是公司的一员了?
2. 你觉得哪些方面改变了?
3. 你还记得当你觉得自己已经成为公司一员的那个场景或时刻吗?
4. 其他人(同事、经理或者下属)说过哪些话可能让你产生这样的感觉?
5. 在那之后,你是否觉得对于公司和同事的感觉开始不同了?
6. 为何会如此?
7. 你认为你能判断出一个新员工是否已经被组织同化了吗? 这个人或者他同事的什么行为,使你能够判断这个人已经成为组织一分子?
8. 你能想起有哪些没有真正被公司同化的人吗?
9. 这个人或者他的同事做了什么,使你能够判断这个人没有成为组织的一分子?
10. 一个新员工是如何知道他已经开始融入组织了? 他的同事说了什么,才标志着他已经被接纳为组织的一员了?
11. 与那些没融入组织的人相比,那些已经融入组织的人在言行上有何不同?
12. 你会用什么策略来融入公司呢?

人口统计资料:

你已经在这个组织(组织名字)工作多久了?

你的职位是什么? 你在这个职位上待了多久?

你负责管理其他员工吗? 一共有多少人?

你的年龄?

你的种族?

(同时记录参与者的性别)

【352】
附件2 组织同化指标的原始条目

熟悉他人

我视同事如朋友。

和同事交谈时,我觉得很自然。

我需要鼓足勇气才敢跟主管谈论一个问题。

我能判断出什么时候主管不想进行交谈。

我会和同事倾诉工作中遇到的问题。

下班后我会和同事一起娱乐。

我会尽量避免与同事交谈。

我觉得我很了解我的主管。

主管有时会和我讨论问题。

我经常和主管进行交谈。

我觉得自己很了解同事。

文化适应

我知道在这个组织里要成功需要做哪些事情。

当在工作中遇到问题时,我知道应该和谁讨论。

我理解公司的规章制度。

我认为我知道"事情为什么是现在这样"。

我在工作中往往过于焦虑。

我认为,关于组织怎样才能更好地运作,我有好的想法。

我很喜欢现在的工作环境。

我的工作环境让我觉得紧张。

我很清楚我的工作如何让顾客获益。

我了解组织的价值观。

下班后我常常感到压力很大。

认可

我所做的工作得到了组织的认可。

当我很好地完成工作时,主管会认可我。

我的同事告诉我,我的工作做得不错。

老板会倾听我的想法。

我认为主管觉得我的意见是有价值的。

主管意识不到我的工作做得很好。

我认为主管意识到了我对于组织的价值。

主管告诉我,他相信我的判断。

我不认为我的工作能够做得和别人一样好。

我觉得如果我离职的话没人能完成我的工作。

【353】
参与度

我和同事说过我有多喜欢这个地方。

我质疑为何要以这个组织做事的方式来进行工作。

我志愿去做一些有利于组织的事情。

我不愿意承担额外的工作责任。

我会谈论我有多喜欢现在的工作。

我觉得自己在组织中很有存在感。

我告诉过其他人我只是暂时在这里工作。

即使没人监督我,我也会把工作做到最好。

当他们有需要的时候,我常常早出晚归。

我很乐意为组织效劳。

工作胜任力

如果有需要,我也可以完成他人的工作。

有时候,对于如何完成自己的工作,我往往不知所措。

我常常觉得需要有人告诉我怎样完成自己的工作。

我知道如何完成我的工作任务。

我认为自己能够训练某人来承担我的工作。

我找到了高效完成工作的方法。

我觉得自己不能够胜任现在的工作。

我认为自己非常熟悉现在的工作领域。

当主管看我工作时,我总觉得心里没底。

我常常向他人展示如何更好地完成工作。

适应和角色协商

我认为自己已经适应了组织的期望。

我质疑这个组织做事的方式。

我觉得自己对于现有工作负有太多的责任。

我觉得自己需要适应太多的公司政策。

适应组织的方式有利于自己的工作。

我不介意别人要求我按照公司的标准进行工作。

我曾经为如何提高生产效率提过建议。

我改变了自己所在职位的职责。

我希望改变公司的一些标准。

附录 D——嵌入式设计范例

评估爱尔兰青年辅导项目的随机控制实验所面临的挑战：一项混合方法研究[1]

Bernadine Brady；Connie O'Regan

爱尔兰国立大学，高威(National University of Ireland ,Galway)

青年辅导项目——“大哥哥大姐姐”，是在爱尔兰首次使用随机控制实验(randomized controlled trial,RCT)方法进行评估的社会干预项目之一。本文详述了研究设计过程，描述了研究团队是如何采用一个并行的嵌入式混合方法设计，并以这种手段来平衡那些与随机控制实验伦理性、可行性以及科学性等相关问题，从而建立起一个认识论立场，并将来自不同方法和渠道的数据整合起来。

关键词：随机控制实验；混合方法 ；青年服务 ；青年辅导

学界重视经验证据的实证研究，使得作为一种分析路径的随机控制实验再次得到关注。尽管进行随机控制实验研究极为困难且成本高昂，并且在哲学、方法论以及伦理方面遭遇到极大的挑战，但是，对于政策制定者而言，这仍然是展示因果关系的方法选择之一。迄今为止，【356】对于爱尔兰社会干预的评估项目并没有用到随机控制实验[Johnson, Howell and Molloy(1993)所主持的对社区母亲项目的评估是一个值得关注的例外]。但是，近年来，在对儿童与青年项目的评估上，使用这一研究设计的动力与趋势越发强烈。目前，本文作者所属的研究团队正在爱尔兰西部进行对青年辅导项目——“大哥哥大姐姐”——的随机控制实验研究。本文概述了研究团队所进行的研究设计过程。从一开始，我们便试图建立标准的随机控制实验。然而，在设计和实施研究过程中所面临的种种挑战，使得作者不得不转向一种混合方法设计。本文认为，在社会干预的背景下，研究者能够通过创造性地使用混合方法设计，来应对随机控制实验在认识论和实践上的局限。

在第一部分，本文描述了研究背景。随后，我们转向随机控制实验设计，并概述了其中切实存在的困境，即在项目资助者所选择进行评估的实验设计的范式约束与研究环境的实践局限之间。在最后一部分，文章描述了研究过程的三个阶段，以及每一阶段所进行的方法论与范式选择。

● 研究背景

收集数据信息与进行调查研究已经有很长的历史。尽管如此，回溯至19世纪(Tovey & Share,2003)，爱尔兰评估领域的现代化发展却一直受到欧盟基金项目极深的影响，而这些项目在

---

[1] 原文信息：Brady, B., & O'Regan, C. (2009). Meeting the challenge of doing an RCT evaluation of youth mentoring in Ireland: A journey in mixed methods. Journal of Mixed Methods Research, 3(3), 265-280. 在SAGE出版公司许可下重印。

方法论上大多是由“过程—指标”驱动的(EU Commission,1999)。然而,近年来,由于受爱尔兰境内兴起的慈善风潮的影响,一种新的评估驱动力逐渐产生。自20世纪90年代末以来,大西洋慈善(the Atlantic Philanthropies,AP)为爱尔兰慈善事业贡献良多,其受到“教育和知识创新是改变人类生活的重要驱动力”这一理念的坚定引导。作为爱尔兰儿童与青年服务计划战略愿景的一部分,大西洋慈善意识到,在这个领域的资助基本是专项的和碎片化的。而青年部门自身也主要是由志愿者组成,并依赖市政经费,经常导致项目重叠,缺少机构之间的横向联系(Lalor, de Roiete & Devlin,2007)。为了解决这种渠道混杂的问题,也为了建立爱尔兰社会保障中基于证据实践的基金项目,大西洋慈善决定,只要可能的话,都要让其所资助的儿童与青年项目的服务提供者实施严格的、介入的随机控制实验。他们相信,这将有助于更好的项目基础建设,也有助于有效的、基于证据的政策的长期发展(The Atlantic Philanthropies,2007)。除了资助服务开发以外,大西洋慈善还对大学进行了空前的资助,包括第四级教育项目(F. H. T. Rhodes & Healy, 2006),此外还有资本和收益支持,包括都柏林三一学院和爱尔兰国立大学的儿童研究中心的发展。

BBBS(Big Brother Big Sister)项目是世界上历史最悠久、制度最完善的青年辅导模式之一。自1905年在美国运作以来,如今已经覆盖至全世界30多个国家。这个项目主要观察与监督成年辅导员与青年之间支持性关系的建立。使得BBBS模式在辅导方面与众不同的原因在于,它是高度结构化的,每一对都由一位专案经理负责,该经理负责筛选、训练、持续支持以及监督每一对搭档的情况,并使之符合标准。项目的焦点不在于具体的结果,而在于建立一种能够培育青年积极发展导向的关系(Tierney,Grossman & Resch,1995)。

【357】爱尔兰的BBBS项目于2002年创办,其主办机构是一个著名的国家青年组织——Foroige。一开始,这是一个为爱尔兰西部10~18岁青年提供社区辅导的项目。在2005年,Foroige从大西洋慈善组织那里获得了一笔资助,用来进一步发展BBBS辅导项目。其宣称的目标是“通过展示和检验一个已得到证实的青年辅导模式从而促进儿童更好的发展”(The AP,2007)。Foroige和大西洋慈善之间达成的这项协议明确说明,该项目将会获得各种资助以进行进一步的拓展,同时也要接受严格的评估。

在此之前,青年服务领域并未实施过随机控制实验。然而,BBBS项目的确是一个很有吸引力去实施该方法的青年服务项目。一些关键因素也为尝试这一方法创造了积极的环境。首先,由于其在美国实施过且被证明是有效的,利益相关者们均偏向于支持这项研究。在美国最著名、最大规模之一的随机控制实验研究中,公私合资企业——一个独立的社会研究机构,研究了BBBS辅导项目是否会对青年生活产生切实的影响。他们发现,有辅导人员的青年很少会吸食毒品或饮酒,也很少和他人发生肢体冲突,而且在校的出勤率和学习成绩会有所提高,完成作业的态度也会更好,与同龄人以及父母的关系也更融洽(Tierney et al.,1995)。一项对超过55个辅导项目研究的综合分析进一步提供了与辅导制相关的证据。其发现,被辅导者在心理、社交、学习、工作就业能力的增强以及减少问题行为等方面,都有一个较小(0.13)却显著的积极效果(DuBois,Holloway,Valentine & Cooper,2002)。杜布瓦等人(DuBois et al.,2002)强调说,为了得到想要的结果,该项目应当建立一个有组织的结构和支持体系。在优良的青年辅导实践上,BBBS被认为是在严格标准下实施的项目范本。综合分析还确认了这一发现,即通过付给辅导人员薪资,他们的强化监督和支持是取得成功结果的必要保证(Furona, Roaf,Styles & Branch,1993)。

因此,按照与美国模式相同实施标准,爱尔兰的BBBS项目也很有希望取得积极的效果。正如蒂尔尼评估(the Tierney evaluation)在美国引发了青年辅导制度迅速发展一样,Foroige管理层也设想,通过这样一个相似的研究,为爱尔兰项目开发提供所需的政策和经费证据。再者,蒂尔尼等人(Tierney et al.,1995)研究的方法论层面可以在爱尔兰的国情下进行复制,这意味着,评估并不需要从零开始。此外,Foroige职员对本研究也有着极为开放的心态,因为他们相信,这个研究能够证明他们的直觉,即辅导会是“有效”的。

另一个关键的优势是,自1995年蒂尔尼的研究发表以来,关于辅导制的理论探讨和分析便有了长足的发展。尤其值得称道的是吉恩·罗兹(Jean Rhodes)的工作。通过使用蒂尔尼等研究的数据，他发展了一套切实可行的辅导理论（J. E. Rhodes，2005；见图 D. 1）。在运用随机控制实验时，盖特推荐了一个经过详细说明的因果模型，这一模型能够解释那些预期的影响，还能够检验这些影响是如何在爱尔兰的背景下起作用的。再者，有的研究还认为，随机控制实验最适合检验那些以系统性方式来传递的服务（Ghate，2001；Oakley et al.，2003）。BBBS 正是符合上述条件的服务项目，因为该项目是以一个详细的指导手册来引导的，同时，该手册则清楚地说明了干预、介入的本质。

最后，一个慈善机构愿意资助本研究，这就解决了研究的成本问题。对于此类研究而言，成本往往是一个阻碍因素。这一组织的目标是加强爱尔兰儿童服务的经验证据。同时，该组织也为研究团队提供了必要的能力建设，以促进他们学习"怎样进行一项随机控制实验"。一个专家咨询团体（expert advisory group，EAG）也基本成型，其主要由研究者和学者组成，他们将会全程指导研究团队的工作。总之，在各种有利条件的聚合之下，随机控制实验可以在一个积极的环境进行。

图 D. 1　Rhodes 的辅导模型

【358】

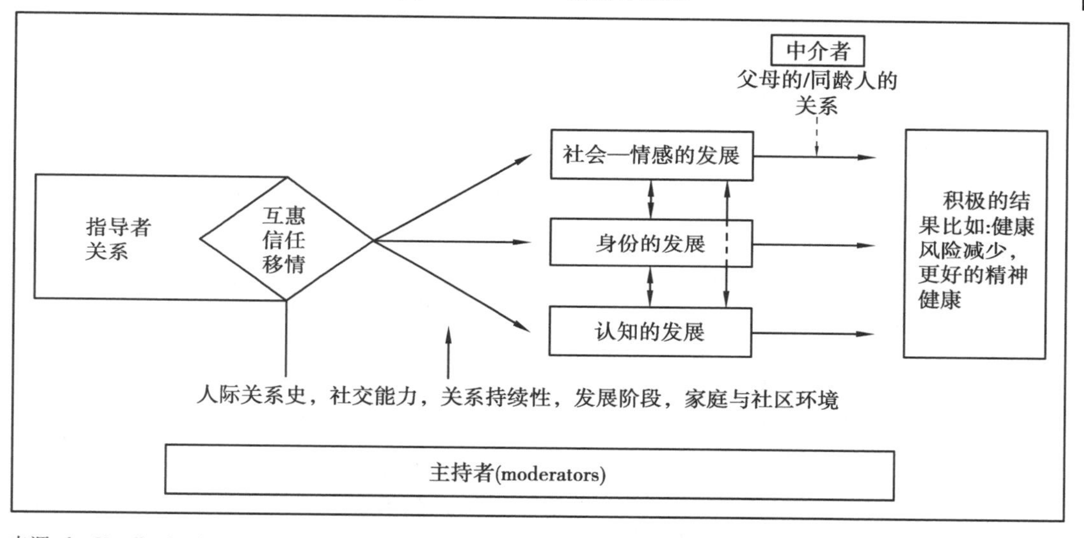

来源：the Handbook of Youth Mentoring（p. 32），edited by David L. DuBois and Michael J. Karcher，2005. Thousand Oaks，CA：Sage. Copyright©2005 by Sage. 经许可后改进。

● 关于对随机控制实验的一些批评和挑战

尽管随机控制实验被称为评估方法中的黄金标准，但是，这个方法及其背后的后实证主义范式也一直饱受批评，并备受认识论上的争议（Greene，2003）。为了将这些批评置于一定的语境之下，首先讨论社会项目评估中的主要哲学选择问题是很有必要的（Greene，2000）。除了支撑实验设计的后实证主义范式以外，还有一种"功【359】利实用主义"立场。这一立场倾向于将研究方法与特定的研究问题相匹配，以避免大家误认为哪种方法会更优越。除此之外，"阐释性"的立场是指，在给定情况下，其会给予利益相关者的经历与意见更多的优先考虑。这个方法并不是要寻找一个客观的解释，而是要找寻多层次的、复杂的、现实的外在表现。最后，还有一个"批判性社会科学"的立场，其关注内在于特定情境中权力不平衡，寻求促进弱势利益相关者的平等参与和自我解放（Greene，2000）。

从本质上讲，后实证主义实验室实验设计在社会研究领域中的应用之所以会遭到批评，主要是由于其与现实社会的开放性及复杂性不相协调。这种范式的潜在假设认为，我们有可能将事实与价值分离，并可以使用实验法来建立起一套研究客观事实的体系——而这些假设一直都饱受质疑。

由于参与者并不是在给定总体中随机挑选出来，所以，有些人也质疑这一方法的外部有效性。相反，参与者是随机从既定项目中的样本人员中抽取的，因此，选出的人员之于更广的样本有多少代表性，确实很难说，而这反过来又限制了研究发现的可推广程度。除此以外,实验设计依赖于对因果关系的线性理解,并断定,通过数学方法,该设计可以证明两个群体(对照组和控制组)之间的任何差异都可以归因于实验中的“控制”。这种只关注输入/产出模型的方法,被批判是一种将社会中因果本质的理解过度简单化的做法(Pawson & Tilley,1997)。这个方法的另一个疑虑便是过于依赖定量技术,比如调查、测量利益结构的方法等。那么,很可能会出现种种问题,包括关于用这种方法测量效果的可行性、这些对象的结构效度,以及将应用于某些群体的标准测量工具再应用于不同的群体等。一些人通过试点和重新设计调查工具来解决这些争议,另一些人加入了质性的方法。此外,在儿童研究领域里,参与性和包容性研究设计的影响与日俱增,这也对实验设计带来了进一步的挑战。

上述针对随机控制实验的批评,主要来自那些持有这一观点——随机实验并不是一种恰当的评价社会干预的研究方法——的研究者。然而,即使是对于那些相信这种影响评估形式的人来说,这一研究设计也必须面对一系列与随机控制实验相关的伦理、技术以及可行性方面的困难。第一个问题,作为随机分配的结果,控制组可能会被剥夺一些有利的东西。这些伦理上的问题意味着,这个方法可能在某些情境下是不合适的。第二个问题则关于样本量。前面已有说明,蒂尔尼等人(Tierney et al.,1995)在美国BBBS项目中所发现的影响效果可能很小。由于介入可能存在较小的或者不断变化的影响,因此,实验组和控制组的规模均必须较大。研究对象的数量越多,实验组和控制组就越可能在统计上是平衡的,犯第二类错误的可能性就会降低(Rossi, Lipsey & Freeman,2004)。样本数量越少,实验组和控制组在统计上就可能存在不平衡的风险,即便这两个组是随机分配的。第三个问题是关于研究中干预发展的状况。通常,我们会认为,随机控制实验不适用于早期执行阶段的项目,因为如果项目在介入的过程中发生变化,那么检验“任何给定的介入形式将产生什么样的影响”就是件很困难的事。罗西等人(Rossi etal.,2004)建议,项目最少应该运行两年。类似的,盖特(Ghate,2001)也建议服务要有时间“修养”,这样开始阶段的困难就能够得到克服。【360】

第四个问题是需要充足的时间以确保利益相关者的认同。以前的研究表明,可能会存在对随机分配的抵制,因为参与者都想得到较好的项目服务(Little, Kogan, Bullock &van der Laan,2004)。第五个问题是测量态度和行为改变的周期较长,这是在测量社会干预影响时的主要方法论问题。盖特(Ghate,2001)建议,时间表应该允许实施预评估以及严谨详细的研究计划。第六个问题是在评估的初始阶段,尽管随机形成的实验组和控制组在统计上是平衡的,但随着实验的发展,非随机的过程可能会威胁到这种平衡。样本流失可能影响结果的效度,因为这对于排除组的成员来说它会越来越明显,并且差异化的样本流失会在各组之间产生差异。奥克利(Oakley,2000)呼吁,应该采取特别的措施,以最好地避免控制组成员经常会经历的“令人厌恶的士气低落”(Shadish, Cook & Campbell,2002),并鼓励控制组成员,让他们觉得其对于研究的贡献是值得的。另一个问题是控制组可能会受到“污染”实验的处理。

● 该设计所面临的挑战

鉴于前文总结的随机控制实验所存在的理论和实践困难,研究团队面临着两个与本研究相关的关键挑战。第一,我们需要先找到一个范式性的立场;第二,该研究设计要能够解决与随机控制实验相关的伦理的、可行性的以及技术上的问题。

关于前一个挑战,研究团队纠结于随机控制实验在认识论和本体论上的局限。随机控制实验的一个重要缺陷在于,其对于因果关系的线性理解以及对于背景的相对不关注。因为BBBS项目是在一个不同的文化背景中进行评估的,因此,研究团队意识到,我们需要描述与解释这一背景是如何影响研究项目的进行。由于本研究与发展青年的支持性关系相关,因此,这就显得尤为必要。而且,对于辅导制的研究也表明,需要运用分析性的路径,以发现辅导关系是如何被其所发生的环境和背景特点所形塑的(Dubois, Doolittle, Yates, Silverthorn & Kraemer Tobes,2006)。再者,研究团队也认识到,之前对美国辅导制的研究主要注重定量,而对于英国辅导制的研究则更多地注重定性,并较多采用深入观察和批判性的研究路径(Philip, Shucksmith & King,2004)。在此,我们也看到了将这两种传统融入一个研究中的可能,从而既能够解决影响的问题,也能够解决过程和实施的问题。

尽管随机控制实验在本质上仍然主要是定量研究,但是在评估复杂的社会干预时,我们仍然建议,通过运用过程设计来克服随机控制实验中可能出现的困难(Oakley, et al. ,2003)。通过将过程研究融入总体设计中,研究者则可以关注项目保真度(program fidelity)、遵从,以及利益相关者经验数据的收集与强度等问题。

因此,通过加入过程要素,该研究便很可能走向混合方法的路径。格林和卡拉切利(Greene & Caracelli,1997)列举了是否有可能建立混合方法范式的三个立场。那些秉持纯粹立场的研究者认为,由于后实证主义和阐释主义各自迥异的本体论和认识论,因此,这两类路径难以融合在一个研究中。这个立场也被称为不可通约观(incommensurability thesis)(Tashakkori & Teddlie,2003)。【361】但是,也有研究者秉持实用主义和辩证的立场。实用主义者承认,纯粹主义者所说的世界观差异的确存在,但是,这些不应该妨碍研究者根据实际的研究问题选取适当的研究方法。辩证主义者也承认,后实证主义和阐释主义在世界观上的确存在差异,但是,他们却认为,这不仅不阻碍它们的融合,并鼓励那些新研究设计的开发旨在通过探寻和比较来自每个世界观的数据与信息,从而建立起对于复杂现象更深刻、更综合的理解(Greene,2007;Greene, Benjamin & Goodyear,2001)。在决定进行一项关于辅导制的混合方法研究之后,接下来的部分便是描述研究队伍建构混合研究框架的经历。

第二个挑战是关于评估设计的"具体细节"。一开始,研究设计必须满足研究者以及服务提供者的伦理标准,并回应那些关于不给某些青年提供有价值服务的潜在批评。另一个重要的问题就是样本规模的问题。就像 Foroige 项目在招聘参与者时所遇到的问题那样,研究设计的过程要包括与 Foroige 等机构的协商,以观察是否有可能招到至少 200 名参与者。此外,前文已述,建议使用随机控制实验的项目要有一个完善的基础。比如 BBBS 项目,该项目已经在爱尔兰西部实施了5年,但仍然处于向全国推广的过程之中。因此,合理的解决办法便是将研究限制在西部地区,但是这反过来也会影响到招聘参与者的数量。第三个问题是,如何在一个长期研究中确保利益相关者的承诺,以及在设定的时间框架之内完成研究。除此之外,研究设计还得包括如何避免控制组的"士气低落",以及确保控制组参与者有足够的动力在规划的 1.5 年内持续参与本研究;还要确保他们不会获得其他的干预从而影响实验的完整。

本文的下半部分回顾了我们寻求解决这些问题的方法,以及建立一个整合性研究设计的历程。研究设计的过程包括三个阶段,这反映了一个从因果效应/定量主导的设计向更完善的混合方法设计的转变。这也表明,解决"具体细节"问题的目标会影响到范式立场的选择,反之亦然。

解决困境:研究设计历程的第一阶段

因为设计和实施一项随机控制实验是一项颇具挑战性的任务,因此,研究团队从一开始便非常关注影响研究的具体细节。上述实践上的挑战,必须通过与利益相关者和专家咨询团队商议才能得到解决。在进行研究设计时,必须在伦理实践、科学效度以及 BBBS 项目具体行动的可行性问题之间取得平衡。

关于样本规模,我们的工作得到了专家咨询团队成员的支持,他们在实验设计上积累了丰富的经验。他们建议,为了将 Cohen'd 统计量控制在0.2以下,样本量最少要达到200个。然而,对于本项目而言,招聘200名研究参与者是个不小的挑战。在研究开始前,服务的提供者——Foroige,在西部地区支持了60对辅导小组,并得到了将项目在全国铺开所需的经费。如同前面所说的,使用随机控制实验应当有一个完善的基础,因此,研究团队决定将研究限定在 BBBS 项目已经实施了5年之久的西部地区。【362】这也意味着,项目除了支持原先的60对辅导小组外,还得再资助新增的100对。

无法给予某些青年服务的伦理问题有多种解决方法。实验组和控制组都会被给予基本的青年服务;而对于干预组来说,辅导还代表着某种"附加"服务。因此,所有的参与者都会得到某种服务,只不过辅导制会被当作提供给青年的某种服务,而不是一个孤立的项目。[1] 此外,控制组

---

1 在爱尔兰,BBBS 是作为青年服务供给的一部分,而在美国其是个单独的项目。

的青年会被放到一个等待支持的名单中。然而,这么一来,目标样本的年龄区间就会从 10 ~ 18 岁降到 10 ~ 14 岁。那么,在等待名单中的青年将有机会得到匹配,且在满 18 岁后,他们在获取项目资格之前就能从辅导人员的支持中获益。此外,我们一致同意建立一个“自由出入”的体系,任何易受到伤害且确实需要辅导支持的青年,都可以选择接受干预,而那些可能对被随机分配到实验组却感到不舒服的参与者,则可以加入控制组,不纳入研究范围。研究团队将建立与参与者相关的详细信息资料库,以确保研究能和每一位潜在参与者保持无误的沟通,并且得到所有参与者完全的书面同意。

如同蒂尔尼等人(Tierney et al.,1995)在美国的研究一样,爱尔兰的项目计划先进行 12 个月的基础研究,然后再进行针对青年人、父母、老师以及辅导者的 18 个月研究。吉恩·罗兹(Jean Rhodes)博士——国际顾问团队中的一员,对我们的工作给予了巨大的支持。他同意为研究团队提供将使用的一系列量化研究工具,而这将使我们可以探究,BBBS 项目在爱尔兰的实施是否能够根据她的辅导理论来理解(J. E. Rhodes, 2005)。

关于减少样本流失以及避免控制组“士气低落”等问题,控制组参与者可以获得的相关服务,显然可以降低他们“退出”的可能性;并且,相对于没有获得任何干预而言,他们会更易于接近研究团队。研究团队还会与项目成员共同合作,与他们建立联系,并开发数据管理模型。为了避免破坏研究的整体性,关键的是,项目成员必须要给控制组和实验组提供类似的服务,不能以任何方式偏袒那些没有获得辅导的人。此外,我们还建立了数据系统,以分别记录干预组和控制组获得“正常干预”的精确剂量。

我们还起草了一份设计文件,详细描述了这一影响研究。图 D.2 概述了初始设计选择的流程。

【363】

图 D.2 影响研究的设计概要

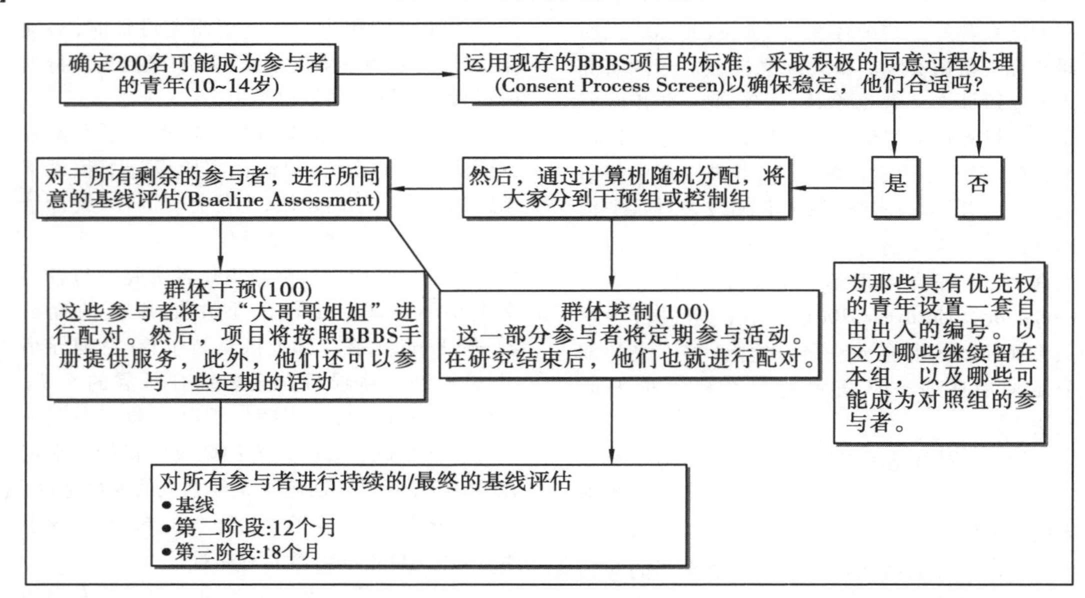

事实上,如同图 D.3 所示,解决与随机控制实验相关的可行性和伦理问题,往往对招募的样本规模有着巨大的影响。将研究限制在爱尔兰西部以及实行等待名单控制(waiting list control),意味着参与者的年龄区间不得不降低。如此一来,研究的范围缩小了,只能集中在 10 ~ 14 岁年龄组,并且将辅导视作某种附加的服务而非独立的干预。然而,对研究的伦理和可行性的要求也不能被忽视,且不得不作出妥协。

从一开始,研究团队就已经确定,评估需要回答以下三个问题:

1. BBBS 项目对青年参与者来说有什么影响?

2. 利益相关者是如何经历这个项目的?

3. 项目该如何实施?

由于一系列问题得到了解决,使得这一方

法可以应用于本地环境，故而，在第一阶段的研究中，研究团队便将注意力集中于对影响的测量上。

然而，我们还不得不整合一个研究设计，使其不仅囊括这些研究问题，还能提供一个框架去整合各种各样的数据。我们在本阶段的任务可以概括为，坚持实用主义的立场，并运用定量和定性两种方法去回答不同的研究问题。接下来，我们将论述如何选择一个合适的混合方法。

影响和过程：研究设计历程的第二阶段

前文已述，鉴于研究团队自身的方法论导向，以及从英国相关研究中所认识到的“研究过程”的重要性，还有对随机控制实验（其强调描述实施过程的重要性）良好实践的遵从，因此，我们从一开始便试图进行一些融入随机控制实验的过程研究。在研究设计过程这一阶段，一些额外的促进因素也逐渐浮现出来，进一步强调了对于一些更强过程要素的需求。

图 D.3　伦理和可行性问题是如何影响样本招募的？【364】

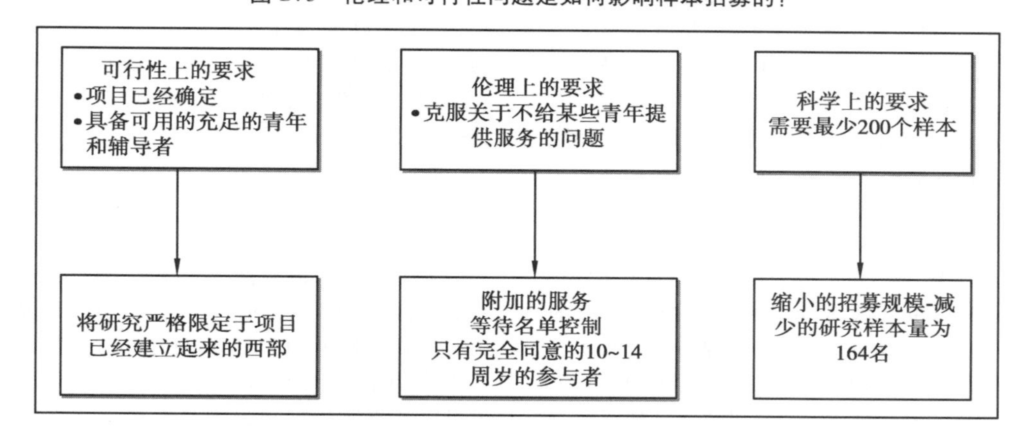

首先，如前文所述，爱尔兰的研究文化非常注重过程研究。研究团队不得不努力适应这一新的研究路径。此外，项目成员以及其他利益相关者，也需要适应随机控制实验的相关方法论。当研究团队向项目职员“兜售”影响研究时，研究团队经常被成员们问到他们是否能有机会在项目中提供自己的反馈，并将其作为研究的一部分。因此，研究的利益相关者就具有了使用混合方法这一需求。从研究团队的角度来看，承诺加入过程元素只是“软化”了随机控制实验这一方法的僵化程度，并让利益相关者在一定程度上熟悉研究，从而弱化他们在面对随机控制实验时所表现出的焦虑和抵制。鉴于项目成员承担着连接研究团队与研究参与者的桥梁角色，因此这就相当重要。在本阶段，另一个相关因素是招募研究样本这一难题。寻找足够数量的参与者耗费了过多的时间，这比预期情况还要困难。因此，数据收集时间也不得不延长，并且最后的样本数量也减到了 164 名。计划的样本规模会在统计上限制研究的影响，然而，这一现实也让我们可以重新关注，如何能够通过紧密联合的定性和定量方法来完善研究。

回到我们的研究问题，我们计划使用调查的方法来收集数据，以此来回答与项目影响有关的第一个问题。目前，研究团队需要在第二与第三个问题的解决方式上达成共识，而这些问题均与利益相关者的经验和项目实施相关。交予专家咨询团队的研究计划将着重考察执行、过程和意义等问题，而专家咨询团队往往将随机控制实验放在第一位，过程研究放在第二位。

第二个研究问题与利益相关者的经历有关，其回答是通过访谈核心项目参与者（包括青年、辅导员、父母以及职员）来进行的。12 对辅导配对样本通过立意抽样选出，这些样本反映了年龄、性别以及城乡等方面的差异。而访谈【365】则将进行两次；一旦建立好了联系，下一次访谈就要间隔 6 个月以上再进行。这个过程能够让我们收集来自利益相关者视角的信息与数据，同时，我们还能探索每一对样本中，辅导者与被辅导者之间的关系是如何随着时间而发展的。

关于项目实施的第三个研究问题,我们计划先对被辅导青年的案例资料进行回顾性评论,并根据手册确定是否实施项目。与项目成员的焦点小组访谈也在设计之中,这可以收集他们在项目实施经验上的信息与数据。

在本阶段,我们从实用主义立场转向了辩证的立场。我们试图使用来自因果评估研究和个案研究这两方面的数据,并使它们在分析中可以相互联系。通过对比区分来自两类研究框架的数据,即定量影响研究的演绎框架与定性个案研究的归纳框架,我们发现,这一立场会使我们的研究从中受益(Greig, Taylor & Mackay, 2007)。对青年辅导制影响的测量主要基于青年参与者的结果,这也受到诸多北美的、关于青年导师制文献的极大影响(Philip, 2003)。我们的研究设计也关注这些文献,并且主要关注进行影响研究的路径,以及使用美国的数据工具测量辅导制影响的方法。然而,以英国为基础的青年辅导制文献则更多地受到社会学路径的影响,该路径意识到,在试图增进对青年辅导项目理解时存在着结构局限的影响(Colley, 2003; Liaba, Lucas & Roberts, 2005; Philip & Spratt, 2007)。在上述视角的背景下,进行个案研究则允许对辅导制进行更有归纳性的探索。采取辩证的立场,则有机会对上述两种路径进行对比、整合,以更深入地探究青年辅导制度。通过使用 NVivo 软件分析定性案例及相关信息,我们就能够将每个个案研究的叙事与参与者的定量调查分数联结起来。如此一来,我们就能建立一种使用定性和定量数据来分析辅导关系的研究路径。

然而,来自专家咨询团队的反馈与质疑,促使研究团队不得不更多地思考影响和过程研究是如何融合的。他们的反馈强调,质性研究这一方面可能存在偏离研究主题的风险。此外,两个研究的发现也可能"无法相互连接"。正如前文所述,吉恩·罗兹(J. E. Rhodes, 1995)的辅导制模型建议,研究者应该建立一个统一的框架,其中,定性和定量研究可以提供不同类型的证据。

最后的整合?研究设计的第三个阶段

在发展研究设计的最后一个阶段,我们把重点放在 Rhodes 的辅导制度模型上(图 D.1),希望将研究问题"打通",并整合定性和定量的数据资源。如同本研究设计中每一阶段所计划的那样,这一理论模型将引导我们对影响效果的数据进行分析。但是,在研究设计的第三阶段中,我们的突破在于将项目实施概念化,或者对研究的要素进行整合处理,从而为检验项目理论的关键部分提供证据,即项目实施的力度是否是"Rhodes 模型"所预测的项目影响力的"调节变量"。此外,我们也证实,这一模型可以使用多种方式来指导定性个案研究数据的分析。首先,如前文所述,就个案研究的参与者而言,定性数据可以与定量数据结合起来,以在个体层次上进行整合分析。其次,从个案研究以及项目成员的访谈数据中,我们可以寻找支持"Rhodes 模型"的证据,并探讨其优势所在,如此便有助于我们理解在爱尔兰环境下辅导关系的发展。

我们还有另外一个担忧,即通过发展一个说【367】明数据源如何相互连接的混合方法研究问题,并不能整合两类数据。因此,我们在评估中加入了第四个研究问题,以确保我们能够完成这一"整合的"研究设计。我们最后的也是第四个研究问题是:"数据来自于由配对辅导小组个案研究所组成的影响研究之中,而通过比较这些数据,我们可以就青年辅导项目的潜力得出什么结论呢?"我们将 Rhodes 模型视为分析的核心框架,这意味着,这一问题是能够通过对定量和定性数据的比较研究来回答。

在这一实验性研究计划的最后阶段,我们相信定性数据既是独立的,又是与定量数据相互关联的。在此,我们坚持了一种辩证的立场,并使用各种不同的数据源并使其相互关联。通过将基础的理论视为指导框架,且这一指导框架将每一个数据当作可独立、转换与比较的,我们已经建立了一个并行的嵌入式混合方法设计(Creswell & Plano Clark, 2007)。设计图展示了我们研究设计中的各种不同部分,及其相互之间的关系(图D.4)。

图D.4 对爱尔兰BBBS项目的评估：并行的嵌入式模型

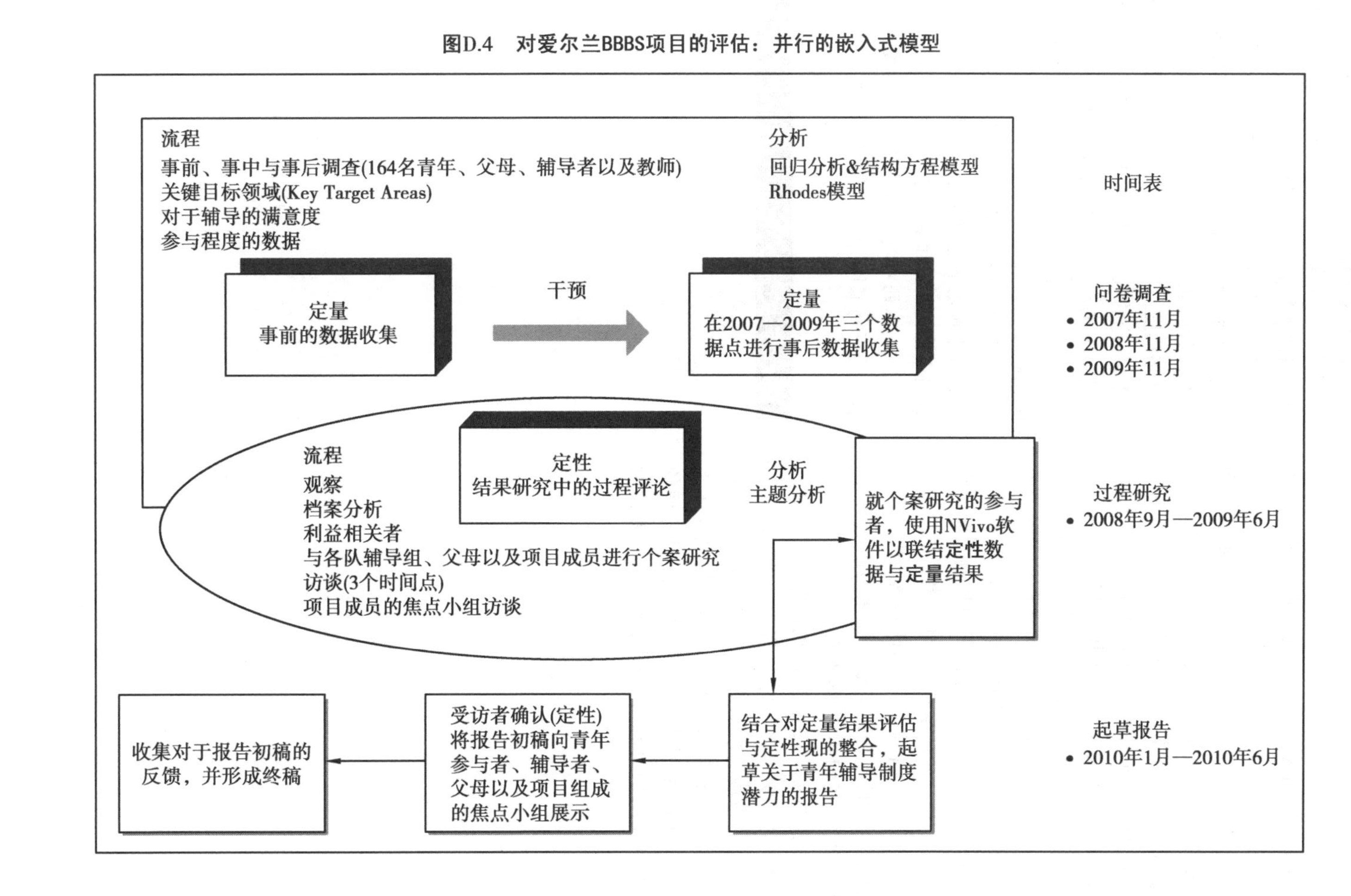

结论

本文主要描述了一个研究团队在爱尔兰西部是如何完成设计一项随机控制实验的。该研究在开始之前有多方向的有利环境,比如获得利益相关者的支持与认同以及相关组织的资助,相关研究的支持性证据,结构化的项目实施方案等等,然而,该研究依然面临一系列挑战。第一,我们的研究不得不解决与随机控制实验研究有关的可行性、伦理性以及科学性等方面的困难。第二,必须去调节压力,并以一种有意义的方式整合数据,还要确立适合本研究的范式。如前文所述,这是较早在爱尔兰实施的随机控制实验研究之一,因此,研究团队本身也处于不断摸索之中。

如前所述,项目规模受到现实以及发展阶段的约束,这可能会妨碍实施一般化的影响研究。在此情况下,我们相信,将混合方法视为一种吸收了随机控制实验长处,同时也弥补了其短处的研究路径是很实用的。此外,以创造性的眼光去看待数据与方法的联结整合,同时将因果关系视为有联系的与有条件的概念。最终的设计非常适合研究辅导制,其不仅包括定量和定性方面的传统与相关研究,同时还要求,既评估一般性的影响,也考察在具体个案中使得辅导制起作用(或不起作用)的个人因素。此外,在整个研究过程中,注重吸收利益相关者的反馈也是研究设计的一个重要方面。这也是诸多传统实验性研究设计可能忽视的参与性价值。但是,我们的设计过程并非一帆风顺。陈(Chen,1997)指出,由于评估者可能没有时间或资源去遵守双向严格的标准,因此,在混合方法设计中可能会丧失一定的严格程度。但是,作者也认为,在理论驱动的评估下,推论的效力主要来自方法论上的严谨性以及理论上的合理性,这意味着,与单独的方法驱动评估相比,这一评估方式的严谨性所受到的影响相对较小。

总之,我们的经验表明,当我们试图在某种世界观影响之下进行某个特定形式的研究时,与其陷入客观现实和主观考量之间难以相容的"缠斗"之中,不妨将混合方法理论和实践当作一种有效的研究工具,从而使得研究效度最大化。

参考文献

略。

附录 E——变革性设计范例

知无不言:运用混合方法解释女性的社会资本[1]

Suzanne Hodgkin[2]

本文的主要目的在于:揭示定量和定性方法是如何能够共同运用于女性主义研究。尽管已经有许多著作和期刊文章详细描述了混合方法研究,但是在女性主义研究领域却鲜有相关著述。利用一项在澳大利亚进行的研究,本文试图探讨性别与社会资本之间的关系。通过分析大规模调查问卷和深度访谈所获得的数据,作者将展现混合方法研究在性别不平等方面表现出的较强的解释力。尽管在过去,女性主义研究并不愿意接受定量研究方法,但是,本研究认为将用于揭示宏观图景的定量研究方法与个体案例相结合,能够使研究更有深度和实质内容。

关键词:混合方法;女性主义方法论;社会资本

关于实证主义研究与自然主义范式在认识论上的差异,诸多文献已经对此进行了讨论。的确,这是两种迥异的研究范式,分别来自于不同的思想体系,并且运用不同的数据收集方法。在实证主义范式中,现有理论倡导关注经验研究。然而,在自然主义范式中,知识被认为是一种社会建构的过程,理论来自于"深入"的诠释。由于它们在认识论基础上的本质差异,这两种方式被认为是难以兼容的。

尽管学术界大多还是秉持"两者不相兼容"的观点,但是,越来越多的人支持混合研究方法的使用(Creswell, 2003; Creswell & Plano Clark, 2007; Johnson, Onwuegbuzie & Turner, 2007; Morgan, 2007; Tashakkori & Teddlie, 2003)。布里曼(Bryman,1988)以及其他一些研究却认为,二者传统上的差异被过于夸大了,这反而忽视了它们的重合之处。同样,爱普斯坦、贾亚拉特和斯图尔特(Epstein、Jayaratne & Stewart,1991:89)也认为,关于定量和定性方法的争论,很多都是"贫乏且基于错误的两极分化"。定性方法能够提供内涵丰富的质性数据,而定量方法则考虑到了大量情境变量之间的结合。定量数据有助于形成宏观的理解,但是,正是那些个体经历、伴随的思考及感知,才可以使研究更有深度与内涵。

本文旨在说明混合方法在女性主义研究中的运用。桑兹(Sands,2004:50)曾强调,虽然女性主义研究存在许多流派,但是,女性主义研究主要关注性别主体下的女性经历,以及"她们理解和回应与其女性地位相关的各种挑战的努力"。尽管已经有许多研究对混合研究进行了阐述,然而,这种混合型的方法在女性主义研究中仍较为少见。本文以澳大利亚地区一个关于"性别与社会资本"为主题的研究为基础,通过对研究成果的分析和解释,着重展示混合研究方法在研究性别不平等上的解释力。过去,对社会资本概念的解释以及研究,并未对性别表现出较强的敏感性。而在本文中,通过运用定量数据,作者会说明男性和女性社会资本的不同形式;通过个案阐释,以展示性别不平等与个人期望的关系。最后,本研究认为,在部分女性主义者勉强接受定量研究方法的情况下,将(定量研究所揭示的)宏观图景与个体故事结合起来,将可以使得研究

---

1 原文及版权信息:Hodgkin, S. (2008). Telling it all: A story of women's social capital using a mixed methods approach. Journal of Mixed Methods Research, 2(3), 296-316. Reprinted with permission of SAGE Publications, Inc.

2 (拉托贝大学,奥尔伯里-沃东加,澳大利亚)

更加富有深度和内涵。

● 关于社会资本的研究

在任意一个数据库中快速检索“社会资本”这一概念,都会得到多种多样的结果。这表明,这一概念已经广泛应用于学术及公共讨论之中。在学术文献中,这一概念在各个国家、各个学科都有经验性的阐述。在澳大利亚,“社会资本”这一概念在不同的政治观点中被相对宽松地使用,以主张政府退出、相互义务以及公民社会能力建设等政策。在各级政府的社会政策讨论中,这一概念的运用也越来越突出(Healy & Hampshire,2002)。

社会资本正在受到侵蚀——所有形式的政府均在这一假设下运转。所不同的只是,破坏社会资本的是当代社会的哪些方面。鉴于社会资本的定义越来越趋向于模糊,且对于它的诠释也比较开放,这些情况便不难理解。已有的文献主要讨论了社会资本的不同定义、不同意识形态论点以及不同的诠释方式。不过,大多数学者都同意,“社会资本”是能够使人们以集体行动的方式共同应对、共同解决他们共同面临问题的一种规范或社会网络(Saunders & Winter,1999;Stewart-Weeks & Richardson,1998;Stone & Hughes,2000)。不论是熟人、朋友、家人、同事或者同一个俱乐部的成员,这一概念均涉及人们之间的互相信任以及他们如何帮助他人。这一概念也被上升为一种社会福利:如果人们最终感觉自己属【373】于社群的一分子,并且感到群体成员通过各种方式相互关联,那人们会觉得更加幸福(McMichael & Manderson,2004)。

作为一个概念,社会资本一直是各种实证测量的主题。仅澳大利亚一地,就有数项有关社会资本测量的研究(Baumet al ,2000;Onyx & Bullen,2000;Stone & Hughes,2002)。这些大型的定量研究运用了问卷调查的方法,以寻找信任、互惠、社会规范运用以及社会、公民和社区生活参与等方面的证据。而对这种实证测量的批判则认为,部分实证研究只是测量人们社会生活参与的程度,而忽视了人们之间非正式的人际网络关系。这场由考克斯(Cox,1996)引发的争论,促使人们对社会资本概念进行重新审视,并承认不同类型社会资本的存在,其中既包括非正式关系网络中的参与,也包括正式关系网络中的参与。普特南(Putnam,2000)对“胶合型社会资本”形式和“桥接型社会资本”形式进行了区分。他将“胶合型社会资本”定义为,涵盖了各种较强非正式社会网络以及伴随高度组织内忠诚的网络。胶合型的社会资本对于产生共享的身份认同感至关重要(Onyx,2001)。胶合型社会资本可以帮助人们“获得认可”。与之相对的,桥接型社会资本则是存在于外向型的关系网络中,涵盖了不同种族、性别与阶层的人们。这种类型的社会资本能够将亲密关系网络之外的人聚合起来,去实现共同的目标。学者认为,桥接型社会资本有助于人们“获得成功”。布迪厄(Bourdieu,1986)非常关注这一类型的社会资本,因为个体能够通过此类社会资本来提升自己的社会地位。例如,利用这种类型的社会资本,个体可以增加在已有关系网络之外的就业机会或增强其他形式的社会地位。

虽然学者承认可能存在着不同类型的社会资本,但研究却很少关注与性别、种族、阶级等相关的社会资本的系统性不平等。而在这些性别、种族与阶级之中,每一个人可能对公民活动或者如何关心他人有着不同的诠释。如同布莱特和莫布雷(Bryson & Mowbray,2005)所言,中产阶级的白人群体垄断了对社会资本的讨论。参与中的冲突与排斥则很少被纳入讨论之中。然而,这种讨论却是很重要的。性别、年龄与阶级的结构性不平等与公共资源的分配直接相关(Norris & Inglehart, 2003)。有关女性是否利用了可以为其带来桥接型社会资本相关回报的社团生活这一问题,很少有学者进行研究(Parks-Yancy, DiTomaso & Post, 2006)。

虽然一些性别中立的社会资本研究涉及上述主题,但是,这些研究并没有考虑到长期以来形成的结构化不平等。贝赞森(Bezanson,2006)认为,这是因为对社会资本研究最突出、最热心的支持者,恰恰是一些并非家庭或女性主义理论专家的男性。在美国和英国进行的研究已经发现,在特定类型的组织(如政党组织、体育俱乐部、工会和专业协会等)中,男性所占的比例是非常高的(Lowndes, 2000; Norris & Inglehart, 2003; Sapiro2003)。与此相对,另外的研究则发现,女性往往是承担没有报酬的家庭角色,且地位比较低(Alessandrini,2003)。

这些担忧促使诸如朗兹(Lowndes,2000)等学者呼吁,将社会资本的研究聚焦不同性别的社会资本形态上。朗兹(Lowndes,2000)和亚历山德里尼(Alessandrini,2003)认为,女性的同情心和以社区为基础的责任感可能会限制她们参与公民行动和政治活动的渴望。

本研究试图通过两种不同的方式对社会资本进行研究,以期对上述理论进行检验:第一,基于性别梳理出参与的不同模式;第二,探讨“母亲”这一角色是如何改变女性所参与活动的类型,以及其中的原因。

【374】

女性主义研究中的混合方法

如何进行研究设计,才能最好地捕捉有关女性社会资本的故事,这需要经过一番思考与讨论。现有的社会资本研究极少关注性别,本研究则希望学界重视这一现状,并希望可以更多地突出女性的作用,为此,研究者需要寻找到一种有效的研究方法。科勒·里斯曼(Kohler Riessman,1994)认为,在传统上,女性主义者把她们的研究方法论归于后现代主义范畴之中。然而,她也相信,当“各种不同种类数据逐渐出现”时(P. X),有越来越多研究某一问题的思想流派可能将得到加强。与此类似,芬奇(Finch,2004)认为,尽管女性主义研究与定性研究形式密切相关,但是,这种关联是很脆弱的,并且最终可能会对女性不利。基于人口的研究也许更能在宏观层面解释有关女性的议题。尽管之前的研究并未经常使用定量方法,但是,定量和定性方法的结合的确能够赋予女性主义研究更有力的影响(Brannen,1992; Epstein et al., 1991; Oakley, 1999; Shapiro, Setterlund & Cragg, 2003)。布莱宁(Brannen)重新探讨了先前反对定量方法的观点。她认为,这一观点是基于调查“被灌输以男权思想的假设”,并指望出现一个认为并不存在任何女性主义方法论的新学派。然而,在研究过程中,研究者将自己定位为女性主义者却是十分重要的。布莱宁认为:

> “此外,我们有理由认为,定量和定性方法是需要结合起来的,尤其是当社会群体的实际情况或看法在社会研究中被忽视或被错误阐释时。从一方面来看,定性方法能够通过让该社会群体更好地表述自己经历,以表达自己的看法;另一方面,定量方法则有助于揭示该群体在特殊的历史节点下,所经历的不平等程度和模式。”

本研究试图使用变革性研究范式。马顿斯(Mertens,2007)认为,研究过程中可能出现社会正义(social justice)问题,变革性范式则为解决这一问题提供了解释框架。其本体论假设认为,社会性建构的现实深受权力和特权的影响。该范式还认为,“那些由于性别、种族、残疾或其他因素而被剥夺权力的群体的声音”(Mertens,2007:214)在研究中是可以被排除的。在这一范式里,混合方法更倾向于强调需求的问题(定量数据),并就这一研究问题表达看法(定性数据)。变革性范式及其本体论、认识论和方法论的假设,为不同类型的女性主义研究提供了一个逻辑框架。关于女性研究,我们应当首先探索研究问题,并在数据收集的方法上保持开放,以期达到更好的理解(Oakley, 1999)。在过去以及最近一段时期,有学者认为,女性主义研究的方法论应当将主观和客观两种不同的世界观结合起来(Rose,1982; Shapiro et al., 2003)。此外,采用多种来源证据的女性主义研究更有可能是有效和可靠的,因而也更有可能在政策领域受到关注(Shapiro et al, 2003)。

但是,我们仍然需要清楚地认识到这两种方法的利弊。在大量的定量研究中,作为受压迫的群体,女性的意见并未得到足够的重视(Oakley,1999)。而在定性研究中,代表性以及过度外推化的倾向(a tendency to overgeneralize)等问题也需要予以重视。在某种程度上,混合方法能够缓【375】解上述问题。并且,随着有关混合方法的文献日益增多,在对于复杂社会问题的研究中,已经出现了许多能够既体现广度又能体现深度的研究。

关于社会资本的研究,大多数采用定量研究方法。现在需要找到一种能够囊括多种认知方式的研究路径。早在1998年,考克斯(Cox)就呼吁应该多做一些混合方法研究。因此,不同于许多其他社会资本研究的地方在于,利用定性研究和定量研究两种方法的优势,本研究通过运用这种混合研究方法,能够更好地理解研究问题(Creswell,2003)。为了把握女性社会资本以及与此相关的复杂性,这使得研究者需要从不同的角度来考察相关概念(Darlington & Scott,2002)。因此,这一项包括两个研究阶段的时序式研究,既运用定量数据收集方法,也使用定性的数据收集方法。

本研究

本研究对混合方法研究的一个贡献是,将该研究方法应用于女性主义的研究领域。一些重要的文献已经就混合方法研究的历史及其在社会科学研究中的应用等有关内容进行了深入的讨论(Brewer & Hunter, 2006; Bryman, 1998; Creswell, 2003; Creswell & Plano Clark, 2007; Greene & Caracelli, 1997; Mertens, 2007; Tashakkori & Teddlie, 1998, 2003)。诸如《定性与定量》(*Quality & Quantity*)以及《混合方法期刊》(*Journal of Mixed Methods*)等期刊,都致力于发表一系列的混合方法研究。然而,在这些出版物和其他各类期刊中进行搜索后,我们却很少发现有研究将女性主义研究与混合方法结合在一起。芬奇(Finch,2004)认为,运用非定性方法去解决女性问题的研究仍然相对缺乏。

本研究在澳大利亚的一个区域性城市进行。在本研究前,研究者的研究经验一直是囿于定性研究方法。尽管如此,研究者还是决定需要扩大代表性数据的样本数量,以增强普适性。例如,研究者认为调查方法最好能够确定男性和女性是否有着不同的社会资本表象。但是,只有定性的方法能够揭示出这些表象背后的故事。

本研究使用一种解释性时序式设计(Creswell & Plano Clark,2007)。研究的每个阶段都需要进行大量的数据收集。同时,还需要在这两个不同阶段中都进行密集的数据分析。帕吉特(Padgett,1998)则讨论过回到主—次设计(dominant-less-dominant design)的吸引力,即将数据收集和数据分析折中于某一种方法之中。研究过程的两个阶段基本花费了相等的时间。

本研究的第一阶段主要运用的是调查方法。这使得研究者可以进行描述与进一步的探索,并在某种程度上解释样本范围内男性与女性在社会、群体以及公民参与之间所存在的差异。

在第二阶段,研究将从女性的视角出发,集中探索她们在社会、群体以及公民社会中的互动过程,以及她们对于个人生活和所参与活动的看法。基于她们所告知的各种经历,研究者将她们生活的各个方面进行描述。因此,参与者逐渐成为了专家,所产生的数据也就是定性的。

格林、卡拉切利和格拉哈姆(Greene、Caracelli & Graham,1989)确定了实施混合方法研究的五点理由:三角校正(triangulation)、互补性(complementarity)、发展(development)、启蒙(initiation)与扩展(expansion)。在本研究中,互补性的目的则为混合方法提供了强有力的支持。【376】当我们的目标是为了补充发现结果,那么研究者就要在一种研究方法所得的结果中寻求详述(elaboration)、强化(enhancement)、阐释(illustration)以及说明(clarification)等方面的内容,以求与另外一种方法所得到的结果互补。第一阶段的研究结果揭示了数据中的某些复杂性。其表明,女性在社会参与、群体参与以及更小程度上的公民活动中有着不同的参与模式。这种差异在年龄段为 29 ~ 49 岁的女性中尤为明显。而研究者试图更广泛、更深入地探究这一差异。然而,对于那些仅仅运用定量数据的研究的批评之一就是,这些数据可能被过度解读。此时,采用互补研究方法的优势便显现出来,即定性研究能够解释并验证定量研究的结果。此外,定性研究还能够为第一个阶段中的一些结果提供生动的说明。

当然,本研究还存在一些不足。社会资本已经使用了诸多不同的方式进行了测量和概念化。研究者着手探索的是一种更适合非大都市环境,并能够区分正式和非正式参与形式的社会资本的测量方法。这样的测量方法极为重要,因为我们试图强调一系列女性能够参与的活动,而不仅仅是那些碰巧进入公众视线里的活动。在第一个阶段,本研究使用了一个南澳大利亚社区研究中心(the South Australian Community Research Unit)所开发的测量方法(Baum et al,2000)。在使用这一测量方法的同时,研究者还使用了其他早已经开发出来的测量工具,并将这些工具运用在研究家庭社会资本方面,以及不同社交网络类型等方面(Hughes & Stone, 2003; Onyx & Bullen, 2000)。

在本研究的第二阶段,研究者决定追踪 29 ~ 49 岁年龄段女性中的子样本。但同时,研究者认为,对男性子样本进行深度访谈也会很有益处。尽管母亲的身份改变了女性的参与程度,但是,定量数据显示,父亲的身份对男性的参与程度同样有细微的影响。研究者将 29 岁及以下和 50 岁及以上的女性排除在访谈范围之外。这两个群体或许都能提供一些有用的对比数据。但是,研究的规模限制了对子样本的进一步探索。

● 研究问题

本研究有两个明确的研究问题,即:

研究问题 1:男性和女性有着不同的社会资本境况吗?

研究问题 2:相比公民活动,为什么女性在社会以及社区活动上的参与度会更高?

方法

研究者使用时序式的混合方法抽样。通过概率与立意抽样策略,参与者被循序地挑选出来。

阶段1:参与者

本研究使用随机抽样来筛选样本。为了弥补自填式问卷调查的低反馈率,并减少抽样误差,研究者选取了大样本。由于出台了新的隐私法案,研究者不能通过选民名册(electoral roll)来获得样本的姓名和地址。因此,我们根据当地政府部门提供的居民地址数据,将问卷随机发放到4 000户家庭中。其中,我们回收到的问卷数为1 431份(35%的回收率)。其中有403名男性(28.8%),998名女性(71.2%)。因此,女性在此调查中是不成比例的。被调查者平均年龄为48.7岁。此外,超过32%的回复者是全职工作,【377】21%是兼职,17%是家庭主妇,4%是学生,3%是永久丧失劳动能力者,18.5%是退休人员,还有2%是失业者,剩下的为“其他”。在那些有工作的被调查者中,男性平均工作时长为每周41.5小时,而女性为31.1小时。几乎2/3的被调查者已婚或者育有子女。单亲家庭数量占样本总量的7.1%。我们还要求被调查者填写其受教育水平。其中,没有受过正规教育的占0.4%,小学学历的占5.9%,中学学历的占40.2%,拥有职业技术和继续教育文凭的占14.3%,有13.5%拥有职业证书,27.8%是大学及更高学历,剩下的为“其他”。

值得一提的是,本研究重点在于成年人的社会资本。因此,我们只向18岁及以上的人发放了问卷。我们会向每一位被调查者发送一封信件以解释本研究的目的,并说明我们是如何选择受访者的。我们还会向被调查者发送另外一份信件,并询问其是否有兴趣继续参与第二阶段调查研究。

阶段2:子样本

第二阶段的参与者全部是根据第一阶段研究的结果进行招募的。那些对第二阶段访谈感兴趣的参与者,都签署了随初始问卷附送的参与调查同意书。这意味着,无论男女都可能参与第二阶段调查。出于保密原则,已签署的同意书与初始问卷是分开送回到研究者手中的,因此,研究者无法将研究结果与任何一个被调查者或者任何人口统计学信息进行匹配。

75名女性填写并签署了同意书。那些对访谈有兴趣的参与者都收到了一份信息清单和一份知情同意书。随后,研究者则使用整群随机抽样法以确定下一步的研究群体。在整群随机抽样中,“我们从总体中选择某一群体作为抽样单位”。通过电话,研究者联系到了那些签署知情同意书的人,向他们讲解本研究的目的,以及本研究的研究对象是处于29~49岁年龄段女性,并对那些不符合样本标准的人进行了排除。从一开始,研究者便决定将样本定额为6名参与者。因此,最开始符合标准并有意参与访谈的6名参与者将被选中。接下来,样本数量会逐渐增加,直到研究者认为合适为止。

最后的样本包括12名受访者。年龄在29~39岁和39~49岁的参与者数量一样。和前一阶段的大样本类似,其中4名全职工作者,6名兼职工作者,2名全职家庭主妇。在这12名女性中,有3位是单身母亲,这一情况比大样本的比例要高。参与者的受教育水平也比大样本的高。2名参与者完成了中等教育,1名拥有职业技术和继续教育文凭,6名完成了大学教育,还有2名则完成了硕士同等学历教育。

研究过程

定量数据。本研究的初期理论验证要求从一个有代表性的大样本中获取数据,以便可推广至总体。通过问卷调查,针对该样本,研究者能够描述、探索,并在某种程度上解释参与者的社会、社区和公民参与情况。本研究的数据收集来自同一时间点,因此属于截面调查。

在澳大利亚,关于社区中社会资本的测量已有不同类型的测量工具(Baum et al., 2000; Onyx & Bullen, 2000; Stone & Hughes, 2002)。需要重点强调的是,由于学术研究试图寻求不同类型的测量,因此,社会资本的测量方式并不是统一的。【378】由于获得了南澳大利亚社区健康研究中心(South Australian Community Health Research Unit)的准许,我们可以使用测量工具对阿德莱德(Adelaide)地区的社会资本和健康情况进行研究。选择这一策略工具,主要是基于多个方法论上的理由。首先,该测量工具的效度已经经过了验证(Baum et al.,2000)。其次,这一工具能够将两类测量工具结合起来,即现有测量工具与一些专为阿德莱德研究而开发的测量方法。再次,该测量工具对于性别议题足够敏感,尤其关注养育以及女性在养育孩子上所投入的时间。研究者尤其关注两类活动所造成的差异,即具有社会本质(social nature)的活动与那些基于公民或社区利益活动。

表 E.1　每个参与范畴所包含的条目

社会参与——非正式(3 个条目)

如果受访者曾经有过以下任何的活动:拜访亲人或亲人来访,拜访朋友或朋友来访,拜访邻居或邻居来访

社会参与——公共场合(4 个条目)

如果受访者曾经有过以下任何的活动:去过咖啡馆或饭店,去过社交俱乐部,去过电影院或剧院,去过聚会或舞会

社会参与——团体活动(6 个条目)

如果受访者曾经有过以下任何的活动:运动,去健身房或训练班,加入兴趣爱好小组,参与自助或互助小组,参加演唱/表演/演奏小组,上兴趣班

公民参与——个人活动(7 个条目)

如果受访者曾经有过以下任何的活动:签署请愿书,与当地的国会成员联系,给议会写信,与本地议员联系,给报社的编辑写信,出席议会会议,参加抗议集会

公民参与——集体活动(4 个条目)

如果受访者曾经参与过以下任何的活动:居民或社区活动团体、政党、工会或竞选;提高社会或环境状况的运动或活动、地方政府

社区团体参与——包含了社会和市民

如果受访者曾经参与过以下任何的活动:志愿组织或团体,与学校相关联的团体,服务性俱乐部、参与儿童团体

被调查者需要回答他们参与不同社会活动的频率是多少。比如,在阿德莱德的研究中,这类调查通过测量个体参与活动的次数来测量个体的参与程度。在本研究中,对于社会、社区和公民等活动的参与,均存在关键的区分。社会参与表现为诸如拜访朋友、看电影、参加聚会等活动。公民活动的参与则表现为不同的原因,通常是为了促进公民或者社区利益。社区参与则体现为那些混合了社会和公民活动性质的活动,类似参与服务性俱乐部以及与儿童有关的活动。每个参与范畴中所包含的条目,都列在表 E.1。为了保证问卷的可信度,这些参与量表都是从阿德莱德研究中提取的。最终的研究量表是"研究团队通过对已有的有关参与和社会资本测量的文献知识进行讨论"后改进得出的(Baum et al., 2000:147)。【379】

本研究主要用 SPSS 作为数据分析工具。为了对"男性和女性有着不同社会资本形式"这一假设进行全面检验,我们采用了各种测量手段。初始阶段,研究者开始收集每个变量在社会、社区以及公民参与这三个层面(6 种活动类型)的频率,并把数据分成男性和女性两部分。

在此之后,研究者利用计算机来计算 6 种类型参与中所包含的条目,每位被调查者都有如下 6 个条目:非正式社会参与、公共场所中的社会参与、团体中的社会参与、个体的公民参与、集体的公民参与,以及社区群体参与。通过将参与类型作为因变量,将性别作为自变量,对其进行单因素的组间多元方差分析(MANOVA)。此外,对于整合后参与程度这一因变量,我们也使用多元方差分析,以比较男性和女性之间可能存在的差异。

定性数据。在研究的第二阶段,我们将从参与者的角度来理解参与本身。在这一阶段,研究者试图深入理解,究竟是什么因素促使女性参与到社会、公民与社区生活,以及她们所经历的社会现实。对于我们理解社会资本而言,这些动机和经历非常重要。

在该阶段,对参与过第一阶段研究的 12 名女性,研究者进行了一对一的深度访谈。研究者在两个不同的场合分别与参与者进行访谈,期间间隔一周。每位受访者的访谈时间最多不超过 2 小时。在征求受访者同意的情况下,我们对每次访谈都进行了录音。访谈提纲主要是探讨女性日常生活的开放式问题。在第一阶段中,定量数据已经显示出了男性和女性在社会以及社区群体参与之间的差异。在本阶段,研究者意在探究为何存在这样的差异。另外,研究者还希望能够全面探讨她们参与的种类和范围。例如,在第一个访谈中,研究者请受访者描述她们一周的生活情况,以及她们如何看待其与伴侣的不同生活。受访者将在一周之后再次接受访谈。此次访谈结束后,研究者要求受访者用日记的形式记录她们在随后一周的生活,并以此作为第二次访谈的基础。在所间隔的一周中,有部分受访者还与其他的女性谈论过该研究项目。虽然并不是所有的人都以日记的形式进行记录,但是,所有的访谈对象都写了一些她们对于一周生活的反思。这些日记和文字材料就成了第二次访谈的一部分。

在第二次访谈中,研究者会再次要求受访者回答开放式问题。在一开始,受访者需要对第一次访谈进行反馈。研究者让受访者谈谈他们这一周的情况,描述一下自己在某些活动中的参与情况。研究者还让受访者思考一下她们的家庭

责任,以及这些责任是如何影响自己的生活经历、目标或抱负的。在最后一个问题中,我们让受访者想一想,在生活中有没有什么与众不同的【380】事情想做。总之,由于研究者想通过以受访者讲故事的方式引导访谈,因此并未设置太多问题。

本阶段主要使用叙事分析模型来分析数据(Ezzy, 2002; Sands, 2004)。研究者意在对各阶段的数据依次进行分析,目的在于:寻找情节、特性、隐喻、诠释以及文化规范等;考察这些故事之间是如何进行比较和对比的,以及探究受访者是如何看待研究者的。要达到这些目的,就需要研究者在分析的每一个阶段都仔细阅读转录的访谈记录。我们期望,这种多阶段、层级递进的系统分析方式会使得本研究更为严谨(Stevens & Doerr,1997)。

● 结果

在混合方法研究中,由于收集的数据量过于庞大,因此报告研究发现通常也很复杂(Gioia,2004)。这里给出的研究结果旨在说明,混合方法研究如何通过提供统计数据与叙事性数据,以增进我们对研究结果的理解。因此,研究者只呈现两个研究阶段中的部分研究结果。首先呈现的是一些定量数据。之后,我们将会通过三个特定的叙事主题来呈现部分定性数据。

定量数据

研究的第一阶段围绕以下问题展开:男性和女性是否有不同的社会资本表现形式?

要回答该问题,关键是要先区分社会、社区以及公民参与等类型(表E.1)。对不同类型的区分,能更准确地反映出男性和女性社交环境的差异。

不同性别的参与程度见表E.2。总体上看,除了兴趣小组以及体育活动以外,女性的社会参与程度更高。除了签署请愿书之外,女性在公民活动的参与度上都很低。一般来讲,社区群体参与,尤其是那些涉及儿童或与学校相关的活动,女性的参与程度都较高。

非正式社会参与。在第一个新变量,即非正式社会参与这一项,研究者设置了总分值为18分的问题。该范畴包括三个条目:被访者是否拜访过亲人或者有亲人来访;是否拜访过朋友或者有朋友来访;是否拜访过邻居或者有邻居来访。

【381】

表E.2 被调查者的社会、社区以及公民活动参与情况(按性别划分;百分比)

	男性	女性
社会非正式参与[a]		
拜访亲人/亲人来访	69.02	75.02
拜访朋友/朋友来访	59.06	61.0
拜访邻居/邻居来访	53.4	49.6
公共场合的社会活动[a]		
去咖啡厅/饭店	40.09	44.00
去俱乐部	23.00	17.09
去电影院/剧院	18.59	20.01
参加聚会/舞会	8.03	9.08
兴趣小组/体育运动[a]		
运动		
去健身房/训练课	4.00	3.04
上兴趣班		
参加兴趣小组		
参加自助/互助小组		
演唱/表演/音乐小组		
个人的公民参与[b]		
签署请愿书	56.10	61.50
与当地的国会成员联系	14.02	9.08
写信给议会	15.07	13.00
与本地的议员联系	10.02	6.05
参加抗议集会	6.03	4.08
出席议会会议	7.03	4.01
给报社的编辑写信	6.01	5.04
集体的公民参与[b]		
居民/社区活动小组	8.05	9.02
旨在改善社会或环境状况的运动	8.07	7.08
政党/工会/竞选	4.08	2.04
本地政府	5.08	3.09
社区群体参与[b]		
志愿团体或组织	30.01	32.02
学校相关团体	12.05	23.03
儿童团体	7.00	18.02
服务性俱乐部(service club)	13.05	6.06

a 在过去一年的每个月或更频繁进行的活动

b 在过去一年进行的活动

公共场合中的社会活动。这个参与范畴包括发生在家庭之外的社会活动,包括以下条目:参与者是否去过咖啡馆或饭店、联谊会、电影院或剧院、聚会或舞会。每位被调查者在公共场合的社会参与这一项被赋予了最高 24 分的分值。

兴趣小组和体育活动中的社会参与。这个参与范畴包括兴趣小组以及体育活动中的社会参与,包含以下条目:被调查者是否参加过体育活动?是否去过健身房或者训练班?是否参加过某些兴趣爱好小组、是否参加过自助小组、是否在团体中演唱、表演或演奏、是否参加过兴趣班、在兴趣小组和体育活动的社会参与中,这 6 个条目被放在一起,每位被调查者总分最高分为 24 分。

公民参与——个体活动。这一参与范畴包括个人参与的公民活动,如签署请愿书、与当地的国会议员联系、给议会写信、给报社的编辑写信、出席议会会议以及参加抗议集会等。这 7 项被归为一组,总分值为 7 分。

【382】公民参与——集体活动。这一类型指那些与其他人一起参与的活动,这些人可以同属于某一个居住地或社区,也可以同属于某一个政党、工会或者政治竞选团。而参加活动可以是旨在改善社会或者环境条件的运动;也可以是涉及当地政府。这些单个的条目被分为一组,最高分为 4 分。

社区群体参与。这个范畴的活动类型包括:参与某个儿童团体、和学校有关的团体、服务性俱乐部以及志愿者团体。研究者赋予本条目的分值为 4 分。

之后,研究者将进行单因素的组间多元方差分析,以上述 6 个参与量表作为因变量,而自变量为性别。通过进行正态性、线性关系,单变量及多变量异常值、方差—协方差矩阵齐性以及多重共线性等检验,研究者完成了初步的假设检验,并没有发现任何的异常。在整合因变量上,男性和女性在统计值上存在着显著的差异,各统计量分别为:$F(6,1372)=6.16$, $p=0.000$, Wilks's Lambda $=0.97$, partial $\eta^2=0.03$。当我们将参与分类加以考虑,在 6 个参与量表中,男性和女性在其中 3 个量表中呈现出显著的差异:非正式社会参与,$F(1,1378)=10.63$, $p=0.001$, partial $\eta^2=0.01$;基于团体、兴趣小组或体育活动的社会参与,$F(1,1378)=2.81$, $p=0.000$, partial $\eta^2=0.01$;社区的群体参与,$F(1,1378)=11.43$, $p=0.001$, partial $\eta^2=0.01$。我们采用邦费罗尼调整后的(Bonferroni-adjusted)α 值,其为 0.008。从平均得分中,我们得出,女性在非正式社会参与、兴趣小组或体育运动中的社会参与以及社区群体参与等三方面的参与程度更高。

定量研究结果小结

对社会、公民以及社区参与的研究,证明了男性和女性之间存在的差异,表明参与的性别模式是广泛存在的。研究结果支持了朗兹(Lowndes,2000)的论点:男性与女性的社会资本形式并不相同,女性会更多地参与非正式的社交活动。朗兹(Lowndes,2004)认为,女性更可能会运用非正式社交来平衡工作、家庭和子女之间的关系,以帮助自己“获得认可”。

上述论点似乎在本研究中得到了印证。描述性统计反映了女性和男性之间存在的差异。关于社会参与这一类型,女性的参与程度比男性更高。她们也更多地参与那些以某群体为中心或者社区为中心的活动。在那些以儿童为主的活动中,她们的参与程度也更高。与此相对,男性通常在正式活动中有更高的参与度。例如,他们更多地参与传统的服务性俱乐部、联谊会、体育俱乐部以及政党或工会。在公民活动的参与度上,男性也比女性稍高一点。

在本研究中,定量结果显示了男性和女性在社会、社区以及公民参与之间的差异(后者的差异程度相对更小)。女性在非正式社会参与这一类别上的得分更高,因为女性更可能会与家人、朋友互相来往。然而,性别对于公共场合社会参与这一项似乎并没有太大的影响。相对于男性,女性在群体活动中的社会参与程度也更高。对于社会参与的研究也表明,在有关家庭和朋友的非正式领域参与中,女性占有优势地位。但是,在公民以及社区的群体参与中,男性的参与率则稍高于女性。此外,女性会更多地参与那些关注社区群体的活动,并更多地参与有关学校与儿童的团体。这些发现也能够较好地反映女性的社交环境是围绕着家庭责任构建的。

但是,这些数据并不能进一步解释为何出现【383】这样的情况。研究者试图理解,为何男性和女性有着不同的社会资本形式。尽管定量数据反映了男性与女性在参与社会和社区活动的一般情况,但是,它们不能告诉读者这些参与的潜在动机、相关经历以及放弃其他类型参与时的感受。然而,这些动机和经历对我们理解社会资本来说十分重要。在本研究中,研究者希望进一步探究参与动机和这些经历背后的深层因素。而且,在有关社会资本研究的文献中,这一研究路径(混合方法)也是相对缺乏的。

定性的研究结果

第二阶段的研究围绕着这一问题而展开:相比公民活动,为何女性在社会以及社区活动上的参与度会更高。

这一阶段的数据我们提供了参与者对于参与本身的深入理解。这是极为重要的,因为质性数据将这种理解从“女性参与了什么”扩展到“她们为何参与”。值得注意的是,研究结果中所展现的女性看待自己如何参与,以及参与动机的不同方式。在她们的回答中,一种模式逐渐显现出来。

受访的女性都是三四十岁左右,均为母亲,并且都挤出时间去追求自己的兴趣爱好。研究者在深入探究她们参与行为背后的动机时发现,作为母亲的经历是影响其动机的最主要因素。所有的受访者均表示,在承担作为母亲这一角色的责任时,都感到不堪重负。她们反思怎样做才符合“好妈妈”的标准。在这里,一些女性受到家庭主义观念的影响,对于自己不能常待在自己孩子身边这一点,她们对此感到十分愧疚。她们觉得,为了孩子,自己应当参与社会和公民生活。第二种类型的女性群体(可能与前一种有重叠),则是为了避免与社会隔绝而参与。还有另一个类型的女性,她们反对以“母亲”的角色来参与活动,她们更想作为积极的公民来参与活动。这一群体的经历表现出惊人的相似由于性别和母亲身份,她们都感觉受到了排斥。接下来,研究者将对每一个主题进行讨论。

想成为“好妈妈”的群体。第一种女性群体主要参与与女性,尤其是母亲角色相关的传统志愿者活动,比如在学校帮忙、参与母亲俱乐部、在幼儿园准备水果和牛奶、在学校食堂当助理,以及为学校的短途旅行提供支持等。她们接受了“好妈妈”这一概念,即她们所做的一切都是为了孩子,并把自己定位在“好妈妈”这一角色上。她们认为,自己所做的将有助于孩子的成长,并通常对这种参与感觉良好。在本研究中,这一群体成员都有一种强烈的感觉,即这是她们应该做的。她们积极参与,或是希望有更多的时间进一步参与孩子的幼儿园以及学校生活。这背后的动机是多种多样的,有的试图更多地了解孩子的成长,也有的在参与过程中获得快乐。而且,她们都明显地表现出想要提升自己孩子个人能力的强烈愿望。她们并不是在寻求获得认可,相反,她们深信这就是一个“好妈妈”该做的。下面这个例子充分说明了这点:

> “但是,我觉得作为一个职业妇女确实很难。你必须兼顾好你的工作和家庭。有时候,这会让你觉得你不是一个好妈妈,因为你不能时常陪在孩子身旁。特雷弗(Trevor)的工作更加灵活,因此,他可以在家庭和工作的角色之间来回转换。本来这些应该是妈妈做的事情,今年则完全对调了。他去参加家长会,任何我不能到场的(亲子)活动他都参加。(要做到两者兼顾)太难了,因为有时候你会觉得你应该在那,但是你又去不了……我也知道这样很难,但是,作为一名职业妇女,当你不能参与那些活动的时候,总会觉得自己没有尽到母亲的责任。”

【384】

以上对于做一个好妈妈的关注,并不意味着所有的受访者都乐于以孩子为中心。对某些人来说,这的确是件苦差事,可能还与她们经历过的其他苦差事不一样,这是非常乏味的。她们之所以愿意做这些苦差事,是出于自己对孩子的责任感。一位受访者说:

> “我要负责在这个时间点喂孩子吃水果。从早上九点到十一点半,直到下午两点之前,我要一直陪在孩子身边(监督他们吃水果)。这真是个漫长的任务,我不知道幼儿园的老师们是如何做的,我就觉得很头疼。但孩子们很喜欢这样,克里(Kerry)还喜欢向我炫耀、撒娇,所以我只能一直陪着他们。”

上述引文中,深刻表现了在作为母亲时,某个群体参与某些活动背后的动机。她们的参与完全是为了孩子。“好妈妈”的比喻,恰如其分地描述了隐含在这一动机背后的内容。她们的性别以及母亲身份,强烈地影响了她们的社会责任感。

试图避免与社会隔绝的女性群体。尽管有的群体通过与亲人和朋友间的互访,表现出了较强的“胶合型”社会资本,但是,也正是这些群体对该地区觉得陌生。这个群体由7名非本地女性组成,她们每个人都努力在社区里建立人际基础和关系网络,并且取得了不同程度的成功。她们每个人都试图避免与社会隔绝。由此可见,参与背后的动机并不总是利他的,有时候是混杂着利他性以及自我保护性。

一个受访者的故事有力地证明了这一点。她自称是一位“边缘居民”——那些试着敲开别人家的大门,但是最终还是觉得被排斥在社会边缘的人。她们的访谈如下:

> 采访者:你经常感到被孤立或者孤独吗?
>
> 受访者:是的,这种感觉很强烈。今天早上,我听ABC广播里说,那些参与社区以及社会群体活动的人会比那些被孤立的人活得更久。我想,我能够真真切切地体会到这种被孤立的感觉,它实在是太糟糕了。

另一位受访者同样也是刚来本地,她必须很努力地去建立自己的社交网络。她情绪激动地描述了自己在这第一年的生活。她用“可怕”和“丑陋”来形容。当她刚来到这一社区时,她把自己完全沉浸在孩子的事务中,以便不要整天待在家里,这招十分奏效。她把自己重新塑造成了“母亲群体成瘾者”,拼命地想融入群体中去。

> “我性格并不外向,但是我讨厌一直被束缚在家里。我意识到自己不太喜欢孩子。我以为这不是真正的我,但并非如此。我成为一个“母亲群体成瘾者”,周一我会去托儿所,周二我去图书馆参加一个小型的手工艺课。我参加了哺乳母亲(Nursing Mothers)这一团体,因为我那时真的很喜欢母乳哺育。我也去儿童健身馆和游泳课。每一天我们都有活动,而我就得和人打交道。这期中,某些小组是要优于另外一些小组。但是,当孩子们去健身房时,我和那里的其他母亲相处得并不愉快,因此,他们(我的孩子)就不再去健身房了。我就想,我这么做是为了孩子们?还是为了我自己?但其实,这两者都有。”

【385】 从数据来看,这确实是一些可以表现社会排斥和社会隔绝的案例。有几个受访者曾试图通过自己的孩子而参与进去,但是并非所有人都能获得好的效果。尽管定量数据显示,基于儿童的参与活动表现出了性别极化,但是,定性数据则更能够解释其中的原因。受访者通常有两个不同的参与动机:试着做一个好妈妈,以及极力避免孤独与社会排斥。

想做一个好公民的群体。第三个群体的主要目的是想成为一名好公民。在这一群体中,成员的参与更多是公民性质的。她们的参与范围扩展至政党、管理委员会和集体性公民活动之中。尽管她们并不反对“好妈妈”这一刻板印象,但是,她们认为社区参与不能仅限于有关于孩子的活动。以下的引述就是有关这方面的例子:

> “问题在于,是什么在激励着我?我想应该是某种真正的义务和责任意识。如果人们能够更多地参与进来,那就真的太好了。当别人说‘不’的时候,我会感到很吃惊。我想,你怎么可以这么说呢?”
>
> “我真的很强烈地感受到,这是我们的责任。你知道,我们(不能)总是不断地索取。我使用州政府、当地政府以及联邦政府提供的资料和服务,所以,我觉得自己也有责任去偿还。你懂我的意思吗?我觉得自己需要给予回报。这样才是有良知的。我觉得女性也会有愧疚感,而且我们确实有回报这些服务的愿望。如果你能够理解的话,我觉得,这是我们生活中很大的一个部分。”

这一群体参与是建立在利他性的动机之上的。她们每个人都有一种成熟的公民良心的意识,并希望更多地参与到公共活动中去,这些活动也大多是社会资本理论家所倡导的。她们反对将志愿行动与性别角色挂钩,同时欣赏那些与男性关系更大的正式的角色。

尽管如此,她们每个人还是经历过被排斥的痛苦,她们也坚信,这是因为她们的性别以及母亲的角色。以下的引述来自一名曾试图加入某政党的受访者:

> “我还记得,当我们搬来这里的时候,我的一个好朋友是某个政党的成员。我其实对政治并不怎么感兴趣,但是,我想这可能有助于自己认识更多的人。我不想成为该政党的一员,只是想参加一些会议。北方的政党更倾向左派,而本地的政党则更倾向于右派一些。会议上有许多男人。我去的时候,身穿着嬉皮上衣,并带着我的孩子凯拉(Kayla)。当我给孩子哺乳的时候,天哪,那些男人马上全部停下来。我当时想,我做了什么吗?我感觉非常不适应,此后我再也没去过了。”

另一个受访者描述了自己负责组织一次政治竞选的经历。当成为竞选活动负责人的时候,她遭到许多女性同胞的反对。经过反思与总结,她认为自己越界了。她得知,别人认为她已经偏离了轨道,应该把政治性事务留给男性,并且只需做好手头的事。自此之后,她发现,女性为政党做的基本上都是募集资金之类的活儿，尤其是负责宴会餐饮。她讲述了一次政党副主席所出席的一次盛大聚会的经历，而且晚宴前后的工作都是女性负责的：

> "在募捐晚宴上，这点是最明显的。宴会的工作都是女性负责的，我们都全力以赴地干活，晚宴以及晚宴后的工作全部都是由女性承担。而男人们只是进进出出，拿走一个茶壶，洗几个盘子，但是一切都进行得很顺利，看上去很不错。但我想，不，我可没精力去做这个，于是我退出了。这里的女性与男性的工作给我留下了深刻的印象。"

【386】

数据中还有一些有关受排斥经历的案例。这一群体的受访者都怀着为公民运动出力的动机，但是也都遇到了相当大的阻力。她们认为，这是因为在农村地区，传统的性别角色更为明显。所有人在最后都退出了公民运动，没有一个人懂得该如何去面对她们所遭受到的敌意。尽管她们做家务的能力受到认可，但是，她们的政治能力却正好相反。这些故事可以解释，为何定量数据中女性的公民参与程度是如此之低。

定性研究结果小结

上述呈现的三个主题——想成为一个"好妈妈"、想避免社交孤立与想成为一个积极公民——都可以帮助我们理解，女性是如何来建构关于社会、公民以及社区参与的意义。一篇有关女性与志愿者工作关系的研究，提到了与上述主题相类似的内容（Pertzelka & Mannon，2006）。他们总结了妇女是如何将她们的志愿者行为建构成：（a）一种自身母性的表达；（b）一种社会化的方式；（c）一种参与公共生活的方式。

此外，还有不少性别战略的例子。这在第一个群体中便体现为对孩子无私的照顾。按照她们的说法，这是"好妈妈"应该做的事。对于其他群体，有人把主动参与视为"获得认可"的方式，而这又包含两种不同的方式：（a）在做母亲身份角色以及诸多的要求中生存和适应；（b）避免感到孤独。在此，自我保护意识而非利他主义，激发了她们的参与行为。那些出于利他性动机而参与，但却受到排斥的经历，则直接与她们的性别相关。

定性研究结果提供了更为深入的阐释，并且使得阶段 1 的研究结果更加稳健。这些故事强调，不仅要关注人们做了什么，还要关注他们为何这样做，以及他们的后续经历是什么样的。这些故事有助于解释一些定量研究结果，并对女性社会资本提供更为完整的解释。例如，在本研究中，女性更多地表现出胶合型社会资本，但是这又是与她们的母亲角色紧密联系在一起的。这些故事也深入地探讨了：为何女性公民的参与会受到限制。诸如时间限制、角色限制以及排斥等问题，都已经浮出水面，并且已经成为整个女性社会资本研究的一部分。

整合研究结果

本研究旨在探讨女性的社会资本，并采用混合方法，将收集到的定性和定量数据整合到一起进行相关的分析。定量数据有助于形成一个宏观的图景，以揭示男性和女性不同的参与模式。定性数据则有助于进一步发展和深化这一认知，并对其原因进行解释。

本研究使得大家对性别以及社会资本有了更全面的理解。在很大程度上，关于社会资本的理论以及实证研究都忽视了性别，然而，该混合方法研究的结果却强调了性别的重要性。本研究表明，确实存在基于性别的参与模式。男性和女性之间参与模式的不同，体现在社会、社区以及较小程度的公民参与的各个层面。总的来说，定量研究的发现证明：女性在非正式社交场合领域占有优势；而在较小的程度上，男性在团体生活中更为突出。【387】

定量研究结果也强调，男性和女性在以儿童为中心的社区参与中存在明显不同。利用叙事的方式，研究者更为深入地探究了这一系列参与背后的原因。受访者描述了其背后的复杂动机。在一些案例中，受访者根据社会建构的行为规范来衡量自己所作的贡献。一些受访者通过遵照家庭主义中根深蒂固的"好妈妈"形象来评估自己的行为。受到责任感和愧疚感的驱使，她们试图培育自己孩子的人力资本，并将这看作一个"好妈妈"该做的事情。海斯（Hays，1996）认为，所有的母亲都存在着某种"强化型培育"的意识。拉里奥（Lareau，2003）则认为，一种"中产阶级中儿童抚养新标准"的存在，支持着孩子们进行一系列的创造性和体育性活动。

瑟伯（Thurer，1994）则认为，这种社会性建构的"好妈妈"形象等同于自我牺牲。这一概念认为，将孩子的需要置于母亲的需要之上，是自然且有好处的。这个群体的成员自愿抽出时间做家务，如同她们自己母亲曾经做的那样。问题在于,她们也有自己的生活追求,并不总是喜欢母亲式的自我奉献。这些无报酬的家庭和社会角色缺乏地位与权威性(Alessandrini, 2003)。

另一个故事也是从自我保护的角度来展开的。一个受访者形容她自己是"母亲群体成瘾者",通过自己的孩子,她拼命加入各种群体组织以避免社会孤立。社会资本的研究中有这样一个假设,即参与社群生活是受利他主义驱使的。通过深究背后的机制,本研究发现了一系列更加复杂的动机和经历。

关于女性接触或参与政治活动比较有限这一问题,现有研究对此进行了广泛的关注(Burns, Lehman Schlozman & Verba, 2001)。从总体上看,在本研究中,对于公民参与中性别差异的佐证仍然比较有限。描述性数据强调了男性在诸如参与政治、工会、服务性俱乐部以及社会俱乐部等项目上得分较高。之前的研究显示了参与中显著的性别两极分化现象(Lowndes, 2000; Onyx & Leonard, 2000)。一项澳大利亚统计局(Australian Bureau of Statistics, 2001)所做的研究也有类似发现,即在男性和女性的志愿活动中出现了两极分化现象:男性在管理、领导以及维持运转方面表现突出,而女性在募资、后勤服务以及支持性倾听与咨询方面占主导。

单靠定量研究结果并不能讲述一个完整的故事。它们主要强调,女性在非正式社会参与、群体中的社会参与以及社区参与中越来越重要。但是,定量研究结果并不能解释,为何她们的公民参与程度如此之低。在此,受访者对于她们日常生活的描述是很有好处的。她们经历了强烈的冲突和排斥。这与性别以及性别期望密切相关。她们认为自己一直被期望成为"好妈妈"的角色。这种性质的志愿活动,使得她们联想到自己在家里所做的那些没有报酬的家务活。有的人很喜欢做家务活,但大多数人都认为她们做家务是在浪费时间。当试图参与公民性活动时,她们会觉得受到排斥,仿佛要进入公民世界之前,她们要先努力进入某些排外性的男性俱乐部。有证据证明,在此存在着康奈尔(Connell,2002)所提出的性别次序。对于本研究,质性数据再一次解释了统计数据背后的故事。

尽管很有多文献是研究性别角色的社会建构,但是,在有关社会资本的文献中,它们很少讨论性别的影响。混合研究方法的魅力就在于建立一个综合性的框架,这弥补了社会资本文献中对于这方面关注的缺失。【388】

● 结论

女性主义研究是从女性的视角来阐述女性的经历。总体来看,女性主义研究者更喜欢使用定性研究方法对这些主观经历进行探究。但是,本文的结论表明,对于一些女性主义研究中的问题,采用混合的数据收集方法能使其得到更好的解答。在试图游说时,那些试图影响有关女性议题政策与议程的研究者,应该努力展现出与之紧密相关的数据。显然,这可能更有助于说服那些非女性主义的决策者。女性主义中的混合方法,可能为解释复杂社会问题提供了最好且最有说服力的研究路径。它能够讲述一个更具解释力、更生动的故事,并在更广泛的范围内解释性别差异这一问题。

迄今为止,关于社会资本的理论性或实证性研究,很少关注性别因素。通过混合方法研究设计,本研究试图强调性别因素在社会资本研究中的作用。尽管以前的研究很少采用定量方法,但是,混合方法的使用能够让性别不平等的研究更有说服力。在本研究中,两类数据合在一起,共同发现了女性社会资本的统计数据与背后的故事。定量数据展示出了性别参与模式的细节,并从整体上揭示了性别不平等这一现象。定性数据则提供了个案故事,同时也为增加本研究的深度和内涵提供了许多思考。总之,混合方法的数据收集路径,为探究女性参与中的特定性别秩序提供了一个很有说服力的研究基础。

参考文献

略。

附录 F——多阶段设计范例

干预研究中的混合方法:从理论到应用[1]

Bonnie K. Nastasi[2]
John Hitchcock[3]
Sreeroopa Sarkar[4]
Gary Burkholder
Kristen Varjas[5]
Asoka Jayasena[6]

本文的目的在于:阐释混合方法研究设计在一个多年的研究项目与发展计划中的应用。【392】该项目与计划的目标包括:在发展基于证据的实践时,进行文化特性的整合。为此,作者计划运用五个与不同项目开发研究阶段相关的混合方法设计:(a)开发性研究(formative research),定性→/+定量;(b)理论发展或理论修正与检验,定性→定量→/+定性→定量……定性→定量;(c)工具开发与检验,定性→定量;(d)项目开发与评估,定性(Qual)→/+定量(Quan)→/+定性→/+定量……定性→/+定量,或者定性→←定量;(e)评估研究,定性+定量。我们试图阐明,这些设计是如何应用于一项在斯里兰卡实施的多年研究项目,其中包括两个方面:创造并验证根据民族志方法而形成的心理评估测量(ethnographically informed psychological assessment measures),开发与评估文化层面的特定干预项目(culturally specific intervention programs)。

关键词:混合方法;干预研究;评估研究;文化特性

鉴于当前对于实证研究与文化研究的双重重视,对于研究者与干预者而言,识别文化上适当的且基于证据实践的模型便成为了重中之重。应用于干预研究的混合方法设计,可以根据研究计划的特定目的或阶段,而采取多种形式(对于混合方法设计的深入讨论,可参见 Tashakkori & Teddlie,2003)。多数的混合方法探究(比如 Creswell,2003;Tashakkori & Teddlie,2003)并未详细讨论多阶段评估项目,也没有讨论在诸如教育学和心理学等应用领域中,以发展文化适当实践(culturally appropriate practices)为目的的混合方法设计应当扮演什么样的潜在角色。莫尔斯(Morse,2003)讨论了混合方法设计在整体研究项目中的个别研究上的应用,但并没有为实施整个研究项目而提供一个综合性的多阶段模型。此外,虽然各种定性研究设计(比如民族志)非常适用于理解文化与时代背景,然而,对于推动带有文化特性的测量工具(比如心理评估工具)与干预手段在定性与定量方法上的整合,却受到较少的关注(参见 Hitchcock et al.,2005)。

---

1 原文信息:Nastasi, B. K., Hitchcock, J., Sarkar, S., Burkholder, G., Varjas, K., & Jayasena, A. (2007). Mixed methods in intervention research: Theory to adaptation. Journal of Mixed Methods Research, 1(2), 164-182.

2 瓦尔登大学,明尼阿波利斯市,明尼苏达州

3 瓦尔登大学,明尼阿波利斯市,明尼苏达州

4 瓦尔登大学,明尼阿波利斯市,明尼苏达州

5 佐治亚州立大学,亚特兰大

6 拉代尼亚大学,斯里兰卡

我们建议,项目开发研究的过程最好是一个定性与定量数据收集的循环过程,类似于定性(Qual)→定量(Quan)→定性→定量……(定性→←定量)。定性方法(Qual)可以用来生成开发性数据(formative data)以引导项目发展,接下来的定量评估(Quan)则可以检验项目的有效性。开始的定性数据(Qual)旨在适用于新环境和新参与者的项目设计;通过收集此类定性数据,研究者可以大大促进其在另外一个设定环境中的应用。而之后的定量数据收集(Quan)则可以检验项目的成果。这一序列可以应用于多阶段的设置与各种参与群体。在初步适应当地环境之后,项目实施与评估则可以采取一个循环过程(定性→←定量)——其中,定性和定量数据的收集均传达了正在进行的修正,并暗含了未来的项目发展与应用。

本文的目的在于:展示混合方法研究设计在多年研究项目与发展项目中的应用,而这些项目【393】的目标,则包括将某些文化特性整合进实证研究之中。特别地,我们将重点阐释混合方法设计在两个方面的发展与检验:根据民族志方法而形成的心理评估测量,以及对于文化层面的特定干预项目的开发与评估。

● 启发式模型:从理论到应用

根据参与式的特定文化干预模型,为了阐述一项多年的研究与发展项目,我们提出了一个启发式模型,其是一个循环的研究←→干预过程(an iterative research←→intervention process)(这一过程见图 F.1)。在研究伊始,我们将进行开发性数据的收集,并以此验证我们根据现有理论与研究所提出的概念化模型。在这一阶段,定性研究方法被用来识别与定义针对特殊文化或环境的构念(constructs)/变量(比如在一个特殊文化类型中解释/预测心理健康、暴力行为或学业成绩的个体与环境因素)。然后,使用定量研究方法检验模型——比如使用工具验证技术和(或)实验或准实验设计。评估研究包括定性与定量方法的三角校正,以检验作为开发和总结过程的干预方法的可接受性、完整性与有效性。作为一个正在进行的开发性评估过程,研究的应用可以帮助进行干预模型的系统性修正,并符合特定环境需要的项目设计(比如针对特定学校与社区干预的应用)。由于干预可以应用于多类群体与设定环境中,因此,混合方法的反复运用可以帮助展现一般性干预模型的适应性与发展过程。

● 将混合方法设计应用于多年的研究与发展项目:一个实例

正如图 F.1 所描述的那样,包含于任何给定的多年计划中的多重研究目的(比如开发性研究、工具开发、评估性研究)均表明了使用混合方法设计的必要性。我们提出了一套可适用于从理论到应用过程各阶段的研究设计,其中包括五项设计(表 F.1)。根据我们一项正在进行的多年项目的干预研究,即斯里兰卡心理健康促进项目(the Sri Lanka Mental Health Promotion Project, SLMHPP),我们将着重阐述和说明这五项设计——虽然图 F.1 为描绘应用于项目发展过程的理论提供了诸多启示,然而,我们的重心还是会放在表 F.1 的五项设计之上。(对于其他应用于多年研究与发展项目的例子,可见 Nastasi et al., 1998—1999; Nastasi, Schensul, Balkcom & Cintrón-Moscoso, 2004; Schensul, Mekki-Berrada, Nastasi, & Saggurti, in press; Schensul, Nastasi & Verma, 2006; Schensul, Verma & Nastasi, 2004)

斯里兰卡心理健康促进项目实施地点位于斯里兰卡的中部省份。在该项目中,我们应用了各种混合方法设计以(a)实施开发性研究,(b)发展、检验文化特性理论,(c)发展、建构文化特性的测量工具,(d)发展、评估一项文化特性的干预项目。而对于文化特性理论和心理健康计划的进一步验证,则正在印度和斯里兰卡的其他地区进行。在此,我们试图呈现混合方法的运用——这些混合方法主要应用于从理论到应用过程中的特定阶段或目标,然而,值得注意的是,各个阶段的区分则是人为设计的(正如图 F.1 所反映的那样)。因此,在实际研究中,开发性研究与理论发展可能是重合的,而理论验证与工具发展也同样如此。此外,各阶段也并非一定按顺序开展,也可能同时或反复进行。(正如我们之前所说的,来自于研究计划各阶段的部分发现,已经在别处发表或展示。然而,本文则反映一个多阶段混合研究框架之中的整合工作)。

图 F.1 干预研究过程中的混合方法:从理论到应用

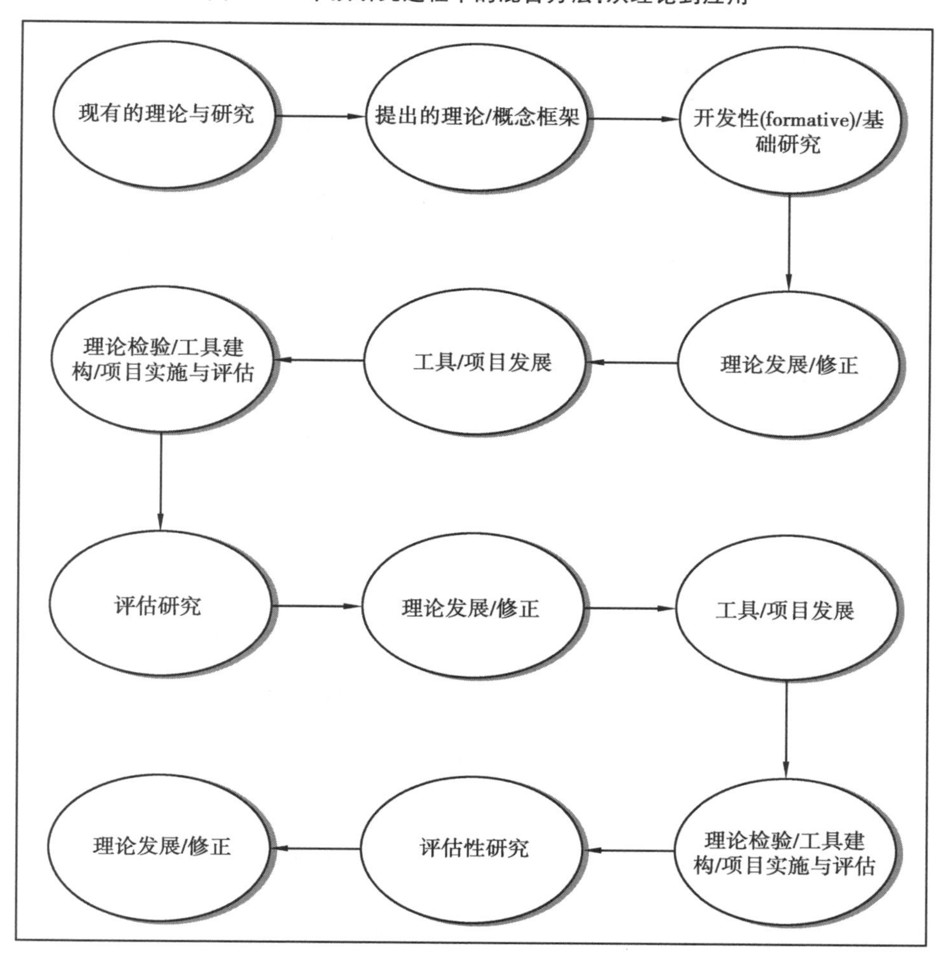

【395】

开发性/基础研究阶段:定性→/+定量

混合方法在干预研究开发性阶段的应用,以时序式或并行式的定性与定量数据收集为主要特征(表 F.1)。在斯里兰卡心理健康促进项目中,我们采用的是时序式的研究设计,初始的定性数据收集可以帮助进行理论发展与心理测量工具的设计。之后,这些测量方式则可以用于收集更大规模和更大代表性样本的定量数据,故而也可以扩展和验证开发性研究的发现。

一项研究的结果主要关注斯里兰卡青年的危险性性行为,所以来自美国的研究者开始储备有关斯里兰卡青年知识储备与教育文化的信息,以识别心理健康服务的需求,以及与专业人员、社区成员建立伙伴关系。一项开发性研究曾于1995 年在斯里兰卡进行,其考察了与这一国家学龄期群体心理健康相关的个体与文化建构,并评估了学校中的心理健康服务需求(Nastasi, Varjas, Sarkar & Jayasena, 1998)。

这一工作主要建立在一个基于生态发展理论的概念框架之上(Bronfenbrenner, 1989)。该模型的一个主要假设是:批判性的个体与文化因素影响了心理健康,也就是说,一个人的心理健康状态往往受到以下因素的影响:(a)由于个人和家庭史所带来的个体缺陷(比如早期的学业挫折、家人酗酒);(b)社会文化的压力因素(比如社区暴力);(c)个体所掌握的有价值的文化竞争力的程度(比如科研能力、社交技能);(d)文化特性的社会化实践(比如校纪校规遵守情况)和负责促进能力发展的文化机构(比如家庭、老师与媒体);(e)处理日常压力与重大生活变迁的个人资源(比如问题解决能力);以及(f)对年轻人可用的社会文化资源(比如同龄人、家人、心理健康设施)。这一概念框架已经被用于美国学校的心理健康项目的发展(Cowen et al., 1996; Nastasi et al., 1998; Nastasi,

Moore & Varjas,2004;Roberts,1996)。

项目过程中,我们在斯里兰卡中部省份18所学校收集了开发性研究数据。这些数据被用于建立对个体与文化因素(如上所述)的理解,而正是这些因素影响了斯里兰卡青年人的心理健康。定性数据收集包括51个焦点小组访谈(学生33个、老师18个),对学校校长、老师的访谈,在学校的参与式观察,以及诸如校级报告、历史与文化文献、公众心理卫生文献与大众传媒等材料。此外,我们还对于来自先前的危险性性行为项目(Nastasi et al. ,1998—1999)的定性数据(深入访谈)与定量数据(根据民族志方法而形成的心理测量)进行了二次分析,该项目主要关注的是年龄较大的青少年与较年轻的成年人。

【396】

表 F.1 应用于多年研究与发展项目的混合方法设计

计划阶段	设　计	在SLMHPP收集的数据类型
开发性/基础研究	Qual→/ + Quan	焦点小组访谈 个人深入访谈 关键信息访谈 参与式观察 档案材料(如学校的记录) 文化与历史文献 大众心理健康文献与大众传媒 相关资料的二次分析(来自于之前关于性风险(sexual risk)研究项目的定性与定量数据,这些数据来自于同一社区的年龄较大的青少年与较年轻的成年人)
理论发展或修正与验证	Qual→Quan→/ + Qual→Quan…Qual→Quan	基于开发性研究数据的文化特性理论发展与量化的心理测量(自己的与老师的报告)
工具开发与验证	Qual→Quan	实施对于600名学生和100名老师的心理测量通过对定量(心理测量)数据的综合系数分析(combined factor analysis)与定性开发性数据的分析,进行工具验证与理论检验,进一步的理论发展则通过在印度的类似的开发性研究(定性访谈)
项目发展与评估	(a) Qual→/ + Quan→/ + Qual→/ + Quan…Qual→/ + Quan; or (b) Qual→←Quan	基于开发性研究数据的项目发展 开发性项目评估(项目监督): 参与式观察 教师访谈/会谈 会话记录(Session logs)(教师与观察者) 教师会话评估 学生会话评估 现场记录笔记(field notes) (来自会话环节的)学生叙述记录
评估性研究	Qual + Quan	实验性的事前—事后控制小组设计(总结性评估) 事前—事后的学生和老师的心理测量 干预后的老师访谈 学生评估活动 开发性评估数据的重新分析

注:Qual是定性方法;Quan是定量方法;"→"表示"时序式设计"中先后进行顺序;"+"则表示"并行式设计"中的同时进行;"→/ +"表示时序式或并行式;"→←"表示反复或交互作用;SLMHPP表示"斯里兰卡心理健康促进项目"。

发现

定性数据提供了主要心理健康构念(比如压力、能力)的文化特性定义,同时也为详细阐述这些概念框架(比如特定于斯里兰卡的因素的识别

【397】与定义;Nastasi et al. ,1998)打下了基础。此外,开发性阶段的发现还提供了在心理健康定义上的性别差异与类似之处,而这些主要来自处于青春期学生的描述(Sarkar,2003)。

能力。无论男性还是女性,身处青春期的学生都认为,社会上有能力的个体是尊重他人的,乐于助人的、忠诚的、值得信赖的和有同情心的。

他们还认为,这样一个人会劝导他人,对社会有责任感(比如热爱她或他的国家,为国家的兴盛而工作)。然而,只有女学生会将友情看作一个重要的品质。(在这一部分除非引用其他文献,否则都来自 Nastasi et al. ,1998;Sarkar,2003)

学生对于学习能力的定义,则与优秀学习成绩和努力争取优秀学习成绩直接相关。一个学习能力强的人往往"不仅善于学习,而且也擅长课外活动"。在定义行为能力时,学生们认为,对于那些适应性强的人,他们最重要的特征包括良好的品行、谦虚以及遵守规范等。他们认为,一个遵纪守法的人一般不会祸害国家。此外,学生们无论男女,均表示尊重老人是另外一个行为能力的关键特质。

调整性困难。学生们认为,在斯里兰卡青少年中,存在若干调整性困难,主要包括诸如吸烟、毒品泛滥与自杀等。据报道,斯里兰卡青少年的自杀率的确居高不下(Nastasi et al. ,1998)。而与学生的访谈内容中,也同样反映出他们对于自杀的担忧。此外,青少年中的女性表示,她们受到焦虑等负面情绪的困扰,而青少年中的男性则表示,他们对于未来的不确定性感到焦躁不安。而无论男女,他们均认为,青少年的调整性困难主要与较差的学习成绩或对于成绩表现的担忧相关。这些包括疏于学习、学习上的失败(比如考试上的失败)与成绩焦虑(比如"担心考试成绩")。

在斯里兰卡的学生中,社会性调整困难包括侵犯、被忽视的责任,以及不受他人信任或孤立无援。对于社会性调整困难的形式,斯里兰卡的男孩还描述了卷入盗窃、抢劫与加入帮派等犯罪活动。斯里兰卡女孩则认为,干涉他人事务、诽谤或污蔑他人则是社会性调整困难的表现形式。

压力因素。据学生描述,学习上的压力因素包括:学业失败、严格的考试过程、娱乐休闲机会稀缺而带来的高强度的学习压力,父母与社会对于高分的期望,以及高等教育机会有限与高失业率而带来的未来焦虑症等。的确,在斯里兰卡,只有仅仅 2% 的学生可以进入大学学习,而其他学生的经济前景则并不乐观。

主要的家庭压力源包括:父母(主要是父亲)的酗酒、家庭贫困、家庭暴力、父母争吵、父母离婚或分居以及与父母分居等。此外,学生们还觉得缺少父母的关爱与重视,被父母抛弃也是家庭压力因素的来源。学生们还讨论了孩子的亲职化[1](parentification of children)(比如父母不在时孩子承担起家庭责任)。这一情况常见于母亲在中东工作的家庭中。学生们还讨论了他们母亲不在情况下,孩子们受到的身体虐待及性虐待,讲述了由于文化因素等关系男女互动受到的限制。

学生们还认为,经济困难和贫困是主要的社会压力因素。此外,男学生讲述了战争、恐怖主义【398】与不公正等其他社会问题,而失业率也被他们反复提及。与此相反,女学生并未提到失业率这一问题。这很可能与男性作为家庭主要负担者的社会定位有关。而女学生则认为,就她们的性别而言,性别不平等(如女性自由的缺乏与对于男女的不同预期)和性骚扰则构成了社会压力来源。男学生还表示,斯里兰卡内部的种族争斗、政治暴力与国家的普遍腐败也是他们的主要担忧。

学生们认为,爱人的死亡、人际关系的损害、背叛以及误解,均属于人际关系压力源。据他们所言,同龄人的嘲笑、与朋友的争斗、被朋友所忽视等会伤害他们的感情。此外,与父母争吵、被父母强制学习而没有休闲活动,以及父母的控制行为,都会使得青少年与其父母的关系日益紧张。尽管担忧这些人际关系,但是,在人际关系压力源这一重大问题上,学生们依然将同龄人与父母当作潜在的支持来源。

脆弱性。学生们还认为,贫穷、缺乏家庭支持、酗酒与毒品泛滥以及学业失败,是使得他们脆弱并导致心理健康问题的主要生活因素。而对于焦虑、紧张不安与健康问题的讲述则呈现出明显的性别区别,这些均主要限于女性受访者。

社会化。在描述社会化过程与机构时,斯里兰卡青少年认为:教育体系在青年人社会化过程中扮演了至关重要的角色。学生们讨论了文化上对于高学业成就的重视,以及其与休闲时间有限所形成的对于青少年学习方面的合成压力,同时还认为,大家为获取额外的学习辅导而过多依赖于付费型课程(家庭教师),而这又与学习成绩重要性紧密相关。此外,青少年还认为斯里兰卡社会较为重视专业性工作(比如医生、工程师)。标准化考试成绩在 10 级(普通水平,O/L-ordinary level)和 12 级(高级水平,A/L-advanced level)则决定其可以进入政府资助的大学,并在主修领域学习(那些最高分的学生则可以进入医学,然后是工程学等专业学习)。

文化规范。对于斯里兰卡的文化规范,学生们认为,整个社会十分强调对于老年人的尊敬。

---

1 亲职化(parentification)指儿童和青少年超出自身发展水平过早地扮演父母角色。——译者注。

这一规范影响了父母与孩子间的人际关系,也可以解释报告中成年人与孩子间的社会与情感疏离(social and emotional distancing)。此外,学生们还提到了对于男女交往、互动的限制,谈到了父母与社会对于男孩与女孩人际交往的不赞成。相对于被认为更加独立的男孩而言,多数的女性受访者还描述了女孩在自由或独立上的缺乏。在其他主要的社会规范中,斯里兰卡青少年还谈论了婚姻(比如父母安排或批准的婚姻)以及嫁妆习俗等。

开发性阶段的数据收集,不仅有助于文化特性理论的发展建构,同时还有助于文化特性评估、干预,以及持续五年的教师培训材料等事宜的发展。接下来的步骤同样反映了混合方法设计。

理论发展/修正与检验阶段:定性→定量→/ + 定性(定量……定性→定量

理论发展与检验阶段可以描述为这样一个过程:首先进行定性数据收集以为理论发展提供足够的信息;紧接着,进行定量的理论检验,以及时序式或并行的定性数据收集,从而修正理论;再是定量模型以检验修正后的理论,如此反复。混合方法在不同文化、环境与群体间的重复运用,可以极大地发展那些既反映普适性又反映文化特性的建构性概念。在斯里兰卡心理健康促进项目中,为了概念化与心理健康相关的个体与社会文化因素(见前面的开发性阶段),我们发展了一个文化特性框架。定性与定量数据分析的整合运用扩展了我们所发展的理论。这些工作将会反映在下一阶段的工具发展过程之中。此外,在印度加尔各答的时序式定性数据收集,则有助于拓展在其他亚洲国家背景下的理论发展(Sarkar,2003)。在斯里兰卡大海啸这一背景下,我们正在进行的研究工作将会考察该分析框架的应用。

【399】

工具发展与建构阶段:定性→定量

诸多信息来源表明,抽象的心理现象评估在不同文化间存在差异(见 Hitchcock et al. ,2005);在评估自我意识时更是如此(Harter, 1999)。斯里兰卡心理健康促进项目中工具的发展,则是混合方法在这一方面的应用,并使用时序式的定性—定量设计以进行文化相关的测量。定性研究方法被用来收集发展工具的必要信息,接下来的定量方法则用来进行工具建构。正如之后要讨论的那样,这一研究路径展示了获取一些发现的重大潜力,而单独依靠定性与定量分析,是无法得到这些发现的。在上述项目中,为了建构文化特性工具,我们运用一项时序式的定性—定量设计,从而评估与心理健康相关的心理构念。这一部分说明的工具发展与建构过程,与前一部分的理论发展与检验相重叠,即包含一个重复的定性—定量过程。

心理工具的发展,主要基于前面所述的关于文化重视能力的发现,并来源于开发性研究与哈特(Harter,1999)的自我意识理论。哈特认为,积极的调整要求文化重视预期与自我评估能力之间的一致性。比如,一位来自美国的男性研究者,便很可能置身于一种重视统计分析技能超过诸如十字绣技能的文化之中。如果这位研究者坚信他具备充足的统计技能,那么便可能在其感知能力与有价值的事物之间存在一致性;同时,其十字绣方面的技能将很可能对其自信无法产生影响。

基于这一广义的自我意识理论,研究者相信,斯里兰卡青少年心理健康的关注点很可能依赖于某种不一致,即他们对于其能力的感知与未来有价值的事物之间的不一致。阐述得再清楚一点:对于什么能力可能是有价值的,我们做了一个有限的先验性猜测(a priori guesses);而且,同时还假设价值观念与自我信念(self-beliefs)之间的一致性,将预示着积极的调整,反之亦然(即这种不一致性则预示消极的调整)。关于我们所做的先验性预期,其中一个例子则是,如果她认为自己不能成为一个强大的学生的话,那么这位青少年便将经历困苦。请注意:斯里兰卡社会对于教育成就有很高的预期;确实,我们相信,如果一个学生考试表现不佳,便会使其家人蒙羞;而考试成绩不佳在本质上又是高风险的——因为考试又是通往高等教育的敲门砖。其他的先验性预期还有,斯里兰卡青少年具有文化特性的压力源、应对机制、支持结构以及与压力相关的情感表达方式。我们还相信,其中的一些现象存在性别上的差异。开发性研究阶段的定性数据收集,则为检验这些假设与理解这些文化特性概念,提供了坚实的基础。

在一系列整合了民族志与因子分析技术的研究中,我们发展了两类测量工具:第一类(总共发展了五种测量方法)用以评估文化特性的能力与价值之间的关系(Nastasi, Jayasena, et al. ,1999a);第二类(总共 7 种)则包括文化上的特定情境(culturally specific scenarios)——青少年学生应该发现这些情境会产生压力,接下来再评估这

【400】

些学生如何应对上述压力(比如情绪化地应对、积极地处理、寻求支持或出现不能适应环境的举动;Nastasi, Jayasena, et al.,1999b)。后一类工具主要用来测量干预性的探索性评估结果,而这些干预则是为斯里兰卡青年们"量身定制"的。

发表在《校园心理学杂志》(Journal of School Psychology)上的一篇文章(Hitchcock et al.,2005)展示了一种"定性→定量"工具发展的混合方法路径。该研究详细说明了,他们如何使用611名斯里兰卡青少年的相应回答来进行这一混合方法研究,从而提供了基于民族志方法的心理测量工具。这一工具在主要的方法论——定性与定量——之间建立了关键的链接。因为其主要建立在定性调查基础之上,并将调查信息整合进定量数据,从而可以进行相关的因子分析应用。如果由定性推论所得到的建构性概念与因子分析结果相一致,那么方法间的三角校正便是成功的,一种对特定文化现象敏感的标准化测量便得以发展。对于这一路径的阐释,我们所使用的数据主要来自基于民族志方法对自我意识进行的心理测量,这主要是基于哈特(Harter,1999)的研究。

在从当地的、具有针对性文化知识专家那里获取指导之后,这一测量工具还经过了转译(比如从英语到僧伽罗语,再到英语,以确保语义的准确性)、试测与改善。然后,研究者再根据种族、宗教与经济社会境况等特征进行抽样,在样本中使用这一测量工具。这一样本总共611名学生:其中315名男生,296名女生;从7年级到12年级,年龄在12岁至19岁,并横跨6个学校。根据对于来自焦点小组讨论与个体访谈(比如与学生、家长与学校职员)以及来自文化领域档案信息(比如报纸、学校文档等)等数据的再分析,研究者可以识别出对于各种目标问题的回答。过程大致如此:描述一个有压力的学校情境或家庭情境,之后的定性分析则可以产生一些心理构念,以解释各种回应或回答,以及高度针对某些利益背景的心理测量发展。

因为先前的定性数据(Sarkar,2003)表明,通过因子分析所识别的构念可能需要区分性别,所以,我们对定量数据进行了二次分析(Hitchcock et al.,2006)。基于第一次自我意识测量(……)的相关因子,我们可以发展相关的次级量表。方差分析则用以检验性别的差异。正如预期,关于恰当行为的次量表测量(the Suitable Behavior subscale),具有显著的统计差异。而且,结构性的均值分析也表明,不当行为的分值或权重在男生与女生之间存在差异——这就是说,男生与女生均意识到了不当行为这一事实,但却以不同方式来表达出来。总体来看,男女差异在个人/人际需求这一概念上并不明显。对于恰当行为而言,女生给予了较高的分值,这表明她们比男生更常卷入不当行为之中。关于不当行为的回答,男生与女生也存在差异。这很可能源于这一事实,即这一定性概念/因子的形成主要与加入帮派、携带武器与毒品泛滥等相关;而这些行为往往只与男生相关联。同时,女生的日常行为会更加节制。当然,我们需要跨方法的数据验证来得出结论,并以此来发展一套对性别与文化均敏感的测量工具。

正如之前的论述,这一混合方法路径旨在发展针对斯里兰卡青年文化的测量工具——任何单一路径均很难完成预期目标。开发性的民族志工作,则提供了对于与文化相关概念的初步识别;反过来,这些概念又可以产生可用于大样本的具体【401】测量名目(当然,当处理更大的样本时,使用定性方法一般是无效的)。通过跨方法的验证、对于构念如何在量化因子中呈现的说明,以及运用统计检验对假设的性别差异进行验证,我们的分析则可以提供对于文化相关构念的具体测量工具。斯里兰卡心理健康促进项目的结果之一便是,其可以当作将来研究的"蓄电池";而且,正如接下来所阐述的,这一方法还可以提供对于特定文化结果的测量,而这些测量工具又可用于随机控制实验,以验证文化特性的干预效应。

我们所发展的第二套测量工具,则可以评估斯里兰卡青少年可能如何回应这些文化特性上的压力。通过一系列与利益相关者(特别是学生、管理者、教师与父母)的小组和个体访谈,我们可以识别一些假设性的压力源(见开发性研究阶段)。我们的数据中呈现了三类压力源:学术上的、家庭的以及社会的。同时,受访者也表明,这些压力源可能通过聚焦于情感的应对、关注难题的策略或从寻求他人帮助等方式来处理。

为了评估学生们如何应对这些假想的文化特性情境,从之前开发性研究阶段的定性分析中,我们设计了七种情境(表F.2),并将其作为心理测量的小片段来呈现。同样从开发性数据的定性分析中,我们可以形成一系列的测量名目或问题;而这些测量名目或问题,则可以评估学生如何应对这些情境,而最后的测量值则作为评估文化特性干预效力的测量结果。通过转译的方法(比如从英语到僧伽罗语再到英语),每一种情境均被翻译为这一小组学生的主要语言,这样可以确保语义的准确性。之后,这一工具会被应用于 120 名斯里兰卡学生——他们来自于不同的城市与郊区、不同社会经济处境以及不同的种族。

除了人口统计学的相关问题外,其余所有问题均使用三分量表的形式(比如非常、有一些、完全不)。我们使用的测量工具,试图基于文化特性来获取受访者的压力源与对如何应对的认知。通过这一测量工具,我们可以获知青少年学生如何进行自我评估。为了评估对每一种情境的反应,学生们按照相关规范回答相应问题——包括评估他们的情绪反应、应对测量、社会支持(比如从他人获取情感性或工具性的支持),以及由诸如酗酒、自杀倾向/尝试、欺负同龄人以及不适身体症状等压力性经历所导致的与健康相关的困难。

定性分析则产生了一个先验性的预期,如果面对这些假想的压力源,那学生将认同这些调整性困难、应对策略与社会支持的暗示。但是,请注意,包含情感、应对、支持与调整性困难等混合因素的预测因子也只是一种预期。为了验证这些预期,我们将使用主成分分析法(principal component analyses, PCAs)(Nastasi et al.,即将出版)。对于所有情境,这一分析产生了如下因子:调整性困难——陷入被该文化贴上"不受欢迎的""不恰当"标签的发泄行为;社会支持,社会资源(家庭、同龄人、学校/心理健康的工作人员)的感知性效用;悲痛的感觉,积极应对缺失下的情感反应(比如悲伤、生气、迷惘)。分析所产生的结果与定性的预期一致。而且,因子分析表明,对于压力源反应的变异,是作为应激情境与关于自杀文化含义等问题的函数。总之,这些因子在很大程度上与定性发现相一致,并表明,上述呈现压力源的三个构念在斯里兰卡青年文化中是有效的。为了评估这些测量工具的可靠性,每一情境分别计算的阿尔法系数表明其具有良好的内部一致性(从 0.75 到0.90)。

【402】 **表 F.2 评估压力源应对的假想情境**

学业情境

情境 #1

现在,你正在为了普通等级(O/L)考试而认真学习。你的母亲是一名医生,你的父亲是一位工程师。你的父母想要你成为一名医生,所以在该考试中取得好成绩对于你至关重要。你参加了一项每周 7 天的付费课程,将你所有的时间都用在了学习之上,从而没有多余时间用于与朋友出去旅游或其他休闲活动。

续表

情境 #2

由于差几分你未通过高级水平(A/L)考试,而且你非常担忧你的将来。你想要成为一名工程师。你的家庭难以负担你去私立学校或国外学习。对于应该做什么,你倍感迷茫。

情境 #3

你正在与其他 50 名学生一起上一堂数学课,老师正在讲解一个新的数学主题。你并没有理解老师的讲解,但也没向老师提问,因为其他学生会指责你占用课堂时间。

人际关系情境

情境 #4

你陷入了一场秘密恋情之中,你与你的男/女朋友刚刚分手。你不能与家人、老师交流此事。你夜不能寐,你的父母与老师询问你为何如此,你不知道该如何是好。同时,一位搜查你书包的学校巡视人员发现一封情书,并将此交给了你的老师。然后老师叫来了你的父母。你的父母与老师禁止你与你的男/女朋友再有任何交往。

家庭情境

情境 #5

你与你的家人露宿街头。你有一套校服但却没有鞋子。在学校,你经常感到饥饿和困乏。你是非常优秀的学生。你喜欢书法,并请求老师把她放置午餐的纸袋留给你,以练习书法。放学后,你与兄弟姐妹在街上乞讨。

情境 #6

你的母亲依旧在中东工作了约一年。她定期给家里寄钱回来,但却几乎无法与孩子直接交流。你是家里最年长的孩子,并已经承担起照顾弟弟妹妹的责任。你的父亲已经从乡下找了一位继母,她与大家生活在一起,并帮你分担家务。当你反对继母住在家里时,你的父亲狠狠地打了你。由于严重的虐待,你正在考虑离家出走。你的一些朋友已经离开了家并组织了一个帮派,并邀请你成为其中一员。

情境 #7

这是学校大考将近的一天。你从学校回到家;当你踏入家门的时候,你的父亲正在对你的母亲吼叫。你的父亲正在喝酒,并让你的母亲做饭。她说晚饭还没有准备好,因为她不得不找钱买米。你的父母开始为钱争吵。当你的父母准备晚饭时,饭却烧煳了。你的父亲开始对她怒吼,并将饭打翻在地。你的母亲说:"我会做更多的。"然后她开始哭了起来。你的父亲让你去收拾这个"烂摊子";而你的母亲却说你应该去学习,而不是打扫你父亲打翻的米饭。之后,你的父亲开始殴打你的母亲。

资料来源:Nastasi 等(in press);经许可转载自 Sage 出版社

【403】

项目发展与评估阶段:定性→/ + 定量→/ + 定性→/ + 定量……定性→/ + 定量;或者定性→←定量

应用于项目发展与评估的混合方法,具有时序式或并行式、重复使用定性与定量方法的特征,其目的在于设计、修正与评估该项目(表 F. 1)。比如,开发性的定性与定量数据可以进行项目设计;通过项目实施中的并行式或时序式的数据收集,则可以进行项目评估;而评估结果则可以帮助进行项目修正,从而符合当地需求。或者,这一过程也可能是交互式或反复式的,其中,定性与定量数据收集会在某项研究基础之上实施,以进行项目设计、开发性评估与修正/应用。

斯里兰卡心理健康促进项目的开发性阶段,为设计心理健康促进项目提供了基础(Nastasi, Varjas, et al. ,1999),其是在斯里兰卡中部省份的一所学校进行的小规模初步测试。研究者实施了一个随机控制实验,以检验项目的有效性,并进行了并行式与时序式的定性—定量数据收集,其目的在于开发性评估、项目修正与结果评估。这一项目由 18 个会话环节组成,并在超过四周的所有工作日进行这一阶段的研究。学生样本包括 7—12 年级的 60 名学生。会话环节由老师(来自参与的学校)与教师培训者(来自当地大学)协助进行。学生们被分为个人、小型小组或大型小组来参与预设的活动。从这些活动中,研究者识别:文化上的预期、压力源、应对机制以及关键生态环境(社区、家庭、学校或同龄人)中的社会支持;文化上适当应对策略的发展与实践;同龄人支持活动的参与情况等。项目文化特性的例子之一便是一连串的生态环境,而研究者则鼓励学生们从中识别压力源与社会支持。相对于为美国人设计的典型的社会情感学习课程而言,斯里兰卡心理健康促进项目的课程设计,关注的是与他人人际关系中的“自我”(而对孤立的自我则给予最小的关注);并且,以探索社区/社会环境中的自我为开端,然后再推进至更亲近的环境(诸如学校、同龄群体以及家庭)。而在美国,典型的项目则往往在开始时关注自我认同(和自我护理),然后再向人际关系(担心他人)中的自我推进,最后才探索社会/社区(社区服务)中的自我。

在项目实施期间,研究者收集了各个环节的开发性评估数据——这些环节关注于考察项目可接受性、文化关联和社会有效性、完整性以及即时影响。数据收集工具包括:课程环节的参与式观察与每周的教师培训会议;与老师、学生和学校管理人员的关键信息访谈;由学生、老师以及观察者完成的环节评估表格;各环节记录(比如学生们的叙述记录、生态环境中压力源与支持的可视化描述;关于更为详细的评估方法与工具信息,可以从第一作者处获取)。在每一环节之后,研究者均会讨论这些数据,并用以改进课程与老师的培训和协助活动。之后的数据收集则为进一步的修正提供反馈信息。因此,这一反复【404】的过程主要体现在定性与定量数据的整合与应用,而这又可以为正在进行的项目修正提供决策信息。

评估研究阶段:定性 + 定量

评估研究的混合方法应用,具有同时使用多重定性与定量数据收集方法的特点,这有利于以一种综合性的方式进行数据验证与项目评估。项目评估的综合性途径已经超越了传统的评估效力观念,即评估项目可接受性、社会有效性(应用与日常生活)和文化特性(文化背景的关系与适当性以及参与者的经历)、项目实施的完整性或质量、即时的与长期的结果,以及项目工作力度的持续性与制度化(见 Nastasi, Moore & Varjas, 2004)。而且,综合性评估包括从多种信息中收集数据,并从多元视角来进行阐述。

在斯里兰卡心理健康促进项目中,其试点项目中的评估是一种并行式的定性—定量设计。正如之前的论述,开发性评估(其反映了反复的混合方法设计)强调了可接受性、社会有效性与文化特性、完整性以及即时的项目影响。此外,结果评估使用了前后对照实验设计(N = 120;实验组 60 名,控制组 60 名),该设计将同时收集定性与定量数据。结果测量包括学生前后的自我报告测量(以开发性数据为基础而设计的文化特性的心理测量),体现在最终环节产品中的学生反馈(来源于为评估目的而设计的结构性对话环节),以及与项目实施者(老师与老师培训者)进行的事后干预小组访谈。

我们使用了一系列的虚无假设显著性检验与效果评估,以分析项目的影响,还对收集于项目实施期间的定性数据进行了相关分析。为了检验干预分组的性别与干预效应,对于每一种压力型情境(表 F. 2),我们都实施了的多元协方差分析(multivariate analysis of covariance, MANCOVA;控制了试调查分数)。总体来看,多元协方差分析表明,对于情境4(恋爱关系)、情境5与情境6(家庭情境)而言是显著的;接下来的分析则表明,对于这些情境而言,小组与性别的交互项同样是显著的(Nastasi et al.,2006)。(结果数据的完整展示已经超出本文的范畴,请联系第一作者以获取更多信息。)

定量结果表明,该项目可能已经帮助女生(而非男生)意识到了对于贫困和社会支持的潜在感受,特别是当她们处于有限控制的情境之中。此外,对于复杂家庭压力源(父母的酗酒和家庭暴力)预期回应的探索性分析表明,这些干预可能帮助女生意识到了这些压力源对于她们自身的潜在负作用,也就是说,内化了调整性困难。但是,这些干预也很可能增强了女生对于解决复杂家庭难题的责任感。相对于干预环节和开发性研究阶段所收集的数据结果,定量结果与其是一致的。比如,提升的责任感(其源于诸如母爱缺失与家人酗酒等复杂家庭难题)在压力性情境下也十分明显。对于心理健康促进与社会情感学习项目中的性别特性,以及强调所要应对【405】的环境特性等需要而言,这些发现无疑具有重要的启示。

项目可接受性数据表明,对于各种讨论压力源与应对方式的活动与机会,学生们均积极回应。观察与学生报告均表明:乐在其中可以激发创造性;课程活动通过绘画、书写、角色扮演与讨论,从而为学生们提供了自我表达的机会。教师在现场协助与持续的技能培训中也很好地进行了回应;他们的回应很可能受到学生积极回应与参与的影响(Bernstein,2000)。比如,当学生表现得感兴趣和愉悦或看起来从中受益时,老师们汇报了对于项目的满意;老师还记录了他们所获得的对于学生生活的更好的理解,以及对于成为学生社会情感发展促进者的认知。这些认知与学生在项目期间对于老师情感支持的赞许也是一致的。而且,在项目完成之后的访谈中,老师们还报告,学生们(包括参与项目的学生以及未参与的)想要在更大的社会环境中去寻找情感支持。

请记住,干预的初期试点规模较小,设计探索性研究的目的,在于获得关于文化特性干预影响的初步发现。因此,多重分析使用了有前景的结果测量方式,然而也还是一个发展阶段。可供分析的样本数量增加了犯第一类错误的可能性,而且检验也是低效的。此外,项目是在斯里兰卡一个社区的一所学校内实施,因此结果可能难以推广到这个国家内的所有学生。尽管存在这些局限性,从数据得出的重要发现还是可用于引导未来的干预工作和更大的实验性调查研究。

作为这一工作的扩展,在受海啸影响的沿岸社区,纳斯塔西和贾亚塞纳(Nastasi & Jayasena)正为学生和父母发展一项长期的恢复项目。正在进行的数据收集使用了在此阐述的混合方法设计;这些数据提供了一些干预项目(旨在应对诸如自然灾害等特殊环境压力源)适用性的信息。此外,该项目还通过将父母纳入作为促进孩子心理健康的代理人,而使其得到扩展。比如,合适的干预项目包括关于对诸如自然灾害等环境性压力源的应对(Nastasi & Jayasena,2006)。(如果想获取关于这一工作的更多信息,请联系第一作者。)

● 启示:干预研究中混合方法设计

本文主要说明了一种混合方法设计的应用过程,该混合方法主要是针对文化特性心理评估测量,以及干预性项目的发展与评价。在这一工作中,开发性定性数据收集被用于识别与文化相关联的构念,并发展一个有关心理健康的文化特性模型。然后,这一模型与相关的定性数据,被用于发展与评估一项干预研究项目。混合方法则用于检验关于评估的测量,以及评估可接受性、完整性、社会有效性以及试点干预的结果等。比如,将民族志数据的定性分析与定量数据的因子分析相结合,可用于检验对于构念(其与自我意识和压力应对有关)的测量是否有效。同样地,对于干预结果的评估则有助于为项目实施期间的定量与定性数据收集提供信息。更进一步,【406】混合方法用于调控与修正项目,以使其符合环境特性以及学生与老师的需求。最后,混合方法研究的进一步使用,则可以将项目中的模型运用于新的群体和环境(比如居住在受海啸影响社区的学生与父母)。

对于混合方法在反复的研究←→介入过程的重复运用,可以有利于增进研究者对于文化特性干预的认知与发展,以及将以证据为基础的实践成功应用到不同群体与环境的可能性。使用混合方法的研究设计,研究者可以纳入当地的利益相关者(比如社区成员、辅导者、学校管理者),

以发展吻合当地文化、环境与群体(比如社区暴力、中学生中的毒品泛滥以及一个学区内的不良学习表现)需要的干预项目;可以在多元环境中调适项目(比如在跨年级与不同学生群体中推行性风险教育项目);可以将基于证据的实践推广到新的环境与群体。基于证据的介入研究是通过从随机控制实验到自然环境这一过程发展而来的,其成功的应用则要求,研究能够识别出那些确保既定项目结果的必要条件(见 National Institute of Mental Health,2001)。正如本文所言,混合方法设计,与有效介入的必要条件的综合性评估紧密相关,因此,混合方法设计可以有效地协助推广研究(比如将本文描述的工作推广到上述受海啸影响的区域)。

为了说明混合方法设计在多阶段研究与项目实践中的应用,这里的例证反映了发展与验证针对特定文化与环境的理论、工具与干预方法的多年努力。当然,这一设计也可以应用于更短期的研究项目,其也更加关注在文化与环境上适当的介入方法。而且,正如例子中说明的那样,确保文化特性的过程是通过项目设计、实施、评估与推广的多个阶段来持续下去。混合方法设计为对文化敏感的介入方法和基于证据的实践提供了一个重要的机制。

最后,本文还对多阶段项目评估模型有所贡献。班贝格尔·鲁和马布里(Bamberger,Rugh & Mabry,2006)以及史塔佛宾(Stufflebeam,2001)认为,混合方法评估是复杂的,其可以采取多阶段计划的形式。但是,文献中还比较缺乏类似的例子。在此,我们试图弥补这一不足:我们提出混合方法的概念框架,可以帮助他人思考如何使用混合方法计划多阶段的评估项目。

参考文献

略。

术语解释

倡导与扩展时期(Advocacy and expansion period)

混合方法历史中作者们对混合方法研究作为一种独立的方法论、方法或取向的提倡时期,并且在这一时期,许多学科和国家都对混合方法产生了兴趣。

个案取向的合并分析呈现(Case-oriented merged analysis display)

将关于个体案例的定性文本数据置于定量尺度之中的一种合并数据分析呈现方式。

合并数据分析中的分类/主题呈现(Category/theme display in merged data analysis)

将来自定性分析的定性主题与来自定量测量项目或变量统计结果的定量类别或连续数据进行组合的呈现方式。

封闭式问题(Closed-ended questions)

用于定量研究的数据收集。这些问题主要基于先验的反应尺度或类别。

混合方法结合问题(Combination mixed methods questions)

混合方法研究针对定量和定性数据的混合时,研究者如何同时明确方法和研究内容。

并行时机(Concurrent timing)

在研究者同时完成定量和定性研究两种流程时,所经历的一个单独研究阶段。

连接(Connecting)

一种根据某个流程数据分析结果的,引导下一个流程的数据收集的混合策略。

连接混合方法数据分析(Connecting mixed methods data analysis)

包括了对第一类数据库的分析及其连接到第二类数据库的收集。

建构主义(Constructivism)

通常与定性方法联系紧密,其立足于对现象的理解或现象本身的意涵,并通过参与者和其主观认知所形成。

内容聚焦的混合方法研究问题(Content-focused mixed methods research questions)

混合方法研究针对定量和定性数据混合时,研究者如何明确研究内容和显示研究方法的研究问题。

合并数据分析呈现时的一致和矛盾发现(Convergent and divergent findings in a merged data analysis display)

指基于横向维度,在表格中呈现一致或不一致(矛盾的)的研究发现。在纵向维度上,研究者可能标明不同的主题和/或参与者类型来作为其数值得分。在表格单元里,呈现的可能是引语、数值或二者兼有。

一致性平行设计(Convergent parallel design)

一种研究者使用并行时机方法实施定量和定性两条流程的研究设计。在该设计中,其发生在研究过程的同一阶段,给予不同方法同等地位,并且在研究者对数据进行总体解释时对结果进行整合。

批判现实主义(Critical realism)

一种理论或哲学命题,其将现实主义的本体论(存在一个独立于我们感知、理论和结构之外的现实世界)与建构主义的认识论(我们对这个世界的理解不可避免地受到自身观点和立场的影响)相结合。

针对一致性设计的数据收集决策(Data collection decisions for the convergent design)

包括谁会被选择纳入两类样本、样本的规模、数据收集问题的设计以及不同形式数据收集的格式和次序。

针对嵌入性设计的数据收集决策(Data collection decisions for the embedded design)

包括嵌入某种形式数据的原理、嵌入数据的时机以及如何解决由嵌入所导致的问题。

针对解释性设计的数据收集决策(Data collection

decisions for the explanatory design)

包括谁会是第二阶段的参与者、两阶段研究需要多大规模样本、从某阶段到另一阶段需要收集何种数据以及从哪收集、如何获得伦理审查委员会对两类数据收集的许可。

针对探索性设计的数据收集决策(Data collection decisions for the exploratory design)

包括各阶段的样本决策、使用第一阶段的哪些结果以及假如存在中间阶段,如何通过优质的心理测量道具来设计一个严谨的研究工具。

针对多阶段设计的数据收集决策(Data collection decisions for the multiphase design)

包括抽样、进行追踪设计以及发展一个用于约束多阶段项目的项目目标。

针对变革性设计的数据收集决策(Data collection decisions for the transformative design)

包括抽样、研究者与参与者的利益以及数据收集期间的合作。

数据转换合并分析(Data transformation merged analysis)

包括将某类型数据转换成另一种类型,从而使得两类数据便于比较和分析。

数据转换变体(Data-transformation variant)

一种一致性设计的变体,研究者在研究过程的同一阶段实施定量和定性两种流程时,给予二者同等地位,但更强调定量流程并进行数据转换的合并过程。

数据效度变体(Data-validation variant)

一种一致性设计的变体,研究者在调查问卷里同时设计开放式和封闭式问题,并将开放式问题的结果用于证实或验证封闭式问题分析结果。

混合数据分析决策(Decisions in mixed methods data analysis)

指当研究者需要决定选择何种分析方式时,决定数据分析的关键点。

混合方法研究核心特征的界定(Definition of core characteristics of mixed methods research)

指(根据研究问题)同时收集并分析定性和定量数据,整合或连接两类数据,(基于研究侧重点)给予其中一种优先权或两种数据并重,在单一研究或多阶段项目中运用相关程序,并以某种哲学世界观或理论视角混合这些程序,从而将这些程序整合进特定研究设计中引导研究的具体实施。

身心障碍者视角下的变革性变体(Disability lens transformative variant)

一种变革性设计的变体,研究者以身心障碍者理论视角构建研究框架。

动态方法(Dynamic approach)

与强调从现存类型学中选择一种合适的设计相比,这种混合方法更加考虑如何使研究设计多个部分相互关联。

解放理论(Emancipatory theory)

在混合方法中表现为以一种理论立场关怀缺少话语权或边缘化的群体,例如女权主义理论、种族或民族理论、性别理论或身心障碍者理论。

嵌入式——相关性变体(Embedded-correlational variant)

一种嵌入性设计的变体,研究者以相关设计嵌入定性数据。

嵌入性设计(Embedded design)

一种混合方法设计,研究者在传统的定量或定性中同时收集和分析定量和定性数据,从而在某种方式上增强总体设计的有效性。

嵌入性实验变体(Embedded-experiment variant)

一种嵌入性设计的变体,研究者将定性数据嵌入于一个实验设计之中。

嵌入性工具发展和效度变体(Embedded instrument development and validation variant)

一种嵌入性设计的变体,研究者将定性数据嵌入于一个传统的工具发展和效度设计之中。

意外的混合方法设计(Emergent mixed methods designs)

在研究实施过程中,由于研究的发展或需要,从而决定使用混合方法。

同等优先权(Equal priority)

当定量和定性方法扮演同等重要角色时,在

混合方法研究中根据研究问题进行的权衡性操作。

混合方法研究评估(Evaluate a mixed methods study)

基于以下标准:同时收集定量和定性数据,使用有说服力和严谨的方法程序,两类数据资源的混合,混合方法设计的运用,与哲学假定的吻合以及混合方法研究词汇的使用。

解释性顺序设计(Explanatory sequential design)

一种两阶段混合方法设计,研究者开始收集和分析定量数据,接着收集并分析定性数据来解释起初的定量结果。

探索性顺序设计(Exploratory sequential design)

一种两阶段混合方法设计,研究者开始收集和分析定性数据,接着通过收集和分析定量数据,从而检验或推广之前的定性发现。

定性数据分析中的数据探索(Exploring the data in qualitative data analysis)

表现为通读所有的数据,从而形成对数据库的一般化理解。

定量数据分析中的数据探索(Exploring the data in quantitative data analysis)

表现为以可视化的方式探索数据并进行描述性分析(均值、标准差、测量工具或清单题项的响应方差),从而明确数据的一般化趋势。

女权主义视角下的变革性变体(Feminist lens transformative variant)

一种变革性设计的变体,研究者以女权主义理论视角设计研究。

固化的混合方法设计(Fixed mixed methods designs)

在研究初期便决定定量与定性方法如何使用,且整个研究过程也按照计划实施。

补充解释变体(Follow-up explanations variant)

一种解释性设计的变体,研究者给予初始的定量阶段以优先权,接着通过后续的定性阶段来帮助解释定量结果。

混合方法历史的形成时期(Formative period)

开始于20世纪50年代并且持续到80年代。这个时期研究者的兴趣是在研究中使用不止一种方法。

独立性(Independent)

指在某种交互作用的水平上,混合方法研究中的定量和定性流程是相互独立的,并且二者只有在解释时才进行混合。

混合方法研究的推论(Inferences in mixed methods research)

指从研究的单个定量或定性流程中所获得的结论或解释,而同时贯穿了定量和定性流程的推论,被称为"元推论"。

工具发展变体(Instrument-development variant)

一种解释性设计的变体。在研究的初期,定性阶段扮演了次要的角色,其通过收集信息来服务于有优先权的定量阶段的量化工具构建。

交互性(Interactive)

指在某种交互作用的水平上,在混合方法研究的设计、数据收集和数据分析各部分上,定量流程和定性流程都直接相互交互影响。

定性研究的编码一致性(Intercoder agreement in qualitative research)

表现为对文字记录进行多个个体的编码(并提取主题),接着比较这些分析,从而判断这些编码是否和主题是一致的,还是存在差异。

结果的阐释(Interpretation of results)

基于研究的现实问题、理论问题、现存文献以及可能的个人经历,不纠缠于结果的细节,而致力于发展结果的更广泛意义。

访谈记录表(Interview protocol)

收集定性数据的一种定性研究表格。在这个表格中写上了访谈中将会问到的问题,并留出空白以记录访谈信息。这个协议也会留出空间来记录关于时间、日期和访谈地点等基本信息。

联合呈现(Joint display)

研究者整合安排定量和定性两类数据,以便两类数据资源可以直接进行比较时,使用的图形或表格进行呈现。事实上,这种呈现合并了两种类型的数据。

大规模项目发展与评估计划(Large-scale program

development and evaluation projects)

多阶段设计的一种变体,其通常是由联邦政府资助的诸如教育和健康服务研究领域的研究项目,而调查者则通过探索、项目发展、项目测试和可行性分析来执行项目。

交互水平(Level of interaction)

指混合方法研究中,定量和定性两条流程保持独立性或相互作用的程度。

合并数据分析比较(Merged data analysis comparisons)

这一比较有多种选择,可以在结果中进行并行的比较,可以在结果部分中的讨论环节、汇种表或联合呈现中进行比较,也可以将结果中的阐释与数据转换进行比较。

合并数据分析策略(Merged data analysis strategies)

意指使用分析技术针对合并结果进行分析,分析两类数据库结果是一致的还是有分歧的;如果结果是有分歧的,就进一步对数据进行分析从而调和这种不一致的发现。

合并(Merging)

一种通过整合分析将定量和定性结果置于一起的混合策略。

方法聚焦的混合方法研究问题(Method-focused mixed methods research question)

在混合方法研究中,该问题主要关注定性与定量数据的整合,侧重于混合方法研究中的方法论层面。

混合方法个案研究(Mixed methods case study)

嵌入性设计的一种变体,研究者针对某一个案,同时收集定性和定量两类数据。

混合方法数据分析(Mixed methods data analysis)

包括应用于定量和定性数据的分析技术,以及在单一或多阶段项目中并行式或顺序式地混合两种形式的数据。

混合方法民族志(Mixed methods ethnography)

嵌入式设计的一种变体,研究者在一个民族志设计中,同时使用定性和定量数据。

混合方法解释(Mixed methods interpretation)

表现为纵览定量结果和定性发现,并评估所获信息对混合方法问题的意义。

混合方法叙事研究(Mixed methods narrative research)

一种嵌入性设计的变体,研究者在一个叙事研究设计中同时收集定性和定量数据。

混合方法目的陈述(Mixed methods purpose statements)

表达了混合方法研究的总体目标,其包括研究意义、混合方法设计的类型、定量和定性的目的陈述以及同时收集定量和定性数据的理由。

混合方法研究问题(Mixed methods research questions)

指混合方法研究中考虑定量和定性数据混合或整合的问题。

混合方法标题(Mixed methods titles)

包括主题、参与者和研究地点。其预示了混合方法的使用以及研究者将要使用的混合方法类型。

混合(Mixing)

指明确混合方法研究中定量和定性流程之间的相互关联。

设计水平的混合(Mixing at the level of design)

当定量和定性流程混合时,研究者以特定流程收集数据之前的研究设计阶段。

数据分析时的混合(Mixing during data analysis)

发生在当定量和定性流程混合时,研究者分析两类数据集的过程阶段。

数据收集时的混合(Mixing during data collection)

发生在当定量和定性流程混合时,研究者收集第二类数据集的过程阶段。

解释中的混合(Mixing during interpretation)

发生在当定量和定性流程混合时,研究者已经收集并分析了两类数据集的最后研究阶段。

项目目标框架中的混合(Mixing within a program-objective framework)

发生在研究者混合定量和定性流程时的一种混合策略,研究者利用一个总体的项目目标来引导多阶段混合方法项目的多个项目或研究的连接。

理论框架中的混合(Mixing within a theoretical framework)

发生在研究者混合定量和定性流程时的一种混合策略,研究者利用变革性框架(如女权主义)或实体性框架(如社会科学理论)来引导总体的混合方法设计。

多水平研究(Multilevel statewide study)

多阶段设计的一种变体,研究中包含不同方法或阶段,以此来分析系统中不同部分。

多阶段结合时机(Multiphase combination timing)

发生于:在一项包含序和/或并行式时机的多阶段研究中,研究者具体实施定量与定性方法之时。

多阶段设计(Multiphase design)

一种同时结合了顺序的和并行的流程,收集某个时期的数据,并且以总体研究目标引导不同项目或阶段的混合方法设计。

观察数据表(Observational protocol)

一种收集观察数据的定性研究表格。在该表格中,研究者记录了对于事件的描述和观察到的过程,也包括观察期间出现的编码、主题以及反思性记录。)

开放式问题(Open-ended questions)

通常用于定性研究的数据收集。这些问题是一种研究者不持有先验分类或尺度来收集数据的问题。

混合方法历史的范式争议时期(Paradigm debate period)

发生在20世纪70—80年代,这一时期定性研究者坚持认为定量和定性研究具有不同的假定基础。

平行数据库变体(Parallel-databases variant)

一种一致性设计的变体,研究者实施两种平行独立的流程,只有在研究的解释阶段才被放在一起。

参与者选择变体(Participant-selection variant)

一种解释性设计的变体,研究者将第二个定性阶段置于优先地位,但是会使用初期定量结果来鉴别和有目的的选择定性研究的最佳参与者。

参与式世界观(Participatory worldviews)

受到政治考虑的影响,而且该取向通常与定性方法联系更为紧密。其包含了提升社会以及社会成员这一需求。研究者利用这种世界观来思考诸如赋权、边缘化、霸权、父权以及其他会影响边缘群体的议题,并且他们以与这些个体合作的方式来体验这些不公正现象。在研究最后,参与式研究者会规划一幅使世界更为公正的蓝图,从而实现个体感知到更少的边缘化。

哲学假定(Philosophical assumptions)

在混合方法研究中包括引导研究的基本信念或假设。

连接点(Point of interface)

混合方法研究过程中定量和定性流程的混合点。

后实证主义(Postpositivism)

通常与定量研究相联系。研究者声称所获知识是基于:(1)决定论或因果关系思维;(2)窄化并聚焦有关联变量的还原论;(3)细节观察和变量测量;(4)不断进行修正的理论检验。

实用主义(Pragmatism)

典型地与混合方法研究相关联,通常聚焦于研究结果,主要将问题的重要性置于方法之上,并且利用多种收集数据的方法来解答研究中的问题。

优先权(Priority)

一种相对重要性或考虑混合方法研究的问题时对定量和定性方法的权衡。

概率抽样(Probabilistic sampling)

指在定量研究中,研究者选择一定规模的个体来代表总体人口或代表总体中的某个部分。

混合方法历史的程序发展时期(Procedural development period)

指作者们聚焦于实施混合方法研究的数据收集、数据分析、研究设计和目的的时期。

立意抽样(Purposeful sampling)

指在定性研究中,研究者有目的的选择(或招募)那些经历过研究的核心现象或与研究的关键概念相关的参与者。

定性数据编码软件(Qualitative computer software programs)

能够存储用于分析的文本文件,让研究者以编码将文本段落进行分割和给予标签以便修改,能将编码可视化,使其可能转化为图表并观察到编码间关系,也能搜索到包含多元编码的文本段落。

定性数据分析(Qualitative data analysis)

包括数据编码,将文本分割为小单元(词组、句子或段落),对每个单元给予标签,并将这些标签归类到某一主题。

定性优先权(Qualitative priority)

考虑混合方法研究问题的一种权衡性操作,其更强调定性方法的地位,而定量方法则扮演了次要的角色。

定性目的陈述(Qualitative purpose statement)

表达了定性研究的总体目标,其包括了核心现象、参与者、研究地点以及研究中的定性设计类型。

定性研究问题(Qualitative research questions)

聚焦于或窄化了定性目的陈述,并且通常表述为一个核心问题和若干子问题。核心问题和子问题是简洁的开放式问题,一般开头以"什么"或"如何"来表示对核心现象的探索。

定性研究标题(Qualitative study titles)

陈述了一个问题或使用了书面语言,如隐喻或类比。定性标题包括几个要素:分析的核心现象(或概念)、参与者以及研究地点。此外,定性标题也可能包括所使用的定性研究类型,如民族志或扎根理论。

定性效度(Qualitative validity)

指评估定性数据收集所获信息是否准确。通常的评估策略包括成员校验、证据的三角校正、搜索反驳结论的信息以及请他人检查数据。

定量数据分析(Quantitative data analysis)

包括基于问题或假设类型的数据分析以及根据问题或假设选择恰当的统计方法。

定量优先权(Quantitative priority)

一种权衡性操作,其发生于根据混合方法研究的研究问题,与定性方法相比,更加强调定量方法。

定量目的陈述(Quantitative purpose statement)

表达了研究的总体定量目标,包括研究的变量、参与者或研究地点。

定量信度(Quantitative reliability)

评估参与者在一段时间内一致性和稳定性的得分。

定量研究问题和假设(Quantitative research questions and hypotheses)

通过研究问题(相关变量)或假设(相关变量结果的预测)聚焦了定量目的陈述。

定量研究标题(Quantitative study titles)

表达了调查者如何对各组人群或相关变量进行比较。标题需包含主要变量和参与者,也可能有研究地点信息。

定量效度(Quantitative validity)

一种定量研究的效度。其包括了两个层次:应用工具所得分数的质量,以及从定量分析结果所得结论的质量。

混合方法历史的反思时期(Reflective period)

以两个交叉主题为特征:第一,目前领域的评估和对未来的展望;第二,对现存混合方法及其未来的建设性批评。

适合混合方法的研究问题(Research problems suited for mixed methods)

包括数据资源可能不充足、研究结果需要解释、解释性发展需要进行推广、第二种方法能够增强第一种方法、需要描述一种理论立场以及研究的总体目标最适合通过多阶段或多项目来实现等等。

顺序时机(Sequential timing)

发生在研究者在两个不同阶段实施定量和定性方法,并在收集和分析了一类数据后,进一步收集和分析另一类数据。

合并数据的并行比较(Side-by-side comparison for merged data analysis)

包括在讨论或总结部分同时呈现定量结果

和定性发现,从而使其便于比较。

同时结合并行和顺序阶段的单一混合方法研究(Single mixed methods study that combines both concurrent and sequential phases)

一种多阶段设计的变体,研究者以两个先后阶段实施混合方法研究,其中至少一个阶段包含了并行成分。

社会科学理论(Social science theory)

通常置于混合方法研究的开头,并且其提供了一种社会科学框架或理论,引导研究问题性质的提出和回答。

社会经济地位视角的变革性变体(Socioeconomic class lens transformative variant)

一种变革性设计的变体,研究者利用社会经济地位理论视角来引导研究。

问题陈述(Statement of the problem)

表达了在混合方法研究中需要分析的特定问题或议题,以及给出研究问题之所以重要的原因。

混合方法数据分析步骤(Steps in mixed methods data analysis)

涉及当执行混合方法设计的数据分析时,研究者所采用的具有逻辑次序的程序。

流程(Strand)

混合方法研究的一个组成部分,其包括实施定量或定性研究的基本过程:提出问题、收集数据、分析数据并基于数据解释结果。

定性研究评估标准(Standards for evaluating a qualitative study)

依赖于研究者所持立场。定性研究者的标准诸如哲学标准、参与和倡导标准以及程序、方法论标准往往会不太一致。

定量研究评估标准(Standards for evaluating a quantitative study)

通常反映了定量研究设计的类型以及数据收集和分析的方法。

理论基础(Theoretical foundation)

在混合方法中是一种研究者所持的立场(或视角或观点),其提供了混合方法项目多个阶段的方向。有两类理论可能指导混合方法研究:社会科学理论或解放理论。

理论发展变体(Theory-development-variant)

一种解释性设计的变体,研究者给予初期定性阶段优先权,并接着利用次要角色的定量阶段来扩展初期的结果。

时机(Timing)

混合方法研究中定量和定性两种流程的时间先后关系。

变革性设计(Transformative-design)

一种混合方法设计,研究者利用变革性理论框架来探索特定人口的需求并呼吁变革。

转换定性数据(Transforming qualitative data)

包括了将主题或编码转换为数值信息,如二元分类信息。

类型学和统计学合并的数据分析呈现(Typology and statistics merged data analysis display)

基于类型学或分类,结合了定性主题数据和定量数据的合并分析。

类型学取向(Typology-based approach)

一种混合方法设计的取向,其强调了有用的混合方法设计分类,以及针对研究目的和问题选择和采纳特定的设计。

混合方法研究效度(Validity in mixed methods research)

包括可能调和定量和定性研究流程的潜在数据收集、数据分析和解释的使用策略。

世界观(Worldview)

在混合方法研究中是一种指导研究的关于信念和根本假设的认知。

世界观差异(Worldviews differ)

存在于现实的本质(本体论)、我们如何获得已知的知识(认识论)、研究过程(方法论)以及研究语言(修辞学)。

参考文献

American Educational Research Association, American Psychological Association, National Council on Measurement in Education, and Joint Committee on Standards for Educational and Psychological Testing (United States). (1999). *Standards for educational and psy-chological testing*. Washington, DC: American Educational Research Association.

Ames, G. M., Duke, M. R., Moore, R. S., & Cunradi, C. B. (2009). The impact of occupational cul-ture on drinking behavior of young adults in the U. S. Navy. *Journal of Mixed Methods Research*, *3* (2), 129-150.

Andrew, S., & Halcomb, E. J. (Eds.). (2009). *Mixed methods research for nursing and the health sciences*. Chichester, West Sussex, UK: Wiley-Blackwcll.

Arnon, S., & Reichel, N. (2009). Closed and open-ended question tools in a telephone survey about "the good teacher": An example of a mixed methods study. *Journal of Mixed Methods Research*, *3* (2), 172-196.

Asmussen, K. J., & Creswell, J. w. (1995). Campus response to a student gunman. *Journal of Higher Education*, *66*, 575-591.

Axinn, W. G., & Pearce, L. D. (2006). *Mixed method data collection strategies*. Cambridge, UK: Cambridge University Press.

Bailey, T. (2000). Character, plot, setting and time, metaphor, and voice. In T. Bailey (Ed.), *On writing short stories* (pp. 28-79). Oxford, UK: Oxford University Press.

Bamberger, M. (Ed.). (2000). *Integrating quanti-ta-tive and qualitative research in development projects*. Washington, DC: World Bank.

Baumann, C. (1999). Adoptive fathers and birthfathers: A study of attitudes. *Child and Adolescent Social Work Journal*, *16* (5), 373-391.

Bazeley, P. (2009). Integrating data analyses in mixed methods research [Editorial]. *Journal of Mixed Methods Research*, *3* (3), 203-207.

Berger, A. A. (2000). *Media and communication research: An introduction to qualitative and quantitative approaches*. Thousand Oaks, CA: Sage.

Bcrnardi, L., Keim, S., &von der Lippe, H. (2007). Social influences on fertility: A comparative mixed methods study in Eastern and Western Germany. *Journal of Mixed Methods Research*, *1* (1), 223-247.

Biddix, J. P. (2009, April). *Wolnen's career pathways to the community, college senior student affairs officer*. Paper presented at the meeting of the American Educational Research Association, San Diego, CA.

Bikos, L. H., Çiftçi, A., Güneri, O. Y, Demir, C. E., Stimer, Z. H., Danielson, S., et al. (2007a). A longitudinal, naturalistic inquiry of the adaptation experiences of the female expatriate spouse living in Turkey. *Journal of Career Developlnent*, *34*, 28-58.

Bikos, L. H., Çiftçi, A., Gtineri, O. Y., Demir, C. E., Stimer, Z. H., Danielson, S., et al. (2007b). A repeated measures investigation of the first-year adaptation experiences of the female expatriate spouse living in Turkey. *Journal of Career DelJeloplllent*, *34*, 5-27.

Boland, M., Daly, L., & Staines, A. (2008). Methodological issues in inclusive intellectual disability research: A health promotion needs assessment of people attending Irish disability services. *Journal of Applied Research in Intellectual Disabilities*, *21* (3), 199-209.

Bradley, E. H., Curry, L. A., Ramanadhan, S., Rowe, L., Nembhard, I. M., & Krumholz, H. M. (2009). Research in action: Using positive deviance to improve quality of health care. *Inlplenzentation Science*, *4* (25). doi: 10.1186/1748-5908-4-25

Brady, B., & O'Regan, C. (2009). Meeting the chal-lenge of doing an RCT evaluation of youth mentoring in Ireland: A journey in mixed methods. *Journal of Mixed Methods Research*, *3* (3), 265-280.

Brett, J. A., Heimendinger, J., Boender, C., Morin, C., & Marshall, J. A. (2002). Using ethnography to improve intervention design. *American Journal of Health Pronlotion*, *16* (6), 331-340.

Brewer, J., & Hunter, A. (1989). *Multimethod research: A synthesis of styles*. Newbury Park, CA: Sage.

Brown, J., Sorrel, J. H., McClaren, J., & Creswell, J. w. (2006). Waiting for a liver transplant. *Qualitative Health Research*, *16* (1), 119-136.

Bryman, A. (1988). *Quantity and quality in social research*. London: Routledge.

Bryman, A. (2006). Integrating quantitative and qualitative research: How is it done? *Qualitative Research*, *6* (1), 97-113.

Bryman, A. (2007). Barriers to integrating quanti-ta-tive and qualitative research. *Journal of Mixed Methodx Research*, *1* (1), 8-22.

Bryman, A., Becker, S., & Sempik, J. (2008). Quality criteria for quantitative, qualitative and mixed methotts research: A view from social policy. *International Journal of Social Research Methodology*, *11* (4), 261-276.

Buck, G., Cook, K., Quigley, C., Eastwood, J., & Lucas, Y. (2009). Profiles of urban, low SES, African American girls' attitudes toward science: A sequential explanatory mixed methods study. *Journal of Mixed Methods Research*, *3* (1), 386-410.

Bulling, D. (2005). *Development of an instrument to gauge preparedness of clergy for disaster response work: A mixed methods study*. Unpublished manuscript, University of Nebraska-Lincoln.

Campbell, D. T. (1974). *Qualitative knowing in action research*. Paper presented at the annual meeting of the American Psych tlogical Association, New Orleans, LA.

Campbell, D. T., & Fiske, D. W. (1959). Convergent and discriminant validation by the multitrait-multimethod matrix. *Psychological Bulletin*,*56*, 81-105.

Campbell, M., Fitzpatrick, R., Haines, A., Kinmonth, A. L., Sandercock, P., Spiegelhalter, D., et al. (2000). Framework for design and evaluation of complex interventions to improve health. *British Medical Journal*, *321*, 694-696.

Capella-Santana, N. (2003). Voices of teacher candi-dates: Positive changes in multicultural atti-tudes and knowledge. *Journal of Educational Research*, *96* (3), 182-190.

Caracelli, V. J., & Greene, J. C. (1993). Data analysis strategies for mixed-method evaluation designs. *Educational Evaluation and Policy Analysis*, *15* (2), 195-207.

Caracelli, V. J., & Greene, J. C. (1997). Crafting mixed-method evaluation designs. In J. C. Greene & V. J. Caracelli (Eds.), *Advances in mixed-nzethod evaluation: The challenges and benefits of integrating diverse paradignzs* (pp. 19-32). San Francisco: Jossey-Bass.

Cartwright, E., Schow, D., & Herrera, S. (2006). Using participatory research to build an effec-tive type 2 diabetes intervention: The process of advocacy among female Hispanic farm-workers and their families in southeast Idaho. *Women ç Health*, *43 (4)* 89-109.

Cerda, P. R. (2005). *Famzily conflict and accultura-tion among Latino adolescents: A nzixed methods study*. Unpublished manuscript, University of Nebraska-Lincoln.

Cherryholmes, C. H. (1992, August-September). Notes on pragmatism and scientific realism. *Educational Researcher*, *14*, 13-17.

Christ, T. W. (2007). A recursive approach to mixed methods research in a longitudinal study of postsecondary education disability support services. *Journal of Mixed Methods Research*, *1 (3)* 226-241.

Christ, T. W. (2009). Designing, teaching, and eval-uating two complementary mixed methods research courses. *Journal of Mixed Methods Research*, *3* (4), 292-325.

Churchill, S. L., Plano Clark, V. L., Prochaska-Cue, M. K., Creswell, J w., & Ontai-Grzebik, L (2007). How rural low-income families have fun: A grounded theory study. *Journal of Leisure Research*, *39* (2), 271-294.

Classen, S., l. opez, D. D. S., Winter, S., Awadz, K. D., Ferree, N., & Garvan, C.

W. (2007). Population-based health promotion perspective for older driver safety: Conceptual framework to inter-vention plan. *Clinical Intervention in Aging*, *2* (4), 677-693.

Clifton, D., & Anderson, E. (2002). *StrengthsQuest: Discover and develop your strengths in acad-emics, career, and beyond.* Washington, DC: Gallup Organization.

Cobb, G. W. (1998). *Introduction to design and analysis of experiments.* New York: Springer.

Collins, K. M. T, Onwucgbuzic, A. J., & Sutton, I. L. (2006). A model incorporating the rationale and purpose for conducting mixed methods research in special education and beyond. *Learning Disabilities: A Contemporary Journal*, *4*, 67-100.

Cook, T. D., & Rcichardt, C. S. (Eds.). (1979). *Qualitative and quantitatitve methods in evaluation research.* Beverly Hills, CA: Sage.

Corrigan, M. W., Pennington, B., & McCroskcy, J. C. (2006). Arc we making a difference?: A mixed methods assessment of the impact of inter-cul-tural communication instruction on American students. *Ohio Conmunication Journal*, *44*, 1-32.

Creswell, J. D., Welch, W. T., Taylor, S. E., Sherman, D. K., Grcuncwald, T. L., & Mann, T. (2005). Affirmation of personal values buffers neu-rocndocrinc and psychological stress responses. *Psychological Science*, *16*, 846-851.

Creswell, J. W. (1994). *Research design: Qualitative and quantitative approaches.* Thousand Oaks, CA: Sage.

Creswell, J. W. (1999). Mixed-method research: Introduction and application. In G. J. Cizck (Ed.), *Handbook of educational policy* (pp. 455-472). San Diego, CA: Academic Press.

Creswell, J. W. (2003). *Research design: Qualitative, quantitative, and mixed methods approaches* (2nd ed.). Thousand Oaks, CA: Sage.

Creswell, J. W. (Facilitator). (2005, May). *Mixed methods.* Workshop hosted by the Veterans Affairs Ann Arbor Health Care System, Center for Practice Management and Outcomes Research, Ann Arbor, MI.

Creswell, J. W. (2007). *Qualitative inquiry and research design: Choosing among five approaches* (2nd ed.). Thousand Oaks, CA: Sage.

Creswell, J. W. (2008a, July 21). *How mixed meth-ods has developed.* Keynote address for the 4th Annual Mixed Methods Conference, Fitzwilliam College, Cambridge University, UK.

Creswell, J. W. (2008b). *Educational research: Planning, conducting, and evaluating quan-titative and qualitative research* (3rd ed.). Upper Saddle River, NJ: Pearson Education.

Creswell, J. W. (2009a). *How SAGE has shaped research methods.* London: Sage.

Creswell, J. W. (2009b). Mapping the field of mixed methods research [Editorial]. *Journal of Mixed Methods Research*, *3* (2), 95-108.

Creswell, J. W. (2009c). *Research design: Qualitative, quantitative, and mixed meth-ods approaches* (3rd cd.). Thousand Oaks, CA: Sage.

Creswell, J. W. (in press-a). Controversies in mixed methods research. In N. K. Denzin & Y. S. Lincoln (Eds.), *The SAGE handbook of qualitative research* (4th ed.). Thousand Oaks, CA: Sage.

Creswell, J. W. (in press-b). Mapping the developing landscape of mixed methods research. In A. Tashakkori & C. Teddlie (Eds.), *SAGE hand-book of mixed methods research in social & behavioral research* (2nd ed.). Thousand Oaks, CA: Sage.

Creswell, J. W., Fetters, M. D., & Ivankova, N. V. (2004). Designing a mixed methods study in primary care. *Annals of Famlily Medicine*, *2* (1), 7-12.

Creswell, J. W., Fetters, M. D., Plano Clark, V. L., & Morales, A. (2009). Mixed methods interven-tion trials. In S. Andrew & L. Halcomb (Eds.), *Mixed methods research for nursing and the health sciences.* Oxford, UK: Blackwell.

Creswell, J. w., Goodchild, L. E, & Turner, P. (1996). Integrated qualitative and quantitative research: Epistemology, history, and designs. In J. C. Smart (Ed.), *Higher education: Handbook of theory and research* (Vol. 11, pp.

90-136). New York: Agathon Press.

Creswell, J. W., & Maictta, R. C. (2002). Qualitative research. In D. C. Miller & N. J. Salkind (Eds.), *Handbook of social research* (pp. 143-184). Thousand Oaks, CA: Sage.

Creswell, J. W., & McCoy, B. R. (in press). The use of mixed methods thinking in documentary development. In S. N. Hcsse-Bibcr (Ed.), *The handbook of enlergent technologies in social research*. Oxford UK: Oxford University Press.

Creswell, J. w., & Miller, D. L. (2000). Determining validity in qualitative inquiry. *Theory into Practice*, *39* (3), 124-130.

Creswell, J. w., & Plano Clark, V. L. (2007). *Designing and conducting ln mixed methods research*. Thousand Oaks, CA: Sage.

Creswell, J. w., Plano Clark, V. L., Gutmann, M., & Hanson, W. (2003). Advanced mixed methods research designs. In A. Tashakkori & C. Teddlie (Eds.), *Handbook of mixed methods in social & behavioral research* (pp. 209-240). Thousand Oaks, CA-Sage.

Creswell, J. w., & Tashakkori, A. (2007). Developing publishable mixed methods manuscripts [Editorial]. *Journal of Mixed Methods Research*, *1* (2), 107-111.

Creswell, J. w., Tashakkori, A., Jensen, K. D., & Shapley, K. L. (2003). Teaching mixed methods research: Practices, dilemmas, and challenges. In A. Tashakkori & C. Teddlie (Eds.), *Handbook of mixed methods in social & behavioral research* (pp. 619-637). Thousand Oaks, CA: Sage.

Creswell, J. W., & Zhang, W. (2009). The application of mixed methods designs to trauma research. *Journal of Traumatic Stress*, *22* (6), 612-621.

Cronbach, L. J. (1975). Beyond the two disciplines of scientific psychology. *American Psychologist*, *30*, 116-127.

Crotty, M. (1998). *The foundations of social research: Meaning and perspective in the research process*. London: Sage.

Curry, L. A., Nembhard, I. M., & Bradley, E. H. (2009). Qualitative and mixed methods provide unique contributions to outcomes research. *Circulation*, *119*, 1442-1452.

Dalcy, C. E., & Onwue gbuzie, A. J. (2010). Attributions toward violence of male juvenile delinquents: A concurrent mixed method analysis. *Journal of Psychology*, *144* (6), 549-570.

Dcllinger, A. B., & Leech, N. L. (2007). Toward a unified validation framework in mixed meth-ods research. *Journal of Mixed Methods Research*, *1* (4), 309-332.

Denzin, N. K. (1978). *The research act: A theoreti-cal introduction to sociological methods*. New York: McGraw-Hill.

Dcnzin, N. K., & Lincoln, Y. S. (Eds.). (2005). *The SAGE handbook of qualitatitve research* (3rd cd.). Thousand Oaks, CA: Sage.

Dcnscombe, M. (2008). Communities of practice: A research paradigm for the mixed methods approach. *Journal of Mixed Methods Research*, *2*, 270-283.

DcVcllis, R. E (1991). *Scale development: Theory and application*. Newbury Park, CA: Sage.

Donovan, J., Mills, N., Smith, M., Brindle, L., Jacoby, A., Peters, T., et al. (2002). Improving design and conduct of randomised trials by embed-ding them in qualitative research: ProtecT (Prostate Testing for Cancer and Treat-. ment) study. *Britisb Medical Journal*, *325*, 766-769.

Elliot, J. (2005). *Using narrative in social research: Qualitative and quantitative approaches*. London: Sage.

Engel, R. J., & Schutt, R. K. (2009). *The practice of research in social work*(2nd ed.). Thousand Oaks, CA: Sage.

Evans, L., & Hardy, L. (2002a). Injury rehabilitation: A goal-setting intervention study. *Research Quarterly for Exercise & Sport*, *73*, 310-319.

Evans, L., & Hardy, L. (2002b). Injury rehabilitation: A qualitative follow-up study. *Research Quarterly for EYercise & Sport*, *73*, 320-329.

Farmer, J., & Knapp, D. (2008). Interpretation pro-grams at a historic preservation site: A mixed methods study of long-term impact. *Journal of Mixed Methods Research*, *2* (4),

340-361.

Feldon, D. Fi, & Kafai, Y. B. (2008). Mixed methods for mixed reality: Understanding users' avatar activities in virtual worlds. *Educational Technologv Research and Development*, *56* (5-6), 575-593.

Fetters, M. D., Yoshioka, T., Gre. enberg, G. M., Gorcnfio, D. W., & Yeo, S. (2007). Advance consent in Japanese during prenatal care for cpidural anesthesia during childbirth. *Journal of Mixed Methods Research*, *1* (4), 333-365.

Fielding, N., & Fielding, J. (1986). *Linking data: The articulation of qualitative and quantitative methods in social research*. Beverly Hills, CA: Sage.

Fielding, N. G., & Cisncros-Pucbla, C. A. (2009). CAQ-DAS-GIS convergence: Towards a new integrated mixed methods research practice? *Journal of Mixed Methods Research*, *3* (4), 349-370.

Filipas, H. H., & Ullman, S. E. (2001). Social reactions to sexual assault victims from various support sources. *Violellce and Victims*, *16* (6), 673-692.

Flory, J., ak Emanuei, E. (2004). Interventions to improve research participants' understanding of informed conscnt for research. *Journal of the Amzerican Medical Association*, *13*, 1593-1601.

Forman, J., & Damschrodcr, L. (2007, February). *Using mixed methods in evaluating intervention studies*. Presentation at the Mixed Methodology Workshop, VA HSR&D National Meeting, Arlington, VA.

Fowler, E J., Jr. (2008). *Survev research methods* (4th ed.). Thousand Oaks, CA: Sage.

Freshwater, D. (2007). Reading mixed methods research: Contexts for criticism. *Journal of Mixed Methods Research*, *1* (2), 134-145.

Fries, C. J. (2009). Bourdieu's reflexive sociology as a theoretical basis for mixed methods research: An application to complementary and alternative medicine. *Journal of Mixed Methods Research*, *3* (2), 326-348.

Giddings, L. S. (2006). Mixed-methods research: Positivism dressed in drag? *JoumTal of Research in Nursing*, *11* (3), 195-203.

Goldenberg, C., Gallimore, R., & Reese, L. (2005). Using mixed methods to explore Latino children's literacy dcvelopment. In T. S. Wcisner (Ed.), *Discovering successful pathwaps in children's developnlent: Mixed methods in the study of childhood andfamily life* (pp. 21-46). Chicago: University of Chicago Press.

Greene, J. C. (2007). *Mixed methods in social inquiry*. San Francisco: Jossey-Bass.

Greene, J. C. (2008). Is mixed methods social inquiry a distinctive methodology? *Journal of Mixed Methods Research*, *2* (1), 7-22.

Greene, J. C., & Caracclli, V. J. (Eds.). (1997). *Advances in mixed-mehod evaluation: The challenges and benefits of integrating diverse paradigms: New directions for evaluation*, *74*. San Francisco: Josscy-Bass.

Greene, J. C., Caracclli, V. J., & Graham, W. F. (1989). Toward a conceptual framework for mixed-method evaluation designs. *Educational Evaluation and Policy Analysis*, *11* (3), 255-274.

Grccnstcin, T. N. (2006). *Methods of family research* (2nd ed.). Thousand Oaks, CA: Sage.

Guba, E. G., & Lincoln, Y. S. (1988). Do inquiry paradigms imply inquiry methodologies? In D. M. Fettcrman (Ed.), *Qualitative approaches to evaluation in education* (pp. 89-115). New York-Praeger.

Guba, E. G., & Lincoln, Y. S. (2005). Paradigmatic controversies, contradictions, and emerging confluences. In N. K. Denzin & Y. S. Lincoln (Eds.), *The SAGE handbook of qualitative research* (3rd ed., pp. 191-215). Thousand Oaks, CA: Sage.

Haines, C. (2010). *Value added by mixed methods research*. Unpublished manuscript, University of Nebraska-Lincoln.

Hall, B., & Howard, K. (2008). A synergistic approach: Conducting mixed methods research with typological and systemic design considerations. *Journal of Mixed Methods Research*, *2* (3), 248-269.

Hall, B. W., Ward, A. W., & Comer, C. B. (1988). Published educational research: An empirical study of its quality. *Journal of Educational Research*, *81*, 182-189.

Hanson, W. E., Creswell, J. W., Plano Clark, V. L., Pctska, K. P., & Creswell, J. D. (2005). Mixed methods research designs in counseling psy-chology. *Journal of Counseling Psychology*, *52* (2), 224-235.

Harrison, A. (2005). *Correlates of positive relationship-building in a teacher education nlentoring program*. Unpublished doctoral dissertation proposal, University of Nebraska-Lincoln.

Harrison, R. L. (2010). *Mixed nmthods designs in marketing research*. Unpublished manu-script, University of Nebraska-Lincoln.

Hesse-Biber, S. N., & Leavy; P. (2006). *The practice of qualitative research*. Thousand Oaks, CA: Sage.

Hilton, B. A., Budgen, C., Molzahn, A. E., & Attridgc, C. B. (2001). Developing and testing instruments to measure client outcomes at the Comox Valley Nursing Center. *Public Health Nurxing*, *18*, 327-339.

Hodgkin, S. (2008). Telling it all: A story of women's social capital using a mixed methods approach. *Journal of Mixed Methods Research*, *2* (3), 296-316.

Holmes, C. A. (2006, July). Mixed (up) methods, methodology and interpretive framcworks. Paper presented at the Mixed Methods Conference, Cambridge, UK.

Howe, K. R. (2004). A critique of experimentalism. *Qualitative Inquiry*, *10*, 42-61.

Ibrahim, M. E, & Long, S. K. (2003). Shoppers' per-ceptions of retail developments: Suburban shopping centres and night markets in Singapore. *Journal of Retail & Leisure Propertl*, *3* (2), 176-189.

Idler, E. L., Hudson, S. V., & Leventhal, H. (1999). The meanings of self ratings of health: A qual-itative and quantitative approach. *Research on Aging*, *21* (3), 458-476.

Igo, L. B., Kicwra, K. A., & Bruning, R. (2008). Individual differences and intervention flaws: A sequential explanatory study of college stu-dents' copy-and-paste note taking. *Journal of Mixed Methods Research*, *2* (2), 149-168.

lgo, L. B., Riccomini, P J., Bruning, R. H., & Pope, G. G. (2006). How should middlc-school students with LD approach online note taking? A mixed-methods study. *Learning Disability Quarterly*, *29*, 89-100.

Ivankova, N. V., Creswell, J. W., & Stick, S. (2006). Using mixed methods sequential explanatory design: From theory to practice. *Field Methods*, *18* (1), 3-20.

Ivankova, N. V., & Stick, S. L. (2007). Students' per-sistence in a Distributed Doctoral Program in Educational Leadership in Higher Education: A mixed methods study. *Research in Higher Education*, *48* (1), 93-135.

Jick, T. D. (1979). Mixing qualitative and quanti-ta-tive methods: Tiangulation in action. *Administrative Science Quarterly*, *24*, 602-611.

Johnson, R. B., & Onwucgbuzie, A. J. (2004). Mixed methods research: A research paradigm whose time has come. *Educational Researcher*, *33* (7), 14-26.

Johnson, R. B., Onwuegbuzie, A. J., & Turner, L. A. (2007). Toward a definition of mixed methods research. *Journal of Mixed Methods Research*, *1* (2), 112-133.

Johnstone, R L. (2004). Mixed methods, mixed methodology health services research in practice. *Qualitative Health Research*, *14*, 239-271.

Kelle, U. (2006). Combining qualitative and quan-ti-tative methods in research practice: Purposes and advantages. *Qualitative Research in Psychology*, *3*, 293-311.

Kelley-Baker, T., Voas, R. B., Johnson, M. B., Furr-Holden, C. D., & Compton, C. (2007). Multimethod measurement of high-risk drink-ing locations: Extending the portal survey method with follow-up telephone interviews. *Evaluation Review*, *31* (5), 490-507.

Kennett, D. J., O'Hagan, F. T., & Cezer, D. (2008). Learned resourcefulness and the long-term benefits of a chronic pain management program. *Journal of Mixed Methods Research*, *2* (4), 317-339.

Knodcl, J., & Saengticnchai, C. (2005). Older-aged parents: The final safety net for adult sons and daughters with AIDS in Thailand. *Journal of*

Fanlilv Issues, *26* (5), 665-698.

Kruger, B. (2006). Family-nurse care coordination partnership [Grant No. 1R21NR009781-01]. Abstract obtained from REPORTER database: http://projectreporter. nih. gov/reporter. cfm

Kuckartz, U. (2009). Realizing mixed-methods approaches with MAXQDA. Unpublished manuscript, Philipps-Univcrsitaet Marburg, Marburg, Germany.

Kuhn, T. S. (1970). *The structure of scientific re-vo-lutions* (2nd ed.). Chicago: University of Chicago Press.

Kumar, M. S., Mudaliar, S. M., Thyagarajan, S. P., Kumar, S., Sclvanayagam, A., & Daniels, D. (2000). Rapid assessment and response to injecting drug use in Madras, south India. *International Journal of Drug Policy*, *11*, 83-98.

Kutner, J. S., Stcincr, J. E, Corbett, K. K., Jahnigcn, D. W., & Barton, P. L. (1999). Information needs in terminal illness. *Social Science and Medicine*, *48*, 1341-1352.

Lee, Y. J., & Greene, J. (2007). The predictive validity of an ESL placement test: A mixed methods approach. *Journal of Mixed Methods Research*, *(4)* 366-389.

Leech, N. L., Dcllinger, A. B., Brannagan, K. B., & Tanaka, H. (2010). Evaluating mixed research studies: A mixed methods approach. *Journal of Mixed Methods Research*, *4* (1), 17-31.

Lehan-Mackin, M. (2007). The social context of unintended pregnancy in college-aged women [Grant No. 5F31NR010287-02]. Abstract obtained from REPORTER database: http: //projectreportcr, nih. gov/rcportcr, cfm

Li, S., Marquart, J. M., & Zcrcher, C. (2000). Conceptual issues and analytic strategics in mixed-methods studies of preschool inclu-sion. *Journal of Early Intervention*, *23* (2), 116-132.

Lincoln, Y S., & Guba, E. G. (1985). *Naturalistic inquio*. Beverly Hills, CA: Sage.

Lincoln, Y S., & Guba, E. G. (2000). Paradigmatic controversies, contradictions, and emerging confluences. In N. K. Dcnzin & Y. S. Lincoln (Eds.), *Handbook of qualitative research* (2nd ed.) (pp. 163-188). Thousand Oaks, CA: Sage.

Lipscy, M. W. (1990). *Design sensitivity: Statistical power fower for experimental research*. Ncwbury Park, CA: Sage.

Luck, L., Jackson, D., & Usher, K. (2006). Case study: A bridge across the paradigms. *Nursing Inquity*, *13* (2), 103-109.

Luzzo, D. A. (1995). Gender differences in college students' career maturity and perceived bari-ers in career development. *Journal of Counseling and Developnmnt*, *73*, 319-322.

Mak, L., & Marshall, S. K. (2004). Perceived matter-ing in young adults' romantic relationships. *Journal of Social and Personal Relationships*, *24* (4), 469-486.

Malterud, K. (2001). The art and science of clinical knowledge: Evidence beyond measures and numbers. *Lancet*, *358*, 397-400.

Maresh, M. M. (2009). *Exploring hurtful communication from college teachers to students: A mixed methods study*. Doctoral dissertation, University of Nebraska-Lincoln.

Maxwell, J. A., & Loomis, D. M. (2003). Mixed meth-ods design: An alternative approach. In A. Tashakkori & C. Teddlie (Eds.), *Handbook of mixed methods in social & behavioral research* (pp. 241-271). Thousand Oaks, CA: Sage.

Maxwell, J. A., & Mittapalli, K. (in press). Realism as a stance for mixed methods research. In A. Tashakkori & C. Teddlie (Eds.), *SAGE hand-book of mixed methods in social & behavioral research* (2nd ed.). Thousand Oaks, CA: Sage.

May, D. B., & Etkina, E. (2002). College physics stu-dents' epistemological self-reflection and its relationship to conceptual learning. *American Journal of Physics*, *70* (12), 1249-1258.

Mayring, P. (2007). Introduction: Arguments for mixed methodology. In P. Mayring, G. L. Hubcr, L. Gurtlcr, & M. Kicgclmann (Eds.), *Mixed methodology in psychological research* (pp. 1-4). Rotterdam/Taipci: Sense Publishers.

McAulcy, C., McCurry, N., Knapp, M., Beecham, J. , & Sleed, M. (2006). Young families under stress: Assessing maternal and child well-being using a mixed-methods approach. *Child and Family Social Work*, *11* (1), 43-54.

McEntarffcr, R. (2003). *Strengths-based mentoring in teacher education: A mixed methods study.* Unpublished master's thesis, University of Nebraska-Lincoln.

McMahon, S. (2007). Understanding community-specific rape myths: Exploring student athlete culture. *Affilia*, *22*, 357-370.

McVea, K. , Crabtrcc, B. E, Mcdder, J. D. , Susman, J. L. , Lukas, L. , Mcllvain, H. E. , et al. (1996). An ounce of prevention? Evaluation of the "Put Prevention into Practice" program. *journal of Family Practice*, *43* (4), 361-369.

Mcijer, P. C. , Verloop, N. , & Beijaard, D. (2001). Similarities and differences in teachers' practical knowledge about teaching reading comprehension. *Journal of Educational Research*, *94* (3), 171-184.

Mcndlingcr, S. , & Cwikel, J. (2008). Spiraling between qualitative and quantitative data on women's health behaviors: A double helix model for mixed methods. *Qualitative Health Research*, *18* (2), 280-293.

Mcrtens, D. M. (2003). Mixed methods and the pol-itics of human research: The transformative-emancipatory perspective. In A. Tashakkori & C. Teddlie (Eds.), *Handbook of mixed methods in social & behavioral research* (pp. 135-164). Thousand Oaks, CA: Sage.

Mertcns, D. M. (2005). *Research and evaluation in education and psychology: Integrating diversity with quantitative, qualitative, and mixed methods* (2nd cd.). Thousand Oaks, CA: Sage.

Mertcns, D. M. (2007). Transformative paradigm: Mixed methods and social justice. *Journal of Mixed Methods Research*, *1* (1), 212-225.

Mertcns, D. M. (2009). *Transformative research and evaluation.* New York: Guilford Press.

Miles, M. B. , & Huberman, A. M. (1994). *Qualitative data analysis: An expanded sourcebook* (2nd ed.). Thousand Oaks, CA: Sage.

Milton, J. , Watkins, K. E. , Studdard, S. S. , & Butch, M. (2003). The ever wide. ning gyre: Factors affecting change in adult education graduate programs in the United States. *Adult Education Quarterly*, *54* (1), 23-41.

Mriza, M. , Anandan, N. , Madnick, F. , & Hammel, J. (2006). A participatory program evaluation of a systems change program to improve access to information technology by people with disabilities. *Disability and Rehabilitation*, *28* (19), 1185-1199.

Mizrahi, T. , & Rosenthal, B. B. (2001). Complexities of coalition building: Leaders' successes, strategies, struggles, and solutions. *Social Work*, *46* (1), 63-78.

Morales, A. (2005). *Family dynamics of Latino language brokers: A nlixed methods study.* Unpublished manuscript, University of Nebraska-Lincoln.

Morell, L. , & Tan, R. J. B. (2009). Validating for use and interpretation: A mixed methods contri-bution illustrated. *Journal of Mixed Methods Research*, *3* (3), 242-264.

Morgan, D. L. (1998). Practical strategies for com-bining qualitative and quantitative methods: Applications to health research. *Qualitatiue Health Research*, *8* (3), 362-376.

Morgan, D. L. (2007). Paradigms lost and pragmatism regained: Methodological implications of com-bining qualitative and quantitative methods. *Journal of Mixed Metbods Research*, *1* (1), 48-76.

Morse, J. M. (1991). Approaches to qualitative-quantitative methodological triangulation. *Nursing Research*, *40*, 120-123.

Morse, J. M. (2003). Principles of mixed methods and multimethod research design. In A. Tashakkori & C. Teddlie (Eds.), *Handbook of mixed methods in social & behavioral research* (pp. 189-208). Thousand Oaks, CA: Sage.

Morse. , J. M. , & Niehaus, L. (2009). *Mixed methods design. Principles and procedures.* Walnut Creek, CA: Left Coast Press.

Morse, J. , & Richards, L. (2002). *Readme first: For a user's guide to qualitative methods.* Thousand Oaks, CA: Sage.

Muñoz, M. (2010). In their own words and by the numbers: A mixed-methods study of Latina community college presidents. *Community College Journal of Research and Practice*, *34* (1), 153-174.

Murphy, J. P. (1990). *Pragmatism: From Peirce to Davidson*. Boulder, CO: Westview.

Myers, K. K., & Oetzel, J. G. (2003). Exploring the dimensions of organizational assimilation: Creating and validating a measure. *Commzunication Quarterly*, *51* (4), 438-457.

Nastasi, B. K., Hitchcock, J., Sarkar, S., Burkholder, G., Varjas, K., & Jayasena, A. (2007). Mixed methods in intervention research: Theory to adaptation. *Journal of Mixed Methods Research*, *1* (2), 164-182.

National Institutes of Health (NIH). (1999). *Qualitative methods in health research: Opportunities and considerations in appli-cation and review*. Washington, DC: Author.

National Research Council. (2002). *Scientific research in education*. Washington, DC: National Academy Press.

Newman, I., & Benz, C. R. (1998). *Qualitative-quantitative research methodology: Exploring the interactive continuum*. Carbondale: Southern Illinois University Press.

Newman, K., & Wyly, E. K. (2006). The right to stay put, revisited: Gentrification and resistance to displacement in New York City. *Urban Studies*, *43* (1), 23-57.

O'Cathain, A. (in press). Assessing the quality of mixed methods research: Towards a comprehensive framework. In A. Tashakkori & C. Teddlie (Eds.), *SAGE Handbook of mixed methods in social & behavioral research* (2nd cd.). Thousand Oaks, CA: Sage.

O'Cathain, A., Murphy, E., & Nicholl, J. (2007). Integration and publications as indicators of "yield" from mixed methods studies. *Journal of Mixed Methods Research*, *1* (2), 147-163.

O'Cathain, A., Murphy, E., & Nicholl, J. (2008). The quality of mixed methods studies in health services research. *Journal of Health Services Research and Policy*, *13* (2), 92-98.

Olivier, T., de Lange, N., Creswell, J. W., & Wood, L. (2010). *Linking visual methodology and mixed methods research in a video production of educational change*. Unpublished manuscript, Nelson Mandcla Metropolitan University, Port Elizabeth, South Africa.

Onwuegbuzie, A. J., & Johnson, R. B. (2006). The validity issue in mixed research. *Research in the Schools*, *13* (1), 48-63.

Onwuegbuzie, A. J., & Leech, N. L. (2006). Linking research questions to mixed methods data analysis procedures. *The Qualitative Report*, *11* (3), 474-498. Retrieved from http://www. nova. ed u/ssss/QR/QR 11-3/onwuc gbuzie. pdf.

Onwuegbuzie, A. J., & Leech, N. L. (2009). Lessons learned for teaching mixed research: A frame-work for novice researchers. *International Journal of Multiple Research Approaches*, *3*, 105-107.

Onwuegbuzie, A. J., & Teddlie, C. (2003). A frame-work for analyzing data in mixed methods research. In A. Tashakkori & C. Teddlie (Eds.), *Handbook of mixed methods in social & behavirral research* (pp. 351-383). Thousand Oaks, CA-Sage.

Oshima, T. C., & Domaleski, C. S. (2006). Academic performance gap between summer birthday and fall-birthday children in grades K-8. *Journal of Educational Research*, *99* (4), 212-217.

Padgett, D. K. (2004). Mixed methods, serendipity, and concatenation. In D. K. Padgett (Ed.), *The qualitative research experience* (pp. 273-288). Belmont, CA: Wadsworth/Thomson Learning.

Pagano, M. E., Hirsch, B. J., Deutsch, N. L., & McAdams, D. P (2002). The transmission of values to school-age and young adult offspring: Race and gender differences in parenting. *Journal of Felllinist Family Therapy*, *14* (3/4), 13-36.

Parmelee, J. H., Perkins, S. C., & Sayre, J. J. (2007). "What about people our age?" Applying quali-tative and quantitative methods to uncover how political ads alienate college students. *Journal of Mixed Methods Research*, *1* (2), 183-

199.

Patton, M. Q. (1980). *Qualitative eualuation and research methods*. Newbuy Park, CA: Sage.

Patton, M. Q. (1990). *Qualitative evaluation and research methods* (2nd ed.). Newbury Park, CA: Sage.

Paul, J. L. (2005). *Introduction to the philosophies of research and criticism in education and the social sciences*. Upper Saddle River, NJ: Pearson Education.

Payne, Y. A. (2008). "Street life" as a site of resiliency: How street life oriented Black men frame opportunity in the United States. *Journal of Black Psychology*, *34* (1), 3-31.

Phillips, D. C., & Burbules, N. C. (2000). *Postpositivism and educational research*. Lanham, MD: Rowman & Littlcfield.

Plano Clark, V. L. (2005). Cross-disciplinary analysis of the use of mixed methods in physics edu-cation research, counscling psychology, and primary care. Doctoral dissertation, University of Nebraska-Lincoln, 2005. *Dissertation Abstracts International*, *66*, 02A.

Plano Clark, V. L. (2010). Thc adoption and practice of mixed methods: U. S. trends in federally funded health-related research. *Qualitative Inquiry*. Prcpublishcd April 15, 2010, DOI: 10.1177/1077800410364609.

Plano Clark, V. L., & Badice, M. (in press). Research questions in mixed methods research. In A. Tashakkori & C. Tcddlie (Eds.), *SAGE Handbook of mixed methods in social & behavioral research* (2nd cd.). Thousand Oaks, CA: Sage.

Plano Clark, V. L., & Creswell, J. w. (2010). *Understanding research: A consumer's guide*. Upper Saddle River, NJ: Pearson Education.

Plano Clark, V. L., & Galt, K. (2009, April). *Using a mixed methods approach to strengthen instrument development and validation*. Paper presented at the annual meeting of the American Pharmacists Association, San Antonio, TX.

Plano Clark, V. L., Huddlcston-Casas, C. A., Churchill, S. L., Green, D. O., & Garrett, A. L. (2008). Mixed methods approaches in family science research. *Journal of Family Issues*,*29* (11), 1543-1566.

Plano Clark, V. L., & Wang, S. C. (2010). Adapting mixed methocls research to multicultural coun-seling. In J. G. Ponterotto, J. M. Casas, L. A. Suzuki, 8: C. M. Alexander (Eds.), *Handbook of multicultural counseling* (3rd ed., pp. 427-438). Thousand Oaks, CA: Sage.

Powell, H., Mihalas, S., Onwucgbuzie, A. J., Suldc), S., & Daley, C. E. (2008). Mixed methods research in school psychology: A mixed meth-ods investigation of trends in the literature. *Psychology in the Schools*, *45* (4), 291-308.

Punch, K. F. (1998). *Introduction to social research: Quantitative and qualitative approaches*. London: Sage.

Quinlan, E., & Quinlan, A. (2010). Representations of rape: Transcending methodological divides. *Journal of Mixed Methods Research*, *4* (2), 127-143.

Ragin, C. C., Nagel, J., & White, P. (2004). *Workshop on scientifi'c foundations of qualitative research* [Report]. Retrieved from the National Science Foundation Web site: http://www.nsf. gov/pubs/2004/nsf04219/nsf04219, pdf.

Ras, N. L. (2009, April). *Multidinzensional theory and data interrogation in educational change research: A mixed methods case study*. Paper presented at the meeting of the American Educational Research Association, San Diego, CA.

Reichardt, C. S., & Rallis, S. F. (Eds.). (1994). *The qualitative-quantitative debate: New per-spectives*. San Francisco: Jossey-Bass.

Rogers, A., Day, J., Randall, F., & Bentall, R. P. (2003). Patients' understanding and partici-pa-tion in a trial designed to improve the managcmcnt of anti-psychotic medication: A qualitative study. *Social Psychiatry and Psychiatric Epidemiology*, *38*, 720-727.

Rossman, G. B., & Wilson, B. L. (1985). Numbers and words: Combining quantitative and quali-tative methods in a single large-scale evalua-tion study. *Evaluation Review*, *9* (5), 627-643.

Saewyc, E. M. (2003). *Enacted stigma, gender & risk behaviors of school youth* [Grant No. 1R011DA017979-01]. Abstract obtained from

RePORTER database: http://projectrcporter.nih. gov/reporter, cfm.

Sandelowski, M. (1996). Using qualitative methods in intervention studies. *Research in Nursing & Health*, *19* (4), 359-364.

Sandelowski, M. (2000). Combining qualitative and quantitative sampling, data collection, and analysis techniques in mixed-method studies. *Research in Nursing & Health*, *23*, 246-255.

Sandelowski, M. (2003). Tables or tableaux? The challenges of writing and reading mixed methods studies. In A. Tashakkori & C. Teddlie (Eds.), *Handbook of mixed methods in social & behavioral research* (pp. 321-350). Thousand Oaks CA: Sage.

Sandelowski, M., Voils, C. I., & Knafl, G. (2009). On quantitizing. *Journal of Mixed Methods Research*, *3* (3), 208-222.

Schillaci, M. A., Waitzkin, H., Carson, E. A., Lopez, C. M., Boehm, D. A., Lopcz, L. A., et al. (2004). Immunization coverage and Medicaid managed care in New Mexico: A multimethod assess-ment. *Annals of Family Medicine*, *2* (1), 13-21.

Shapiro, M., Se ttcrlund, D., & Cragg, C. (2003). Capturing the complexity of women's experi-ences: A mixed-method approach to studying incontinence in older women. *Affilia*, *18*, 21-33.

Sicber, S. D. (1973). The integration of ficldwork and survey methods. *American Journal of Sociology*, *78*, 1335-1359.

Skinner, D., Matthews, S., & Burton, L. (2005). Combining ethnography and GIS technology to examine constructions of developmental opportunities in contexts of poverty and dis-ability. In T. S. Weisncr (Ed.), *Discovering suc-cessful pathways in children's development: Mixed, methods in the study of childhood and family life* (pp. 223-239). Chicago: University of Chicago Press.

Slife, B. D., & Williams, R. N. (1995). *What's behind the research? Discovering hidden assuntptions in the behavioral sciences*. Thousand Oaks, CA: Sage.

Slonim-Nevo, V., & Nevo, I. (2009). Conflicting find-ings in mixed methods research. *Journal of Mixed Methods Research*, *3* (21), 109-128.

Smith, J. K. (1983). Quantitative versus qualitative research: An attempt to clarify the issue. *Educational Researcher*, *12* (3), 6-13.

Snowdon, C., Garcia, J., & Elbourne, D. (1998). Reactions of participants to the results of a randomized controlled trial: Exploratory study. *British Medical Journal*, *317*, 21-26.

Stake, R. (1995). *The art of case study research*. Thousand Oaks, CA: Sage.

Stange, K. C., Crabtrcc, B. F., & Miller, W. L. (2006). Publishing multimcthod research. *Annals of Family Medicine*, *4*, 292-294.

Steckler, A., McLcroy, K. R., Goodman, R. M., Bird, S. T, & McCormick, L. (1992). Toward integrating qualitative and quantitative methods: An intro-duction. *Health Education Quarterly*, *19* (1), 1-8.

Stenner, P., & Rogers, R. S. (2004). Q methodology and qualiquantology. In Z. Tood, B. Nerlich, S. McKeown, & D. D. Clarke (Eds.), *Mixing methods in psychology: The integration of qualitative and quantitative methods in theory and practice* (pp. 101-120). Hove, The Netherlands, and New York: Psychology Press.

Sweetman, D., Badiee, M., & Creswell, J. W. (2010). Use of the transformative framework in mixed methods studies. *Qualitative Inquiry*. Prepublished April 15, 2010, DOI: 10.1177/1077800410364610

Tashakkori, A. (2009). Are we there yet?: The state of the mixed methods community [Editorial]. *Journal of Mixed Methods Research*, *3* (4), 287-291.

Tashakkori, A., & Creswell, J. W. (2007a). Exploring the nature of research questions in mixed methods research [Editorial]. *Journal of Mixed Methods Research*, *1* (3), 207-211.

Tashakkori, A., & Creswell, J. W. (2007b). The new era of mixed methods [Editoria!]. *Journal of Mixed Methods Research*, *1* (1), 3-7.

Tashakkori, A., & Teddlie., C. (1998). *Mixed method-ology: Combining qualitative and quanti-ta-tive approaches*. Thousand Oaks, CA: Sage.

Tashakkori, A., & Teddlie, C. (2003a). *Handbook of mixed methods in social & behauioral re-*

search. Thousand Oaks, CA: Sage.

Tashakkori, A., & Teddlie, C. (2003b). The past and future of mixed methods research: From data triangulation to mixed model designs. In A. Tashakkori & C. Teddlie (Eds.), *Handbook of mixed methods in social & behavioral research* (pp. 671-701). Thousand Oaks, CA: Sage.

Tashakkori, A., & Teddlie, C. (Eds.). (in press). *SAGE handbook of mixed methods in social & behavioral research* (2nd ed.) Thousand Oaks, CA: Sage.

Tashiro, J. (2002). Exploring health promoting lifestyle behaviors of Japanese college women: Perceptions, practices, and issues. *Health Care for Women International*, *23*, 59-70.

Teddlie, C., & Stringfield, S. (1993). *Schools make a difference: Lessons learned from a 10-year study, of school effects*. New York: Teachers College Press.

Teddlie, C., & Tashakkori, A. (2009). *Foundations of mixed methods research: Integrating quantitative and qualitative approaches in the social and behavioral sciences*. Thousand Oaks, CA: Sage.

Teddlie, C., & Yu, F. (2007). Mixed methods sam-pling: A typology with examples. *Journal of Mixed Methods Research*, *1* (1), 77-100.

Teno, J. M., Stevens, M., Spernak, S., & Lynn, J. (1998). Role of written advance directives in decision making. *Journal of General Internal Medicine*, *13*, 439-446.

Th Φ gersen-Ntoumani, C., & Fox, K. R. (2005). Physical activity and mental well-being typologies in corporate employees: A mixed meth-ods approach. *Work & Stress*, *19* (1), 50-67.

Victor, C. R., Ross, F., & Axford, J. (2004). Capturing lay perspectives in a randomized control trial of a health promotion intervention for people with osteoarthritis of the knee. *Journal of Evaluation in Clinical Practice*, *10* (1), 63-70.

Vidich, A. J., & Shapiro, G. (1955). A comparison of participant observation and survey data. *American Sociological Review*, *20*, 28-33.

Vrkljan, B. H. (2009). Constructing a mixed meth-ods design to explore the older drive-copilot relationship. *Journal of Mixed Methods Research*, *3* (4), 371-385.

Way, N., Stauber, H. Y., Nakkula, M. J., & London, P. (1994). Depression and substance use in two divergent high school cultures: A quanti-tative and qualitative analysis. *Journal of Youth and Adolescence*, *23* (3), 331-357.

Webb, D. A., Sweet, D., & Pretty, I. A. (2002). The emotional and psychological impact of mass casualty incidents on forensic odontologists. *Journal of Forensic Sciences*, *47* (3), 539-541.

Webster, D. (2009). *Creative reflective experience: Promoting empathy in psychiatric nursing*. Retrieved from ProQuest Dissertations & Theses (AAT3312911).

Weine, S., Knal, K., Feetham, S., Kulauzovic, Y., Klebic, A., Sclove, S., et al. (2005). A mixed methods study of refugee families engaging in multiple-family groups. *Fanlily Relations*, *54*, 558-568.

Wittink, M. N., Barg, E K., & Gallo, J. J. (2006). Unwritten rules of talking to doctors about depression: Integrating qualitative and quanti-tative methods. *Annals of Family Medicine*, *4* (4), 302-309.

Woolley, C. M. (2009). Meeting the mixed methods challenge of integration in a sociological study of structure and agency. *Journal of Mixed Methods Research*, *3* (1), 7-25.

主题索引